国防科技图书出版基金

飞机颤振试飞数据处理

Aircraft Flight Flutter Test Data Processing

唐 炜 史忠科 著

国防工业出版社

·北京·

图书在版编目(CIP)数据

飞机颤振试飞数据处理 / 唐炜，史忠科著. —北京：国防工业出版社，2018.2

ISBN 978 - 7 - 118 - 11548 - 2

Ⅰ. ①飞… Ⅱ. ①唐… ②史… Ⅲ. ①飞机 - 颤振试验 - 飞行试验 - 数据处理 Ⅳ. ①V217

中国版本图书馆 CIP 数据核字(2018)第 040846 号

※

国防工业出版社出版发行

(北京市海淀区紫竹院南路 23 号　邮政编码 100048)

三河市腾飞印务有限公司印刷

新华书店经售

*

开本 710 × 1000　1/16　**印张** 18½　**字数** 339 千字

2018 年 2 月第 1 版第 1 次印刷　**印数** 1—2000 册　**定价** 108.00 元

国防书店：(010)88540777　　发行邮购：(010)88540776

发行传真：(010)88540755　　发行业务：(010)88540717

致　读　者

本书由中央军委装备发展部**国防科技图书出版基金**资助出版。

为了促进国防科技和武器装备发展,加强社会主义物质文明和精神文明建设,培养优秀科技人才,确保国防科技优秀图书的出版,原国防科工委于 1988 年初决定每年拨出专款,设立国防科技图书出版基金,成立评审委员会,扶持、审定出版国防科技优秀图书。这是一项具有深远意义的创举。

国防科技图书出版基金资助的对象是:

1. 在国防科学技术领域中,学术水平高,内容有创见,在学科上居领先地位的基础科学理论图书;在工程技术理论方面有突破的应用科学专著。

2. 学术思想新颖,内容具体、实用,对国防科技和武器装备发展具有较大推动作用的专著;密切结合国防现代化和武器装备现代化需要的高新技术内容的专著。

3. 有重要发展前景和有重大开拓使用价值,密切结合国防现代化和武器装备现代化需要的新工艺、新材料内容的专著。

4. 填补目前我国科技领域空白并具有军事应用前景的薄弱学科和边缘学科的科技图书。

国防科技图书出版基金评审委员会在中央军委装备发展部的领导下开展工作,负责掌握出版基金的使用方向,评审受理的图书选题,决定资助的图书选题和资助金额,以及决定中断或取消资助等。经评审给予资助的图书,由中央军委装备发展部国防工业出版社出版发行。

国防科技和武器装备发展已经取得了举世瞩目的成就,国防科技图书承担着记载和弘扬这些成就,积累和传播科技知识的使命。开展好评审工作,使有限的基金发挥出巨大的效能,需要不断摸索、认真总结和及时改进,更需要国防科技和武器装备建设战线广大科技工作者、专家、教授,以及社会各界朋友的热情支持。

让我们携起手来,为祖国昌盛、科技腾飞、出版繁荣而共同奋斗!

国防科技图书出版基金

评审委员会

国防科技图书出版基金
第七届评审委员会组成人员

主 任 委 员	潘银喜
副主任委员	吴有生　傅兴男　赵伯桥
秘 书 长	赵伯桥
副 秘 书 长	许西安　谢晓阳
委 员 （按姓氏笔画排序）	才鸿年　马伟明　王小谟　王群书 甘茂治　甘晓华　卢秉恒　巩水利 刘泽金　孙秀冬　芮筱亭　李言荣 李德仁　李德毅　杨　伟　肖志力 吴宏鑫　张文栋　张信威　陆　军 陈良惠　房建成　赵万生　赵凤起 郭云飞　唐志共　陶西平　韩祖南 傅惠民　魏炳波

前　　言

在人类航空发展百余年历程中，几乎总是伴随着气动弹性问题。其中，颤振无疑是最引人关注的现象，不仅是因为它的复杂性，更重要的是颤振会造成灾难性的后果。为避免飞行包线内发生颤振，每架新机或重大改型飞机必须进行颤振试飞这一Ⅰ类风险试飞科目，其过程充满了未知和风险。颤振试飞数据处理则是该项飞行试验的核心技术，用于预测飞机的潜在颤振边界，对于保障极限飞行试验安全具有重大意义。但是，该项技术历来被认为是系统辨识理论应用的难点，诸如试飞数据信噪比偏低、数据长度有限，待辨识飞机颤振模态密集，存在未知非线性等因素严重影响了辨识、预测效果。因此，研究更为有效的辨识、预测方法就成为颤振试飞数据处理的瓶颈性问题。

本书的主要目的，就是介绍近些年来在飞机颤振试飞数据处理领域出现的新思想、新方法、新理论与最新应用成果。本书的内容可以分为五个部分：第一部分包括第1章至第3章，主要介绍与试飞相关的背景知识，包括数学基础和技术背景；第二部分包括第4、5章，主要介绍试验数据的预处理；第三部分包含第6章至第8章，主要介绍频域辨识方法和小波辨识，其中频域辨识又包括传递函数模型和状态空间辨识；第四部分为第9章，论述了颤振边界预测的常见方法，重点介绍鲁棒边界预测；第五部分即第10章，介绍了电传飞机试飞的新问题，即伺服颤振（又称气动伺服弹性）的稳定裕度分析问题。

在本书的写作过程中，作者试图突出“精、新、简、实”，并力争做到内容上自我完备，即：在介绍基础理论时，讲求精益求精；介绍前沿研究，特别是作者自己的最新科研成果；在叙述方法上力求理论与工程实际相结合，理论推导讲求简明扼要——不过分追求数学理论的艰深，更希望用工程化的语言深入浅出阐述，以便于具有工科数学基础的读者理解本书内容；同时本书在内容编排上尽可能完备，以便于掌握经典控制理论、线性系统理论和工科数学基础知识的读者不再需要查阅参考书就能理解本书内容。

本书的学术研究工作得到了国家自然科学基金重点项目“战术飞机垂直或短距起降动力学与控制方法”（61134004）、面上项目“基于压电材料的舰载无人攻击机颤振半主动控制研究”（61573289）、青年基金项目“飞行器不确定性试验建模及鲁棒抑制研究”（50905140）以及航空科学基金“飞机颤振模态参数频域子空间辨识方法研究”的资助。上述研究工作的经历增强了作者完成本书的信心，也为本书的撰写奠定了良好的技术基础，在此特别感谢上述基金的资助。

全书共10章：第1章至第9章由唐炜博士撰写；第10章由史忠科教授撰写。全书最后由唐炜博士统一定稿，史忠科教授对全书进行最后审校。西北工业大学自动化学院研究生郑晓珂、武健为本书排版付出了辛勤的劳动，作者对他们的工作深表谢意。

作者由衷感谢中国工程院院士、中国航空工业第一飞机设计研究院总设计师唐长红研究员和中国飞行试验研究院试飞总师田福礼研究员的热忱推荐。

现代航空技术日新月异，本书关注的颤振试飞技术也处于不断的探索、完善中，还有许多问题有待解决，加之作者学识水平有限，虽多方讨论和几经改稿，书中错误、缺点和短见之处在所难免，恳请读者和各方面专家不吝赐教指正。

作者

2017年5月于古城西安

目　　录

Contents

第1章 绪　论

1.1 颤　振

颤振是弹性结构在均匀气流中受到空气动力、弹性力和惯性力的耦合作用而发生的一种大幅度振动现象。它是气动弹性动力学问题中最令人关注的现象，蕴含了巨大的威力，常常会造成灾难性破坏。

颤振作为一种独特的气动弹性力学现象，真正扬名海内外，为普罗大众所知，乃是由于1940年发生于美国塔科马大桥的坍塌事故(图1.1)。这是一个堪称经典的教科书式案例，颤振使一座1524m的大桥产生了剧烈晃动，风能最终战胜了钢铁的挠曲变形。"颤振"作为此次事件的罪魁祸首一举成名。

图1.1　塔科马大桥桥身出现极具破坏性的扭动颤振

在航空界，颤振引发的危险从飞机诞生之日起就一直困扰着飞机设计师们。1912年Handly Page轰炸机发生尾翼颤振而坠落[1]。20世纪30~40年代，英国的"蛾号"与"鸽号"飞机都因发生颤振而失事，40年代中期德国的V-2火箭曾遇到颤振而造成结构破坏。1949年世界上第一架喷气式客机彗星号问世，该机三次因颤振引起金属疲劳而导致空中解体。对这些事故的分析使人们逐步认识到必须在结构设计时考虑气动弹性的影响。尽管如此，由于颤振机理复杂，即使是一些造价昂贵的先进飞机仍然无法摆脱被颤振捉弄的厄运。1997年，世界第一款隐身战斗轰炸机F117就曾因为操纵面发生颤振而坠毁。

近些年来，航空科学技术日新月异，一些新技术的出现间接加剧了飞机颤振问题的难度与广度，飞行器结构设计面临前所未有的巨大挑战：

(1) 由于轻质柔性复合材料的广泛应用，新一代飞机结构日益柔性化，无论是机体还是用来进行姿态控制的气动舵面，结构弹性都大大增加。同时，一些以大展弦比为特征的气动布局(如飞翼布局)又从结构尺寸上增加了结构弹性和结构非线性。这些为颤振发生提供了充分的内因。

(2) 随着飞机性能的提高，飞行环境亦越来越复杂，常常伴随着流动的高度非线性，例如跨声速流动、高超声速流动、大攻角流动等，非线性气动力极大加深了颤振机理认识的难度。受制于此，特殊环境下的非定长气动力计算与建模都异常困难。另外，随着飞行马赫数的提高，气动加热问题越来越明显，气动热颤振已成为高超声速飞行器结构设计无法回避的问题。

(3) 对于一些大展弦比的飞翼布局飞机，还需要关注一类特殊的颤振形式——体自由度颤振。飞翼布局飞机多采用无尾设计，因而具有较小的俯仰转动惯量，这会导致其短周期频率与机翼第一弯曲模态频率接近，这时大幅度、周期性的翼面弹性振动一旦耦合到刚体运动中，将引发飞机纵向周期性的大幅度俯仰振荡，并进一步激励机翼振动。

(4) 对于电传飞机，由于电传飞控系统的引入会引发新的颤振问题——伺服颤振。这是因为现代飞机普遍放宽了飞行控制系统频带范围，尤其是具有主动控制功能的飞机，控制器的频带往往覆盖了低阶结构模态分布的频带，这将导致高频振动响应会包含在传感器信号中，并且在通过控制回路时无法有效衰减，甚至形成正反馈，进而通过操纵面等作动机构，进一步激励结构振动，形成与颤振类似的结构损坏。

为了确保飞行安全，消除颤振隐患，有必要弄清颤振发生机理，在飞机设计之初就全面考虑动气动弹性的不利影响。为达此目的，研究者们在20世纪二三十年代就提出了气动弹性力学的概念。

1.2 气动弹性力学

气动弹性力学是一门涉及空气动力学、结构动力学和弹性力学的交叉学科，其目的是研究弹性体在气流中运动时的力学行为。

Collar形象地把这一学科的交叉性用一个力的三角形来描述(图1.2)。三角形的三个顶点分别代表气动力、弹性力和惯性力，三条边分别代表飞行力学、结构动力学和气动弹性静力学，三角形的中心代表气动弹性动力学。因此气动弹性分析不仅需要诸如结构动力学、流体力学、飞行动力学等领域的知识，还要将这些知识综合起来，多学科综合过程大大地增加了问题的复杂度和广度。

若单纯依据气动弹性力学的观点，可以将颤振解释为一种自激振动，即飞机在超过某一临界飞行速度之后，由于空气动力、弹性力和惯性力的耦合作用而发生的

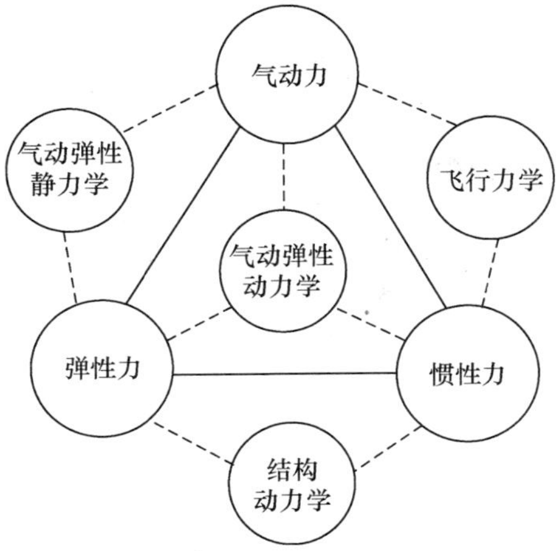

图 1.2　力的三角形

振幅不衰减的自激振动。然而这种耦合解释很难让入门者对颤振问题有一个全面、深入的认识。颤振究其本质是气动弹性系统的动力学失稳。如果能从系统稳定性的角度考量颤振现象,将有助于理解气动弹性系统建模、模态参数辨识以及颤振边界预测的基本原理。在系统层面分析颤振问题的核心思想是反馈机制(图 1.3)。我们可以将弹性结构本身视为一个系统,非定常流场则可以视为另外一个系统。当弹性结构在流场中运动时,由于扰动的影响会产生弹性变形,而弹性变形在流场中又会引发附加气动力,进一步反馈作用于弹性结构。这种反馈机制将结构和流场耦合在一起形成了气动弹性系统。

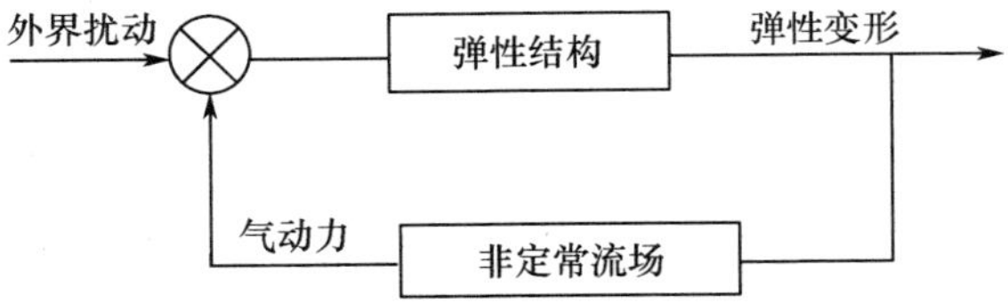

图 1.3　气动弹性系统的反馈机制

在这个闭环系统中,如果忽略其它次要因素的影响,飞机弹性结构可视为一个定常系统,而气动力会随气流动压的增加而增加,因此,非定常流场可视为一个变增益的反馈系统。通过这种反馈机制改变了原有弹性结构的稳定性,当达到一定动压时,系统将变得不稳定。气动弹性系统的不稳定现象除了本书重点讲述的动力学失稳——颤振问题之外,还包括气动弹性静力学中的翼面扭转发散、操纵面反效等。

事实上,即使是气动弹力学也包含了诸如抖振、嗡鸣、气动伺服弹性等其它现象。其中,抖振是指在特定的来流马赫数和迎角组合下由于激波自激振荡引起的结构受迫振动。其本质是流动模态的失稳。在经典的气动弹性力学著作和教材中，跨声速抖振通常被定义为不稳定非定常流动作用下的弹性体响应问题，而在工程设计中，防抖振问题通常转化为共振问题进行规避。近期，高传强、张伟伟等人的研究表明抖振本质上是不稳定分离流诱发的结构单自由度颤振[2]，即一个结构模态和流动模态耦合，最终诱导结构模态失稳。

操纵面嗡鸣则是飞行器作跨声速飞行时由于翼面上的激波、波后的边界层分离和操纵面偏转的相互作用而产生的单自由度不稳定运动。发生嗡鸣会降低操纵效率甚至使操纵失效，严重时将导致结构的疲劳破坏。

气动伺服弹性则是由于飞行控制系统的引入诱发的一类颤振问题，它可以看作结构、流场、控制反馈三者耦合形成的失稳运动，可以简单理解为控制系统设计不当造成的一种反激。

鉴于气动弹性问题的复杂性，上述现象往往会交织在一起。限于本书的篇幅和作者的学识，前 9 章重点阐述经典颤振试飞数据处理的理论与方法。同时，在第 10 章初步介绍飞机气动伺服弹性飞行试验。该类试验与颤振飞行试验均属于稳定性评价与验证试验，不仅具有相同的外在表现（结构振动发散），还拥有紧密的学术联系和相似的理论基础。藉此抛砖引玉，希望加深读者对该问题的认识。

对于飞行状态下的气动弹性系统，通常可以视为一个随动压不断变化的变参数系统，而颤振试飞数据处理的目的恰恰是预测该系统发生失稳时的临界动压（速度）。为达此目的，通常会在多个飞行状态点（即不同动压下）开展飞行试验，通过观测多个状态点间气动弹性系统动态特性变化，预测系统失稳时的飞行边界。而在每个飞行状态点，都可以通过人工激励和系统辨识技术获取气动弹性系统的动态特性。一旦掌握系统动态特性的变化规律，就可以预测系统失稳发生的条件，这正是开展颤振飞行试验的基本思想。

1.3 颤振飞行试验

颤振试飞既是对飞机结构和强度的考验，更是对颤振的认知程度、试飞方法的科学性以及试飞员心理素质的综合考验，其过程充满了未知和风险。进行颤振试飞时，试验机其实是在“亚临界”状态下进行的，试飞员在空中通过既定的激励方法和程序，诱发飞机产生“颤振”，从而达到试验的目的。由于颤振试飞风险巨大，所以试飞前要制定严格的保障措施。

在航空工业发展的早期，并没有正式的颤振飞行试验，只是采用最大航速下的飞行来验证飞机的气动弹性稳定性。由于条件的限制，最初的颤振飞行试验工程师缺乏必要的仪器设备，没有适当的激励方式以及稳定性判定方法。1935 年，Von Schlippe 在德国进行了第一次正式的颤振飞行试验[3]。Von Schlippe 采用的技术是在激励飞机发生振动的同时，逐步增加飞机的飞行速度，测量在不同飞行速度时的最大响应振幅，最后把响应振幅记录为飞行速度的函数。响应振幅增加表明阻尼减小，理论上的无穷大振幅处即表明发生了颤振(图 1.4)，此时的飞行速度即为颤振临界速度。采用上述方法，可以用亚临界速度飞行时的数据预测颤振速度。这种方法德国人一直成功地沿用到 1938 年，这年一架 Junkers JU90 飞机在用这种方法进行颤振飞行试验时发生颤振并坠毁，不适当的结构激励装置以及不精确的测量仪器和记录设备被归结为这次事故的主要原因。随后，20 世纪 40 年代，美国在对 Martin XPBM - 1 水上飞机和 Cessna AT - 8 飞机进行颤振飞行试验时也曾使用了上述方法[4]。

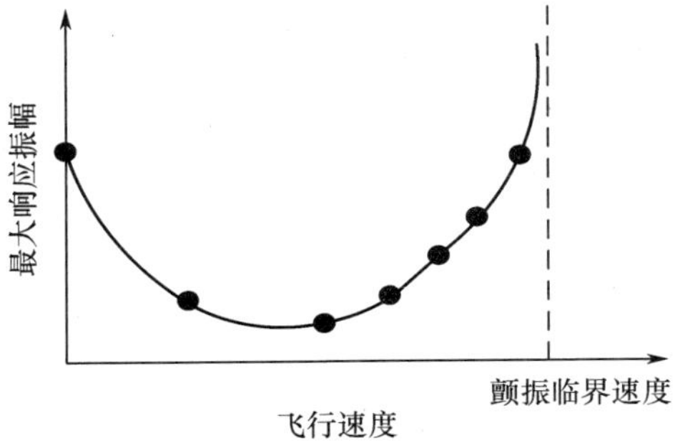

图 1.4　Von Schlippe 的颤振飞行试验方法

在 50 年代后期，人们逐渐意识到适当的激励方式对提高试验信号信噪比的重要性。除了传统的惯性激振器，一些新的激励方式如手动操纵面激励、小火箭激励得到普及，采用旋转小翼激励飞机的思想也初见端倪[5]。同时测量仪器得到了很大改善，响应信号采用遥测方式，由地面控制中心进行显示和分析。当然有些飞行颤振试验仍然保留了机载示波器，用于显示响应信号。

从 50 年代到 70 年代的这段时间里，越来越多的试验飞机装备了激励系统。新的模态分析方法被提出。其中最典型的是使用扫描正弦信号寻找模态谐振频率，用瞬态正弦信号确定阻尼系数。由于缺乏相应的辨识理论，获取阻尼系数的方法还仅限于使用对数减量法分析衰减的响应信号[6]。

在此期间，随机大气紊流激励作为一种全新的激励方式也开始崭露头角，许多飞机在进行颤振飞行试验时使用了该种激励方式。这种激励方法的最大好处是不需要特殊的机载激励设备，完全利用自然的大气紊流进行激励，直接提取飞机在工作状况下的振动响应数据进行颤振模态参数的辨识。其优点是激励方法简单，花费较少，且可以配合其它飞行科目同时完成。但是这种激励方式和机载激励设备相比，通常不能产生足够充分的激励，而且获得的响应数据的信噪比通常很低，增加了数据分析的难度。美国 P6M 飞机在进行颤振飞行试验时就采用了这种激励方式[7]，并且利用谱分析技术对响应数据进行了稳定性分析。当然，限于当时的技术条件，紊流激励试验只是取得了部分成功。

进入 70 年代以后，数字计算机技术日新月异的发展促进了颤振飞行试验技术的变革。先进的模拟数字混合式试验系统已取代了模拟式的试验系统，开发了以小型计算机和快速傅里叶变换为主体的数据采集处理系统。各种基于计算机的信号处理算法相继出现，系统辨识算法也开始用于模态频率和阻尼系数的估计。由于计算机的介入，一些算法甚至可以以接近实时的方式进行。

今天，飞行试验从激励方式、试验测试到数据分析手段都得到了飞速的提高。由于工业化的测试设备为颤振飞行试验提供了完备的测试环境，新型的激励装置和相应的数据分析手段就成了各国研究颤振飞行试验的重点。美国国家航空航天局(NASA)在20世纪90年代，已完成了一系列最新颤振试验技术的尝试，这其中包括研制新型滚筒式的小型旋翼激励装置[8]，在时频域内使用小波对试验信号进行去噪处理，采用先进的子空间方法辨识模态参数[9]，以及应用 μ 理论预测颤振边界等[10]。这些新方法显著提高了颤振参数的估计精度及颤振边界预测的准确程度。欧盟国家则由法国的INRIA研究院牵头，多国合作于2003年完成了FLITE(Flight Test Easy)项目[11-13]。该项目旨在研究多种激励方式(包含大气紊流激励)下的颤振模态参数辨识问题，其成果主要得益于新型辨识理论的发展与成熟。该项目的成功预示着现代颤振飞行试验在新型理论的支持下已经开始摆脱对人工激励的依赖。进入21世纪，美国于2010年启动了X56验证机项目，用于试验新的颤振抑制技术。这预示着未来飞机的右包线将被突破，带控制回路的伺服颤振飞行试验将成为飞机设计者更为关心的问题。

目前的颤振飞行试验涵盖了力学、控制、信息等多个学科，已发展成一门涉及多门学科的交叉研究领域。简陋的试验设备和粗略的试验分析手段早已被迅猛发展的现代颤振飞行试验技术所摒弃，取而代之的是精良的试验装置和精确的分析手段。其中，以控制和信息科学为主导的颤振试验数据处理已成为各国研究的重点，它作为颤振飞行试验的核心技术，凸显了一个国家将高新科技运用于航空工业的能力。鉴于此，有必要对颤振试飞数据处理的发展历程作一简介。

1.4 颤振试飞数据处理

最初，人们由于对颤振问题的认识较为肤浅，尚无法提出系统的颤振数据分析方法。试验设计者只能直观地依据试验的物理结果对颤振进行分析、预测。由Von Schlippe完成的第一例颤振飞行试验就只是依靠谐振的振幅变化来预测颤振的发生。

在20世纪40年代，试验工程师们已逐渐认识到飞机结构的模态频率和阻尼系数是预测颤振发生的最好参照指标，从数据中提取这两个参数也就成了颤振试验数据分析的任务。受当时的试验激励条件所限，通常是先利用扫频激励响应信号的振幅判断模态频率，然后采用操纵面脉冲激励确定阻尼系数。由于缺少计算机和成熟的辨识算法，模态参数的确定只能依靠手工在飞行间隙中进行，利用对数减量法分析衰减的时域信号是当时获得阻尼系数的常用方法。同时,由于没有遥测设备,试验工程师们必须在飞机上对试验数据进行分析处理。

20 世纪 50 年代,由于遥测技术的发展,工程师们已经能够在地面进行数据分析。当时为了改善响应信号的品质,人们开始采用模拟滤波器对信号进行滤波处理[14]。对于多模态的衰减响应信号则利用滤波器提取其中的单模态响应,这种分析方法对于稀疏模态的情况非常有效,对于密集模态则无能为力。同时,谱分析技术也被用于颤振稳定性分析,当时它的作用还只限于判断谐振频率和计算某一频率下的幅值,尚不能提供具体的阻尼信息。

直到 20 世纪 70 年代,伴随着计算机的出现和快速傅里叶变换的推广,人类才告别了单纯依靠人力分析颤振数据的时代,各种基于计算机的辨识理论和信号处理方法应运而生,极大的丰富了颤振数据处理的手段。模态参数识别(辨识)和颤振预测方法的研究成为这一时期颤振数据分析的主要研究方向,例如美国的 F14、F15 战斗机在研制试飞过程中就充分利用了新型的辨识算法进行模态参数辨识[15],并将亚临界状态点下参数辨识结果用于颤振边界的预测[16]。时至今日,虽然有多种新方法用于颤振边界的预测[10,17-19],但是依靠阻尼变化的趋势来决定颤振临界速度依然是当前最为有效的预测手段,因此,利用系统辨识方法从试飞数据中提取颤振模态参数(尤其是阻尼系数)依然是目前颤振数据分析研究的核心问题。

1.5 系统辨识

颤振试飞数据处理技术与系统辨识理论密不可分,正是系统辨识理论的长足发展促进了试飞数据处理技术的进步。在深入了解试飞试验数据处理方法之前,有必要简要回顾系统辨识的发展历程。

现代控制理论的分析、设计以及应用是以掌握被控对象的数学模型为前提的,但是,通常情况下被控对象的数学模型是未知的,或者在过程运行期间系统的参数会发生变化。因此,在应用现代控制理论对系统进行分析、设计、优化之前,首先需要确定系统的数学模型。系统辨识正是为了适应系统建模的需要而发展起来的一门学科。系统辨识的最初萌芽可以追溯到高斯提出的最小二乘法(Least Squares),其奠定了估计理论的基石,直到今天最小二乘方法仍被辨识工作者广泛应用。基于最小二乘原理已经相继发展出更多形式复杂的最小二乘辨识方法,本书中第 6 章所叙述的频域最小二乘辨识就是众多最小二乘演化版本之一。

Ljung[20]曾于 1978 年给系统辨识下了一个广为人知的定义:辨识就是按照一个准则在一组模型中选择一个与数据拟合最好的模型。按照这个定义,系统辨识实质是寻找在某种准则下由数据空间向模型空间的数学映射函数。系统辨识需要三大要素:第一,输入、输出观测数据集,这是辨识的基础,因为对象的动态特性必然表现在它的变化着的输入、输出数据之中。为了使系统是可辨识的，输入信号必须充分激励系统的所有模态，即输入信号应该“尽量丰富”。对于飞行试验而言，设计能够充分激励结构各阶模态振动的输入信号和驱动装置是系统辨识的前提。第二，系统模型类。根据建模目的、观测数据以及先验知识等信息，预先指定被识别系统的模型形式，例如确定模型是连续的还是离散的，是线性还是非线性，等等。对于颤振试飞试验而言，目前最为成熟的模型仍然是线性模型（传递函数模型、状态空间模型），同时鉴于频域方法具有良好的抗噪性，以频域模型为代表的辨识方法是当前颤振试飞试验数据处理的主流。第三，等价准则。这是用来衡量模型接近实际过程的标准。根据模型的特点以及噪声特性，常用的误差准则有输出预报误差、极大似然函数等。考虑到飞行试验现场监视、风险评价的需要，近实时性快速算法是试飞数据处理的首选。同时，由于近年来颤振边界预测中模型预测方法渐成主流，一些离线高精度方法也陆续用于气动弹性系统建模，如极大似然估计方法。

当前，本书中主要用到的线性系统辨识理论已日臻完善：研究对象由起初的单变量、确定性拓宽到多变量、随机性系统；从单纯的开环辨识转到面向控制的闭环辨识研究；从提出具体辨识算法上升到算法的收敛性、一致性、相容性等统计性能研究。也正是得益于系统辨识理论的长足发展，工程技术人员能够从容选择更加有效的处理工具分析数据。

1.6 颤振模态参数识别

20 世纪 70 年代以后，随着数字信号处理技术和小型计算机的发展，国外开始将参数识别技术应用于飞行颤振试验。美国的 NASA/DFRC 和北大西洋公约组织（NATO）分别在 1975 年、1983 年召开了飞行颤振试验专业研讨会，总结了当时颤振模态识别的研究现状，认为当时用于颤振试飞的参数识别技术还不够完善，不足以保证模态频率和阻尼等参数的精确识别，并预测未来的颤振模态参数识别研究将重点研究试验信号处理和参数辨识问题。

在随后几十年中，现代信号处理和先进辨识理论的出现与发展为推动颤振模态识别技术的进步提供了必要的理论基础。1995 年 AGARD[21,22] 以及 1997 年 NASA/DFRC[23] 颤振试验报告表明，颤振模态参数识别技术已经取得了长足进展，尤其在试验信号处理和模态参数辨识领域取得了丰硕的成果。

1.6.1 颤振信号处理研究

在颤振信号处理领域，针对试验信号过程非平稳、信噪比低的特点，一些新型信号处理方法相继出现。其中时频分析作为研究非平稳信号的有效工具，受到研究人员的推崇。为提高信号的信噪比，一些新颖的时频域滤波方法相继出现。

1998 年 E. Feron 等人[24]提出了一种新颖的小波时频滤波方法，该方法的独特之处在于它利用了扫频信号时频聚焦的特点，实现响应信号的有效去噪。作为该项研究的资助方，NASA 已于 1997 年将此方法用于 F/A－18 试验机的试飞中，取得了理想的效果。事实上，利用扫频信号（chirp）去噪的思想在 Xia Xianggen 1997 年发表的论文中也有出现[25]，只是 Xia 采用了 Gabor 变换作为时频分析的工具。为了将上述方法扩展到更为一般的情况，NASA Dryden 飞行研究中心的 M. J. Brenner 在小波时频分析的基础上，结合奇异值分解（SVD），于 2003 又提出了一种新的时频滤波方法[26]。该方法利用奇异值分解找出时频图中能量分布的主要成分，放宽了对输入信号特性的要求，但是如何选取合适的阶数确定主要能量分布却是一个较为棘手的问题。随后，我国学者裴承明也利用主成分分析原理，提出了基于 Chirplet 自适应信号分解算法的时频滤波方法[27]。该方法以 Chirplet 信号为基函数将颤振信号在时频域内展开，依靠主能量提取的方法，实现信号的时频域滤波。但是该方法并未给出具体的主能量取舍标准，增加了实际操作的难度。近期，唐炜等人结合舵面扫频激励方式，提出了完整的颤振试验信号分数阶傅里叶域滤波思想，借助分数阶傅里叶变换[28]和短时分数阶傅里叶变换（STFRFD）[29]，取得了远优于小波时频去噪的效果。

近来，颤振信号的非线性研究也引起了各国研究者的广泛关注。意大利学者 Mastroddi 和 Bettoli 采用小波分析了非线性气动弹性系统的响应信号，成功分离出信号中的线性和非线性成分[30]，但是该方法的非线性研究仅适用于 Hopf 分岔邻域内的情况。为此，G. Dimitriadis 和 J. E. Cooper 提出了一种更为广义的非线性气动弹性系统的脉冲响应信号分析方法[31]，该方法对脉冲响应进行短时傅里叶变换（STFT），并采用有理多项式分段拟合时频分析的结果，依靠获得的系统时变模态参数预测颤振的临界速度。最近，W. A. Silva 等在有关气动弹性非线性研究中，创造性地将 Volterra 级数理论应用于颤振试验数据分析[32]，并指出高阶谱是 Volterra 级数理论在频域内的表现形式。在随后的研究中，Silva 将高阶谱用于 F/A－18 的颤振试飞数据分析，有效地避免了非线性极限环颤振现象（LCO）对颤振分析的不利影响[33]。我国学者在颤振信号非线性的研究方面涉足较少，谈云海博士在其论文中提出的颤振信号混沌时间序列分析是其中最具代表性的研究工作[34]。该项研究以混沌时间序列分析为工具，提出了一种基于相空间重构的数据降噪方法。该方法首先通过非线性检测识别数据的特征，进而确定方法类型，最后运用自空间恢复技术来提高信号的质量。

1.6.2 颤振模态参数辨识研究

当前的颤振模态参数辨识方法从本质上讲是一种线性系统辨识研究，这是由模态理论决定的，大量的工程实践也已经证明了这种方法的有效性。虽然某些情况下我们仍需考虑非线性的影响，但是鉴于非线性问题的复杂程度，距离工程应用仍有不小差距。目前辨识算法从试验数据的特征来分有频域法、时域法。从被辨识系统的输入、输出特性来分有单输入单输出(SISO)辨识法、单输入多输出(SIMO)辨识法、多输入多输出(MIMO)辨识法。在本节,将从数学模型的角度对现有模态辨识算法进行分类叙述。

1. 基于传递函数模型的线性辨识算法

采用传递函数形式描述系统是该类算法的共同特点,对于线性定常阻尼的振动系统,其传递函数(位移传函)可采用频域的频响函数和时域的脉冲响应函数表示:

$$\boldsymbol{H}(\mathrm{j}\omega) = \sum_{r=1}^{N}\left[\frac{\boldsymbol{\psi}_r\boldsymbol{\psi}_r^{\mathrm{T}}}{a_r(\mathrm{j}\omega-\lambda_r)}+\frac{\boldsymbol{\psi}_r\boldsymbol{\psi}_r^{\mathrm{H}}}{a_r^*(\mathrm{j}\omega-\lambda_r^*)}\right] \tag{1.1}$$

$$h(t) = \boldsymbol{F}^{-1}(\boldsymbol{H}(\mathrm{j}\omega)) = \sum_{r=1}^{N}\left[\frac{\boldsymbol{\psi}_r\boldsymbol{\psi}_r^{\mathrm{T}}}{a_r}\mathrm{e}^{\lambda_r t}+\frac{\boldsymbol{\psi}_r\boldsymbol{\psi}_r^{\mathrm{H}}}{a_r^*}\mathrm{e}^{\lambda_r^* t}\right] = \sum_{r=1}^{2N}\boldsymbol{R}_r\mathrm{e}^{\lambda_r t} \tag{1.2}$$

式中:N 为模态个数;$\boldsymbol{\psi}_r$ 为第 r 阶振型;a_r 为比例系数;λ_r 为极点且 $\lambda_r = -\xi_r\Omega_r + \mathrm{j}\Omega_r\sqrt{1-\xi_r^2}$;$\xi_r$ 为第 r 阶模态阻尼系数;Ω_r 为第 r 阶模态的固有频率。

模型(1.1)是典型的传递函数公共极点模型,由于颤振试验受大噪声数据影响严重,且飞行数据长度有限,无法采用多次试验的方法去除噪声影响。因此,研究人员普遍热衷于采用基于传递函数模型开展频域辨识,以消除噪声的不利影响。该类算法中,最具代表性的研究工作有:Goyder 提出的频域局部迭代法,Coppolino 针对 Gallileo 空间飞行器提出的频域直接参数辨识法[35],Shih 在其博士论文中提出的基于奇异值分解的复模态指示函数法[36]等。其中,Levy[37]提出的有理分式最小二乘拟合法堪称频域方法的经典,此后,发展的大多数频域方法均沿袭了该方法的思路。其中,以比利时学者 Pintelon[38,39]等人的工作最为卓著,他们依靠噪声先验信息,提出了随机框架下的建模方法,并利用频域极大似然估计法,整体最小二乘算法及广义整体最小二乘法,从理论上获得了待辨识参数的无偏估计。Pintelon 等人的方法被称为新的最小二乘类方法,其优点在于考虑了噪声的影响。此后,Verboven 等人对该套算法的实际应用做了大量研究,并于 2003 年将整套算法应用于飞机颤振在线分析(欧盟的 Flite 项目),取得了较为理想的分析结果[39]。为提高该类方法的计算效率,文献给出了该类辨识方法的快速辨识方法。区别于上述采用公共极点模型的辨识研究,一种新的多参考点最小二乘复频域法(p-LSCF)也得到了发展,它采用了矩阵分式模型,其最大优势在于:通过适当选取约束条件,可以获得模态关系清晰的稳态图,这对于真实模态的提取具有重要意义。唐炜等人曾详细讨论了该类方法中约束条件选取和频率缩放细节,揭示了获取清晰稳态图的必要条件。目前,比利时 LMS 公司已将该方法发展成为今天模态分析领域最为著名的商业软件 PolyMAX[40]。

模型(1.1)是典型的连续时间模型,若直接采用该模型进行气动弹性系统辨识，高阶次和宽频带将引发严重的数值病态问题。为此，研究者相继提出了频率缩放、正交多项式、正交多项式矩阵的解决办法，其中正交方法可以获得条件数为1的雅克比矩阵，是目前最有效的解决途径。我国学者王彤、唐炜等人均曾采用正交思路开展了颤振模态辨识研究[41]。

基于模型(1.2)的传统时域辨识算法主要有 Ibrahim 时域法[42]、复指数法、最小二乘复指数法[43]等。该类方法的基本思路是根据脉冲响应(自由响应)的特殊数学形式构造等式，通过等式求解获得结构的模态参数。由于传统时域算法对噪声较为敏感，一些研究人员提出采用小波分析结构的脉冲响应。Freudinger，Lind 等利用单模态的脉冲响应函数构造了 Laplace 小波，通过相关滤波法，从脉冲响应中成功提取了飞机颤振模态参数[44]。Yu Kaiping、Ye JiYuan 等采用随机减量法从导弹的风洞颤振试验信号中提取脉冲响应，并使用 Morlet 小波进行分析，获得了未知输入情况下的模态阻尼估计[45]。唐炜同样运用 Morlet 小波，借助飞行试验得到的脉冲响应进行颤振模态参数辨识，取得了较为理想的辨识效果[46]。

2. 基于状态空间模型的线性辨识算法

状态空间算法采用离散的线性时不变空间状态方程表示待辨识的系统，其状态方程和观测方程可分别写为

$$\begin{cases} x(k+1) = \boldsymbol{A}x(k) + \boldsymbol{B}u(k) \\ y(k) = \boldsymbol{C}x(k) + \boldsymbol{D}u(k) \end{cases}$$

首先将基于状态空间模型的辨识算法应用于结构模态参数辨识中的是 Juang 和 Pappa，他们提出了特征系统实现算法(ERA)[47]，并结合卡尔曼滤波，提出了利用输入、输出数据进行辨识的 ERA 算法[48]。该算法根据脉冲响应函数(或自由状态响应)的离散时间序列，构成广义的 Hankel 矩阵，对它进行特定的线性变换和奇异值分解，构成最小阶实现，获得系数矩阵，最后通过系数矩阵确定结构的模态参数。在随后的研究中，Juang 又提出了频域 ERA 算法[49]。Pappa 也在 1997 年提出了一套 ERA 自动模态辨识算法，用于航天飞机方向舵的模态分析[50]。当前以 ERA/DC(数据相关)为代表的特征系统实现的改进算法[51]已成为欧美国家颤振试验的主要分析手段。但是 ERA 方法缺点在于它需要借助脉冲响应序列或频响函数完成系统辨识，且采用确定系统建模，未考虑噪声的影响。

子空间辨识算法是目前模态辨识研究的热点问题。与特征实现算法不同，子空间辨识直接由输入输出数据构造的 Hakel 矩阵计算状态空间模型。子空间算法最早由 Kung[52]在 1978 年提出，Moonen[53]和 Arun[54]分别在 1989 年和 1990 年对纯确定系统和纯随机系统的直接辨识方案进行了研究，这些工作标志着子空间辨识方法研究的真正开始。90 年代以后，众多的研究者投入到该领域的研究中，取得了大量的研究成果。其中最具代表意义的算法有：Van Overschee 的 N4SID(Numerical Algorithms for Subspace State Space System Identification)[55]，Larimore 的 CVA(Canonical Variate Analysis)[56]以及 Verhaegen 的 MOESP[57,58](Multivariable

Output - Error State sPace)。随着子空间理论的完善，子空间方法在颤振模态辨识中的应用也取得了一定的进展，早在 1996 年，P. Van Overschee 就在有关子空间的专著中给出了飞机颤振模态辨识的应用实例[59]。美国 NASA 早在 1997 年就采用子空间方法分析了 F/A-18 试验机的颤振试飞数据，取得了初步的研究成果[23]。此后，法国 INRIA 研究院也陆续开展了基于子空间方法的颤振识别与监测的研究，对比了人工激励和紊流激励的辨识效果，并提出了紊流激励条件下颤振识别的统计方法[60,61]。作者曾将频域子空间算法用于颤振模态参数辨识[62]。需要指出的是，子空间算法实质是采用奇异值截断的方法，将待辨识的高阶系统近似表示为低阶系统。因此该算法会忽略能量较小的模态。同时，子空间方法是一种非参数辨识法，并非按照最优原则求解，将导致模态参数辨识精度有限。

为了进一步提高子空间辨识效果，一些新的研究思路相继出现。其中，极大似然估计作为精度最高的辨识工具得到了研究者的重视，尤其是新近提出的期望值极大化方法(EM)解决了该类算法寻优困难，易陷入局部最优的缺陷[63]。基于 EM 方法进行频域极大似然估计的研究已经应用于气动弹性的降阶建模[64]。目前该理论的应用研究仍在不断完善中，本书第 7 章专门叙述了 EM 方法在颤振飞行试验的应用。

3. 非线性辨识算法

由于颤振非线性问题的复杂性，现有研究大多局限于理论建模分析，从试验工程角度研究非线性的工作主要由 NASA 的 Silva 完成[32]。此后，Silva 以 Volterra 级数理论为工具，研究了非线性的气动弹性问题，并利用试验数据从辨识角度对气动弹性问题进行非线性模型。作为该项研究在颤振领域的应用，Prazenica 等人[65]在主动气动弹性机翼的研究(AAW)中，采用一阶 Volterra 核提取试飞数据中的线性成分，避免了非线性因素对模型造成的不确定影响。

1.7 颤振边界预测研究

利用试飞数据进行颤振边界预测是该类试验的主要目的。目前，常用的预测方法可以分为两大类：完全依靠试飞数据的预测方法，模型与数据相结合的预测方法。基于数据的预测方法主要包括阻尼外推法[66]、包线函数法[67]和颤振裕度法[17]等。模型与数据相结合的预测方法主要有鲁棒颤振边界预测[68,69]法。

阻尼外推法是目前为止工程界使用最为普遍的一种颤振边界预测方法。由于颤振发生时，至少有某一阶模态的阻尼变为零，可以用阻尼作为判断颤振是否发生的依据，通过观测各阶模态的阻尼随亚临界速度的变化直接外推到阻尼为零的点求出颤振临界速度，物理概念十分清晰。

颤振裕度法是基于经典的弯扭二自由度机翼的运动方程，利用 Routh 判据确定系统的稳定条件，并通过采样数据获得极点信息，求解描述颤振裕度的与动压有关的二次多项式得到颤振临界点。

以上两种方法均需要识别系统的模态参数，其边界预测效果受到识别结果的影响。其中，阻尼外推法受制于阻尼系数的辨识精度。由于阻尼参数数量级较小，外界噪声乃至模型阶次的变化，都会引起阻尼的较大波动，增加了预测难度。颤振裕度法不单纯依靠阻尼，它将模态频率引入到预测多项式中。但是它受限于双自由度颤振模型，对多自由度和单自由度主导的颤振问题适用性有限。

包线函数法区别于以上两种方法，并不需要识别模态参数，而是通过计算不同速度下包线函数的形状参数来预测系统的稳定性。但在噪声数据中准确提取包线并不是一件容易的事。

鲁棒颤振边界预测是20世纪末由美国学者Lind等人提出的一种模型与数据相结合的边界预测方法[68,69]。它需要建立不确定模型描述气动弹性系统，试飞数据并不进行模态辨识，而是用于模型不确定水平的估计和验证。鲁棒颤振分析方法将理论模型与试验数据结合起来，具备更优的抗噪能力，可避免由于系统辨识失真造成边界预测的失败。在国内，吴志刚、谷迎松、员海玮等人分别采用鲁棒 μ 分析框架，在不同层面独立开展了气动弹性系统稳定性的分析与预测[70-72]。

遗憾的是，鲁棒颤振边界预测是一种以理论建模为主的方法，为了弥补与真实系统较大的误差，通常会将不确定参数的变化范围设置过大，从而导致过大的保守性。为了降低保守性，已有研究者提出了采用试飞数据构建不确定模型的思路。本书的第9章对于这种方法进行了较为详细的阐述。

1.8 气动伺服弹性(ASE)研究

随着飞机飞行速度的不断提高和各种先进飞机设计概念的出现，如放宽静稳定性设计，以提高战斗机的敏捷性，单靠人力机械操纵已经无法适应此类飞行。必须依赖相应的伺服控制系统，以改善飞机的操纵性和稳定性。

伺服控制系统的介入引发了一个新问题——气动伺服弹性(ASE)问题[73]。这是由于伺服控制系统通常采用闭环反馈形式。安装在机身上的反馈传感器受到弹性振动模态的影响，会将高频率的振动信号引入到控制系统中，从而造成反馈信号中含有高频成分，有可能进一步诱发飞机气动弹性系统与伺服控制系统的不利耦合，进一步激发结构振动，形成气动伺服弹性问题。

各国对飞机ASE问题的研究主要集中在ASE稳定性分析上。美国相继在多个型号的原型机以及技术验证机上进行了ASE分析研究，例如YF-16、F-18。其中YF-16尽管在试飞前进行了相关的ASE稳定性分析，然而在试飞中翼尖弹仍然发生了俯仰自由度的剧烈振动[74]。由于该不稳定区域位于飞行包线以内，而事先仅针对较高速度情况进行了分析，故未能发现该问题。事后经过详细的理论分析，获得了与试飞结果较为一致的结论。这个实例表明：ASE不同于颤振问题的最大之处在于,它极有可能发生在包线内,而颤振总是发生在飞行包线的右边界附近。

尽管如此,颤振和气动伺服弹性仍然存在密不可分的关系,若放在系统理论的观点下,二者没有本质区别,它们均属于系统失稳问题。气动伺服弹性只是给气动弹性系统加入了闭环反馈,构成了新的系统,而这一系统被我们称为气动伺服弹性系统。在控制论中,为了描述一个系统稳定的程度最常用的概念就是稳定裕度。对于电传操纵飞机,国军标明确规定了气动伺服弹性在不同频带下应具有的稳定裕度。如本书第 10 章表 10.1 所示,军标规定了不同频段幅值裕度和相角裕度的要求。需要注意的是,颤振在工业界一般属于结构工程师关注的问题,气动伺服弹性则往往归为控制工程师的工作。国军标对稳定裕度的要求实际上反映了飞控系统的设计指标。而本书希望缩小这种割裂感,把两者放在更加统一的框架下进行叙述。

根据各通道之间耦合与否,ASE 试飞数据处理可分别按照 SISO、MIMO 系统分类,采用相应的稳定裕度分析方法,对于飞行试验而言,如何利用试飞数据评价系统稳定裕度是一个颇有难度的话题。

1)SISO 稳定性分析——伯德图方法

通过开环幅相特性判定闭环稳定性,是经典控制论中 SISO 系统稳定性分析的常用手段。现有飞机的操纵系统分为俯仰、偏航和滚转回路,纵向回路一般可视为 SISO 系统;而横侧回路一般存在不同程度的耦合,属于 MIMO 系统,理论上伯德图方法不再适用。但是受限于 MIMO 系统裕度评价方法的滞后,伯德图方法仍是现代飞机气动伺服弹性分析的重要理论依据。

2)MIMO 稳定性分析——回差矩阵奇异值判据

随着现代鲁棒控制理论的发展,矩阵奇异值已经成为最重要的多变量控制系统的稳定性分析工具。Mukhopadhyay 将多变量反馈系统的鲁棒稳定性分析方法引入多回路 ASE 分析中,将回差矩阵奇异值与 SISO 系统稳定裕度指标联系起来,得到了 MIMO 系统稳定裕度分析方法,但所得结果往往过于保守[75]。

为克服保守性,在气动弹性领域采用的鲁棒 μ 分析被研究人员推广到气动伺服弹性问题中,并应用 NASA 的 F/A－18 主动气动弹性机翼技术验证机[76]。在国内,中国飞行试验研究院、西北工业大学等单位曾联合开展了 ASE 多回路稳定裕度的研究,是国内较早开展该类研究的单位。借助鲁棒 μ 方法研究思路,作者及其合作者提出了直接结合试飞数据评价 ASE 稳定裕度的新思路[77,78]。

1.9 本书内容安排

第 1 章介绍颤振飞行试验的背景和意义;概述颤振飞行试验基本原理及发展简史,介绍颤振模态参数识别技术的国内外研究现状,指出当前颤振模态参数识别中存在的主要问题。

第2章从系统与模型的角度，研究简化的二元机翼模型，从线性系统的角度说明颤振的本质和基本理论，同时重点对颤振模态辨识的数学模型作一介绍。

第3章系统介绍颤振飞行试验的基本原理，重点讲解激励方式、输入信号设计、结构响应采集等工程实践问题。

第4章针对我国试飞中常用的小火箭激励和舵面扫频激励，提出数种不同的试飞数据去噪方法，并给出具体的仿真算例。最后以实测试飞数据为例，验证了算法的工程实用性，并对算法的去噪效果进行分析、比较。

第5章研究频响函数的非参数估计方法，分别对比多种传统估计方法，同时考虑频域泄露问题，讨论常见的窗函数优劣，最后分析了局部多项式（LPM）方法在降低泄露方面的优势。

第6章提出模态参数辨识的频域整体最小二乘类算法，分析算法的数值稳定性问题并提出解决办法；同时给出试验条件下频响函数和噪声方差估计的具体方法；最后通过仿真算例和试飞数据，验证算法的有效性。

第7章阐述状态空间模型辨识的基本原理和基本步骤，着重研究基于非参数模型的子空间算法，探讨模态参数辨识的子空间方法及具体应用问题。针对极大似然估计问题，给出了期望值极大化的研究思路。最后通过仿真算例和试飞数据，进一步说明了新方法的有效性。

第8章介绍小波辨识的基本原理，对小波系数与模态频率、阻尼的基本关系进行推导。分析模态参数小波辨识方法的适用范围，并讨论影响识别精度的因素以及提高识别精度的途径。最后通过仿真算例和试飞数据，验证算法的有效性。

第9章除解释传统颤振边界预测方法的原理外，重点介绍鲁棒颤振边界预测方法，详细叙述标称模型和不确定性模型的建模方法，提出了一种最后采用μ分析给出颤振边界预测结果。

第10章深入研究气动伺服弹性稳定裕度分析问题。介绍ASE形成机理、试飞方法和关心的试飞指标，最后提出了回差矩阵和μ方法进行稳定裕度分析。

第2章 系统理论与气动弹性模型

2.1 系统与模型

系统是指由相互联系、相互作用、相互制约的各个部分组成的具有一定综合行为和整体功能的统一体。系统的定义十分广泛，它可以大到宇宙，小到细胞，由系统的特性又可以分为生物学系统、工业生产系统、工程系统、经济或社会系统等[79]。一般情况下，系统按照一定的规律与周围环境的相互作用，在受到外部激励时能够产生输出响应，如图2.1所示。系统在现代科学中的地位十分重要，许多问题在系统的框架结构内都能得到有效解决。

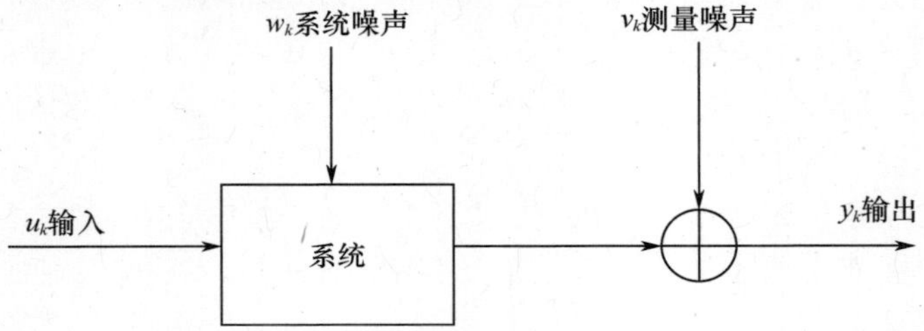

图2.1 系统结构图

在客观世界中，为了对某一事物或过程进行定量研究，常常需要建立表征该事物或过程本质的模型。所谓一个过程的模型就是对该过程本质方面的一种表述，它能以某种形式提供关于该实际过程更全面更深刻的认识。因为建模是为了以它为基础，进一步做出各种决策，因此模型应采用便于应用的形式。一般来说，一个过程的模型总应把现实的过程简化，从这一点来说，模型是适当地降低了现实过程(或事物)复杂程度的现实性代表。分析系统动态、静态特性，预报系统的输出响应以及对系统进行分析和综合的基础是建立系统的模型。模型的表现形式多种多样，可以根据问题分析的需要选择特定的系统模型。在实际工程系统中，模型可分为物理模型和数学模型两类。数学模型(如代数方程、微分方程、差分方程和状态方程等)因为能够精确地反映系统的输入、输出关系和内在规律的定量关系，得到了广泛的研究和应用[80]。这些不同的数学模型被广泛地应用于系统的仿真、分析、监测、预报、优化、故障诊断、系统设计、生产质量控制和操作人员培训等。一般来说，系统的特性有线性与非线性、动态与静态、确定性与随机性、宏观与微观之分，故描述系统的数学模型必然也有这几种类型的区分。在实际应用中，究竟选择哪种模型,需要综合考虑模型的应用场合、模型复杂性以及精度要求等因素[81]。

总的来说,建立数学模型有三种途径。一种是分析法,即根据研究系统的物理机制,利用已知的有关定律、定理或原理(如牛顿定律、基尔霍夫定律、热力学定律、能量平衡方程和传热传质原理等)及物理量之间的关系等,用数学方法推导出数学模型,建立的模型可能是线性的或非线性的。用分析法建模所得到的数学模型称为机理建模,有时也称为白箱建模。对于复杂的系统,人们很难摸清复杂实际过程的机理,而且机理分析总是基于很多假设以及简化的基础之上,难免和实际不符。另一种是试验法,即对一个已经存在的系统,根据观察、测量并记录得到的输入和输出实验数据,经过一些加工处理,求出非参数模型(如频率特性曲线,脉冲响应曲线)或参数模型(如传递函数、微分方程或差分方程),这类建模属于黑箱建模。即使对系统的结构和参数一无所知,也可以通过多次测量得到系统的输入和输出数据来求得系统的模型。与分析法相比,试验法的优点在于不需要深入了解系统的机理,不足之处是必须设计一个合理的试验以获取所需的最大信息量。还有一种是分析法和试验法相结合,适用于系统的运动机理不是完全未知的情况,称为灰色建模,它利用已知的运动机理和经验确定系统的结构和参数。

以系统的观点研究颤振问题是本书的主线,书中采用系统辨识方法识别气动弹性系统参数,运用鲁棒稳定理论预测气动弹性系统的动态特性变化趋势,并参考系统稳定裕度概念,分析多回路气动伺服弹性系统的稳定裕度。为方便读者阅读,本章将介绍系统理论基础知识和用系统观点分析颤振问题的基本思想。

2.2 系统辨识

2.2.1 系统辨识简介

系统辨识、状态估计和控制理论是现代控制理论中互相渗透的三个领域。系统辨识和状态估计离不开控制理论的支持,控制理论的应用又几乎不能没有系统辨识和状态估计技术。

系统辨识是从系统的输入、输出数据建立系统数学模型的理论和方法,它包括确定系统的数学模型结构和估计数学模型参数。参数估计则是从已知系统的数学模型的结构估计其参数的方法。然而,被控对象的数学模型在通常情况下并不容易获得,或者系统参数在过程运行的期间会发生变化。因此,在应用现代控制理论对系统进行分析、设计和优化之前,应首先确定系统的数学模型。

对于系统的模型辨识和参数估计,早在 20 年代 60 世纪初期,Zadeh 就给出了系统辨识的定义:系统辨识就是在输入和输出数据的基础上,从一组给定的模型类中,确定一个与所测系统等价的模型[82]。然而在现实中,非线性是普遍存在的,而线性模型只是对非线性的一种近似和简化。1978 年,Ljung 又给系统辨识下了一个比较实用的定义[20,83]:辨识就是按照一个准则在一组模型中选择一个与数据拟合最好的模型。根据这个定义,系统辨识解决的就是在某种准则下由数据空间向模型空间的数学映射问题。由 Zadeh 和 Ljung 的定义可得,在系统辨识过程中,必须确定三个方面的问题:第一,必须指定某类系统,比如说系统是静态的还是动态的,线性的还是非线性的,参数是定常的还是时变的,是确定性的还是随机性的,是连续系统还是离散系统,等等。第二,必须规定一类输入信号,辨识是在某一特定输入信号下进行的。通常的输入信号有正弦、阶跃、脉冲、白色噪声、伪随机信号,等等。第三,必须规定等价的含义。对于两个系统,一般情况下指输入、输出等价,相同输入情况下,输出亦相同。

具体来讲,在实际应用中系统辨识通常涉及试验信号选择、采样时间设定、试验数据收集和进行模型验证等;在理论研究方面包括辨识算法设计、模型参数化、数据预处理、参数估计方法选择、动态系统参数估计、算法收敛速度和辨识算法的改进等问题。进行系统辨识的一般步骤如图 2.2 所示。

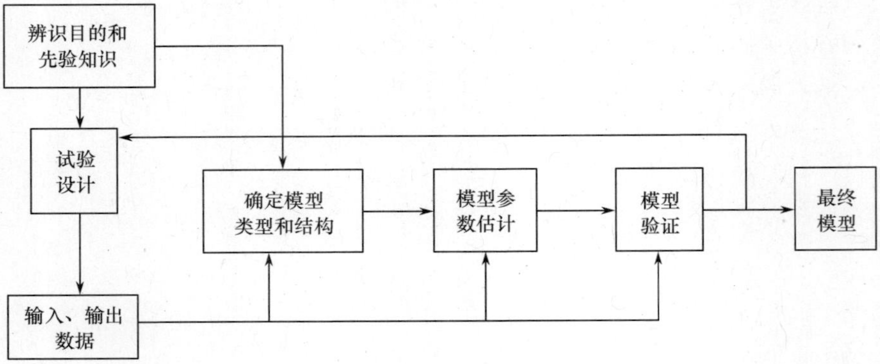

图 2.2 系统辨识的一般步骤

系统辨识的目的就是建立能够描述系统动态及稳态特性的数学模型。数学模型可以用来设计先进控制系统,还可以用来预报、规划、仿真研究、建立软仪表以及生产过程监视和故障诊断等。

系统辨识是一门应用广泛的技术方法,其实际应用已遍及许多领域。目前不仅工程控制对象需要建立数学模型,而且在其他领域,如生物学、生态学、医学、天文学以及社会经济学等领域也常常需要建立数学模型,并根据数学模型确定最优控制决策。对于上述各领域,由于系统比较复杂,人们对于其结构和支配其运动的机理,往往了解不多,甚至很不了解,因此不可能用理论分析的方法得到数学模型,只能利用观测数据来确定数学模型,所以系统辨识受到了人们的重视。

2.2.2 飞行器的系统辨识

飞行器是个极其复杂的系统,飞行器研制是包括设计、试制、试验、定型、生产的庞大系统。飞行器设计包括外形设计、结构设计、控制系统设计、制导系统设计、动力系统设计、供电系统设计,等等。在飞行器的方案设计阶段、初步设计阶段和型号设计阶段,都必须建立各分系统具有不同近似程度、反映系统不同侧面的数学模型,进行系统分析和系统仿真,以确保各系统的性能达到战术技术指标,满足设计要求。为了确保建立正确的系统数学模型,在不同设计、试制、试验阶段,要进行多次分系统和全系统的试验,包括地面缩比尺度的模型试验、地面全尺寸的模拟试验、空中缩比模型试验和全尺寸飞行器的飞行试验,利用这些试验的实测数据,通过系统辨识,建立飞行器各分系统的数学模型。

基于物理原理建立飞行器模型是另一种常用方法,但是由于人们对关键物理参数和物理作用(如交叉耦合)所知有限,即使花费了很大代价完成了理论建模,仍然需要大量的验证工作以便仿真模型接近真实情况。对于现代飞机,若希望获得较高精度的模型,可以(也许只能是)在飞行试验的早期阶段利用系统辨识快速完成。此后,就可以利用系统辨识结果修正基于物理原理的仿真模型。

与有人机相比,无人机相对较短的研制周期(6~12 个月,而非 5~10 年)和其非常规的气动布局常常不适于采用物理方法建模。这类飞机的飞行控制系统开发只能依赖于项目开始阶段专门飞行试验得到的系统辨识模型[84]。

飞机动态模型建立了控制输入和飞行器响应之间的联系。这些模型可以很简单,如表征从输入到输出响应之间关系的曲线图;也可以很复杂,如可表现为一组运动微分方程。动态模型在很多实际应用中都是必需的,其中包括飞机稳定性和操纵性分析、飞行仿真、飞行控制设计。

2.2.3 飞行器辨识的频域方法

基于频率响应的频域辨识方法具有一些特殊的性质,使得它非常适合于从飞行数据中辨识飞机的动态模型。尽管有很多辨识方法用于仿真数据或者简单的二阶系统时能够得到满意的辨识结果,但它们用于飞机的实测飞行数据时常常是不可靠的,而频域响应辨识方法在长期实践中得到了发展和细化,其有效性已经被大量例子和参考文献证实[84]。本书正是采用频域辨识方法作为气动弹性建模和颤振模态辨识的主要手段。

频域辨识的流程如图 2.3 所示,通常主要分为两步,即先用非参数方法处理,再用参数化建模技术处理。非参数建模主要完成频响函数和相干函数估计。频响函数描述了系统输入、输出关系,它们以直观的形式帮助工程人员理解飞机动态特性的一些本质问题。比如帮助确定模型的维数。相干函数则为试验数据优劣提供评判标准。为了获得理想的非参数估计,有必要设计含有丰富谱信息的试验输入指令,能够充分激励飞机的动态特性。扫频信号在感兴趣的频带内具有能量集中的特点,因此是频域辨识的标配输入。

对数据开展预处理是辨识之前的关键步骤:一方面需要检验数据的协调性,确

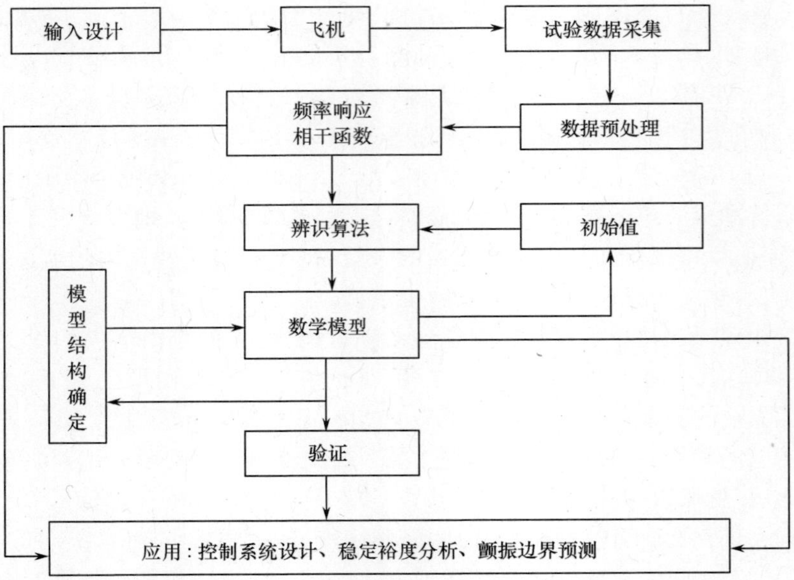

图 2.3　系统辨识频域方法的处理流程

保数据中不同信号在运动学上是协调的,例如加速度的测量应该和速度测量一致;另一方面是最大限度地降低噪声的干扰。此外,试验存在的确定性误差和不确定误差也应该在辨识前消除,如陀螺的游走误差、数据缺失、野值,等等。

频域辨识算法可以完成参数化建模,是频域辨识的下一步。这一步将以数值的形式确定系统零点和极点的位置,使得数学模型和频响函数达到最佳匹配。常用的数学模型主要包括传递函数模型和状态空间模型。模型辨识中除了参数辨识之外,应该首先确定模型结构。所谓模型结构确定就是用尽可能少的参数个数匹配试验数据。对于线性模型而言此过程简化为定阶,可通过不同阶次下的辨识"提炼"模型结构。

用频域方法完成模型辨识后,需要对模型进行验证,使用与系统实测输入相同信号作为模型输入,即可直接、准确地比较时间响应的实测值和模型预测值。一旦模型经验证是有效的,那么就可以用于应用。

非参数化建模主要完成频响函数和相干函数的估计。

频域辨识的技术优势主要体现在:

(1) 当飞行数据中含有大量过程噪声和测量噪声时,可给出无偏的频率响应估计。这一点对于含有非平稳噪声的颤振试飞试验而言,尤为重要。由于大气紊流激励的存在,较大的过程噪声是该类试验不可回避的问题。

(2) 相干函数为飞行试验数据品质提供了最直接的衡量标准。它表明在所关心的频带内,系统是否很好地被激励,同时表明了是否待建模系统在这各频率范围内被很好地用线性过程描述。而在辨识阶段,它可以为模型拟合确定合适的频率范围。

（3）颤振试飞等试验由于需要辨识飞机弹性结构的模态信息，试验数据中通常含有高阶动态特性。频域辨识可选择感兴趣的频带范围进行辨识，大大简化了辨识模型的结构，而时域辨识通常在整个频带内进行，高阶模态存在严重噪声干扰，会对辨识结果产生不利影响。

（4）现代固定翼飞机通常表现出静不稳定的动态响应特性，飞行试验必须在闭环条件下进行。而频域方法非常适于不稳定动态系统辨识，这是因为模型匹配完全在频域内进行，不稳定运动在频域内表现为对应模态相位增加，而稳定模态表现为相位减小。相比之下，时域辨识方法涉及对输入信号的积分，不稳定极点会使得模型时间积分迅速发散，造成辨识过程终止。

2.3 颤振与线性系统理论

本节将以简化的二元机翼模型为例，从线性系统的角度说明颤振的本质和基本理论，同时重点对颤振模态辨识的数学模型和颤振飞行试验的原理作一介绍。

2.3.1 简化颤振方程的建立

现在考察图 2.4 所示的典型机翼剖面模型，研究它在气流中的振动。

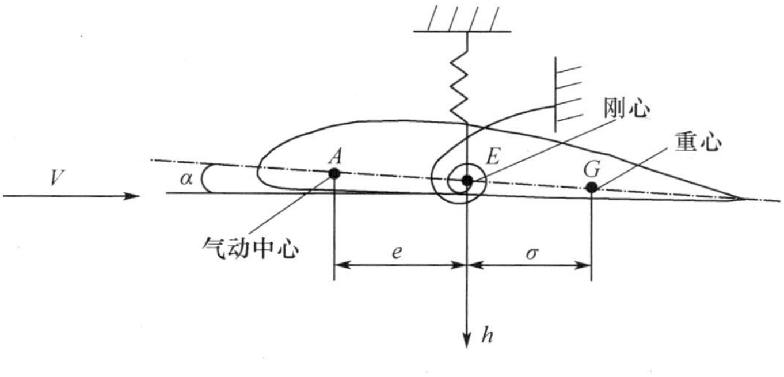

图 2.4 典型的机翼剖面模型

假设该翼段是绝对刚硬的，并以扭转弹簧 k_α 及线性弹簧 k_h 支持在 E 点（刚心）。翼段质量为 m，重心在 G 点，它与刚心的距离为 σ，并以重心在后为正。图中 A 点为气动中心，它与刚心的距离为 e。该翼段有两个自由度，以静平衡为起点，取坐标 h 和 α，其中：h 为刚心处的挠度，向下为正；α 为绕刚心的转角，抬头为正。对于气动力只需采用定常气动力理论，即假设升力只与每一时刻的实际攻角有关，除去一切气动惯性和气动阻尼项，只保留与各广义坐标成比例的气动刚度，且假设 α 值较小，根据拉格朗日方程可写出典型剖面的运动方程[85,86]：

$$\begin{cases} m\ddot{h} + m\sigma\ddot{\alpha} + k_\alpha h + L = 0 \\ I_0\ddot{\alpha} + m\sigma^2\ddot{\alpha} + m\ddot{h}\sigma + k_\alpha\alpha - eL = 0 \end{cases}$$

即

$$\begin{cases} m\ddot{h} + S_\alpha \ddot{\alpha} + k_h h + L = 0 \\ I_0 \ddot{\alpha} + (m\sigma \ddot{\alpha} + m\ddot{h})\sigma + k_\alpha \alpha - eL = 0 \end{cases} \tag{2.1}$$

式中：S_α 为翼段对刚心的静矩，$S_\alpha = m\sigma$；I_α 是翼段对刚心的惯量，$I_\alpha = I_0 + m\sigma^2$。按照定常气动力理论有

$$L = \frac{1}{2}\rho V^2 S \frac{\partial C_L}{\partial \alpha}\alpha = \bar{q}S \frac{\partial C_L}{\partial \alpha}\alpha$$

式中：S 为翼段的平面面积；$\bar{q} = \frac{1}{2}\rho V^2$ 代表动压；C_L 为翼段的升力系数。

则方程(2.1)可写为

$$\begin{cases} m\ddot{h} + S_\alpha \ddot{\alpha} + k_h h + \bar{q}S \frac{\partial C_L}{\partial \alpha}\alpha = 0 \\ S_\alpha \ddot{h} + I_\alpha \ddot{\alpha} + k_\alpha \alpha - \bar{q}Se \frac{\partial C_L}{\partial \alpha}\alpha = 0 \end{cases} \tag{2.2}$$

2.3.2 颤振基本原理

为了求解式(2.2)，假设方程(2.2)的解满足如下形式：

$$\begin{cases} h = h_0 e^{\lambda t} \\ \alpha = \alpha_0 e^{\lambda t} \end{cases} \tag{2.3}$$

式中：λ 为待定常数，且 $\lambda = \xi + i\omega$。

将式(2.3)代入式(2.2)，并用矩阵符号表示，得到

$$\begin{bmatrix} m\lambda^2 + k_h & S_\alpha \lambda^2 + \bar{q}S \frac{\partial C_L}{\partial \alpha} \\ S_\alpha \lambda^2 & I_\alpha \lambda^2 + k_\alpha - \bar{q}Se \frac{\partial C_L}{\partial \alpha} \end{bmatrix} \begin{bmatrix} h_0 \\ \alpha_0 \end{bmatrix} = 0 \tag{2.4}$$

对于非平凡解，系数的行列式等于零，由此得到确定 λ 的方程，即

$$A\lambda^4 + B\lambda^2 + C = 0 \tag{2.5}$$

式中

$$A = mI_\alpha - S_\alpha^2,\ B = mk_\alpha + I_\alpha k_h - (me + S_\alpha)\bar{q}s \frac{\partial C_L}{\partial \alpha},\ C = k_h\left(k_\alpha - \bar{q}Se \frac{\partial C_L}{\partial \alpha}\right)$$

求解式(2.5)，得到

$$\lambda^2 = \frac{-B \pm \sqrt{B^2 - 4AC}}{2A} \tag{2.6}$$

当$\overline{q}=0$时，也就是没有气流时，$B>0, B^2-4AC>0$。由式(2.6)算出的λ^2是两个负的实数，于是，λ值为纯虚数，这代表了翼段在真空中的两个固有频率(即自由振动频率)。

有气流时，$\overline{q}>0$，而仍满足$B^2-4AC>0$时，则还是有两个振动频率，其值随$\overline{q}$即动压的变化而变化。

当$\overline{q}$增大到使$B^2-4AC<0$时，则λ^2成为复数，至少有一个λ值的实部是正的，这表明振幅不断扩大，运动是不稳定的，此时发生了颤振。因此，等式

$$B^2-4AC=0 \tag{2.7}$$

给出了稳定和不稳定运动的边界：由式(2.7)可算出一个确定的q值，在此值之下，翼段就会出现动不稳定性，即"颤振"。

需要注意的是，满足式(2.7)时，式(2.6)中λ^2只有一个值，即$\lambda^2=-B/2A$，即只有一个振动频率。这表明：当气流速度增大到使翼段的两个振动频率相等时，就达到了颤振临界点，这就是由简单定常气动力导出的颤振频率重合理论。然而，实际系统并不会出现频率完全重合的现象，这是因为上述方程忽略了系统中阻尼的影响(机械、气动阻尼)。这里以文献[87]给出的一个包含阻尼的二元机翼模型为例，绘制气动弹性系统的模态频率和阻尼随风速V(0~14m/s)变化的趋势，如图2.5所示。从图2.5(a)中可以发现，两个模态的频率会随着风速增大愈加接近，但并不重合。如图2.5(b)所示，其中一个模态的阻尼系数变为负数(或者说一个极点进入右半平面)时系统就进入了不稳定状态，机翼发生颤振。因此，通常将气动弹性系统的阻尼系数作为判断颤振临界速度的重要参数。

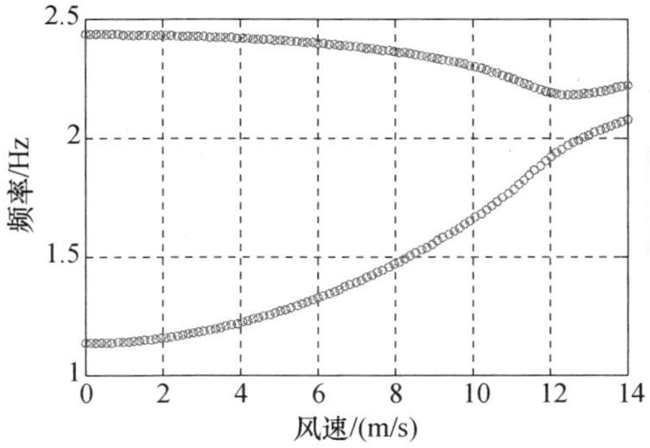

(a) 极点频率-风速

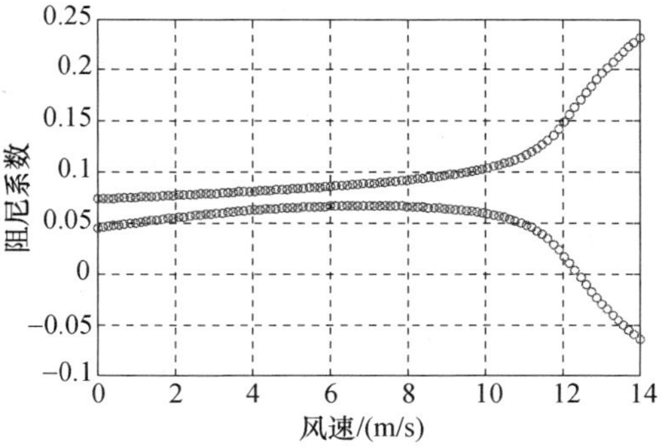

(b) 极点阻尼系数-风速

图2.5 极点频率、阻尼系数随风速的变化趋势

2.3.3 颤振飞行试验原理

随着飞行高度和速度的改变，飞机结构所承受的动压也在发生变化，因此飞行状态下的飞机结构应视为一个时变系统，系统随动压的增大而逐渐从稳定状态趋

于不稳定状态。为了简化问题，通常将处于某一飞行状态点下（固定的飞行高度和速度）的飞机作为研究的对象，同时假设颤振亚临界状态下的飞机振动是一种微幅振动，在这样的前提下，将飞机结构视为一个非时变的线性系统，同时为便于线性系统的观点研究颤振问题，可采用图 1.3 所示的闭环反馈的形式表示飞机的弹性结构系统。

图 2.6 中系统的输入为大气紊流等引起的外界扰动，输出为弹性结构的弹性变形。这里以 2.3.1 节中的机翼剖面模型为例，以线性系统的观点对其进行分析，首先将式（2.2）写成矩阵的形式：

$$\begin{bmatrix} m & S_\alpha \\ S_\alpha & I_\alpha \end{bmatrix}\begin{bmatrix} \ddot{h} \\ \ddot{\alpha} \end{bmatrix} + \begin{bmatrix} k_h & \bar{q}S\dfrac{\partial C_L}{\partial \alpha} \\ 0 & k_\alpha - \bar{q}Se\dfrac{\partial C_L}{\partial \alpha} \end{bmatrix}\begin{bmatrix} h \\ \alpha \end{bmatrix} = 0$$

$$\boldsymbol{M}\ddot{\boldsymbol{\eta}} + \boldsymbol{K}\boldsymbol{\eta} = 0$$

式中

$$\boldsymbol{M} = \begin{bmatrix} m & S_\alpha \\ S_\alpha & I_\alpha \end{bmatrix},\ \boldsymbol{K} = \begin{bmatrix} k_h & \bar{q}S\dfrac{\partial C_L}{\partial \alpha} \\ 0 & k_\alpha - \bar{q}Se\dfrac{\partial C_L}{\partial \alpha} \end{bmatrix},\ \boldsymbol{\eta} = \begin{bmatrix} h \\ \alpha \end{bmatrix}$$

取状态变量 $\boldsymbol{x} = [\dot{\boldsymbol{\eta}}, \boldsymbol{\eta}]$，该系统的状态方程为

$$\dot{\boldsymbol{x}} = \boldsymbol{A}\boldsymbol{x}$$

式中：$\boldsymbol{A} = \begin{bmatrix} \boldsymbol{0} & -\boldsymbol{M}^{-1}\boldsymbol{K} \\ \boldsymbol{I} & \boldsymbol{0} \end{bmatrix}$。

可以把颤振问题等效为一个线性系统的稳定性问题，利用稳定性判据判断颤振的发生，当该系统的极点分布在复数平面的左半平面时，气动弹性系统是稳定的；当系统的极点移动到虚轴时，气动弹性系统处于临界稳定状态，恰好发生颤振。颤振试验采用阻尼系数变化趋势预测颤振边界也正是基于上述原理。为了获取每个状态点下模态阻尼系数与频率，通常采用试验方法，从试飞数据中辨识系统的模态参数。这里为区别于 2.3.1 节中的简化颤振模型，给出了更具实际意义的颤振试验机翼模型，如图 2.6 所示[88]。

假设作用机翼上的人工激励为 u，方向垂直向上，与刚心 E 的距离为 r，且以 E 点在后为正。可写出机翼在颤振飞行试验状态下的运动方程（考虑了黏性阻尼因素的影响）：

$$\begin{cases} m\ddot{h} + S_\alpha\ddot{\alpha} + c_h\dot{h} + k_h h + \bar{q}S\dfrac{\partial C_L}{\partial \alpha}\alpha + u = 0 \\ S_\alpha\ddot{h} + I_\alpha\ddot{\alpha} + c_\alpha\dot{\alpha} + k_\alpha\alpha - \bar{q}Se\dfrac{\partial C_L}{\partial \alpha}\alpha + ur = 0 \end{cases} \tag{2.8}$$

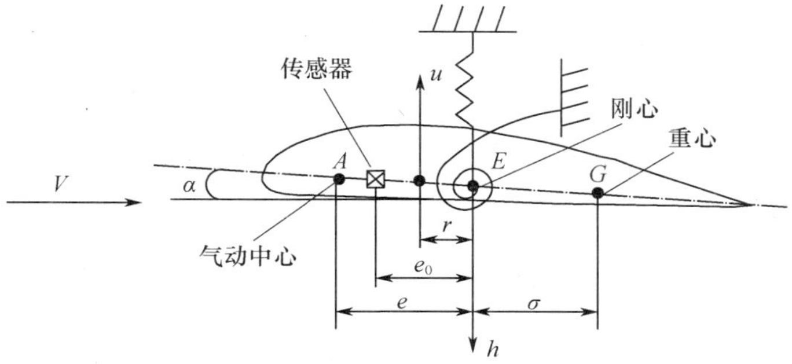

图 2.6 颤振试验的机翼剖面模型

将式(2.8)改写为矩阵的形式:

$$\begin{bmatrix} m & S_\alpha \\ S_\alpha & I_\alpha \end{bmatrix}\begin{bmatrix} \ddot{h} \\ \ddot{\alpha} \end{bmatrix}+\begin{bmatrix} c_h & 0 \\ 0 & c_\alpha \end{bmatrix}\begin{bmatrix} \dot{h} \\ \dot{\alpha} \end{bmatrix}+\begin{bmatrix} k_h & \bar{q}S\dfrac{\partial C_L}{\partial \alpha} \\ 0 & k_\alpha-\bar{q}Se\dfrac{\partial C_L}{\partial \alpha} \end{bmatrix}\begin{bmatrix} h \\ \alpha \end{bmatrix}=\begin{bmatrix} -u \\ -ur \end{bmatrix} \tag{2.9}$$

$$\boldsymbol{M}\ddot{\boldsymbol{\eta}}+\boldsymbol{C}\dot{\boldsymbol{\eta}}+\boldsymbol{K\eta}=-\boldsymbol{R}u \tag{2.10}$$

式中

$$\boldsymbol{M}=\begin{bmatrix} m & S_\alpha \\ S_\alpha & I_\alpha \end{bmatrix},\ \boldsymbol{C}=\begin{bmatrix} c_h & 0 \\ 0 & c_\alpha \end{bmatrix},\ \boldsymbol{K}=\begin{bmatrix} k_h & \bar{q}S\dfrac{\partial C_L}{\partial \alpha} \\ 0 & k_\alpha-\bar{q}Se\dfrac{\partial C_L}{\partial \alpha} \end{bmatrix},\ \boldsymbol{R}=\begin{bmatrix} 1 \\ r \end{bmatrix},\ \boldsymbol{\eta}=\begin{bmatrix} h \\ \alpha \end{bmatrix}$$

由式(2.10)有

$$\ddot{\boldsymbol{\eta}}+\boldsymbol{M}^{-1}\boldsymbol{C}\dot{\boldsymbol{\eta}}+\boldsymbol{M}^{-1}\boldsymbol{K\eta}=-\boldsymbol{M}^{-1}\boldsymbol{R}u \tag{2.11}$$

观测量由位于 e_0 处的加速度传感器获得,显然有观测量的表达式:

$$y=\ddot{h}+e_0\ddot{\alpha}=[1\quad e_0]\ddot{\boldsymbol{\eta}}=-\boldsymbol{E}(\boldsymbol{M}^{-1}\boldsymbol{R}u+\boldsymbol{M}^{-1}\boldsymbol{C}\dot{\boldsymbol{\eta}}+\boldsymbol{M}^{-1}\boldsymbol{K\eta}) \tag{2.12}$$

式中:$\boldsymbol{E}=[1\quad e_0]$。

将式(2.11)、式(2.12)写成状态空间的形式:

$$\begin{bmatrix} \ddot{\boldsymbol{\eta}} \\ \dot{\boldsymbol{\eta}} \end{bmatrix}=\begin{bmatrix} -\boldsymbol{M}^{-1}\boldsymbol{C} & -\boldsymbol{M}^{-1}\boldsymbol{K} \\ \boldsymbol{I} & \boldsymbol{0} \end{bmatrix}\begin{bmatrix} \dot{\boldsymbol{\eta}} \\ \boldsymbol{\eta} \end{bmatrix}+\begin{bmatrix} -\boldsymbol{M}^{-1}\boldsymbol{R} \\ \boldsymbol{0} \end{bmatrix}u \tag{2.13}$$

$$y=-[\boldsymbol{EM}^{-1}\boldsymbol{C}\quad \boldsymbol{EM}^{-1}\boldsymbol{K}]\begin{bmatrix} \dot{\eta} \\ \eta \end{bmatrix}-\boldsymbol{EM}^{-1}\boldsymbol{R}u \tag{2.14}$$

即

$$\begin{bmatrix} \ddot{\boldsymbol{\eta}} \\ \dot{\boldsymbol{\eta}} \\ y \end{bmatrix}=\left[\begin{array}{c|c} \boldsymbol{A} & \boldsymbol{B} \\ \hline \boldsymbol{C} & \boldsymbol{D} \end{array}\right]\begin{bmatrix} \dot{\boldsymbol{\eta}} \\ \boldsymbol{\eta} \\ u \end{bmatrix} \tag{2.15}$$

式(2.15)表明当施加外界确定输入时,可以将气动弹性系统视为线性系统,依靠输入、输出数据进行辨识建模。

2.4 气动弹性系统参数化辨识模型

2.4.1 基本模型

1. 模态展开模型

众所周知,对于非时变、黏性阻尼、线性自由度为 N_m 的系统,可以根据 Hamilton 原理和二元机翼的例子,导出在外力 $u(t)$ 作用下的运动方程:

$$\boldsymbol{M}\ddot{\boldsymbol{y}}(t)+\boldsymbol{C}_1\dot{\boldsymbol{y}}(t)+\boldsymbol{K}\boldsymbol{y}(t)=\boldsymbol{u}(t) \tag{2.16}$$

式中:$\boldsymbol{M},\boldsymbol{C}_1,\boldsymbol{K}\in R^{N_m\times N_m}$分别为系统的质量矩阵、黏性阻尼矩阵和刚度矩阵;$\boldsymbol{y}(t)$为位移矢量。该式给出了系统的广义运动方程,而上节给出的式(2.10)显然可以作为该式的特例。该式是结构动力学研究最常采用的方法,也是常见的基本方程式。

对式(2.16)作拉普拉斯变换,并忽略初始条件的影响,得到在复数域描述的动态方程:

$$\boldsymbol{Z}(s)\boldsymbol{Y}(s)=\boldsymbol{U}(s) \tag{2.17}$$

式中:$\boldsymbol{Z}(s)=s^2\boldsymbol{M}+s\boldsymbol{C}_1+\boldsymbol{K}$ 为系统矩阵。

写成传递函数的形式,有

$$\boldsymbol{Y}(s)=\boldsymbol{H}_D(s)\boldsymbol{U}(s) \tag{2.18}$$

式中

$$\boldsymbol{H}_D(s)=\boldsymbol{Z}^{-1}(s)=\frac{\mathrm{adj}\boldsymbol{Z}(s)}{\det(\boldsymbol{Z}(s))} \tag{2.19}$$

且 $\det(\boldsymbol{Z}(s))=\sum_{i=0}^{2N_m}a_is^i$, $\mathrm{adj}\boldsymbol{Z}(s)$为 $Z(s)$的伴随矩阵。

于是,式(2.19)可写成下列部分分式和的形式:

$$\boldsymbol{H}_D(s)=\sum_{r=1}^{2N_m}\frac{\boldsymbol{R}^{(r)}}{s-s_r} \tag{2.20}$$

对于颤振系统,阻尼值较小,s_r 通常以共轭的形式成对出现。因此,式(2.20)可写成

$$\boldsymbol{H}_D(s)=\sum_{r=1}^{N_m}\left(\frac{\boldsymbol{R}^{(r)}}{s-s_r}+\frac{\boldsymbol{R}^{(r)*}}{s-s_r^*}\right) \tag{2.21}$$

式中:$\boldsymbol{R}^{(r)}$为对应第 r 个极点 s_r 的留数矩阵,且

$$\boldsymbol{R}^{(r)} = \lim_{s \to s_r}(s - s_r)\boldsymbol{H}(s) = \lim_{s \to s_r}\frac{\mathrm{adj}(\boldsymbol{Z}(s))}{\dfrac{\mathrm{d}(\det(\boldsymbol{D}(s)))}{\mathrm{d}s}}$$

利用系统矩阵 $\boldsymbol{Z}(s)$ 的特征值 s_r（极点）对应的特征矢量，留数矩阵可进一步分解为

$$\boldsymbol{R}^{(r)} = \frac{1}{a_r}\boldsymbol{\phi}^{(r)}\boldsymbol{\phi}^{(r)\mathrm{T}} \tag{2.22}$$

有关式(2.22)的详细推导过程在文献[89]中有详细的叙述。需要指出的是，留数矩阵更为广义的分解形式为

$$\boldsymbol{R}^{(r)} = \frac{1}{a_r}\boldsymbol{\phi}^{(r)}\boldsymbol{L}^{(r)\mathrm{T}} \tag{2.23}$$

对于一般的模态分析问题而言，由于系统矩阵 $\boldsymbol{Z}(s)$ 为对称的多项式矩阵，其右特征矢量 $\boldsymbol{\phi}^{(r)}$ 与左特征矢量 $\boldsymbol{l}^{(r)}$ 是相同的，所以式(2.22)成立。而对于颤振问题，从式(2.17)可见，系统矩阵 $\boldsymbol{Z}(s)$ 为非对称矩阵，此时，应按式(2.23)对留数矩阵进行分解。

这样，式(2.21)可改写成模态展开式：

$$\boldsymbol{H}_{\mathrm{D}}(s) = \sum_{r=1}^{N_m}\left(\frac{\boldsymbol{\phi}^{(r)}\boldsymbol{l}^{(r)\mathrm{T}}}{a_r(s - s_r)} + \frac{\boldsymbol{\phi}^{(r)*}\boldsymbol{l}^{(r)\mathrm{H}}}{a_r^*(s - s_r^*)}\right) \tag{2.24}$$

式中：$\boldsymbol{\phi}^{(r)}$ 为第 r 阶模态的振型矢量；$\boldsymbol{l}^r$ 为第 r 阶模态贡献因子矢量；a_r 是第 r 阶模态的比例因子；s_r 是第 r 阶模态的极点。

写成矩阵的形式：

$$\boldsymbol{H}_{\mathrm{D}}(s) = \boldsymbol{\Phi}(s\boldsymbol{I} - \boldsymbol{\Lambda})^{-1}\boldsymbol{L}^{\mathrm{T}} + \boldsymbol{\Phi}^*(s\boldsymbol{I} - \boldsymbol{\Lambda}^*)^{-1}\boldsymbol{L}^{\mathrm{H}}$$

式中：$\boldsymbol{\Phi} = [\phi^{(1)} \quad \phi^{(2)} \quad \cdots \quad \phi^{(N_m)}]$；$\boldsymbol{L} = [l^{(1)} \quad l^{(2)} \quad \cdots \quad l^{(N_m)}]$；$\boldsymbol{\Lambda} = \mathrm{diag}(s_1, s_2, \cdots, s_{N_m})$。

根据多自由度模态公式，可将极点表示为如下形式[89]：

$$s_r, s_r^* = \begin{cases} -\xi_r\Omega_r \pm \Omega_r\sqrt{\xi_r^2 - 1} = -\xi_r\Omega_r \pm \Omega_{\mathrm{d}r}, & \xi_r \geqslant 1 \\ -\xi_r\Omega_r \pm \mathrm{j}\Omega_r\sqrt{1 - \xi_r^2} = -\xi_r\Omega_r \pm \mathrm{j}\Omega_{\mathrm{d}r}, & \xi_r < 1 \end{cases} \tag{2.25}$$

式中：ξ_r 为第 r 阶模态的阻尼系数；$\Omega_{\mathrm{d}r}$ 为第 r 阶模态的阻尼固有频率。

同时由式(2.24)可知，对应的位移单位脉冲响应函数矩阵为

$$\boldsymbol{h}_D(t) = \sum_{r=1}^{2N_m}\frac{\boldsymbol{\phi}^{(r)}\boldsymbol{\phi}^{(r)}}{a_r}\mathrm{e}^{s_r t} = \sum_{r=1}^{N_m}(\boldsymbol{R}^{(r)}\mathrm{e}^{s_r t} + \boldsymbol{R}^{(r)*}\mathrm{e}^{s_r^* t}) \tag{2.26}$$

矩阵中某一元素的值为

$$h_{D,ij}(t) = 2\sum_{r=1}^{N_m}|R_{ij}^{(r)}|\mathrm{e}^{-\xi_r\Omega_r t}\cos(\Omega_r\sqrt{1 - \xi_r^2}t + \theta_{ij}^{(r)}) \tag{2.27}$$

式中：$\theta_{ij}^{(r)}=\arctan\left(\frac{\mathrm{Im}(R_{ij}^{(r)})}{\mathrm{Re}(R_{ij}^{(r)})}\right)$。

通过观察式(2.25)，可以有如下结论：

(1) 阻尼系数是决定系统稳定性的根本因素。当阻尼系数大于零时，极点位于复数平面的左半平面，系统稳定；当阻尼系数等于零时，极点恰好位于虚轴，系统失稳。

(2) 阻尼系数影响系统的阻尼固有频率。阻尼系数发生改变时，模态频率也会随之平移，这与颤振的耦合模态的频率重合理论是相吻合的。

因此，模态的阻尼和频率是监测颤振发生的主要依据，也是颤振试验所需获得的所要参数。由式(2.25)可得阻尼和频率的表达式为

$$\xi_r=-\frac{\mathrm{Re}(s_r)}{|s_r|},\ f_r=\frac{\mathrm{Im}(s_r)}{2\pi} \tag{2.28}$$

式中：Im(·)，Re(·)分别表示复数的实部与虚部。

2. 传递函数的公共分母模型

公共分母模型是目前颤振辨识中最为常见的一种模型，与模态展开模型不同，它采用有理多项式的分式形式表示传递函数矩阵中的每个元素，并且每个元素具有相同的分母。由式(2.18)可以得到该模型中传递函数 $H(s)$ 的一般表述形式：

$$\boldsymbol{H}_{\mathrm{D}}(s)=\boldsymbol{Z}^{-1}(s)=\frac{\mathrm{adj}\boldsymbol{Z}(s)}{\det(\boldsymbol{Z}(s))} \tag{2.29}$$

显然利用式(2.29)，可以将传递函数表示为分式，其分子为 $\mathrm{adj}\boldsymbol{Z}(s)$，它是 $\boldsymbol{Z}(s)$ 的伴随矩阵，其所含多项式的最高阶次为 $2N_m-2$。其公共分母则是 $\boldsymbol{Z}(s)$ 的行列式，可简化为一个最高阶为 $2N_m$ 的多项式，该多项式的根即是该系统的极点。因此，可采用公共分母模型将多输入多输出系统的传函表示为如下形式[90]：

$$\boldsymbol{H}(s)=\frac{\begin{bmatrix} B_{11}(s) & \cdots & B_{1N_\mathrm{i}}(s) \\ \vdots & \ddots & \vdots \\ B_{N_\mathrm{o}1}(s) & \cdots & B_{N_\mathrm{o}N_\mathrm{i}}(s) \end{bmatrix}}{A(s)} \tag{2.30}$$

式中：第 i 个输出与第 j 个输出的传递函数可表示为

$$H_{ij}(s)=\sum_{r=1}^{N_m}\left(\frac{\phi_i^{(r)}L_j^{(r)}}{s-s_r}+\frac{\phi_i^{(r)*}L_j^{(r)*}}{s-s_r^*}\right)=\frac{B_{ij}(s)}{A(s)}=\frac{\sum_{k=0}^{2N_m-2}b_k s^k}{\sum_{k=0}^{2N_m}a_k s^k} \tag{2.31}$$

因此一旦确定了分母多项式的系数 a_k，就可以采用求根的方式确定系统的极

点，进而由式(2.28)确定模态参数，而对留数矩阵进行奇异值分解(SVD)，则可以得到模态的振型矢量和模态贡献因子矢量：

$$\boldsymbol{R}^{(r)}=\frac{1}{a_r}\boldsymbol{\phi}^{(r)}\boldsymbol{L}^{(r)\mathrm{T}} \tag{2.32}$$

式中：留数矩阵的某一元素为

$$R_{\mathrm{oi}}^{(r)}=\lim_{s\to s_r}(s-s_r)H_{\mathrm{oi}}(s) \tag{2.33}$$

3. 矩阵分式模型

对一个多输入多输出系统，矩阵分式描述是另一种常用的模型[90]，该模型可分为左矩阵分式和右矩阵分式。公共分母模型可以看作该模型特例。

(1) 右矩阵分式(RMFD)：

$$\boldsymbol{H}(s)=\boldsymbol{N}(s)\boldsymbol{D}^{-1}(s) \tag{2.34}$$

(2) 左矩阵分式(LMFD)：

$$\boldsymbol{H}(s)=\boldsymbol{D}^{-1}(s)\boldsymbol{N}(s) \tag{2.35}$$

式中：$\boldsymbol{H}(s)\in C^{N_\mathrm{o}\times N_\mathrm{i}}$为频率响应函数。若$\boldsymbol{N}(s)\in C^{N_\mathrm{o}\times N_\mathrm{i}}$，$\boldsymbol{D}(s)\in C^{N_\mathrm{i}\times N_\mathrm{i}}$均为矩阵多项式，则该模型为右矩阵分式模型；若$\boldsymbol{N}(s)\in C^{N_\mathrm{o}\times N_\mathrm{i}}$，$\boldsymbol{D}(s)\in C^{N_\mathrm{o}\times N_\mathrm{o}}$均为矩阵多项式，则该模型为左矩阵分式模型。其中，$\boldsymbol{N}(s)$和$\boldsymbol{D}(s)$都可以表示为如下形式：

$$\boldsymbol{N}(s)=\sum_{j=0}^{n_b}\boldsymbol{B}_j s^j,\ \boldsymbol{D}(s)=\sum_{j=0}^{n_a}\boldsymbol{A}_j s^j$$

当系统输出为模态位移时，根据式(2.17)可知，此时模态个数$N_m=N_\mathrm{o}$，传递函数可以表示为

$$\begin{aligned}\boldsymbol{H}(s)&=\boldsymbol{Z}^{-1}(s)=(\boldsymbol{I}s^2+\boldsymbol{M}^{-1}\boldsymbol{C}s+\boldsymbol{M}^{-1}\boldsymbol{K})^{-1}\boldsymbol{M}^{-1}\\&=(\boldsymbol{A}_2s^2+\boldsymbol{A}_1s+\boldsymbol{A}_0)^{-1}\boldsymbol{B}_0\end{aligned}$$

显然，可以将其视为满足左矩阵分式的一种特殊情况，此时$n_a=2$，整个系统的极点个数为$2N_m$。而对于一般系统，若传感器的个数$N_\mathrm{o}<N_m$，为了保证辨识出所有模态，需要左矩阵分式的阶次$n_a>2N_m/N_\mathrm{o}$。当采用右矩阵分式时，由于多项式矩阵$\boldsymbol{A}(s)$的维数是N_i，需要右矩阵分式的阶次$n_a>2N_m/N_\mathrm{i}$。由于真实系统中作动器的个数一般小于传感器的个数，所以右矩阵分式的阶次会高于左矩阵分式。

4. 状态空间模型

状态空间模型是描述多输入多输出模态试验的常用模型，利用该模型进行气动弹性系统辨识是当前颤振研究中的新热点，由于这里以研究频域辨识算法为主，因此仍旧以拉普拉斯变换的形式表示连续状态空间模型。

改写式(2.16)，可得如下矩阵方程[90]：

$$\begin{bmatrix}s^2\boldsymbol{Y}(s)\\ s\boldsymbol{Y}(s)\end{bmatrix}=\begin{bmatrix}-\boldsymbol{M}^{-1}\boldsymbol{C}_1 & -\boldsymbol{M}^{-1}\boldsymbol{K}\\ \boldsymbol{I} & \boldsymbol{0}\end{bmatrix}\begin{bmatrix}s\boldsymbol{Y}(s)\\ \boldsymbol{Y}(s)\end{bmatrix}+\begin{bmatrix}\boldsymbol{M}^{-1}\boldsymbol{U}(s)\\ \boldsymbol{0}\end{bmatrix} \tag{2.36}$$

写成状态空间形式：

$$\begin{cases} s\boldsymbol{X}(s) = \boldsymbol{A}_c\boldsymbol{X}(s) + \boldsymbol{B}_c\boldsymbol{U}(s) \\ \boldsymbol{Y}(s) = \boldsymbol{C}_c X(s) + \boldsymbol{D}_c\boldsymbol{U}(s) \end{cases} \tag{2.37}$$

式中

$$\boldsymbol{X}(s) = \begin{bmatrix} s\boldsymbol{Y}(s) \\ \boldsymbol{Y}(s) \end{bmatrix},\ \boldsymbol{A}_c = \begin{bmatrix} -\boldsymbol{M}^{-1}\boldsymbol{C}_1 & -\boldsymbol{M}^{-1}\boldsymbol{K} \\ \boldsymbol{I} & \boldsymbol{0} \end{bmatrix}$$

$$\boldsymbol{B}_c = \begin{bmatrix} \boldsymbol{M}^{-1} \\ \boldsymbol{0} \end{bmatrix},\ \boldsymbol{C}_c = [\boldsymbol{0} \quad \boldsymbol{I}],\ \boldsymbol{D}_c = \boldsymbol{0}$$

对上式进行变换，得到系统的传递函数：

$$\boldsymbol{H}(s) = \boldsymbol{C}_c(s\boldsymbol{I} - \boldsymbol{A}_c)^{-1}\boldsymbol{B}_c + \boldsymbol{D}_c \tag{2.38}$$

求取状态矩阵 $\boldsymbol{A}_c$ 的特征值和特征矢量，则有如下等式成立：

$$\boldsymbol{A} = \boldsymbol{P}\boldsymbol{\Lambda}\boldsymbol{P}^{-1} \tag{2.39}$$

式中：$\boldsymbol{P} = [\boldsymbol{\phi}^{(1)}, \boldsymbol{\phi}^{(2)}, \cdots, \boldsymbol{\phi}^{(2N_m)}]$，且 $\boldsymbol{\phi}^{(i)}$ 为 $\boldsymbol{A}$ 特征矢量；$\boldsymbol{\Lambda} = \mathrm{diag}(\lambda_1, \lambda_2, \cdots \lambda_{N_m})$，且 $\boldsymbol{\lambda}_i$ 为 $\boldsymbol{A}_c$ 的特征值。

把式(2.39)代入式(2.38)，即可将状态空间模型转化为模态展开模型：

$$\boldsymbol{H}(s) = \boldsymbol{C}_c\boldsymbol{P}(s\boldsymbol{I} - \boldsymbol{\Lambda})^{-1}\boldsymbol{P}^{-1}\boldsymbol{B}_c = [\boldsymbol{\Phi} \quad \boldsymbol{\Phi}^*][s\boldsymbol{I} - \boldsymbol{\Lambda}]^{-1}\begin{bmatrix} \boldsymbol{L}^{\mathrm{T}} \\ \boldsymbol{L}^{\mathrm{H}} \end{bmatrix} \tag{2.40}$$

显然在利用状态空间模型辨识颤振模态时，状态矩阵 $\boldsymbol{A}$ 的特征值即为系统的极点，$\boldsymbol{CP}$ 为模态的振型矩阵，$\boldsymbol{\Phi}^{-1}\boldsymbol{P}$ 为模态的贡献因子矩阵。

2.4.2 离散时间模型转换

以上各节介绍的都是在时间连续域上描述的线性多自由度系统的动态模型。为适应实际试验数字采样的要求，有必要研究在时间离散域上描述的系统动态模型，本节的目的就在于将 s 域内的辨识模型转化为 z 域内的模型。

1. 传递函数模型

根据式(2.26)，脉冲响应矩阵中的某一元素为

$$h_{\mathrm{D},ij}(t) = \sum_{r=1}^{N}(R_{ij}^{(r)}\mathrm{e}^{s_r t} + R_{ij}^{(r)*}\mathrm{e}^{s_r^* t}) \tag{2.41}$$

以采样间隔 Δt 对脉冲响应进行采样，采样序列中的 $h_{D,ij}(k)$ 可表示为

$$h_{\mathrm{D},ij}(k) = \sum_{r=1}^{N}(R_{ij}^{(r)}\mathrm{e}^{s_r k\Delta t} + R_{ij}^{(r)*}\mathrm{e}^{s_r^* k\Delta t}) \tag{2.42}$$

令 $z_r = \mathrm{e}^{s_r\Delta t}$，式(2.42)可以写成

$$h_{\mathrm{D},ij}(k) = \sum_{r=1}^{N}(R_{ij}^{(r)}z_r^k + R_{ij}^{(r)*}z_r^{*k}) \tag{2.43}$$

对式(2.42)表达的单位脉冲响应离散时间序列进行 z 变换,可以得到在 z 域上描述的系统传递函数:

$$H_{\mathrm{D},ij}(z) = \sum_{r=1}^{N}\left(\frac{R_{ij}^{(r)}}{1 - z_r z^{-1}} + \frac{R_{ij}^{(r)}}{1 - z_r^{*} z^{-1}}\right) \tag{2.44}$$

将式(2.44)展开,得到系统传递函数的有理分式:

$$H_{\mathrm{D},ij}(z) = \frac{\sum_{i=0}^{2N-2} b_{ij,k} z^{-k}}{\sum_{i=0}^{2N} a_{ij,k} z^{-k}} \tag{2.45}$$

2. 状态空间模型

当采用状态空间模型表述系统时,其连续时间模型为

$$\begin{cases} \dot{\boldsymbol{x}}(t) = \boldsymbol{A}_{\mathrm{c}}\boldsymbol{x}(t) + \boldsymbol{B}_{\mathrm{c}}\boldsymbol{u}(t) \\ \boldsymbol{y}(t) = \boldsymbol{C}_{\mathrm{c}}\boldsymbol{x}(t) + \boldsymbol{D}_{\mathrm{c}}\boldsymbol{u}(t) \end{cases} \tag{2.46}$$

式(2.46)所对应的 s 域(频域)模型如式(2.37)所示,为将该连续模型转化为离散模型,可假设系统满足零阶保持条件,从而得到转换后的离散时间模型:

$$\begin{bmatrix} \boldsymbol{x}_{t+1} \\ \boldsymbol{y}_t \end{bmatrix} = \begin{bmatrix} \boldsymbol{A} & \boldsymbol{B} \\ \boldsymbol{C} & \boldsymbol{D} \end{bmatrix}\begin{bmatrix} \boldsymbol{x}_t \\ \boldsymbol{u}_t \end{bmatrix} \tag{2.47}$$

式中:u_t, y_t 为采样时间序列,且离散模型的系数矩阵与连续模型的系数矩阵存在如下关系:

$$\boldsymbol{A} = \mathrm{e}^{\boldsymbol{A}_{\mathrm{c}}\Delta t},\ B = \int_0^{\Delta t} \mathrm{e}^{A_{\mathrm{c}}\tau}\mathrm{d}\tau \cdot \boldsymbol{B}_{\mathrm{c}},\ \boldsymbol{C} = \boldsymbol{C}_{\mathrm{c}},\ \boldsymbol{D} = \boldsymbol{D}_{\mathrm{c}}$$

利用 z 变换,可得频域内的离散状态方程为

$$\begin{cases} z_k\boldsymbol{X}(k) = \boldsymbol{AX}(k) + \boldsymbol{BU}(k) \\ \boldsymbol{Y}(k) = \boldsymbol{CX}(k) + \boldsymbol{DU}(k) \end{cases} \tag{2.48}$$

式中:$z_k = \mathrm{e}^{s_k\Delta t} = \mathrm{e}^{\mathrm{j}2\pi k/N}$,$X(k)F(k)$,$Y(k)$ 分别表示输入、输出序列的离散傅里叶变换。

对离散模型的系数矩阵进行变换:

$$\boldsymbol{A} = \mathrm{e}^{\boldsymbol{\Lambda}\Delta t} = \mathrm{e}^{\boldsymbol{P\Lambda P}^{-1}\Delta t}$$

并采用麦克劳林公式对 $\mathrm{e}^{\boldsymbol{P\Lambda P}^{-1}\Delta t}$ 进行级数分解:

$$\begin{aligned} \boldsymbol{A} = \mathrm{e}^{\boldsymbol{P\Lambda P}^{-1}\Delta t} &= \boldsymbol{P}\left(\boldsymbol{I} + \boldsymbol{\Lambda}\Delta t + \frac{\boldsymbol{\Lambda}^2\Delta t^2}{2} + \cdots\right)\boldsymbol{P}^{-1} = \boldsymbol{P}\mathrm{e}^{\boldsymbol{\Lambda}\Delta t}\boldsymbol{P}^{-1} \\ &= \boldsymbol{P}\mathrm{diag}(\mathrm{e}^{\lambda_1\Delta t}, \mathrm{e}^{\lambda_2\Delta t} \cdots, \mathrm{e}^{\lambda_{N_m}\Delta t})\boldsymbol{P}^{-1} = \boldsymbol{P}\mathrm{diag}(\mu_1, \mu_2, \cdots, \mu_{N_m})\boldsymbol{P}^{-1} \end{aligned} \tag{2.49}$$

由上式可知，离散模型与连续模型的特征矢量相同，且二者的特征值存在如下关系：

$$\mu_i = e^{\lambda_i \Delta t} \Leftrightarrow \lambda_i = \frac{\ln(\mu_i)}{\Delta t} \tag{2.50}$$

采用与连续模型类似的方法，可得离散模型的振型矩阵为 $\boldsymbol{CP}$，模态贡献因子矩阵为 $\boldsymbol{BP}$。由于存在等式 $\boldsymbol{C} = \boldsymbol{C}_c$，模型离散化前后的振型并未发生改变，模态贡献因子矩阵则由于 $\boldsymbol{B}$ 矩阵的不同而发生改变。

2.4.3 模型与输出

在实际颤振飞行试验中除了采用气动弹性结构的位移响应作为系统的输出之外，速度和加速度信号也常用于颤振模态参数的辨识。为此，本节将在原有位移模型的基础上，考虑输出量对模型的影响，给出更为广义的辨识模型。

1. 脉冲响应函数

由于加速度、速度、位移满足如下关系：

$$a = \dot{v} = \ddot{y} \tag{2.51}$$

由此可得速度脉冲响应函数矩阵为

$$\boldsymbol{h}_V = \dot{\boldsymbol{h}}_D(t) = \sum_{r=1}^{N} (\boldsymbol{R}^{(r)} s_r e^{s_r t} + \boldsymbol{R}^{(r)} s_r^* e^{s_r^* t})$$

矩阵中某一元素的值为

$$h_{D,ij}(t) = 2\sum_{r=1}^{N} |R_{ij}^{(r)} s_r| e^{-\xi_r \Omega_r t} \cos(\Omega_r \sqrt{1 - \xi_r^2} t + \varphi_{ij}^{(r)})$$

式中：$\varphi_{ij}^{(r)} = \arctan\left(\frac{\text{Im}(R_{ij}^{(r)} s_r)}{\text{Re}(R_{ij}^{(r)} s_r)}\right)$。

加速度脉冲响应函数矩阵为

$$\boldsymbol{h}_A = \dot{\boldsymbol{h}}_V(t) = \sum_{r=1}^{N} (\boldsymbol{R}^{(r)} s_r^2 e^{s_r t} + \boldsymbol{R}^{(r)*} s_r^{*2} e^{s_r^* t})$$

矩阵中某一元素的值为

$$h_{A,ij}(t) = 2\sum_{r=1}^{N} |R_{ij}^{(r)} s_r^2| e^{-\xi_r \Omega_r t} \cos(\Omega_r \sqrt{1 - \xi_r^2} t + \gamma_{ij}^{(r)})$$

式中：$\gamma_{ij}^{(r)} = \arctan\left(\frac{\text{Im}(R_{ij}^{(r)} s_r^2)}{\text{Re}(R_{ij}^{(r)} s_r^2)}\right)$。

从以上分析可以看出：无论系统的测量值是位移、速度还是加速度，所有的脉冲响应函数中的矩阵元素都可以简化为如下形式：

$$h_{ij}(t) = A e^{-\xi_r \Omega_r t} \cos(\Omega_d t + \theta_{0,ij}^{(r)}) \tag{2.52}$$

2. 传递函数

由式（2.51）可知，在 s 域内存在如下关系：

$$A(s) = sV(s) = s^2 Y(s) \tag{2.53}$$

将式(2.53)代入式(2.21),可以得到传递函数的一般形式为

$$\boldsymbol{H}(s) = \sum_{r=1}^{N_m} s^{\alpha}\left(\frac{\boldsymbol{R}^{(r)}}{s - s_r} + \frac{\boldsymbol{R}^{(r)*}}{s - s_r^*}\right) \tag{2.54}$$

其中某个元素为

$$H_{ij}(s) = \frac{B_{ij}(s)}{A(s)} = \frac{s^{\alpha}\sum\limits_{k=0}^{2N_m-2} b_k s^k}{\sum\limits_{k=0}^{2N_m} a_k s^k} \tag{2.55}$$

式中:α 是对应不同运动响应量的常数,有

$$\begin{cases} \alpha = 0, & \text{位移传递函数} \\ \alpha = 1, & \text{速度传递函数} \\ \alpha = 2, & \text{加速度传递函数} \end{cases}$$

同理,离散模型的传递函数可写为

$$H_{ij}(z) = \frac{B_{ij}(z)}{A(z)} = \frac{z^{-\alpha}\sum\limits_{i=0}^{2N_m-2} b_{ij,k} z^{-k}}{\sum\limits_{i=0}^{2N_m} a_{ij,k} z^{-k}} \tag{2.56}$$

3. 状态空间方程

考虑到不同的输出响应,可将气动弹性系统的输出表示为

$$\boldsymbol{Y}'(t) = \boldsymbol{C}_{\mathrm{A}} a(t) + \boldsymbol{C}_{\mathrm{V}} v(t) + \boldsymbol{C}_{\mathrm{D}} y(t) \tag{2.57}$$

式中:$\boldsymbol{C}_{\mathrm{A}}, \boldsymbol{C}_{\mathrm{V}}, \boldsymbol{C}_{\mathrm{D}} \in R^{N_o \times N_o}$分别是输出选择矩阵,它们可依据响应信号的不同设为单位阵或零矩阵。例如当输出响应为加速度信号时,可设 $\boldsymbol{C}_{\mathrm{A}} = \boldsymbol{I}, \boldsymbol{C}_{\mathrm{V}} = 0, \boldsymbol{C}_{\mathrm{D}} = \boldsymbol{0}$。

与式(2.57)对应的连续状态方程模型可表述为[91]

$$\begin{cases} s\boldsymbol{X}(s) = \boldsymbol{A}_{\mathrm{c}}\boldsymbol{X}(s) + \boldsymbol{B}_{\mathrm{c}}\boldsymbol{F}(s) \\ \boldsymbol{Y}'(s) = \boldsymbol{C}_{\mathrm{c}}\boldsymbol{X}(s) + \boldsymbol{D}_{\mathrm{c}}\boldsymbol{F}(s) \end{cases}$$

式中:$\boldsymbol{A}_{\mathrm{c}}, \boldsymbol{B}_{\mathrm{c}}$ 的表达形式已在式(2.37)给出,$\boldsymbol{C}_{\mathrm{c}}, \boldsymbol{D}_{\mathrm{c}}$ 的定义为

$$\boldsymbol{C}_{\mathrm{c}} = [\boldsymbol{C}_{\mathrm{d}} - \boldsymbol{C}_{\alpha}\boldsymbol{M}^{-1}\boldsymbol{K},\ \boldsymbol{C}_{v} - \boldsymbol{C}_{\mathrm{a}}\boldsymbol{M}^{-1}\boldsymbol{C}_{1}],\ \boldsymbol{D}_{\mathrm{c}} = \boldsymbol{C}_{\mathrm{a}}\boldsymbol{M}^{-1}$$

需要注意的是:当输出为加速度时,系数矩阵 $\boldsymbol{D} \neq \boldsymbol{0}$,因此,在对以加速度信号为输出的颤振试验系统建模时,必须考虑矩阵 $\boldsymbol{D}_{\mathrm{c}}$ 的影响。而当输出信号为位移或速度响应时($\boldsymbol{C}_{\mathrm{a}} = \boldsymbol{0}, \boldsymbol{D}_{\mathrm{c}} = \boldsymbol{0}$),可以在模型中忽略矩阵 $\boldsymbol{D}_{\mathrm{c}}$。

2.5 模态的能控性与能观性

以传递函数矩阵中的某一元素 $H_{ij}(s)$ 为例说明颤振模态的能控性与能观性,在模态试验中 $H_{ij}(s)$ 描述了第 j 个响应与第 i 个激励之间的对应关系:

$$H_{ij}(s) = \sum_{r=1}^{N_m}\left(\frac{\phi_i^{(r)} L_j^{(r)}}{s - s_r} + \frac{\phi_i^{(r)*} L_j^{(r)*}}{s - s_r^*}\right)$$

式中：$\phi_i^{(r)}$ 为第 r 个模态在第 i 个响应处的振型；$L_i^{(r)}$ 为第 j 个输入对第 r 阶模态的贡献因子。$\phi_i^{(r)}=0$ 表明第 r 个模态在第 i 个响应处的振型为零，即第 i 个输出处将无法观测到第 r 阶模态的响应。$L_j^{(r)}=0$ 则表明第 j 个输入无法充分激励结构的第 r 阶模态，即第 j 个输入对第 r 阶模态的不可控性。与理论分析对应的是，实际试验中通常将模态振型和贡献因子为零的地方称为结构的节点，当激励装置和传感器设置在某阶模态的节点上时，将导致模态信息的遗漏。因此，在实际颤振试飞试验中需要精心选择激励点和测量点的位置。当然，采用多点激励，多点测量的多输入多输出方法也是目前避免模态遗漏的有效途径。

2.6 线性变参数模型

前述的模型描述采用了现代控制理论中线性定常模型的基本形式，但是这种模型并不能反映飞行包线内飞行过程中气动弹性系统的变化过程，属于适用于单个飞行状态点及其附近空域的模型描述。

如果仔细观察式(2.13)～至(2.15)中的矩阵 $\boldsymbol{A},\boldsymbol{C},\boldsymbol{D}$ 可知，它们均是以动压 q 为变量的函数。这类系统称为线性变参数(LPV)系统，是一类特殊的非线性系统，可看作一个特定类型的随时间变化的系统。该系统的变化取决于一个确定的随时间变化的参数，称为调度参数。对于状态空间系统来说，这一变化反映在系统矩阵上就是关于调度参数的已知函数。这类系统的定义如下[92]：

$$\begin{cases}\dot{\boldsymbol{x}} = \boldsymbol{A}(\boldsymbol{\alpha})\boldsymbol{x} + \boldsymbol{B}(\boldsymbol{\alpha})\boldsymbol{u} \\ \boldsymbol{y} = \boldsymbol{C}(\boldsymbol{\alpha})\boldsymbol{x} + \boldsymbol{D}(\boldsymbol{\alpha})\boldsymbol{u}\end{cases} \tag{2.58}$$

式中：$\boldsymbol{x}$ 和 $\dot{\boldsymbol{x}}$ 分别为系统状态和它的一阶微分；$\boldsymbol{u}$ 和 $\boldsymbol{y}$ 分别为输入和输出信号。参数 $\boldsymbol{\alpha}$ 表示模型所依赖的调度参数，系统矩阵 $\boldsymbol{A}(\boldsymbol{\alpha}),\boldsymbol{B}(\boldsymbol{\alpha}),\boldsymbol{C}(\boldsymbol{\alpha}),\boldsymbol{D}(\boldsymbol{\alpha})$ 都是关于调度参数 $\boldsymbol{\alpha}$ 的时变矩阵。

对于一个机翼颤振模型来说，调度参数 $\boldsymbol{\alpha}$ 可以是动压、风速和海拔等变量。当调度参数固定时，例如固定风速对应气动弹性系统的某一飞行状态点，可得到局部线性时不变(LTI)模型，用于分析该风速下的飞行状态。从式(2.58)可以看出，LPV 模型可以看作一簇 LTI 模型集。为了建立这种模型，既可以采用理论方法，也可以采用系统辨识的试验方法。本书侧重于借助试验数据建立 LPV 模型。本书第 9 章详细介绍了利用试验数据进行 LPV 建模的具体方法。

第3章 颤振飞行试验设计

飞机颤振飞行试验是验证新机(包括重大改型的飞机)颤振安全性必不可少、最有说服力的关键环节。颤振试验使用真实飞机在实际飞行条件下,进行直至限制速度包线的各种速度下的全尺寸颤振飞行试验,以验证在整个规定的飞行包线范围内都无任何颤振现象,以及在通过外推飞行试验数据得到的1.15倍限制速度之内,没有任何气动弹性不稳定性出现。

颤振试飞过程充满了未知和风险。该项试验是在"亚临界"状态下,通过施加特定的人工激励,诱发飞机产生"颤振",从而达到试验验证的目的。由于颤振试飞风险巨大,人们通常采用系统辨识技术了解飞机在逼近颤振边界过程中,结构动态特性的渐变趋势。然而,颤振试飞试验作为系统辨识领域一项颇具挑战性的工程问题,具有区别于一般模态辨识问题的特殊性。试验过程不可避免受到大气紊流激励的影响,这种不确定扰动产生的非平稳随机响应将作为过程噪声,包含在测量的结构响应信号中,会极大降低飞行试验数据的品质,严重影响辨识效果。同时,系统中未知非线性的存在增加了测量信号中非线性成分,对于现有线性辨识方法构成了极大的挑战。

显然,为了获取高质量的飞行试验数据,需要在试飞前设计完善的试验方案。主要包括人工激励选型与信号设计、试飞数据测量方法等。成功的试验设计一方面能更加充分地激励所关心的模态,另一方面也有助于提供信噪比更高的测量数据。这些都直接关系辨识结果的优劣,决定颤振试飞的成败。

3.1 颤振飞行试验

颤振飞行试验应先在设计飞行包线中,找出比较危险的高度、速度组合,然后按照逐步接近危险状态的方法进行试验。基本方法是:由高高度到低高度、由小速度到大速度,循序渐进逐步扩展试飞包线;按照等马赫数扩大飞行表速、等表速扩大马赫数的方法;对于平飞无法达到的速度点,采用爬高俯冲增速的方法进行。在飞机采用平飞增速的方法到达状态点后,保持稳定平飞,通过颤振激励系统对飞机实施激励。而在每个状态点下,激励方式和测量手段是影响试验数据品质的主要因素。

典型的试验过程如图3.1所示,在每一个飞行状态点下,通过施加人工激励,获取飞行器结构的动态响应数据,并将采集到的数据通过遥测设备传输、存储至试飞地面站的计算机中。对于信噪比偏低的试飞数据,工程师们习惯于采用频域方法进行分析(如频响函数、功率谱等),随后借助各种辨识方法计算各阶模态的频率、阻尼[93]。阻尼的变化趋势将帮助试飞工程师预测下一个飞行试验状态点的安全稳定状况。这是基于这一方法,逐点完成颤振飞行包线的拓展。

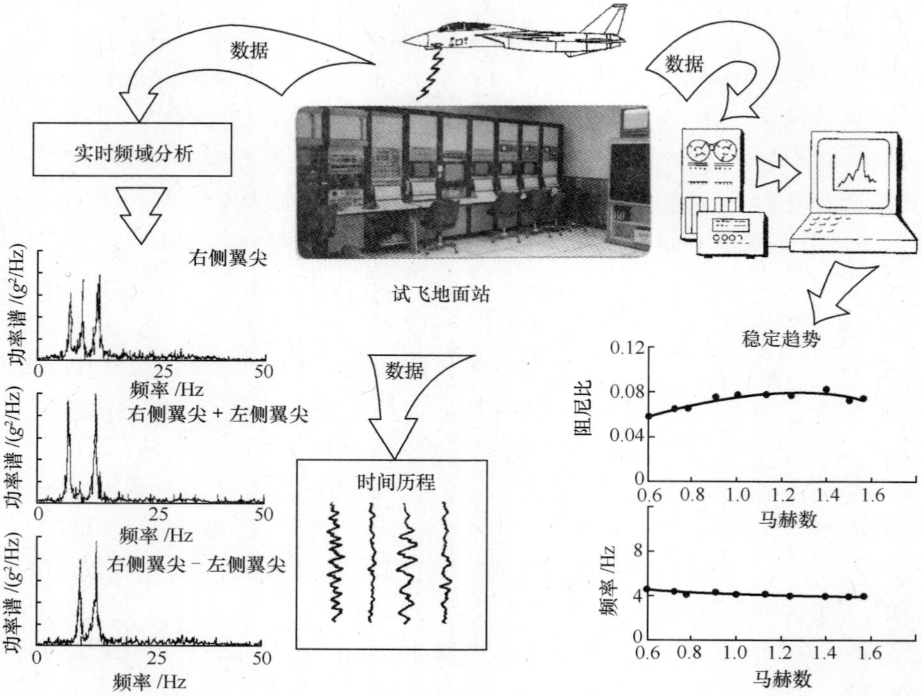

图 3.1 典型颤振飞行试验流程

3.2 激励方式

飞行器动力学参数辨识的准确性固然与模型、参数的辨识方法有关,但更基础的一个话题是可辨识性问题,即能否根据现有数据唯一确定模型和对应的参数。只有当试验数据中包含动态系统丰富的信息时,才能保证系统是可辨识的。而这与系统的输入是密不可分的。不同的输入形式,将激发动力学系统的不同运动模态,试验数据所含动力学系统的信息量也就不同。激励输入决定了系统的输出特性,从而决定了系统参数的可辨识性和辨识精度。从这个意义上讲,激励装置与输入信号的设计是颤振飞行试验开展系统辨识的基础。

具体对于颤振试飞而言,为了克服信噪比偏低的问题,通常需要合理的激励技术获得高信噪比的试验数据。如果激励能量不足,则得不到准确的模态数据结果;

如果激励能量太大，则有可能损坏飞机机构，影响飞行安全。国内外在颤振试飞中研究并使用过多种激励方法，如小火箭激励、驾驶员脉冲激励、操纵面扫频、固定小翼激励、惯性激励和大气紊流激励等。

3.2.1 小火箭激励

激振小火箭是较早应用于颤振飞行试验的一种激励方式，如图3.2所示。其原理是利用刚性连接在飞机结构上的固体小火箭的反冲力，对飞机结构产生脉冲激振。该项技术是较早应用于国内外颤振试飞研制中的传统方法[94,95]。其优点是能量集中，可以显著提高信噪比，但每次飞行携带的激振火箭数量有限，且无法保证瞬间同时点火，因此多为单输入激励。传统的小火箭激励的试验主要依靠拟合衰减的响应信号获得结构的模态信息，但是作为一种瞬态激励，其响应数据长度有限，而且数据末端幅值较小，会存在信噪比偏低的问题。

图3.2 小火箭激励系统

采用固体小火箭激励。为了使激励响应数据的信噪比足够高，以及激励信号的频率能覆盖所有感兴趣的模态的固有频率，需要结合具体试飞机型的模态频率和具体结构特性，综合考虑力的大小和持续时间两个参数。表3.1给出了某型飞机小火箭激励的技术指标。图3.3给出了其中0.98kN激振力的时间历程曲线。其中力持续时间反映了脉冲信号的脉宽，决定了激励信号的有效频带范围。

表3.1 小火箭技术指标

激振力/kN	力持续时间/ms	激励位置
0.98	20	平尾
1.96	20	垂尾
2.94	20	机翼

小火箭激振器的布置原则是，对感兴趣的模态提供尽可能大的激励力，远离模态节线。在具体安装时，应安装在比较刚硬的结构上。小火箭在飞机上的典型安装位置如图3.4所示。

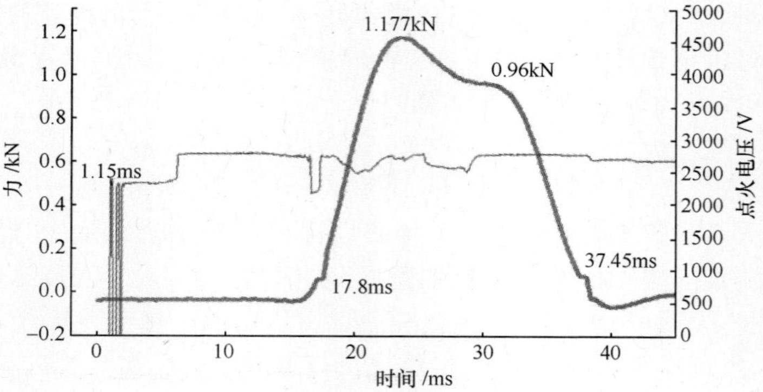

图 3.3 0.98kN 激振力的时间历程曲线

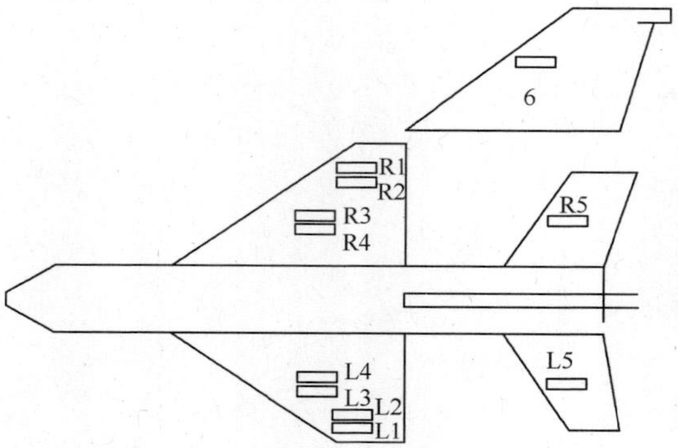

图 3.4 小火箭的典型安装位置示意图

3.2.2 驾驶员脉冲激励

驾驶员脉冲激励操纵面是通过试飞员的急动或敲击驾驶杆和脚蹬，使操纵面有一个脉冲式偏转，实行脉冲激振[1]。此方法的优点：可激励小于 10Hz 的频率；不需要额外激励装置；瞬态响应信号容易分析稳定性；脉冲短，一个试验点可进行多次。但该方法信号可重复性差；激励频率受人体生理限制；激励位置不可变，且激振能量小。因此，在飞机颤振定型试飞中不能单独使用，最好仅作为其它激励方法的补充，与其它激励方法取长补短，配合应用。

同时，在使用此种激励前，需要对飞行员在地面进行必要的激励培训，以便飞行员掌握必要的动作技巧。为了激励出更多、更高频率的结构模态，要求试飞员的脉冲激励动作尽可能执行得迅速果断。同时在驾驶杆或脚蹬回中以后尽可能固定在中立位置不能人为施加或因惯性原因向激励部位再次施加脉冲激励力。

3.2.3 操纵面扫频激励

近年来，操纵面扫频激励已成为电传飞机颤振飞行试验的一种常用手段[1]。

其作用原理是利用电子信号发生器生成各种试验所需的电子信号,在有效的安全监控下通过适当的方式耦合到电传飞控系统中,借助飞控系统的各个操纵面产生的气动力激励飞机。颤振激励系统激励信号的选取,激励信号的加入等均由驾驶员在机上进行控制,通过各种舵面的组合来激励出飞机机身、机翼、垂尾、鸭翼等多种响应模态。图 3.5 所示为操纵面扫频激励试验的原理图。

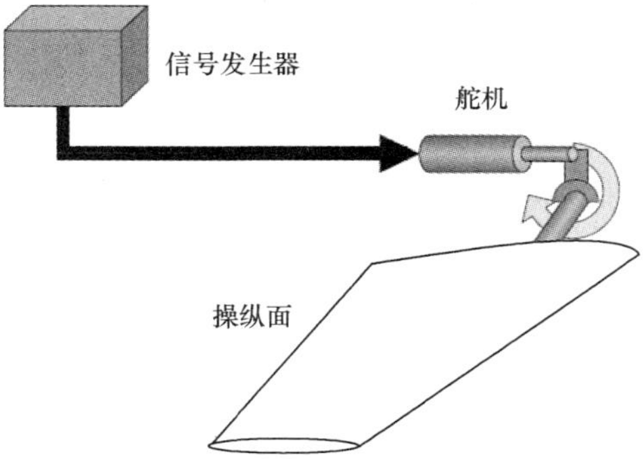

图 3.5 操纵面扫频激励试验的原理图

操纵面扫频的优点是方法简便,不需要额外的激励设备,且激振能量集中,可以通过对所关心的频带进行扫频试验直接发现颤振频率。但是,由于控制系统权限较低,液压舵机作为一种低通滤波器,对于高频信号有较大的衰减,无法充分激励较高频段($f>40\text{Hz}$)的结构模态。尽管如此,作为一种可持续激励,操纵面激励仍然受到试飞工程人员的青睐,尤其是对于具有中低频段模态信息的大飞机,如 A350 就曾采用该项技术进行试飞。

另一方面,操纵面扫频激励系统借用了电传飞控系统进行操纵面控制,导致该项技术仍然面临一些挑战。这是因为电传飞控系统的反馈控制将整个飞机构成了一个闭环系统。它会将结构模态的振动信息通过传感器反馈到操纵面的指令信号中。这不仅会影响激励效果,更为重要的是这将传统开环颤振飞行试验变成了一个典型的气动伺服弹性问题。如果从控制理论的角度看待这个新问题,随后的模态辨识将演变成一个典型的闭环辨识问题,而非目前常用的开环辨识。需要说明的是,在现阶段大多数飞机仍然可以沿用开环方法进行辨识,这是因为飞行控制系统的权限不高,导致截止频带较低,而飞机(尤其是小飞机)的模态频率高于其截止频率,同时一些控制系统中设计了陷波器用于降低模态振动对飞行控制的影响。因此,通过在模态频率段控制系统的反馈量会极其有限,可以简化为开环处理。

3.2.4 固定小翼激励

固定小翼激励是一种安装于翼尖的激励装置(图 3.6)。它最早出现于 20 世纪 50 年代美国 B52 轰炸机的原型机试飞中[96],此后有用于美国波音 747、757、F14 等飞机的颤振试飞中。我国相关研究单位于 21 世纪初也研制了类似激励装

图 3.6 固定小翼激励装置

置用于型号飞机的研制任务。

其工作原理是:通过直流伺服电机带动固定小翼后缘带有开缝的圆筒旋转,使流过固定小翼翼面的气流在其后缘发生向上或向下的偏转,从而使固定小翼上的气动力发生变化,产生所需的激励力。这种激励方式相比于操纵面扫频优势明显:

(1) 有其独立的控制系统,并不需要借助飞行控制系统,避免了控制系统对单纯颤振试飞的不利影响;

(2) 它不依赖舵机驱动,避免了频带限制,可实现高频段模态激励。

(3) 具有良好的低频特性。

该方法的缺点在于:

(1) 固定小翼的附加质量效应会对飞机的模态产生一定影响;

(2) 小翼产生的气动力无法直接测量,通常采用测量小翼应变的方法等效气动力,这种等效方法对于满足线性关系的振动是成立的,而当结构振动存在非线性项时,非线性的存在会对分析结果产生不利影响。

3.2.5 惯性激励

惯性激励是另一种由来已久的激励方式。在 20 世纪四五十年代,美国已广泛采用该项技术进行颤振试飞[1]。该项技术的原理是利用直流伺服电机带动不平衡转子转动,借助向心力产生激振力,同时运用输入信号控制电机转速,实现扫频或者定频激励。50 年代以后,随着其它新型颤振激励装置的出现,它不再大规模单独使用,而是与其它激励方式配合共同完成颤振飞行试验。图 3.7 为安装在翼盒内的惯性激励装置。

惯性激励力不仅取决于偏心质量块,还与转速的平方成正比。因此,在进行扫频试验时,在低频段时会因转速偏低,无法提供充分的激励。为了提升低频段激励效果,不得不增大偏心轮的质量,这会增加整个激励系统的重量,同时对飞机的固有模态也有不利影响。而在高频段,激振力随转速增加,激振效果趋于理想。因此,该种激励方式适于激励飞机的高阶模态。

图 3.7　安装在翼盒内的不平衡惯性激励装置

3.2.6　大气紊流激励

大气紊流激励颤振飞行试验属于典型的随机激励[1]，它是利用大气的紊流进行的自然激振，不同于人工激励，无需专门的激振设备，可直接从飞机在紊流区的响应数据中提取颤振模态参数，属于典型的环境激励模态试验技术（Operational Modal Analysis，OMA）。激励方式简单，花费较少，可以配合其它飞行试验科目同时完成。但其缺点是能量较低且不可控，高频效果差，信噪比偏低，当激励关键模态时，大气紊流激励需小心使用。图 3.8 给出了 F16XL 飞机在采用大气紊流激励和固定小翼激励时，其加速度响应数据的功率谱对比[97]。固定小翼激励实现了 30Hz 以内模态的充分激励，模态清晰；而大气紊流激励仅激励起了 8Hz 附近的模态。显然，人工扫频激励提供了品质更高的试飞数据。

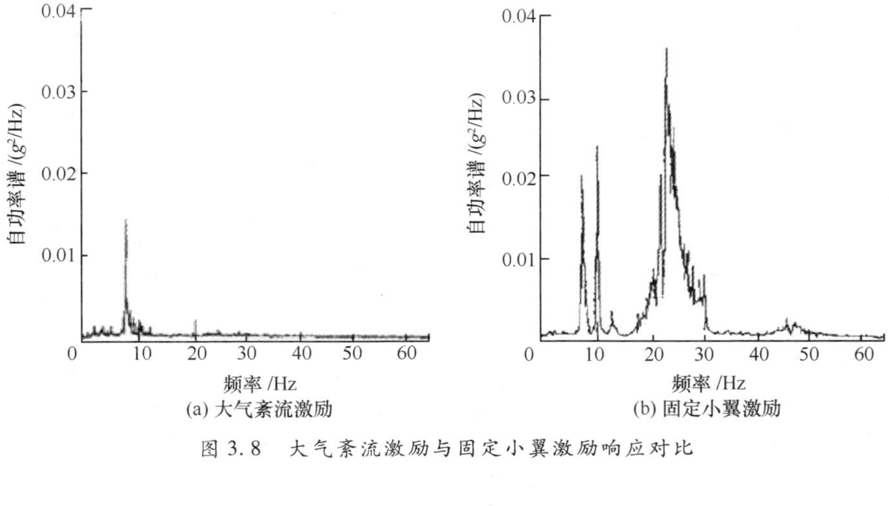

图 3.8　大气紊流激励与固定小翼激励响应对比

3.3　输入信号设计

在试验模态分析中，良好的激励信号是得到准确可靠模型的基础。系统的动态特性是通过对系统结构部件的激励，测量其输入和输出信号，然后经过分析和处理获得的。因此激励信号的选择是实验设计的一个重要步骤。

输入信号的设计和输入方式有紧密联系。对于小火箭激励、大气紊流激励这类激励方式并不适于进行输入信号的设计。这是因为小火箭激励取决于固体火箭药柱的设计,精确控制比较困难。大气紊流激励则取决于外界气流。因此,所谓的输入信号设计一般适用于可精确控制试验输入的场合。目前,用于飞行试验的激励信号种类很多,本书将重点介绍适用于频域辨识的扫频信号、多谐波(Multisine)信号和 Schroeder 相位多谐波信号。此外,对于时域辨识常用的激励信号,如阶跃输入,最优多级阶跃输入(3211 输入)不做介绍,这些信号尽管也可用于频率响应系统辨识,但是和上述典型的频域输入信号相比,其谱信息在特定频段会有缺损,无法获得令人满意的频响函数估计。

3.3.1 扫频信号

扫频信号指信号在一个频段内,频率由高到低(或由低到高)连续变化的过程,也叫 Chirp 信号。扫频信号是飞行试验中常用的激励信号,扫频信号的方式主要有线性扫频和对数扫频,其典型形式分别如下[98]:

线性扫频信号:

$$f(t) = A(t)\sin\left[2\pi\left(f_1 t + \frac{1}{2}rt^2\right)\right] \tag{3.1}$$

式中:f_1 为起始频率;f_2 为截止频率;$r = (f_2 - f_1)/T$,其中 T 为扫频时间。

对数扫频信号:

$$f(t) = A(t)\sin\{2\pi f_1/r \cdot [\exp(rt) - 1]\} \tag{3.2}$$

式中:f_1 为起始频率;f_2 为截止频率;$r = \ln(f_2/f_1)/T$,其中 T 为扫频时间。

为了表述两种扫频方式的不同,采用余弦,分别用线性扫频、对数扫频方式在 10 ~ 400Hz 范围内进行扫频,为了使图像更直观,线性扫频周期用 2s, 对数扫频周期用 10s,时频图如图 3.9 所示。

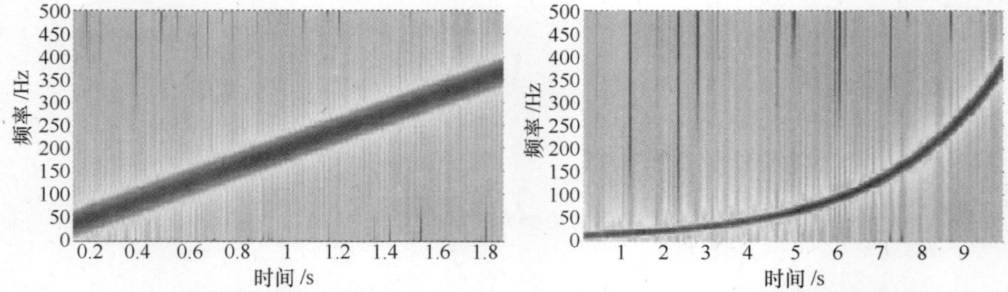

(a) 线性扫频信号时频图　　(b) 对数扫频信号时频图

图 3.9　线性、对数扫频方式时频图(见彩色插页)

由图 3.9 可知,对数扫频信号实质是一种变速扫频,在低频段扫频速率较低,可以确保更多的试验时间花费在低频段(模态周期较长),而在高频段花费的时间更短(模态周期更短)。

扫频信号是颤振飞行试验中常用的激励信号,尽管它不是最优的,但这种输入信号已被证明是应用频率响应方法对飞行器动态进行辨识时,最容易实现、安全、可靠的一种飞行试验激励。该类输入的实现方式包括驾驶员扫频输入和计算机扫频输入两种方式(图 3.10),前者受驾驶员生理因素的限制,扫频范围一般在 0～10Hz,而计算机扫频能在更宽的范围内完成扫频试验。

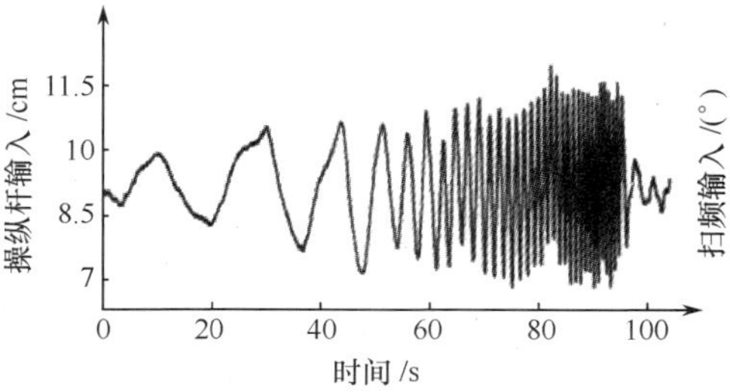

(a) 典型的驾驶员扫频输入信号

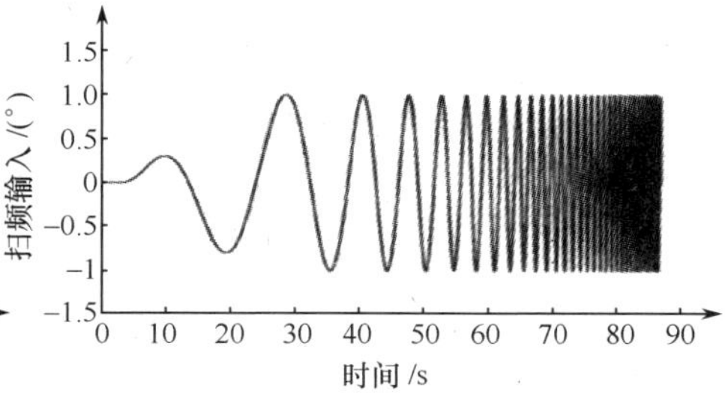

(b) 典型的计算机扫频输入信号

图 3.10 扫频输入信号

扫频信号的优势主要体现在:

(1) 功率谱密度在期望的频率范围内具有均匀的分布,这样就确保了感兴趣频带内的持续激励和较高频率响应的相干值水平。

(2) 响应时间历程大致对称,这表明试验过程中飞机相对于参考(平衡)点的运动是大体相等的,便于以平衡点为中心开展近似线性化研究。

(3) 激励的频率范围得到精确控制,这对于飞行过程的安全性保障非常重要,避免激发起一些不感兴趣的危险高频模态或者引起低频系统过载。

此外,扫频输入的时频成分聚焦于时频域内的特定区域,称为能量聚焦性。由图 3.9 可见,线性扫频信号的时频分布实质上是在一条带状区域内,这一点将非常有利于后续的去噪,这是因为噪声近似均匀地分布在整个时频域内,只需要提取出带状能量区域,就可以很好地滤除噪声。关于这种时频滤波方法将在第 4 章详细叙述。

扫频飞行试验为了保证感兴趣的频带内有充足数量的离散频率点进行辨识,其数据长度通常是时域输入信号的 2 倍以上,并且由于它只能逐个扫描频率,试验时间花费较长。有鉴于此,多谐波信号可同时激励多个感兴趣的频率点,作为扫频信号的替代方案,在气动弹性系统辨识领域已经得到了应用。

3.3.2 Multisine 信号

Multisine 信号是一系列谐波信号的组合,具有较小的波峰因数(波形的峰值和有效值之比),可以提高测量信号的信噪比,减小频率响应函数的误差,通过优化还可以减少非线性和泄漏问题。

随机 Multisine 信号的具体定义如下[98]：

$$u(t) = \sum_{k=1}^{N_f} A\sin(2\pi f_k t + \varphi_k) \tag{3.3}$$

式中：N_f 为信号所含谐波数；A 为幅值；$f_k = nf_0, n \in N, f_0$ 为频率分辨率，也是基频，$T_0 = 1/f_0$；φ_k 为随机相位，在$[0,2\pi)$服从均匀分布。

Multisine 信号也是一种宽频带信号，利用频率分辨率可以更加准确地选择所需要的谱线，针对实验测量中出现的非线性和泄漏问题，可方便地进行优化设计。

3.3.3 施罗德相角谐波信号

施罗德相角谐波信号（Schroeder Phase Harmonic Signal，SPHS）是一种特殊的 multisine 信号，它采取调整组成该信号的各正（余）弦分量的初始相角来形成自己特性的周期性多频信号，是由若干个周期和初相有一定关系的余弦波叠加而成。该信号的一般数学表达式为

$$u(t) = \sum_{k=1}^{N_f} A\sin(2\pi f_k t + \varphi_k) \tag{3.4}$$

式中：N_f 为信号所含谐波数；A 为幅值；$f_k = kf_0, n \in N, f_0$ 为频率分辨率，也是基频，$T_0 = 1/f_0$；施罗德相角（Schroeder Phase）$\varphi_k = -k(k-1)\pi/N$。图 3.11 所示，是美国 NASA 用于 F18 试验机颤振试飞时的施罗德相角谐波信号[23]。

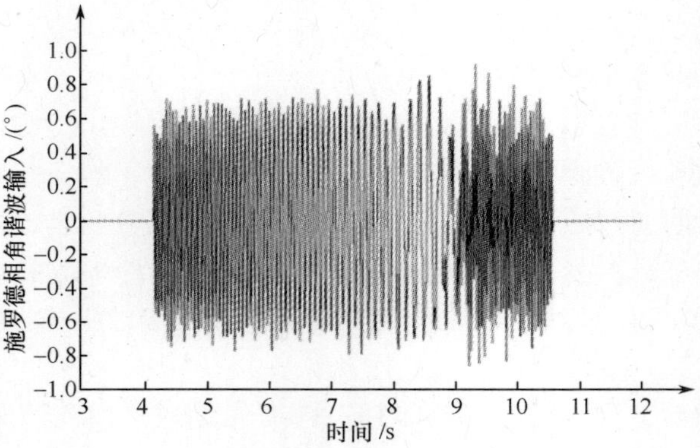

图 3.11 施罗德相角谐波信号输入信号

SPHS 的特点如下：

（1）具有很低的峰峰比值，即峰比因子（peakfactor）很小。峰比因子定义为信号的最大峰峰差值与信号的有效值之比，所以当用该信号作为待测系统的激励信号时，对系统的激励将是很平稳均匀的，有利于系统测试。

（2）SPHS 信号的周期 T 可人为设定，意味着可以通过改变 T 而改变基频 $\omega = 2\pi/T$，因此可实现对任意频率点模态的激活，并可通过 N 实现一次激活多个频率

点的模态。

(3) SPHS 的傅里叶变换是离散的，且幅值相等，数据处理简单，并可以有效地滤除大部分干扰的影响。

SPHS 适合于频域辨识方法的最优输入，这种信号由在频率轴上等距分布的大量谐振频率波组成，是一种多频波形式。SPHS 信号输入设计最小化了峰值激励幅值，会生成非常平坦的功率谱密度，这种特性对于频率响应辨识方法十分理想。

3.4 输入信号优化

3.4.1 频域泄漏

在频域辨识中，采集到时域信号要经过快速傅里叶变换(Fast Fourier Transform, FFT)，转换成频域信号，再进行分析和处理。在实际问题中，利用香农采样定理采集到的离散时间序列通常是比较长的时间序列，因而处理这个序列时就需要加窗将它截断。例如，对于频率为 f_s 的正弦序列，它的频谱应该只是在 f_s 处有离散谱。但是，在利用傅里叶变换求它的频谱时作了截断，结果使信号的频谱不只是在 f_s 处有离散谱，而是在以 f_s 为中心的频带范围内都有谱线出现，它们可以理解为从 f_s 频率上“泄漏”出去的，这种现象称为频谱“泄漏”。

从傅里叶级数可知，任意一个周期函数，只要满足一定条件都可以分解为基频的谐波与整数倍基频的高次谐波之和，即周期函数的频谱实际上是由一系列与基频成整数倍关系的离散频谱构成。从傅里叶变换分析可知，对周期信号进行多段谱平均时，如果每段样本长度恰好等于信号周期长度的整数倍，则傅里叶变换所得的离散频谱与信号真实频谱完全相吻合；反之，由于样本截断长度的随机性，经过傅里叶变换的周期延拓处理(图 3.12)，将使信号产生较大的畸变，在所得离散频谱中产生许多不可知的虚假频率成分。因此针对周期信号可以采用整周期采样，进行整周期截断再作谱平均的办法来改善频域泄漏问题。

频域泄漏问题对于颤振模态阻尼的辨识至关重要。如果发生频域泄漏，这意味着能量损失。当飞机越加接近颤振边界时，颤振模态频率点对应的阻尼系数是在不断减小的，模态频率点对应的传递函数峰值是在不断增大的，而泄漏将会削弱传递函数的峰值，让辨识阻尼系数相对大于实际阻尼，使得边界预测结果大于颤振边界。

为了改善这种情况，工程上多采用加窗函数(详见第 5 章)。但是加窗并不能彻底消除频域泄漏，同时还会给信号带来失真。因此，借助周期信号整周期采样的思路，对试验输入信号进行无泄漏优化设计不失为一种理想手段。在 3.3 节中叙述的三种典型输入信号，均由谐波信号演变而来，故可视为周期信号，完全可以通过精确控制信号的各项参数实现无频域泄漏。

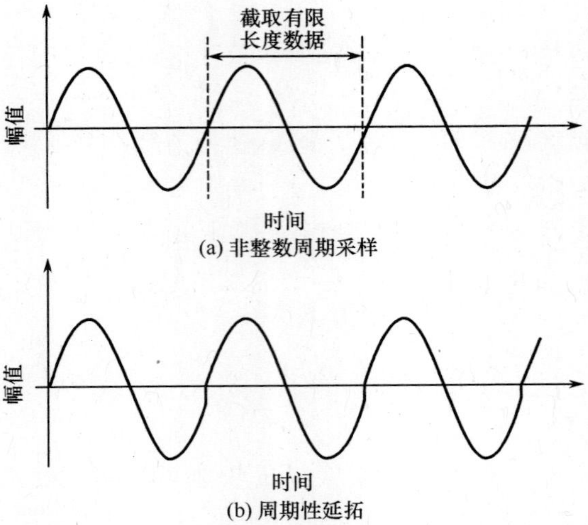

图 3.12　非整数周期采样引发频域泄漏

例如,对于线性扫频信号:

$$f(t) = A(t)\sin\left[2\pi\left(f_1 t + \frac{1}{2}rt^2\right)\right],\ 0 < t < T_0$$

式中:T_0 为扫频时间长度,可以将 $0 \sim T_0$ 看作一个矩形窗。为了保证数据无泄漏,必须是整数周期截断。为此,可将多段扫频信号首尾相连,形成以 T 为周期的周期信号。为达此目的,可以定义 $f_0 = 1/T_0$ 为基频。当满足 $r = 2(k_2 - k_1)f_0^2$,$f_1 = k_1 f_0$ 时($k_1 f_0$ 和 $k_2 f_0$ 分别表示起始频率和截止频率),此时信号 $f(0) = f(T_0)$,确保了周期截断。

为了验证这种无泄漏扫频信号设计的有效性,这里采用了一个压电悬臂梁振动试验数据进行说明(实验说明详见第 7 章 7.5.2 节)。压电悬臂梁利用两片压电陶瓷进行激振,振动响应采用另外两片压电陶瓷进行采集。采用正弦线性扫频信号驱动压电陶瓷片。扫频时间为 20s,则基频 $f_0 = 0.05$Hz,采样频率 $f_s = 204.8$Hz 为基频的整数倍。频率区间为 1 ~ 50Hz,即 $20f_0 \sim 1000f_0$。一共采样 5 个周期,每个周期数据长度为 4096,则 5 个周期为单个周期的整数倍,处理数据时采用整周期截断。这样满足整周期采样和截断原理。

利用采集到的试验数据,对频响函数进行 H_1 估计(详见第 5 章),结果如图 3.13所示,蓝实线部分是通过整周期采样进行整周期截断获得的频响函数曲线,红虚线部分是通过整周期采样进行非整周期截断获得的频响函数曲线。由图 3.13可知,在 20Hz 以内的低频段,有一个模态能量较高,通过整周期采样与截断可以很好地反映该模态的情况,而非整周期截断,常常会造成能量的丧失,频响函数的幅值偏小。在大于 20Hz 的一个模态,由于其能量本身偏小,故整周期采样与截断和非整周期截断后相比较,差别不是很明显。

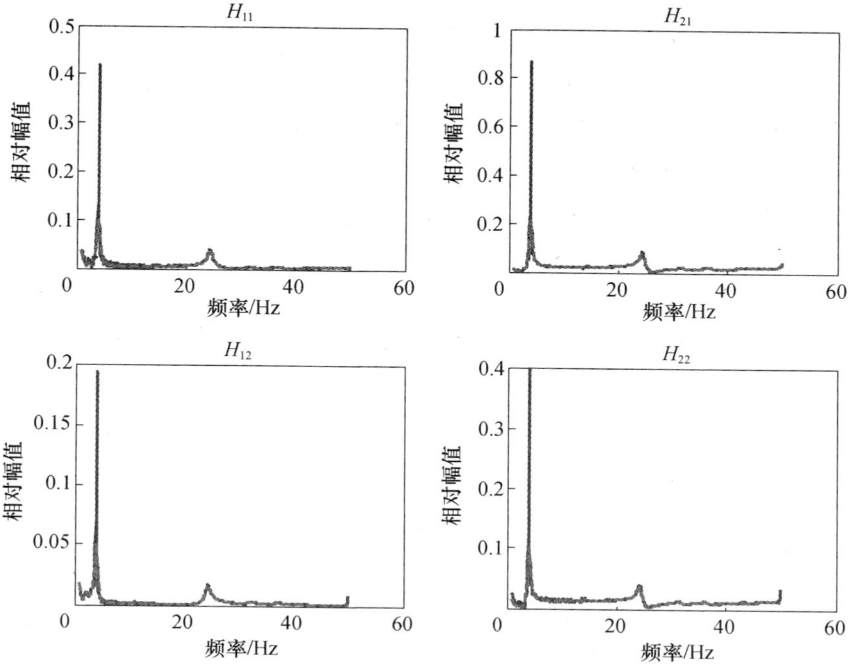

图 3.13 频响函数的比较(见彩色插页)

对于多谐波信号(Multisine Signal),式(3.3)已经给出了明确定义,只需要选择周期 $T_0 = 1/f_0$,$f_k = kf_0$,即可保证所有的谐波信号都是整数周期采样,不会引发泄漏。

但是,上述方法往往需要循环多个周期,无疑会增加颤振飞行试验时间。事实上,减少泄漏已成为频域方法首要解决的问题。除了这里所说的输入设计外,一些新型数据处理手段(如 LPM 频响函数估计)和辨识方法(增加参数化频域泄漏项)也能够减弱或者消除泄漏对模型辨识的不利影响,后续章节将陆续介绍这些内容。

3.4.2 非线性扰动

飞机结构测量的输出响应通常包括线性成分和非线性成分。气动弹性系统实质是非线性系统。为便于采用线性系统观点研究颤振问题,通常期望从数据中提取系统的线性成分或近似线性成分,以降低非线性对线性建模的不利影响。

一般的,在频率 $\omega_k = 2\pi f_{\max} k/N$,频率响应函数 $G(\mathrm{j}\omega_k)$ 可以记为[98]

$$G(\mathrm{j}w_k) = G_{\mathrm{R}}(\mathrm{j}w_k) + G_{\mathrm{S}}(\mathrm{j}w_k) + N_{\mathrm{G}}(\mathrm{j}w_k) \tag{3.5}$$

式中:$G_{\mathrm{R}}(\mathrm{j}w_k)$ 代表相关动态系统;$G_{\mathrm{S}}(\mathrm{j}\omega_k)$ 代表随机非线性扰动;$N_{\mathrm{G}}(\mathrm{j}\omega_k)$ 代表由输出噪声引起的误差。对非线性系统而言,$G_{\mathrm{R}}(\mathrm{j}w_k)$ 是最好的线性近似成分,它主要包括两部分:

$$G_R(j\omega_k) = G_0(j\omega_k) + G_B(j\omega_k) \tag{3.6}$$

式中：$G_0(j\omega_k)$是内在的线性系统(如果存在)；$G_B(j\omega_k)$是由非线性扰动引起的系统误差或偏差。$G_S(j\omega_k)$是随机成分，它的属性与不相关的噪声类似，因此，两者很难区分开。$N_G(j\omega_k)$是扰动噪声的影响，一般认为是零均值正态分布的噪声。

研究证明[98]：激励系统时，奇数频率的非线性扰动属于$G_B(j\omega_k)$；偶数频率产生的扰动属于零均值随机量。在谱线$L_k=4k+1, k=0,\cdots,N$激励系统得到的输出包含线性成分和奇数的非线性成分。因此，为了得到系统的近似线性成分，可以通过设计 odd - Multisine 信号或者 odd - odd Multisine 信号来激励系统的奇数频率，同时要尽可能减小波峰因数。

Multisine 的具体定义见式(3.3)，其中$f_k=nf_0, n\in N, f_0$为基频。odd - Multisine 即n为奇数；odd - odd Multisine 即$n=4k+1, k=0,\cdots,N$。这两种信号中f_0取值都不宜过大，否则频率分辨率变小会丢失模态。减小波峰因数的方法较多，如采用 Schroeder Multisine、Swapping 方法和L_∞和算法等。

除了选择良好的信号，还可以通过多次测量求平均来减少非线性，而且对系统激励电压的选择也要适当，太小不能充分激发模态，过大会增加非线性成分。为了说明信号幅值大小对非线性的影响，同样采用压电悬臂梁激振试验数据进行分析。该试验仍然采用正弦线性扫频信号作为输入信号，经放大后对悬臂梁进行激励，用加速度计采集结构响应，采样频率$f_s=512\text{Hz}$，扫频范围为0～200Hz，扫频信号幅值分别为1V和8V，得到的输出信号时频图如图3.14所示。

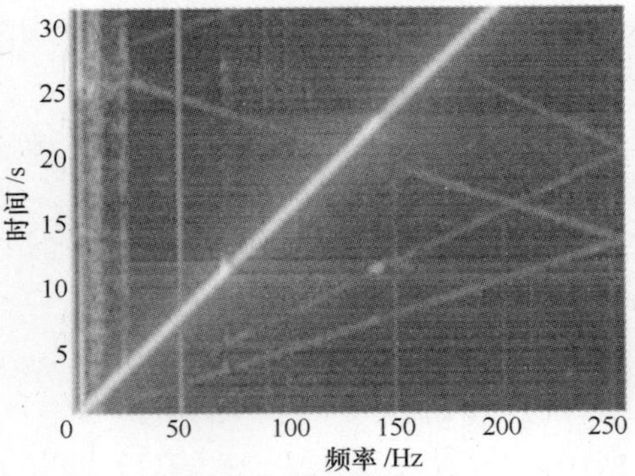

(a) 激励幅值为1V

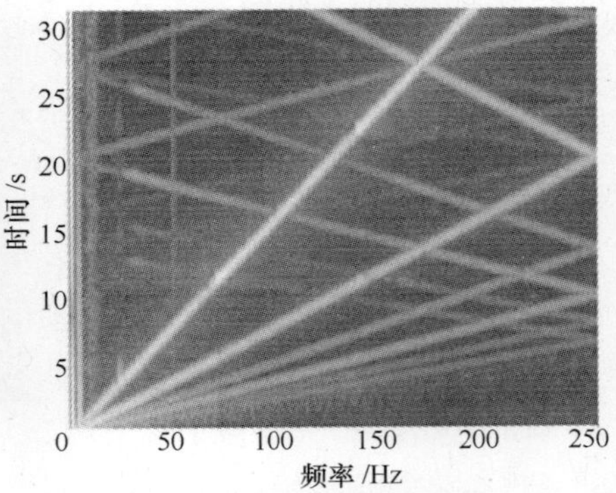

(b) 激励幅值为8V

图3.14　加速度计响应输出信号时频图(见彩色插页)

对于线性结构的系统，当输入为扫频信号时，它的输出响应理应是频率变化一致的扫频信号，区别仅在于相位改变。图中白色倾斜带状区域为主能量带，对应响应中的线性成分(能量越大，亮度越高)，除此之外，还存在其它一些偏暗的带状区域，它们代表结构非线性。尤其是其中一些带状区域与主能量带一样也从坐标原点出发，只是倾角略有不同，它们代表了响应中存在的高次谐波，属于非线性。对比图3.14(a)和(b)可以看出,激励电压越大,非线性成分越明显。对于比较小的激励电压,非线性尚不明显;而当激励增大时,非线性成分明显增强。因此,信号激励能量也不易过大,否则过强的非线性会干扰线性模型的提取。

3.5 多输入飞行试验

3.5.1 单输入激励与多输入激励

在模态分析领域,从激励的类型来看,最初发展起来的是单点输入激励,其试验周期短,所需设备和试验方法简单,曾在20世纪70年代被大多数科研人员所采用,但是该方法也存在许多问题:

(1) 单点激励使能量集中于一点,在系统中分布不均,激振点附近的能量过高使系统非线性表现十分突出,远离激振点的能量低,会导致系统的模态不能被完全激发,信噪比较低,使参数辨识的精度受到严重影响,从不同的响应所得的结果一致性差;

(2) 当激振点恰好位于系统的某一阶模态振型的节点时,则对该阶模态而言,系统成为不可控和不可观的,参数辨识时将会导致模态丢失现象;

(3) 模态参数辨识时所采用的算法一般仅仅利用了频响函数矩阵的一行或一列数据,信息量十分有限,影响了辨识精度;

(4) 对于模态密集情况,参数辨识能力较弱。

随着模态分析技术的发展,在大型航天空间结构的模态试验中,多点激励法已经成为主流方法[99,100],与单点激励法相比,多点激励法具有显著的优势:

(1) 能量在系统中的分布比较均匀,对于单点激励法中的非线性问题和信噪比低的现象得到改善;

(2) 多个激振点会同时位于某阶模态振型节点的概率比较小,因此丢失模态的可能性也会减小;

(3) 在参数辨识的过程中一般同时利用所有测点信息,因此辨识结果的精度和一致性都比较高;

(4) 对于密集模态和重根情况,多点激励法具有很强的辨识能力。

对于飞机颤振飞行试验而言,舵面激励是目前最为常用的一种形式,飞机系统由于多舵面的设计一般包含多个输入。在某一参考点配平后开展飞行试验时,一般都会有一个以上的输入。例如在航向回路施加扫频激励时,为保持飞机在试验参考状态点附近稳定运动,航向回路也会由控制系统或驾驶员产生次要输入,此时飞机的响应将由主要输入和次要输入同时激励完成,对于这类多输入的飞行试验,需要设计多输入的系统辨识技术。但是,这类多输入飞行试验又不同于普通地面模态实验,这是因为现代飞机采用了静不稳定设计,飞行时必须保证控制系统工作，无法切断控制系统对试验的影响。

为了准确估计频响函数，必须避免因输入相关造成的数值病态（自功率谱矩阵奇异）问题。当取舵面偏角作为系统辨识的输入时，很难保证输入互不相关，这是因为实际舵面的偏角不仅取决于外界施加的激励信号，还取决于飞行控制系统的反馈指令。在工程中可采用驾驶员人工额外输入非相关信号（如脉冲激励）的方式降低相关性，但这也只是权宜之计。为此，3.5.2 节将研究闭环条件下的非相关多输入试验设计。

3.5.2 多输入试验的输入设计

多输入试验的难点是输入之间的相关性容易造成输入自功率谱矩阵奇异，导致无法准确估计频响函数。根本解决这个问题的途径是保证输入信号之间的非相关性。从数学角度来说，最理想的就是输入信号的自功率谱矩阵为对角阵。为了简化问题，如图 3.15 所示，采用双输入试验解释该问题。该图考虑了副翼和方向舵的组合激励试验，其中指令信号 r_1，r_2 表示颤振激励信号（FES）输入；δ_1，δ_2 为实际舵偏角；u_1，u_2 表示实际舵机输入指令；y_1，y_2 分别对应测量的弹性振动信号和飞机刚体运动信号。现有飞机大多没有安装主动控制系统，因此振动对飞机的影响主要是通过传感器，将一部分振动信号耦合到刚体运动信号中，进而通过飞控系统，影响整个系统。显然，由于飞行控制系统的介入，可以将它视为一个气动伺服弹性问题，从辨识的角度则是一个闭环辨识问题。

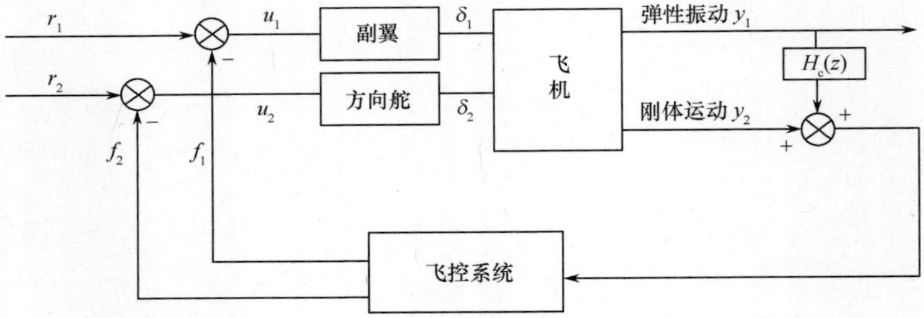

图 3.15 多输入飞行试验设计

闭环辨识最大的挑战在于：闭环反馈会导致输入信号与测量噪声相关，无法直接采用开环辨识方法。现有常规设计为了避免弹性模态对飞机低频运动的影响，一般会在飞行控制系统中加入被动陷波器，被动抑制弹性振动对飞行的影响。因此，飞控系统在模态频率处通常表现为低增益环节，反馈的信号 f_1，f_2 远小于 r_1，r_2。系统可以近似为开环。所以这种闭环问题是一种反馈弱耦合。另一方面，增大激励信号的能量也能够有效降低噪声相关引起的估计误差，具体内容可以参见第 5 章的 5.8 节。总之，对于反馈弱耦合的辨识问题，工程上是可以简化为一般开环系统进行处理的。

该类试验中主要考虑利用外界 FES 的 r_1,r_2 进行模态辨识。尽管可以间接采用 r_1,r_2 依次扫频激励的方法，每次获得频响函数矩阵的一列，通过多次试验得到整个频响矩阵。但是这种方式实际等同于多次单输入激励，无法体现多输入对系统的充分激励优势。

即使是视为开环辨识，多输入设计仍然需要确保输入信号 r_1,r_2 不相关。只有保证输入间不相关，才能获得准确的频响估计。当二者相关性过强时，受输入信号自功率谱矩阵奇异病态的影响，将无法获得可靠的频响估计。理论上克服相关的最简单方法莫过于采用两组不同的随机噪声。但是随机噪声的能量分布较广，较难充分激发低频模态，因此在飞行试验中较为少见，工程师们更习惯于采用扫频信号。若希望两组扫频信号不相关，可以设置它们在不同的频带内扫描。但在工程中有时需要二者在完全相同的扫频区间工作，以便产生更大的激励。为此，本节给出了一种多输入试验设计方法，可以实现任意输入信号的不相关或者近似不相关。

对于图 3.15 的系统，若忽略噪声和反馈影响，在频域内有如下关系：

$$\boldsymbol{Y}_1(\omega_k)=\boldsymbol{G}_c(\omega_k)\boldsymbol{R}(\omega_k) \tag{3.7}$$

式中：$\boldsymbol{R}(\omega_k)=\begin{bmatrix}R_1(\omega_k)\\R_2(\omega_k)\end{bmatrix}$为输入信号 r_1,r_2 的傅里叶变换；$\boldsymbol{Y}_1(\omega_k)$为弹性振动输出的傅里叶变换；$\boldsymbol{G}_c(\omega_k)$为从 FES 输入到振动输出间的传递函数。

显然，单纯依靠一次试验的结果，无法保证输入互不相关。但是可以采用多次试验的多组数据构造对角或者对角占优的自功率谱矩阵。为便于叙述，假设进行了两次扫频激励试验，请注意这里每次试验都是两个输入同时激励。则式(3.7)可以改写为

$$[\boldsymbol{Y}_1^1(\omega_k)\quad \boldsymbol{Y}_1^2(\omega_k)]=\boldsymbol{G}(\omega_k)\begin{bmatrix}R_1^1(\omega_k) & R_1^2(\omega_k)\\R_2^1(\omega_k) & R_2^2(\omega_k)\end{bmatrix} \tag{3.8}$$

式中的上标表示第几次试验。

如果两次飞行试验的输入分别为$\begin{bmatrix}r_1\\r_2\end{bmatrix}$和$\begin{bmatrix}r_1\\-r_2\end{bmatrix}$，则式(3.8)可以改写为

$$[\boldsymbol{Y}_1^1(\omega_k)\quad \boldsymbol{Y}_1^2(\omega_k)]=\boldsymbol{G}(\omega_k)\begin{bmatrix}R_1(\omega_k) & R_1(\omega_k)\\R_2(\omega_k) & -R_2(\omega_k)\end{bmatrix}$$

据此可得

$$[\boldsymbol{S}_{y_1^1r_1}(\omega_k)+\boldsymbol{S}_{y_1^2r_1}(\omega_k)\quad \boldsymbol{S}_{y_1^1r_2}(\omega_k)-\boldsymbol{S}_{y_1^2r_2}(\omega_k)]=\boldsymbol{G}(\omega_k)\begin{bmatrix}2S_{r_1r_1}(\omega_k) & 0\\0 & 2S_{r_2r_2}(\omega_k)\end{bmatrix}$$

显然此时等式右边已经形成了对角矩阵，进一步可得

$$\boldsymbol{G}(\omega_k)=[\boldsymbol{S}_{y_1^1r_1}(\omega_k)+\boldsymbol{S}_{y_1^2r_1}(\omega_k)\quad \boldsymbol{S}_{y_1^1r_2}(\omega_k)-\boldsymbol{S}_{y_1^2r_2}(\omega_k)]\begin{bmatrix}1/2S_{r_1r_1}(\omega_k) & 0\\0 & 1/2S_{r_2r_2}(\omega_k)\end{bmatrix}$$

观察试验输入信号可知

$$\begin{bmatrix} r_1 & r_1 \\ r_2 & -r_2 \end{bmatrix} = \begin{bmatrix} r_1 & 0 \\ 0 & r_2 \end{bmatrix} \begin{bmatrix} 1 & 1 \\ 1 & -1 \end{bmatrix}$$

式中：$\begin{bmatrix} 1 & 1 \\ 1 & -1 \end{bmatrix}$为正交矩阵，这正是本方法形成对角阵的关键。

若进一步延拓该方法至 N 个输入，则需要构造 N 阶的正交矩阵 $\boldsymbol{H}_M$。利用离散傅里叶变化构造正交矩阵是数学上的常用方法，但是构建的矩阵中含有复数，不利于实现。可近似采用 Hadamard 矩阵构造正交矩阵，Hadamard 矩阵是由 +1 和 -1 元素构成的正交矩阵，既可以确保信号正交，又便于设计试验。为此，可以利用 Hadamard 矩阵将上述正交化理论进行推广。

正交 Hadamard 的维数是 $2^k, k=1,2,3$。当试验输入个数 $M=2^k$ 时：

$$\hat{\boldsymbol{H}}_M = \boldsymbol{H}_{2^k} \tag{3.9}$$

当输入个数 $M<2^k$ 时，$\hat{\boldsymbol{H}}_M$ 为 Hadamard 矩阵 $\boldsymbol{H}_{2^k}$的左上角 $M \times M$ 维子矩阵。

例如对于二维、三维输入的系统，利用推广后的原理，输入矩阵为

$$\boldsymbol{H}_2 = \begin{bmatrix} 1 & 1 \\ 1 & -1 \end{bmatrix}, \ \boldsymbol{H}_3 = \begin{bmatrix} 1 & 1 & 1 \\ 1 & -1 & 1 \\ 1 & 1 & -1 \end{bmatrix}$$

此时，对于奇数维数 $\boldsymbol{H}_M$ 已经不再正交，但是 $\boldsymbol{H}_M \boldsymbol{H}_M^{\mathrm{T}}$ 属于行和列占优，维数越高占优性越强。故推广后的方法称为近似正交化处理。

3.6 结构响应采集

为了取得飞机的模态频率和阻尼，必须测量飞机对激振的响应，用于测量响应的物理参数应该是可观测和易于观测的。因此物理参数的选择，观测位置的安排，响应信息的品质都直接关系着模态参数的可辨识性。通常用于观测系统输出的物理参数有振动位移、速度、加速度、角速度及应变等。

在输入可测的情况下，有时还需要测定激振力。测定激振力的方法取决于所用激振设备的类型。用电动激振器时，只要测出电流就可表示激振力。采用附加小翼就需在小翼的旋转轴上粘贴应变片，用测得的应变表示激振空气动力，当然假设定常气动力的条件下，也可以采用舵偏角表示激振空气动力。

在试验之前，要选择好测量的参数、测点的位置及测量设备，以保证通过试验获取与待辨识参数相关的动态响应。

测量试验响应的传感器除了体积小、重量轻，能在飞行环境条件下工作的要求外，还必须具有低频灵敏度高的特点。同时，要求较好的线性度和相位特性，以便用两个传感器的信号相加、相减。目前，用于飞行颤振试验的传感器有加速度计和

应变电桥两大类，其中加速度传感器在颤振试验中最为常用。由于飞行颤振试验的目的是识别形态频率和阻尼，并不是确定形态形状，因而并不需要地面共振试验那样多的传感器。

传感器的布置原则与激振器基本类同，即应放置在响应较大的地方，远离感兴趣模态的节线，同时为了区分频率相近的对称和反对称模态，传感器应对称布置。传感器在飞机上的典型位置如图3.16所示。

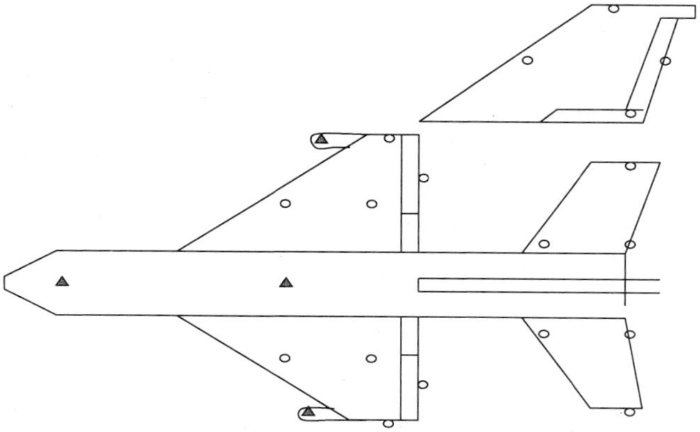

▲ 包括法向和侧向两个传感器，其他位置一个法向传感器。

图3.16 传感器典型布置图

3.7 颤振试飞数据处理与监控

由于颤振试飞是高风险科目，因此需要利用地面遥测设备进行实时监控。安装在试验机上的振动加速度传感器和应变传感器用于测试飞机的结构振动响应。这些数据通过遥测设备传输到监控大厅，通过条图仪和软件进行分析。在监控大厅需要跟踪信号运动的趋势，关注模态信号异常情况；对扫频激励、恒频激励和操纵面脉冲激励，需要监控模态信号衰减率。

颤振试飞中实时频谱分析用于监控重要模态的能量变化，特别是进行下一个更大速度飞行加速情况。通常对颤振耦合的关键模态，如机翼弯曲模态和扭转模态，需要监控其频率重合趋势。

颤振试飞中通过专用软件得到重要模态的频率和阻尼。绘制速度与频率、速度与阻尼变化趋势图，参考理论分析结果，确定颤振裕度。此外，还需要了解飞行员对飞机的操纵和振动评述，以及通过结构检查全面了解飞机的飞行特性，确保飞行安全。

第 4 章　颤振试飞数据预处理

飞行器系统动态特性复杂,飞行环境恶劣,传感器和数据采集系统性能的限制都会导致飞行实测数据中包含大量确定性误差和随机误差。这些误差的存在将会造成系统参数的有偏估计,因此在开展系统辨识工作之前,必须先对试飞试验数据进行预处理。

颤振飞行试验与地面试验的最大的区别在于,该项试验不可避免地受到大气紊流激励的影响。如图 4.1 所示,颤振飞行试验实测数据不仅包含了人工激励的结构动态响应,还包含了大气紊流激励产生的非平稳随机响应和试验测量系统引入的测量噪声。大量非平稳随机噪声一方面会极大降低试验信号的信噪比,另一方面将严重干扰辨识算法,影响辨识效果。因此,有必要在开展辨识工作之前,对试验数据进行充分的去噪处理,以消除噪声的不利影响,提高辨识结果的准确度。

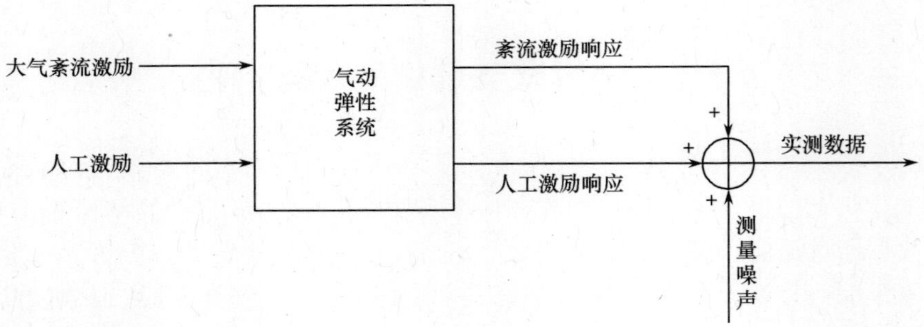

图 4.1　颤振飞行试验实测数据

然而,对于宽频带的非平稳颤振试验数据而言,传统的预处理手段,如低通滤波、平滑等方法均能滤掉高频噪声,但对于低频段的噪声,尤其是当飞机遭遇较强紊流时,低频紊流响应与人工激励响应处于同一频段,上述方法往往束手无策。此外,由于缺乏系统与噪声的先验信息,一些先进的滤波方法,如卡尔曼滤波也并不适应于这种应用场合。所幸,信号处理技术日新月异的发展为解决上述问题提供了契机。以小波、分数阶傅里叶变换为代表的多尺度信号处理工具为颤振数据预处理提供了新的工具。本章在讲述传统数据预处理手段的同时,将重点介绍新型处理方法的应用过程和效果。

4.1 飞行试验数据的预处理

飞行试验数据测量是个复杂的遥测过程。首先需将传感器所敏感的被测状态参数从物理量转化成电量，再经过放大、编码记录、调制、发射、接收、解调以及由电量转化物理量。整个过程的各个环节都可能引进误差。因此，飞行试验数据用于分析之前，应进行数据误差修正，尽可能消除各种测量误差。

4.1.1 野值的识别、剔除与补正

在飞行试验过程中，外界干扰和仪器偶然跳动，可能使测量结果出现很不合理的跳点。如果不将野值从试验数据中排除掉，必将歪曲试验结果。

从统计原理上讲，只要给一个置信度水平（置信概率）和置信区间，凡某点的误差超过这一区间就认为不是随机误差，该点即为野值点，应予以剔除。

飞行试验数据是时变数据，观测值的数学期望不能用均值表示，无法直接应用上述修正准则。对于动力学系统的试验数据，可以从动力学系统的状态方程组出发，采用广义卡尔曼滤波、分割递推算法或最大似然递推算法，根据已有的信息预测下一个观测值的数学期望，求得其残差来识别跳点并加以剔除。这是较理想的方法，但是太复杂，不适用于数据预处理。最简单的方法是采用低阶多项式滑动拟合法来判断和剔除跳点。为避免后面的野值逆向传递而误将正常值判断为野值，不能以平均值作为数学期望，只能采用前推差分算式。

方法一：七点二阶前推算式方法，如式(4.1)所示：

$$\begin{cases}\hat{y}_1=(32y_1+15y_2+3y_3-4y_4-6y_5-3y_6+5y_7)/42\\ \hat{y}_2=(5y_1+4y_2+3y_3+2y_4+y_5-y_7)/14\\ \hat{y}_3=(y_1+3y_2+4y_3+4y_4+3y_5+y_6-2y_7)/14\\ \hat{y}_4=(-2y_1+3y_2+6y_3+7y_4+6y_5+3y_6-2y_7)/21\\ \hat{y}_5=(-2y_1+y_2+3y_3+4y_4+4y_5+3y_6+y_7)/14\\ \hat{y}_6=(-y_1+y_2+2y_4+3y_5+4y_6+5y_7)/14\\ \hat{y}_i=(5y_{i-6}-3y_{i-5}-6y_{i-4}-4y_{i-3}+3y_{i-2}+15y_{i-1}+32y_i)/42\end{cases}\tag{4.1}$$

式中：$i=7,8,9,\cdots,L$。

按时间顺序逐点计算$\hat{y}_i$及新息$v_i=y_i-\hat{y}_i$。对于野值，其v_i值远大于正常值。可以采用下列准则[88]，满足下式者为野值：

$$|y_k-\hat{y}_k|>2.2\sqrt{\sum_{i=k-6}^{k}(y_i-\hat{y}_i)^2/6}=E\tag{4.2}$$

试验数据中可能出现连续野值,通常连续野值的值比较靠近,因此,可用下式判断连续野值。当 k 点是野值,则满足下式的点也是野值:

$$|y_{k+i} - y_k| < E, \quad i = 1, 2, \cdots, m \tag{4.3}$$

为避免将阶跃信号误作为不合理值剔除,可以取 $m=3$,当满足式(4.3)的 $k+i>k+3$ 时,则认为 $y_k, y_{k+1}, \cdots, y_{k+m}$ 都是正常值。

若已判定 $y_k, y_{k+1}, \cdots, y_{k+m}$ 是不合理值,则将它们剔除,并采用以 $y_{k-3}, y_{k-2}, y_{k-1}, y_{k+m+1}, y_{k+m+2}, y_{k+m+3}$ 为已知值的拉格朗日插值公式,求出 $y_k, y_{k+1}, \cdots, y_{k+m}$ 的补正值,即

$$y_l = \sum_{j=k-3}^{k+m+3} \Bigg(\prod_{\substack{i=k-3 \\ i,j\neq k,k+1,\cdots,k+m;\, i\neq j}}^{k+m+3} \frac{t_l - t_i}{t_j - t_i} \Bigg) y_j, \quad l = k, k+1, \cdots, k+m \tag{4.4}$$

方法二:判断 y_i 是否为合理点的条件是

$$y_{i-1} - KS < y_i < y_{i-1} + KS \tag{4.5}$$

式中:K 为常数,通常取 3 ~ 5, $S^2 = \dfrac{1}{N}\sum\limits_{i=0}^{N-1}(y_i - \bar{y}_i)^2$。

当式(4.5)不成立时,该点为不合理点,应从数据中剔除出去,该点的值用如下外推值代替:

$$\hat{y}_i = y_{i-1} + (y_{i-1} - y_{i-2}) \tag{4.6}$$

应避免连续外推,否则会导致数据严重偏离真实数据。

4.1.2 数据平滑的方法

多项式中心平滑公式是最简单和最常用的平滑公式。所谓中心平滑就是采用奇数点进行平滑,以平滑点为中心点;多项式平滑就是以 n 阶多项式用最小二乘法拟合这些点,然后用拟合所得的多项式求出中心点的平滑值。

设 $\boldsymbol{Y}_M = (y_0, y_1, \cdots, y_M)^{\mathrm{T}}$ 是一组等间隔观测数据。数据平滑问题就是将 $\boldsymbol{Y}_M$ 展成 n 阶正交多项式 $\xi_l(i)$ 的线性组合,使其方差 J 达到极小。

$$J = \sum_{i=0}^{M} \Big(y_i - \sum_{l=0}^{n} a_l \xi_l(i) \Big)^2 \tag{4.7}$$

由 $(\partial J / \partial a_l) = 0$ 和 $\xi_l(i)$ 的正交性可求得 a_l 的表达式为

$$a_l = \Big[\sum_{i=0}^{M} y_i \xi_l(i) \Big] / S(l, M) \tag{4.8}$$

$$S(l, M) = \sum_{i=0}^{M} \xi_l^2(i) \tag{4.9}$$

故各分量的平滑公式为

$$y_{M+j} = \sum_{l=0}^{n} a_l \xi_l (M+j) = \sum_{i=0}^{M} b_{ij} y_i \tag{4.10}$$

式中：$b_{ij} = \sum_{l=0}^{n} [\xi_l(i)\xi_l(M+j)]/S(l,M)$，$j$ 取 0，-1，-2，…，$1-M$ 不同值时，所得的公式相当于对不同点的平滑公式；$j=(1-M)/2$ 时为中心平滑。对于 M 个观测数据，根据 $\xi_l(i)$ 的正交性，可以求出其解析表达式为

$$\xi_l(i) = \sum_{j=0}^{n} (-1)^j C_n^l C_{n+1}^l A_n^l / A_M^i \tag{4.11}$$

式中：$C_n^l = n!/[(n-l)!\ l!]$，$A_n^l = n!/(n-l)!$。

4.1.3 数字低通滤波器设计方法

飞机颤振及气动伺服弹性频率通常较低，在进行飞行颤振气动伺服弹性试验时，由于各种干扰因素的影响，飞行颤振及气动伺服弹性试验数据中常含有高频成分，为此需要设计低通滤波器将其滤除。

设计通带截止频率为 ω_p、阻带截止频率为 ω_q，采样周期为 T 的数字低通滤波器的过程如下[88]：

(1) 求出 $\overline{\omega}_p = \tan(\omega_p T/2)$，$\overline{\omega}_q = \tan(\omega_q T/2)$；

(2) 设计通带截止频率为 ω_p、阻带截止频率为 ω_q 的模拟低通滤波器 $H(s)$；

(3) 将 $H(s)$ 中 s 代之以 $\frac{z-1}{z+1}$，即进行双线性变换，得到 $H(z)$；

(4) 表达成适用于计算机处理的差分格式。

按照以上步骤，选定技术指标 $\omega_q = 3\omega_p$，且 $\omega > \omega_q$ 时阻带衰减的技术指标分别为三倍频衰减 20dB，30dB，40dB，设计三阶低通数字滤波器如下：

传递函数为

$$H(z) = \frac{\overline{\omega}_p^3 (z^3 + 2z^2 + 3z + 1)}{ACz^3 + (2C^2D + AD)z^2 + (BC + 2CD^2)z + BD} \tag{4.12}$$

表示为成差分格式，有

$$\begin{aligned}\overline{y}(n) = \frac{1}{AC}\{ & \overline{\omega}_p^3 [y(n) + 3y(n-1) + 3y(n-2) + y(n-3)] - \\ & [(2C^2D + AD)\overline{y}(n-1) + (BC + 2C^2D)\overline{y}(n-2) + BD\,\overline{y}(n-3)]\}\end{aligned} \tag{4.13}$$

式中

$$A = 1 + \overline{\omega}_p + \overline{\omega}_p^2 B = 1 - \overline{\omega}_p + \overline{\omega}_p^2$$

$$C = \overline{\omega}_p + 1 D = \overline{\omega}_p - 1$$

使用上述滤波器进行数据处理时，还需要注意：在使用此滤波器前，必须给出

通带截止频率 ω_p 及采样周期 T,这一般要采用快速傅里叶变换对飞行颤振试验数据作频谱分析来确定。

4.2 飞行试验数据的去噪研究

颤振飞行试验与地面试验的最大的区别在于,该项试验不可避免地受到大气紊流激励的影响,作为一种不可测的激励,它所产生的非平稳随机响应将作为过程噪声包含在所测得人工激励的响应信号中,这部分噪声以及测量噪声将极大地降低试验信号的信噪比,严重限制模态参数辨识结果的准确程度。因此在使用飞行颤振试验数据进行辨识前,有必要对试验数据进行去噪处理,以消除实测数据中的各种噪声,提高辨识结果的准确度。

对于宽频带的非平稳颤振信号,传统的频域滤波和 Winner 滤波都收效甚微。由于缺乏噪声的先验信息,卡尔曼滤波器也无法提供理想的结果。为此,本章以小波、分数阶傅里叶变换、短时分数阶傅里叶变换等先进的数学理论为基础,研究颤振试验数据的去噪问题,并针对我国颤振试飞中常见的小火箭激励试验和舵面扫频激励试验,提出三种不同原理的试飞数据去噪算法。最后,以实测试飞数据为例,验证算法的工程实用性,并对三种算法的去噪效果进行分析、比较。

4.2.1 小波去噪

小波变换作为一种新的多分辨率分析方法,可同时进行时域和频域分析,具有时频局部化和变分辨率特性,因此适合于处理非平稳的颤振试验信号。尤其是自 20 世纪 90 年代以来,随着小波在信号处理中的应用,小波去噪研究已成为各国学者关注的焦点,一批新的去噪算法的出现为颤振数据的小波去噪提供了必要的理论基础,该类算法通常利用信号和噪声在小波域内的不同特征表现实现去噪,其大致可分为以下三种:

(1) 空域相关去噪法[101],利用信号小波系数在各尺度间具有相关性来滤波;

(2) 模极大值重构去噪[102,103],利用信号小波系数随尺度增大的变化规律来滤波;

(3) 阈值去噪法[104,105],利用幅值较大的系数由真实信号产生这一基本假设滤波。

本节结合空域相关法和阈值去噪法,提出一种改进的小波去噪方法,用于小火箭激励的颤振试验数据去噪。

1. 原理与方法描述

颤振试验中带噪信号可以表示为

$$f(t) = s(t) + n(t) \tag{4.14}$$

式中:f 为所测带噪信号;s 为真实信号;n 为由于大气紊流等因素引起的噪声。

对带噪信号进行小波分解,利用信号与噪声所对应的小波系数具有不同的幅值或相关性等特性实现去噪。去噪过程如图 4.2 所示,颤振信号首先通过梯度倒数加权滤波器进行预处理,初步降低噪声。静态小波变换则将预处理后的信号分解到不同尺度。考虑到相关噪声的影响,对输入信号在各尺度下分别应用自适应小波阈值方法去噪。对输出信号采用改进的空域相关滤波。最后小波逆变换得到去噪后的信号。

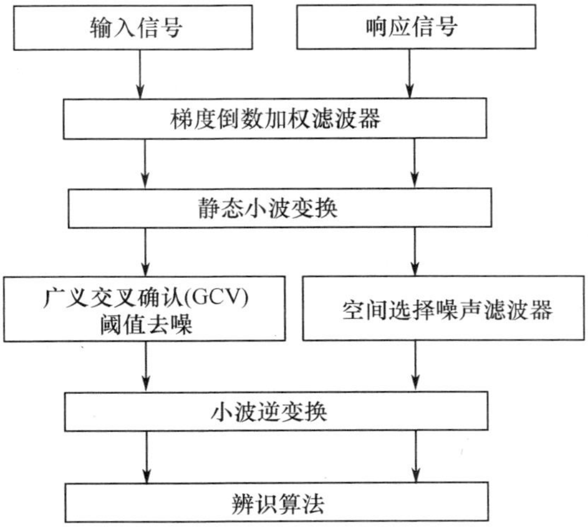

图 4.2 颤振试验信号小波去噪过程图

2. 梯度倒数加权滤波预处理

当噪声水平不是很高时,小波去噪往往能获得较好的性能。预处理的目的就是减少噪声,提高信噪比,同时尽量减少信号变形,以提高小波降噪的效果。这里采用了一种由 Wang 提出的非线性滤波算法——梯度倒数加权滤波(Gradient Inverse Weighted)[106],这种滤波器的一般形式如式(4.15)所示。试验表明该方法能够有效地保持信号边缘及平滑噪声。由于飞机模态的自然频率多分布在低中频段,冲击响应信号较为平滑,所以这种滤波方法能取得较好的效果。

首先定义信号第 i 点梯度倒数为

$$\delta(i,k)=\begin{cases}1/d(i,k), & d(i,k)\neq 0\\ 2, & d(i,k)=0\end{cases} \tag{4.15}$$

式中:$d(i,k)=|x(i+k)-x(i)|$,$k\in V$ 且 $V=[-(m-1)/2,\cdots,-2,-1,1,2,\cdots,(m-1)/2]$。

滤波器的一般形式如下:

$$\hat{x}(i)=K(i)x(i)+(1-K(i))y(i) \tag{4.16}$$

式中

$$K(i) = D(i)/(1 + D(i)), D(i) = \sum_{k \in V} W(k)^2$$

$$y(i) = \sum_{k \in V} W(i,k)x(i,k)$$

其中

$$W(i,k) = \delta(i,k)/\sum_{k \in V} \delta(i,k)$$

式中：m 为窗的长度，一般取为奇数；$K(i)$ 为优化加权系数；$x(i)$ 为滤波窗中的中心点；$y(i)$ 为窗中除 $x(i)$ 点外的其它点加权求和；$\hat{x}(i)$ 为滤波输出结果。

3. 静态小波变换

在颤振试验中，测得的数据常常含有有色噪声，不满足阈值滤波的白噪声假设。在文献[107]中提出了一种针对有色噪声的尺度独立的阈值降噪方法，该方法使用广义交叉确认(Generalized Cross Validation, GCV)函数在各尺度下分别确定阈值，不需要任何有关噪声方面的信息。但是 GCV 作为一种渐进优化估计，它需要足够的小波系数完成估计，传统的离散二进制小波不能在高尺度提供足够数量的小波系数，会导致阈值估计失败。为了解决这个问题，这里采用了静态小波变换(又称非二进制小波变换)，它能够为各尺度提供与输入数据长度完全相同的小波系数，有关静态小波变换的详细算法可参阅文献[108]。静态小波的另一个优点是脉冲响应信号静态变换后的小波系数在各尺度上具有相似的衰减特性，表现出很强的相关性，这将被用于响应信号的小波去噪。

4. 冲击输入信号的小波阈值去噪

测得的输入冲击信号具有较高信噪比，因此可以直接采用小波阈值方法对预处理后的数据去噪。阈值估计由 GCV 函数估计，该方法不需要对噪声能量进行估计[107]，而是通过搜索式(4.17)的最小值获得阈值。

$$\mathrm{GCV}(\lambda) = \frac{1}{N} \| y - y_\lambda \| \Big/ \left[\frac{N_0}{N} \right]^2 \tag{4.17}$$

式中：N 为小波系数的个数；N_0 为被置换为零的小波系数个数；y 为含噪信号；y_λ 为阈值降噪后的信号。则阈值 $\lambda = \mathrm{argmin}\,\mathrm{GCV}(\lambda)$。

这里采用了一种介于软－硬阈值法间的折中阈值函数[109]，即

$$\hat{w}_{j,k} = \begin{cases} \mathrm{sign}(w_{j,k})(|w_{j,k}| - \alpha\lambda), & |w_{j,k}| \geq \lambda \\ 0, & |w_{j,k}| < \lambda \end{cases} \tag{4.18}$$

式中：$w_{j,k}$ 为在第 j 尺度上第 k 个小波系数；$\hat{w}_{j,k}$ 为阈值去噪后的小波系数；λ 为估计的阈值；α 为折中系数，$0 \leq \alpha \leq 1$，可根据实际去噪效果调整，这里 $\alpha = 0.5$。

图 4.3 所示为带有噪声的小火箭激励信号的小波分解及阈值表示，图 4.4 为去噪后的小波系数(Daubechies(4)小波为小波基，分解尺度为 3)。图中垂直虚线

表示两个连续分辨尺度的边界，水平虚线则表示各尺度的阈值。

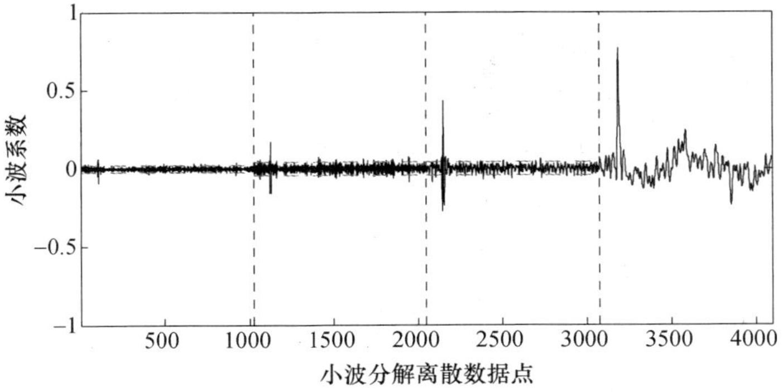

图 4.3　带噪冲击激励的阈值去噪（见彩色插页）

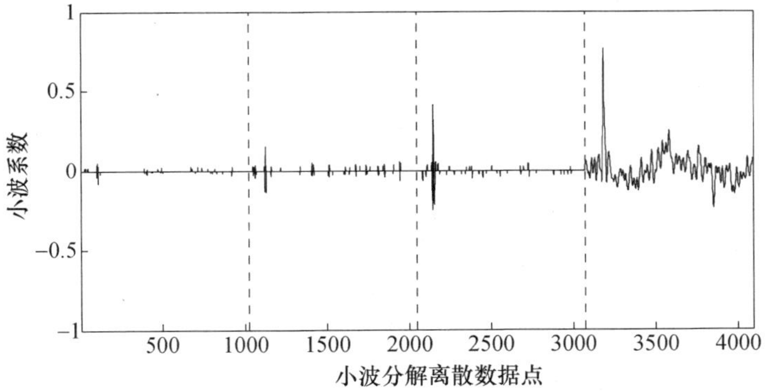

图 4.4　冲击信号阈值去噪后的小波系数

5. 改进空域相关滤波对响应信号去噪

尽管阈值滤波对脉冲激励取得了良好的去噪效果，但对于响应信号，该方法却会失效。导致这种结果的原因主要是响应信号较低的信噪比，以及响应信号自身的衰减特性。如图 4.5 所示（Daubechies(4)小波为小波基，分解尺度为4），过高的阈值估计会使大部分真实信号的小波系数被置换为零，引起信号失真。作为替代的方法，这里采用一种改进的空域相关滤波进行响应信号的去噪，该方法首先由 Xu[101] 提出。

图 4.6 为仿真产生的真实脉冲响应信号的小波系数，图中每一尺度的小波系数都具有相似的曲线形状。它们之间表现出较强的相关性。在 Xu 的文章中，利用相邻尺度上小波系数的相关性检测信号边缘的位置。对于颤振试验数据，如直接采用 Xu 的算法，由于高频段小波系数含有大量噪声，无法准确计算相邻尺度的相关系数，进而会影响滤波效果。

而颤振试验中，其响应信号多分布在低频段，噪声多位于高频段，因此响应信

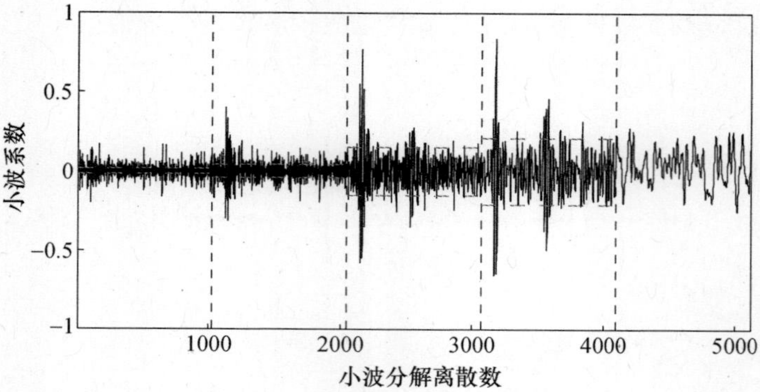

图 4.5　脉冲响应信号阈值去噪(见彩色插页)

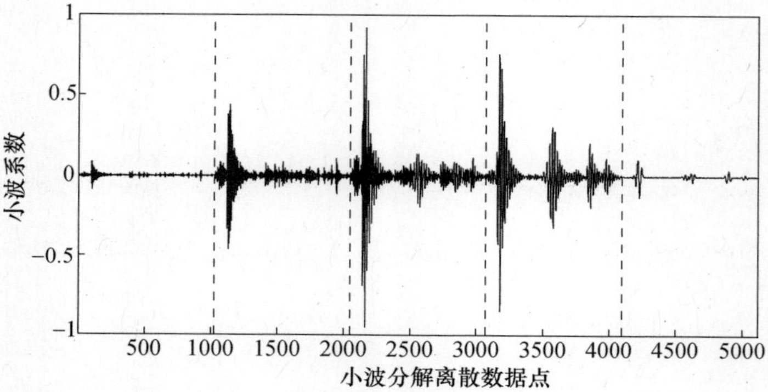

图 4.6　真实响应信号的小波系数

号在较大尺度上(低频段)具有较高的信噪比。为了减少噪声的影响,可选择具有最高信噪比的尺度作为参考,和其它尺度上的小波系数计算相关系数。为此将原算法中的相关系数的计算公式改写如下,具体过程可参见原算法。

$$\mathrm{Corr}_2(m,n) = W(m,n) \cdot W(L,n) \tag{4.19}$$

式中:$W(m,n)$为m尺度上第n个小波系数(包括低频系数),其中$n=1,2,\cdots,N$,$m=1,2,\cdots,L-1,L+1,\cdots,M+1$;$M$为所有尺度的个数;$N$为每一尺度上小波系数的个数;$L$为具有最高信噪比的那层尺度。

在示例中将第四层尺度上的小波系数作为参考和其它尺度计算相关系数。图4.7是利用这种相关系数滤波后的小波结果。图4.8则是原算法的滤波结果。对比图4.7、图4.8可知,改进算法从噪声中提取真实信号小波系数的效果更好,失真更小。

6. 仿真算例

采用一个两自由度的连续系统模拟实际气动弹性系统,模态频率$f_1=14\text{Hz}$,$f_2=30\text{Hz}$,阻尼系数$\xi_1=0.065$,$\xi_2=0.027$。输入信号为脉冲激励,响应为加速度

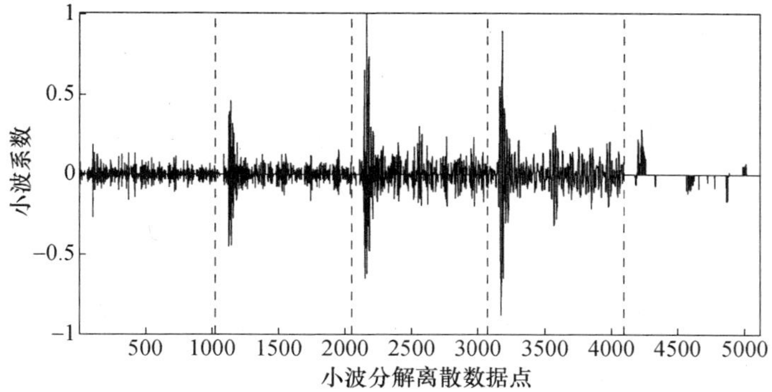

图 4.7 改进的空域相关法滤波后的小波系数

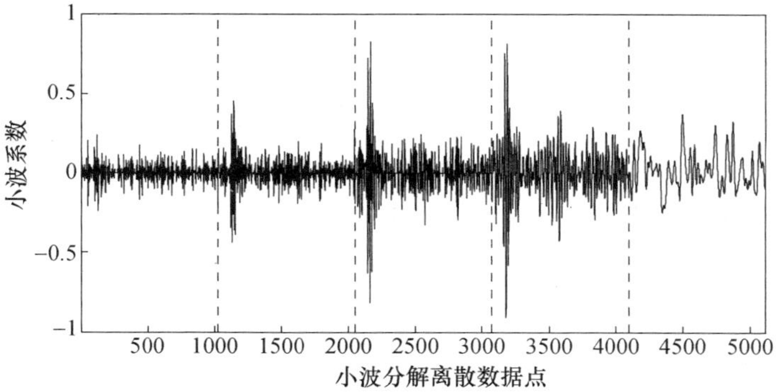

图 4.8 空域相关法滤波后的小波系数

信号。该模型的连续传递函数如下(4.2.1 节图例均出自该模型):

$$H(s)=\frac{s^2}{s^2+2\xi_1\omega_1 s+\omega_1^2}+\frac{s^2}{s^2+2\xi_2\omega_2 s+\omega_2^2},\ \omega_i=2\pi f_i \tag{4.20}$$

激励信号中加入了一个随机白噪声(标准方差 $\sigma=0.01$)作为过程噪声。输入、输出分别加入白噪声(标准方差 $\sigma=0.1$)作为测量噪声。采样频率为 256Hz,数据长度为 1024,选择 Daubechies(4)小波为小波基,用阈值法分别对输入、输出去噪,结果分别如图 4.9、图 4.10 所示。

由图可见,去噪后信号的信噪比均有所提高,尤其是脉冲激励信号获得了令人满意的去噪效果,而脉冲响应信号的去噪效果还有待提高,主要是信号末端仍残留有一定的噪声。

4.2.2 小波时频域去噪

舵面扫频激励是我国电传飞机研制成功后出现的一种新的激励形式,本节针对扫频激励设计一种新型滤波器,在时频域内实现试验数据的去噪。与 4.2.1 节

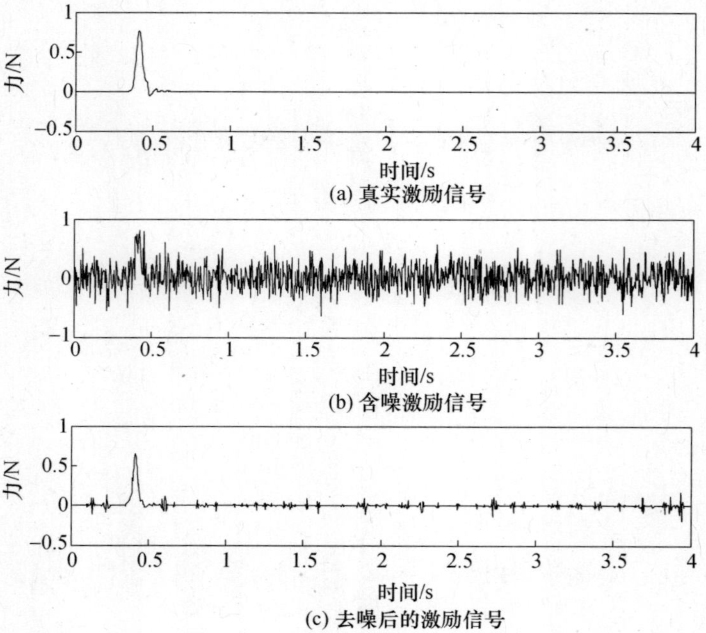

图 4.9　脉冲激励信号去噪前后对比图

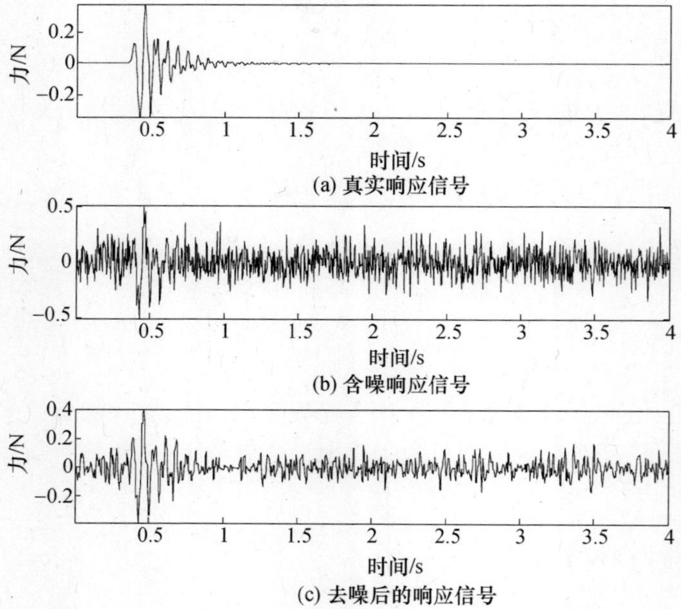

图 4.10　脉冲响应信号去噪前后对比图

提出的应用于冲击激励的小波去噪方法相比，该滤波器利用扫频信号在时频域内的聚焦特性实现信号去噪，更为显著地提高响应信号的信噪比。

1. 时频分析与小波变换

现有时频分析方法主要包括短时傅里叶变换、Garbor 变换、小波变换、Cohen类双线性变换等[110]。其中：短时傅里叶变换和 Garbor 变换都属于“加窗傅里叶变换”，分辨率固定，无法进行多分辨率分析；Cohen 类双线性变换具有足够高的分辨率，但当被分析信号由多个信号组成时，会形成交叉项，影响分析效果。小波方法则避免了上述缺点，虽然小波变换无法获取较高的分辨率[111]，但折中选取尺度系数，仍可取得较好的时频分析结果。

对于信号 $f(t)$，小波连续变换的定义如下：

$$\boldsymbol{W}(a,b) = \frac{1}{\sqrt{a}}\int_{-\infty}^{+\infty} f(t)\psi^{*}\left(\frac{t-b}{a}\right)\mathrm{d}t \tag{4.21}$$

式中：$\psi(t)$ 为小波基函数；a 为尺度系数。在满足 Heisenberg 不确定原理的条件下，通过调节 a 可获得不同的时频分辨率；b 为小波基函数沿时间轴的平移量。

在小波时频分析中，Morlet 小波是被广泛采用的小波基函数：

$$\psi(t) = \frac{1}{\sqrt{2\pi}}\mathrm{e}^{-\frac{t^2}{2}}\mathrm{e}^{-\mathrm{j}2\pi f_0 t} \tag{4.22}$$

Morlet 小波在频域内是以 f_0 为中心的高斯窗函数：

$$\Psi(f) = \mathrm{e}^{-2\pi^2(f-f_0)^2} \tag{4.23}$$

Morlet 小波时频分析正是利用了该小波良好的时频局部特性。尤其在频域内，可将其视为以 f_0 为中心的窄带滤波器。为了避免复小波的小波变换引起去噪前后信号相位角不一致，这里选用 Morlet 小波的实部进行小波变换。通过调整调整参数 f_0，即可得到一组以不同 f_0 为中心频率的窄带滤波器，然后利用连续小波变换将一维信号映射到以时间(t)、频率(f)为坐标的二维平面，该平面被称为时频分布图。

2. 扫频激励响应的时频滤波

扫频信号是模态分析试验中常用的激励信号，可分为线性扫频和对数扫频，其典型形式分别如下：

线性扫频信号：

$$s(t) = A(t)\cos\left[\left(2\pi(f_0 t + \frac{1}{2}rt^2\right)\right] \tag{4.24}$$

式中：f_0，f_1 分别为起始和终止频率；$r = (f_1 - f_0)/T$，其中 T 为扫频时间。

对数扫频信号：

$$s(t) = A(t)\sin\{2\pi f_0/r \cdot [\exp(rt) - 1]\} \tag{4.25}$$

式中：f_0，f_1 分别为起始和终止频率；$r = \ln(f_1/f_0)/T$；T 为扫频时间。

图 4.11 给出了 0～10Hz 的线性扫频激励及其加速度响应的时－频图。显然，扫频输入的能量聚焦于时频域内的特定区域，其响应信号也同样分布于上述区域。因此，图 4.11(b)中较暗的倾斜带状区域代表真实响应信号，其它区域则是噪声。

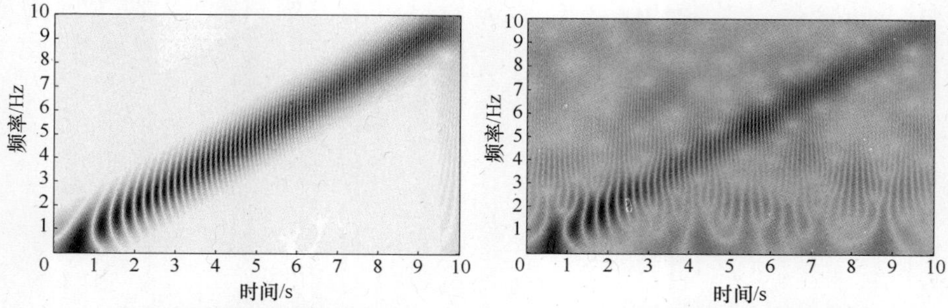

(a) 扫频激励信号的时–频图　　(b) 含噪响应信号的时–频图

图 4.11　飞行颤振试验数据的时－频图分析

利用上述特性，如果能确定信号所在的区域，只需通过遮隔方法(即保留区域内的小波系数，将区域外的小波系数置为零)即可提取真实信号。图 4.12 给出了扫频激励的响应信号滤波去噪的基本步骤，其过程如下：

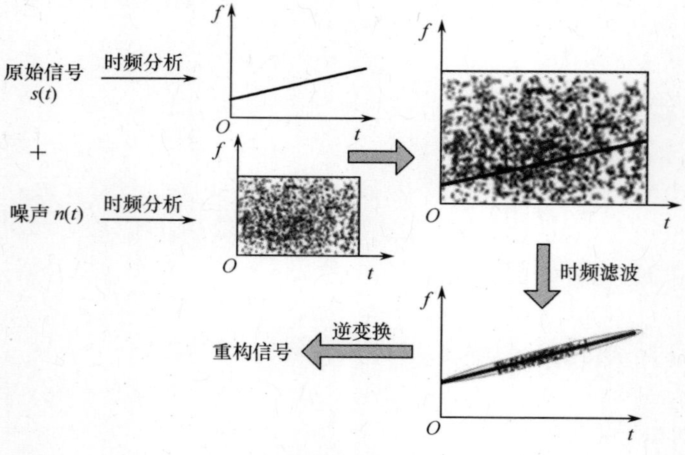

图 4.12　时频域滤波过程示意图

(1) 扫频信号及其响应信号进行时频分析。

(2) 利用已有扫频信号的先验知识，确定时频图中代表真实信号的区域并在时频域去噪。

(3) 利用去噪后的时频图重构真实响应信号。

(4) 遮隔操作。如果用矩阵表示二维的时频图，则可由遮隔矩阵完成遮隔操作。通常可根据已知扫频激励的小波系数模值，采用阈值法设计遮隔矩阵：

$$\boldsymbol{D}(b_i,f_j)=\begin{cases}1, & |\boldsymbol{W}_e(b_i,f_j)|>t_0\\0, & \text{其它}\end{cases},\ i=1,\cdots,M;j=1,\cdots,N \tag{4.26}$$

式中：$\boldsymbol{W}_e$ 为扫频激励信号的小波系数矩阵；t_0 为阈值；$\boldsymbol{D}$ 为遮隔矩阵。

随后，在时频域内对响应信号的小波系数进行遮隔操作：

$$\hat{\boldsymbol{W}}_r(b_i,f_j)=\boldsymbol{D}(b_i,f_j)\cdot\boldsymbol{W}_r(b_i,f_j) \tag{4.27}$$

式中：$\boldsymbol{W}_r$ 为噪声响应信号的小波系数矩阵；$\hat{\boldsymbol{W}}_r$ 为遮隔操作前小波系数矩阵。

（5）响应信号重构。为了重构去噪信号，通常采用逆变换将遮隔后的时频域小波系数映射到时域。但是连续小波不同于离散小波，无法采用滤波器组进行逆变换，为此，本节给出了一种新的频域重构方法。

在介绍方法之前，先将重构问题表示为一个最小二乘问题，使得下式值为最小的 s，即为待估计的去噪后信号 $\hat{s}$。

$$\|\boldsymbol{H}\hat{s}-\boldsymbol{D}.*Hf\|_F=\min_s\|Hs-D.*Hf\|_F=\min_s\|\boldsymbol{W}_s-D.*\boldsymbol{W}_f\|_F \tag{4.28}$$

式中：H 为小波变换；f 为含噪的响应信号；符号（.*）表示两个矩阵的元素与元素相乘。若 H 表示为矩阵形式，则最小二乘的解为

$$\hat{s}=\boldsymbol{H}^+\boldsymbol{D}.*\boldsymbol{Hf} \tag{4.29}$$

式中：+表示广义逆。

由于小波系数采用卷积方法计算，即

$$\boldsymbol{W}_x(b,f_0)=\frac{1}{\sqrt{a}}\int_{-\infty}^{+\infty}x(t)\psi_{f_0}^*\left(\frac{b-t}{a}\right)\mathrm{d}t=x(t)*\psi_{f_0,a}^*(t) \tag{4.30}$$

这将阻碍直接利用式（4.29）估计 $\hat{s}$，然而在频域内可将卷积计算表示为谱的乘积关系：

$$\boldsymbol{W}_x(\omega,f_0)=X(\omega)\cdot\boldsymbol{\Psi}_{f_0,a}^*(\omega) \tag{4.31}$$

式中：$\boldsymbol{W}_x(\omega,f_0)$，$X(\omega)$，$\boldsymbol{\Psi}_{f_0,a}^*(\omega)$ 分别为 $W_x(b_0,f_0)$，$x(t)$，$\psi_{f_0,a}^*(t)$ 的傅里叶变换。

根据式（4.31），有如下关系成立：

$$\boldsymbol{FW}_f=\boldsymbol{\Phi}\cdot\boldsymbol{F} \tag{4.32}$$

式中

$$\boldsymbol{FW}_f=\begin{bmatrix}W(\omega_1,f_1) & \cdots & W(\omega_M,f_1)\\ \vdots & & \vdots\\ W(\omega_1,f_N) & \cdots & W(\omega_M,f_N)\end{bmatrix},\ \boldsymbol{F}=\mathrm{diag}[F(\omega_1),\cdots,F(\omega_M)]$$

$$\boldsymbol{\Phi}=\begin{bmatrix}\Psi_{f_1,a}^*(\omega_1) & \cdots & \Psi_{f_1,a}^*(\omega_M)\\ \vdots & & \vdots\\ \Psi_{f_N,a}^*(\omega_1) & \cdots & \Psi_{f_N,a}^*(\omega_M)\end{bmatrix}$$

最小二乘问题在频域内的等效形式为

$$\min_{s} \| \boldsymbol{F}\boldsymbol{W}_s - \boldsymbol{F}\boldsymbol{W}_f \| = \min_{s} \| \boldsymbol{\Phi} \cdot \boldsymbol{S} - \boldsymbol{F}\hat{\boldsymbol{W}}_f \| \tag{4.33}$$

式中：$S = \mathrm{diag}[S(\omega_1), \cdots, S(\omega_M)]$，其中 $S(\omega_i)$ 为信号 s 的离散傅里叶变换；$\boldsymbol{F}\hat{\boldsymbol{W}}_f$ 为遮隔操作后的小波系数的傅里叶变换。

采用如下等式求取最小二乘问题的解：

$$\boldsymbol{\Phi} \cdot \boldsymbol{S} = \boldsymbol{F}\hat{\boldsymbol{W}}_f \tag{4.34}$$

解得

$$\hat{\boldsymbol{S}} = \boldsymbol{\Phi}^{+}\boldsymbol{F}\hat{\boldsymbol{W}}_f \tag{4.35}$$

矩阵$\hat{\boldsymbol{S}}$的对角线上元素即为重构信号$\hat{s}$的傅里叶频谱。对其进行离散傅里叶逆变换即可得到重构的时域信号$\hat{s}$。

（6）仿真算例。

仿真产生线性等幅扫频信号（$A(t)=1, f_0=0\mathrm{Hz}, r=1\mathrm{Hz/s}$），并对信号添加 Hanning 窗（对信号加窗是为了避免频域泄漏），该信号的采样频率为 256Hz，数据长度为 2560。为说明算法的去噪效果，同时对该真实信号添加白噪声，带噪信号的信噪比为 9.62dB。

采用本节提出的去噪方法对扫频信号去噪，结果如图 4.13 所示。为便于比较，图中还给出了真实信号和噪声信号。显然，滤波后的信号信噪比有了显著提高，此时的信噪比达到了 35.30dB。

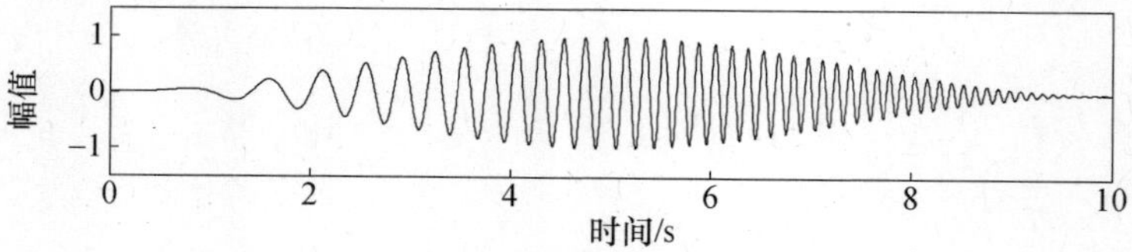

(a) 原始信号

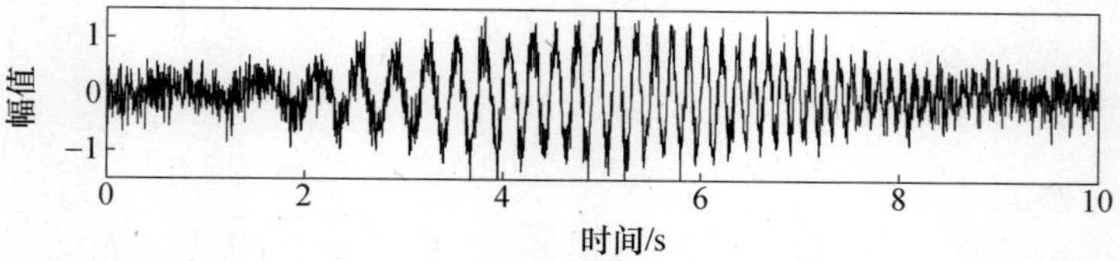

(b) 噪声信号

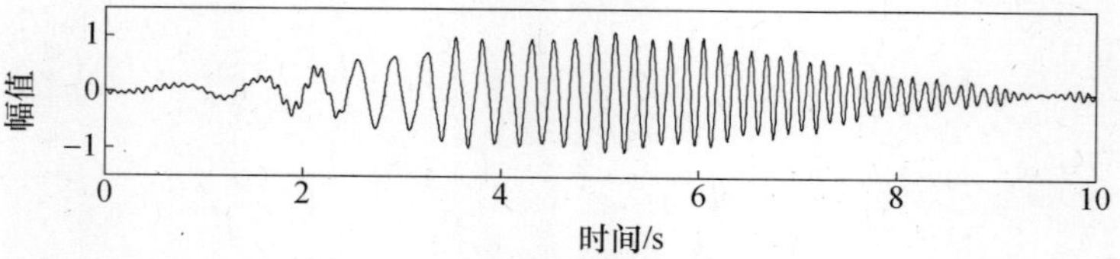

(c) 去噪信号

图 4.13　扫频信号时频域滤波前后的对比图

4.2.3 分数阶傅里叶域去噪

本节提出另一种新的针对线性扫频激励的时频滤波算法，该方法采用了分数阶傅里叶变换实现试飞数据的去噪，与上节提出的小波时频滤波算法不同，它是一种一维变换，降低了计算的复杂度，实现更为简便。缺点是应用对象仅限于线性扫频(chirp)激励。

1. 分数阶傅里叶变换

近年来，一种新的时频分析工具——分数阶傅里叶变换(Fractional Fourier Transform, FRFT)引起了信号处理界越来越多的关注。1980 年 V Namias 首先从数学的角度提出了 FRFT 的定义[112]，L B Almeicla 分析了它和 WVD 的关系并将其解释为时频平面的旋转算子[113]。作为傅里叶变换的一种广义形式，信号的 FRFT 可以解释为将信号的坐标轴在时频平面上绕原点作逆时针旋转。如图 4.14 所示，如果信号的傅里叶变换可看作将其由时间轴上逆时针旋转 $\pi/2$ 后到频率轴上的表示，则 p 阶的 FRFT 可以看作将信号在时间轴上逆时针旋转角度 $\alpha(\alpha=p\pi/2)$ 到 u 轴上的表示(u 轴被称为分数阶傅里叶域)。因此，可以将 FRFT 看作由变换矩阵定义的线性变换：

$$\begin{bmatrix} u \\ v \end{bmatrix} = \begin{bmatrix} \cos\alpha & \sin\alpha \\ -\sin\alpha & \cos\alpha \end{bmatrix} \begin{bmatrix} t \\ \omega \end{bmatrix} \tag{4.36}$$

从本质上讲，信号在分数阶傅里叶域上的表示，同时融合了信号在时域和频域的信息，因此，FRFT 被认为是一种时频分析方法。

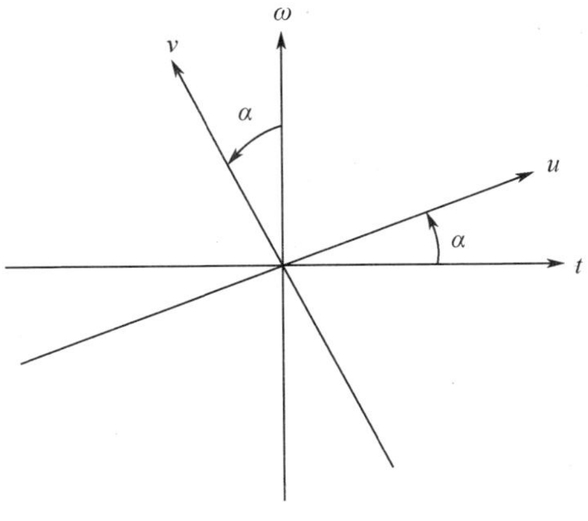

图 4.14 分数阶傅里叶变换的时频域旋转表示

信号 $x(t)$ 的 p 阶分数阶傅里叶变换的定义为[111]

$$x_\alpha(u) = F_\alpha\{x(t)\} = \int_{-\infty}^{+\infty} x(t) K_\alpha(t,u)\,\mathrm{d}t \tag{4.37}$$

式中：F_α 为 FRFT 的算子符号。分数阶傅里叶变换核为

$$K_\alpha(t,u)=\begin{cases}\sqrt{1-\mathrm{j}\cot\alpha}\cdot\exp\{\mathrm{j}\pi((t^2+u^2)\cot\alpha-2ut\csc\alpha)\}, & \alpha\neq n\pi\\ \delta(t-u), & \alpha=2n\pi\\ \delta(t+u), & \alpha=(2n\pm1)\pi\end{cases}$$

式中：$\alpha=p\pi/2$，其中 p 为 FRFT 的阶，可以为任意实数；n 为整数。FRFT 的逆变换为

$$x(t)=\int_{-\infty}^{+\infty}x_\alpha(u)K_{-\alpha}(t,u)\mathrm{d}t \tag{4.38}$$

式(4.38)说明，信号 $x(t)$ 可以分解为一组扫频基的线性组合，u 域称为分数阶傅里叶域，而时域、频域都可视为分数阶傅里叶域的特例。因此，FRFT 最适合处理线性扫频信号。

2. 分数阶傅里叶域去噪

通过式(4.38)可以发现分数阶傅里叶的变换核 $K_\alpha(t,u)$ 实质上是一组调频率为 $\cot\alpha$（$\alpha=p\pi/2$）的线性扫频信号，其初始频率为 $-u\csc\alpha$，复包络为 $\sqrt{(1-\mathrm{j}\cot\alpha)/2\pi}\cdot\mathrm{e}^{\mathrm{j}\frac{u^2}{2}\cot\alpha}$，分数阶傅里叶域由该组完备正交基所表征，通过改变旋转角度 α，便可得到不同调频率的基。当 $\alpha=\pi/2$ 时，分数阶傅里叶变换就成了传统的傅里叶变换，分解基也由线性扫频信号变成了正交完备的三角函数。如同单频正弦信号经过傅里叶变换就必然会在某个单频基上成为冲击函数，一旦需要滤波的线性扫频信号与某组基的调频率吻合，那么该信号也必然在该组基中的某个基上形成一个 δ 函数，而在别的基上为零。这一点说明了扫频信号在分数阶傅里叶变换域上具有良好的时频聚焦性。同时，它是个线性变换：

$$F_\alpha[ax(t)+bn(t)]=aX_\alpha(u)+bN_\alpha(u) \tag{4.39}$$

因此，信号和加性噪声叠加后的分数阶傅里叶变换等于各自进行分数阶傅里叶变换的叠加，利用以上两点便可以对线性扫频信号在分数阶傅里叶域内进行滤波去噪。

此外，通过观察图 4.15 所示的时频图会发现，线性扫频信号的时频分布是一条直线段，假设该线段与时间轴的夹角为 β，那么利用时频分布的旋转不变性，只要分数阶傅里叶变换的旋转角度 α 与 β 正交，则该线性扫频信号在分数阶傅里叶域上的投影就应该聚集于一点上，而噪声不规则分布在整个域内，在分数阶傅里叶域内对该点带通滤波便能很好地滤除噪声。

为证明上述结论的正确性，假设线性扫频信号的复数解析形式为 $x(t)=\mathrm{e}^{\mathrm{j}2\pi(f_0t+rt^2/2)}$，其中 $r=\tan\beta$，根据分数阶傅里叶变换的定义可知

$$\begin{aligned}X_\alpha(u)&=F_\alpha(x(t))=\int_{-\infty}^{+\infty}x(t)K_\alpha(t,u)\mathrm{d}t\\&=\sqrt{1-\mathrm{j}\cot\alpha}\,\mathrm{e}^{\mathrm{j}\pi u^2\cot\alpha}\int_{-\infty}^{+\infty}\mathrm{e}^{\mathrm{j}2\pi f_0t+\mathrm{j}\pi\tan\beta t^2}\mathrm{e}^{\mathrm{j}\pi t^2\cot\alpha}\mathrm{e}^{-\mathrm{j}2\pi ut\csc\alpha}\mathrm{d}t\end{aligned} \tag{4.40}$$

当 α 与 β 满足正交条件时，$\tan\beta = -\cot\alpha$，有下式成立：

$$X_\alpha(u) = \sqrt{1 - \mathrm{j}\cot\alpha}\,\mathrm{e}^{\mathrm{j}\pi t^2\cot\alpha}\int_{-\infty}^{+\infty}\mathrm{e}^{-\mathrm{j}2\pi(u\csc\alpha - f_0)t}\mathrm{d}t$$

$$= \sqrt{1 - \mathrm{j}\cot\alpha}\,\mathrm{e}^{\mathrm{j}\pi u^2\cot\alpha}\sin\alpha\cdot\delta(u - \sin\alpha\omega_0) \tag{4.41}$$

显然，当 α 与 β 满足正交条件时，会在 u 域（分数阶傅里叶域）内形成一个 δ 函数，这正是我们利用分数阶傅里叶变换去噪的基础。

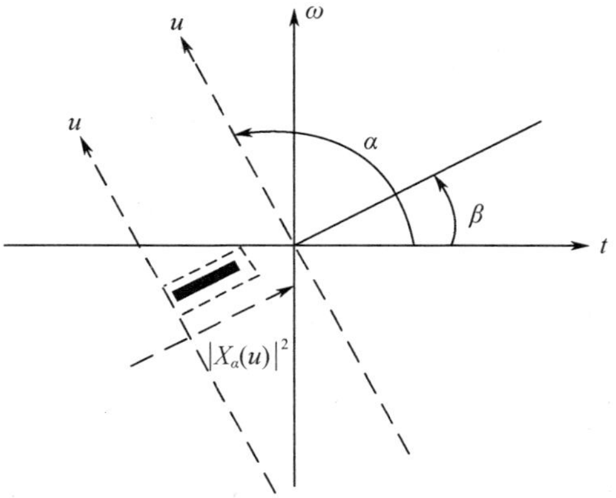

图 4.15　线性扫频信号的分数阶傅里叶域的带通滤波

在上述分析的基础上给出滤波算法的步骤：

（1）利用已知的扫频激励信号的先验信息，确定分数阶变换的旋转 $\hat{\alpha}$ 角度，然后对含噪的响应信号进行 FRFT 变换：

$$F_{\hat{\alpha}}(u) = S_{\hat{\alpha}}(u) + N_{\hat{\alpha}}(u) \tag{4.42}$$

式中：$F_{\hat{\alpha}}(u)$ 为线性扫频激励的响应信号的 FRFT 变换，其能量绝大部分集中于 u 域上以 u_0 为中心的窄带内；$N_{\hat{\alpha}}(u)$ 为噪声的 FRFT，其能量不规则地分布在整个 u 域内。

（2）在 u 域内对脉冲尖峰作间隔处理，即

$$X'_{\hat{\alpha}}(u) = X_\alpha(u)M(u) \tag{4.43}$$

若 $M(u)$ 为中心频率为 u_0 的窄带通滤波器，适当选择其带宽，则输出中可保留信号能量而滤除绝大部分的噪声能量。

（3）将滤波后的信号采用分数阶傅里叶逆变换，再反向旋转回原来的时间域，即可得到滤除噪声后的响应信号。

需要指出的是：实际试飞试验的扫频激励信号是实数信号，它可以看作两个复数的线性扫频信号之和：

$$f(t) = A(t)\cos\left[(2\pi(f_0 t + \frac{1}{2}rt^2) \right]$$

$$= 0.5A(t)\left\{ \exp\left[\mathrm{j}2\pi\left(f_0 t + \frac{1}{2}rt^2\right)\right] + \exp\left[-\mathrm{j}2\pi\left(f_0 t + \frac{1}{2}rt^2\right)\right]\right\}$$

因此,在对实数线性扫频信号进行滤波处理时,需要分别提取这两个分量,也就是说一般需要进行两次分数阶傅里叶域内的滤波,才能重构真实信号。但是,如图 4.16 所示,上述两种信号成分在分数阶傅里叶域内会产生一定的重叠,这就为信号成分的有效区分造成了困难。正是这种缺陷的存在,为算法的进一步改进提供了可能。

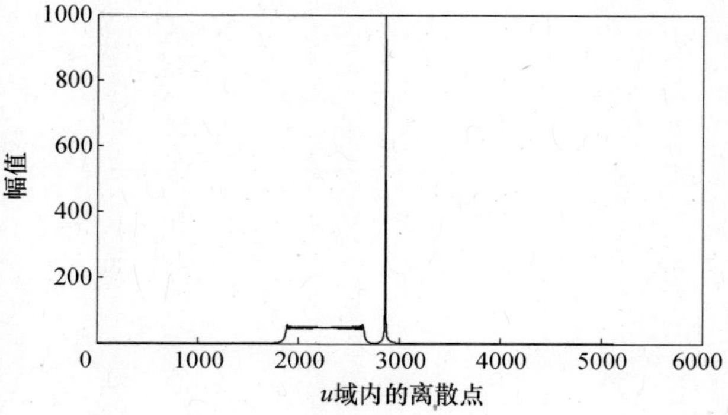

图 4.16　实数扫频信号分数阶傅里叶变换结果

为此,在本书中我们采用希尔伯特变换(Hilbert Transform)将实数试验信号转换成解析的复数形式,复数信号的定义如下:

$$x(t) = f(t) + \mathrm{j}\hat{f}(t)$$

式中:$\hat{f}(t)$为$f(t)$的希尔伯特变换,记为

$$\hat{f}(t) = \frac{1}{\pi}\int_{-\infty}^{+\infty}\frac{f(\tau)}{t-\tau}\mathrm{d}\tau$$

这样只进行一次分数阶傅里叶变换,提取上述复数信号中的实部,亦可达到去噪目的,并且只存在一个信号成分,便于真实信号提取。

3. 分数阶傅里叶变换的计算

在实际试飞数据处理中,必须采用离散形式的分数阶傅里叶变换(DFRFT)。目前,国内外学者已提出数种 DFRFT 的定义和快速算法,本书选用了由 H. M. Ozaktas 等人提出的分解型快速算法[114],该算法将 FRFT 分解为信号的卷积形式,从而利用 FFT 来计算 FRFT。它是目前公认的计算速度最快的一种 FRFT 数值计算方法,非常适合于实时的 DFRFT 数值计算。但是这种算法在计算前需要对原始信号进行量纲归一化处理。

1）量纲归一化

假定原始信号在时间轴和频率轴上是紧支撑的，其时域表示限定在区间$[-\Delta t/2, \Delta t/2]$，而频域表示限定在区间$[-\Delta f/2, \Delta f/2]$，$\Delta t$和$\Delta f$分别表示信号的时宽和带宽。

由于时域和频域具有不同的量纲，为了FRFT计算方便，需要将时域和频域分别转化成无量纲的量。其具体的方法是引入一个尺度因子S，并定义新的尺度化坐标：

$$x = t/S,\ v = f \cdot S \tag{4.44}$$

新的坐标系(x,v)实现了无量纲化。信号在新坐标系中被限定在区间$[-\Delta t/(2S), \Delta t/(2S)]$和$[-\Delta f \cdot S/2, \Delta f \cdot S/2]$内。为使两个区间的长度相等，选择$S = \sqrt{\Delta t/\Delta f}$，则两个区间长度都等于无量纲量$\Delta x = \sqrt{\Delta t \Delta f}$，即两个区间归一化为$[-\Delta x/2, \Delta x/2]$。归一化以后信号的时频分布限定在以原点为中心、直径为Δx的圆内，如图4.17所示。

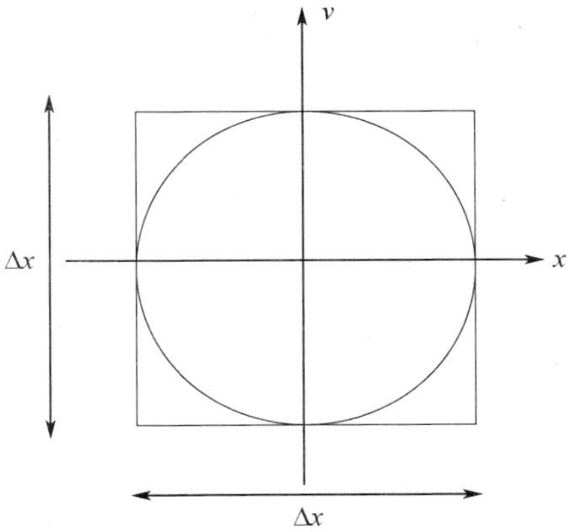

图4.17　归一化后信号的时频支撑区域

在实际应用中，能得到的是一组原始连续信号经采样后得到的离散观测数据，其中观测时间T和采样频率f_s为已知。此时信号的时宽比较容易确定，直接取为观测时间T，同时以信号的中点作为时间的原点，信号的时域限定在$[-T/2, T/2]$。但是信号的带宽较难确定，只知道采样频率。根据采样定理，采样频率一定大于信号最高频率的2倍。由于信号带宽的选取只要满足将信号的全部能量包含在其中即可，在此将带宽直接取为采样频率是完全合理的，即$\Delta f = f_s$，信号的频域表示限定在区间$[-f_s/2, f_s/2]$。在确定了时宽和带宽以后，就可以得到尺度因子S和归一化宽度Δx：

$$S = \sqrt{\Delta t/\Delta f} = \sqrt{T/f_s} \tag{4.45}$$

$$\Delta x = \sqrt{\Delta t \cdot \Delta f} = \sqrt{T \cdot f_s} \tag{4.46}$$

需要指出的是，在进行量纲归一化后，代表扫频信号时频分布的直线段与时间轴的夹角 β 也会随之改变，假定归一化后的夹角为 β'，则有

$$\tan\beta' = \tan\beta \cdot S^2 \tag{4.47}$$

此时分数阶傅里叶变换的旋转角 α 与 β' 正交：

$$\alpha = \beta' + \pi/2 \tag{4.48}$$

所以进行分数阶傅里叶变换的实际阶数应为

$$a = \arctan(\tan\beta \cdot S^2) \cdot 2/\pi + 1 = \arctan(r \cdot S^2) \cdot 2/\pi + 1 \tag{4.49}$$

2）分解算法

分数阶傅里叶变换的定义可改写为如下形式：

$$X_\alpha(u) = \sqrt{1 - \mathrm{j}\cot\alpha}\,\mathrm{e}^{\mathrm{j}\pi u^2\cot\alpha}\int_{-\infty}^{+\infty} x(t)\,\mathrm{e}^{\mathrm{j}\pi t^2\cot\alpha}\,\mathrm{e}^{-\mathrm{j}2\pi ut\csc\alpha}\,\mathrm{d}t \tag{4.50}$$

从式(4.50)可以看出，分数阶傅里叶变换可以分解为以下步骤：

(1) 信号先与一线性调频函数相乘；

(2) 进行傅里叶变换（其变元乘以尺度系数 $\csc\alpha$）；

(3) 与一线性调频函数相乘；

(4) 乘以一复幅值因子。

根据以上分析，假定 $p \in [-1,1]$，则量纲归一化后信号 $x(t)$ 的分数阶傅里叶变换可分解为以下三个步骤进行运算：

(1) 扫频信号调制信号 $x(t)$：

$$g(t) = x(t)\exp\left[-\mathrm{j}\pi t^2\tan\left(\frac{\alpha}{2}\right)\right]$$

(2) 调制信号与另一个扫频信号卷积：

$$g'_\alpha(u) = A_\alpha\int_{-\infty}^{+\infty}\exp[\mathrm{j}\pi(u-t)^2\csc\alpha]g(t)\,\mathrm{d}t$$

(3) 扫频信号调制卷积后的信号：

$$X_\alpha(u) = g'_\alpha(u)\exp\left[-\mathrm{j}\pi u^2\tan\left(\frac{\alpha}{2}\right)\right]$$

限于篇幅，有关算法的详细过程在此不再赘言，具体内容可参见文献[112]。

4. 仿真算例

为便于与小波时频去噪方法比较，这里依然采用 4.2.2 节的仿真算例验证分数阶傅里叶变换的去噪效果。图 4.18 给出了去噪前后信号的对比图。其中，含噪扫频信号的信噪比仍然是为 9.62dB，采用分数阶傅里叶变换去噪后信噪比达到了 47.12dB，显然，分数阶傅里叶域的去噪效果明显优于小波时频滤波。

4.2.4 短时分数阶傅里叶域滤波

正如 4.2.3 节所述，分数阶傅里叶变换很适合处理扫频类信号，但是它作为一

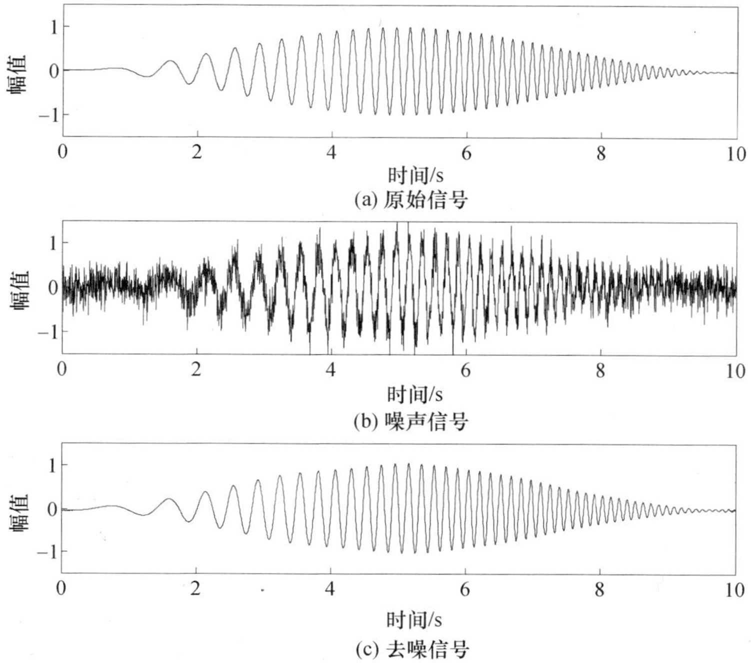

图 4.18　扫频信号在分数阶傅里叶域去噪前后的对比图

种全局性变换,具有整体变换的性质,反映的是在分数阶傅里叶域信号的整体能量分布,而无法展示信号的分数阶傅里叶谱随时间的变化情况。虽然分数阶傅里叶变换能够辨识出存在几个扫频信号,但是却不能区分这些扫频信号的不同起止时间。事实上在很多应用场合,人们不仅关心存在多少扫频信号分量,还想明确这些信号分量分别是何时出现,何时消失的。所有这些因素都促使人们去寻找一些既能利用分数阶傅里叶变换的特点,又能在一定程度上弥补其缺陷的新的时频分析工具。

1. 短时分数阶傅里叶变换

分数阶傅里叶变换是一种一维的线性变换,只具有整体变换的性质,它不能表征信号的局部特性。在分数阶傅里叶变换的基础上,本书采用一种新的信号分析和处理工具——短时分数阶傅里叶变换(Shorttime Fractional Fourier Transform, STFRFT)。短时处理时要将信号进行分帧处理,分帧时时域信号首先被分成相叠的帧信号,再分别对每帧信号进行分数阶傅里叶变换,从而给出了信号在每一时刻的频率信息[115]。

短时分数阶傅里叶变换将短时傅里叶变换和分数阶傅里叶变换结合起来,在保留了短时傅里叶变换线性性质的同时,还不会对信号时频结构在解线调产生压缩扭曲。给定一个时间很短、滑动的窗函数 $w(t)$,信号 $x(t)$ 的短时分数阶傅里叶

变换可表示为[116]

$$X_{\mathrm{p}}(t,u) = \int_{-\infty}^{+\infty} x(\tau) w(\tau - t) K_{\mathrm{p}}(\tau,u) \mathrm{d}\tau \tag{4.51}$$

信号 $x(t)$ 的短时分数阶傅里叶变换可以视为在做分数阶傅里叶变换时对信号乘上一个以 t 为中心的窗函数 $w(\tau-t)$。为了和那些有着相同窗函数但不同阶数的分数阶傅里叶变换相区别，此式称为 p 阶 STFRFT。对于一给定的 $p=2\alpha/\pi$ 阶 STFRFT,其时频平面如图 4.19 所示。窗函数的选择对于获得较高的输出分辨率是一个重要的因素,本书使用了高斯窗函数,它具有短支撑的时域特性,这将有助于表征信号的局域瞬时特征。窗函数的具体形式如下：

$$w(t) = (\pi\sigma^2)^{-1/4} \exp(-t^2/2\sigma^2)$$

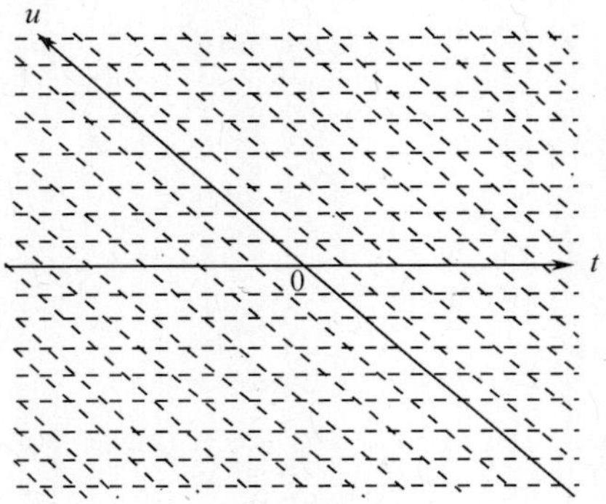

图 4.19 固定的 p 阶 STFRFT 对时频面的分割

短时分数阶傅里叶逆变换的定义为

$$\tilde{x}(\rho) = \int_{-\infty}^{+\infty} \int_{-\infty}^{+\infty} X_{\mathrm{p}}(t,u) w(\rho - t) K_{-p}(\rho,u) \mathrm{d}t\mathrm{d}u \tag{4.52}$$

为使短时分数阶傅里叶变换具有可逆性质，即能够利用 $X_p(t,u)$ 不失真地恢复原信号 $x(t)$,把式(4.51)代入式(4.52),那么有

$$\begin{aligned}\tilde{x}(\rho) &= \int_{-\infty}^{+\infty} \int_{-\infty}^{+\infty} \left[\int_{-\infty}^{+\infty} x(\tau) w(\tau - t) K_{\mathrm{p}}(\tau,u) \mathrm{d}\tau \right] w(\rho - t) K_{-p}(\rho,u) \mathrm{d}t\mathrm{d}u \\ &= x(\rho) \int_{-\infty}^{+\infty} w(\rho - t) w(\rho - t) \mathrm{d}t \\ &= x(\rho) \int_{-\infty}^{+\infty} w^2(t) \mathrm{d}t \end{aligned} \tag{4.53}$$

显然,高斯窗函数满足 $\int_{-\infty}^{+\infty} w^2(t)\mathrm{d}t = 1$，可以保证重构信号 $\tilde{x}(\rho) = x(\rho)$。

2. 短时分数阶傅里叶域滤波

短时分数阶傅里叶变换作为一种线性变换,对短时信号具有较好的检测能力,同时不同于二次变换,不会产生难以消除的交叉项的干扰。它同时解决了二次时频表示中难以解决的多分量信号之间的交叉项难题，是一种较为有效的滤波方法。另外 STFRFT 不仅能够实现对局部线性调频信号的检测，而且可以实现线性调频信号之间的分离，实现了强信号分量对弱信号分量的抑制作用，对信号具有很强的时频聚集性。

近年来，陶然教授[116]提出了一种基于短时分数阶傅里叶变换的滤波算法，在最佳阶数的短时分数阶域内信号不仅可以高度集中，干扰和噪声也可以得到有效的分离。在做变换时，以窗函数 t 为中心占取一部分信号，可以把这部分的分数阶傅里叶变换看作信号在 t 时刻的瞬时分数阶傅里叶域谱；沿 t 轴不断移动窗函数，就可以在每一个时刻得到这样的一个谱。对滤波后的信号进行分数阶傅里叶逆变换，就可重构出消除噪声后的信号。这种方法能够削弱由于干扰信号带来的影响，从而减少了能量的泄漏。假定带噪信号 $f(t)$ 可以表示为

$$f(t)=s(t)+n(t) \tag{4.54}$$

式中：$n(t)$ 为干扰噪声；$s(t)$ 为原始信号。由 FRFT 的叠加性可得：两个独立信号和的分数阶傅里叶变换等价于各自分数阶傅里叶变换的和。对式(4.54)的两边分别做 FRFT 可得

$$F_p(t)=S_p(t)+N_p(t) \tag{4.55}$$

式中：$F_p(t)$，$S_p(t)$，$N_p(t)$ 分别为信号 $x(t)$，$s(t)$，$n(t)$ 的 p 阶分数阶傅里叶变换。虽然信号和噪声在时域里存在较强的时频耦合，但是在进行短时分数阶傅里叶变换之后，信号和噪声就会在分数阶傅里叶域上不同的区域发生能量聚集。所以根据此原理可知，在做分数阶傅里叶变换时，选取合适的阶数，是可以将信号和噪声分离开来的[117,118]。其基本原理仍然遵从了图 4.12 的基本思想，区别仅在于时频分析的工具不同，前者使用了小波变换，后者使用了分数阶傅里叶变换。

具体滤波过程如下：

(1) 选择短时窗 $w(t)$ 和窗长 L，确定最佳旋转角度 α，然后对加窗后的含噪信号 $f(t)w(t)$ 进行 p 阶 STFRFT。在进行短时分数阶傅里叶变换之前，需要运用希尔伯特变换将实数扫频信号转换成复数扫频信号。

(2) 利用已有扫频信号的先验知识，确定时频图中代表真实信号的区域并在时频域去噪。经过第一步的变换，信号的能量主要集中在 $p=\alpha\pi/2$ 阶短时分数阶傅里叶变换 $X_p(t,u)$ 的峰值附近，因此可以采用以峰值为中心的 FRFT 域中的窄带滤波器进行滤波，从而从 $X_p(t,u)$ 中近似剔除干扰噪声的影响。

$$H(t,u)=\begin{cases}1, & (t,u)\in D\\ 0, & \text{其它}\end{cases} \tag{4.56}$$

式中：D 为保留的区域。扫频信号与背景噪声在能量上具有明显的可分性，并且呈现出 LFM 信号频率随时间线性变化的特性。

(3) 将滤波后的信号进行 $-p$ 阶的短时分数阶傅里叶逆变换，反向旋转回到原来的时间域，然后叠加全部加窗截断数据，便可得到去噪后的信号 y，如图 4.20 所示。

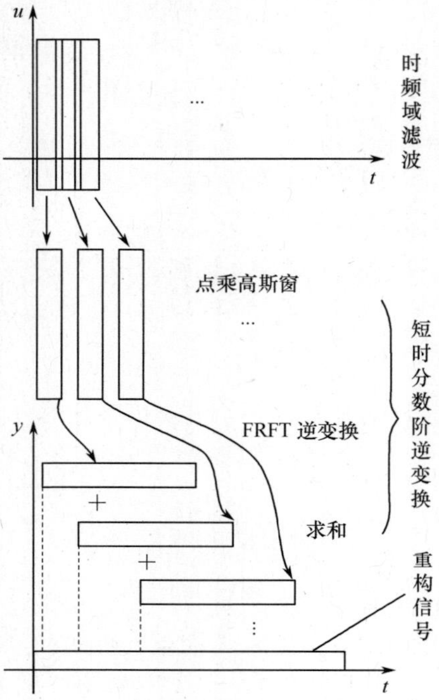

图 4.20 信号重构的图形解释

3. 仿真算例

仿真产生一个线性扫频信号（$A(t)=1, f_0=0\text{Hz}, r=1\text{Hz/s}$），该信号的采样频率为 256Hz，数据长度为 6400，采样周期为 25s。为说明算法的滤波效果，同时对该真实信号添加白噪声，带噪信号的信噪比为 10dB。通过对同一组数据进行去噪研究，更清晰直观地验证了短时分数阶傅里叶变换的去噪效果。为便于分析、比较，图 4.21 中首先给出了真实信号和带噪声信号的波形图。采用小波变换（尺度系数为 0.38）的去噪方法对扫频信号去噪，结果如图 4.21(c) 所示，经过小波时频域去噪后，信噪比达到了 18.7709dB。经过分数阶傅里叶变换方法去噪后，信噪比达到了 24.9689dB，滤波效果要优于小波时频域去噪方法。经过短时分数阶傅里叶变换方法去噪后的信噪比达到了 33.2394dB，仿真结果优于小波时频域滤波和分数阶傅里叶域滤波方法。

由图 4.21 可见，加入的白噪声严重影响了真实信号的品质，整个响应信号的信噪比较低，某些幅值较小的数据段甚至淹没在噪声中。经过小波滤波后的信号信噪比有了显著提高，此时的信噪比达到了 18.7709dB。为了更直观地进行分析，

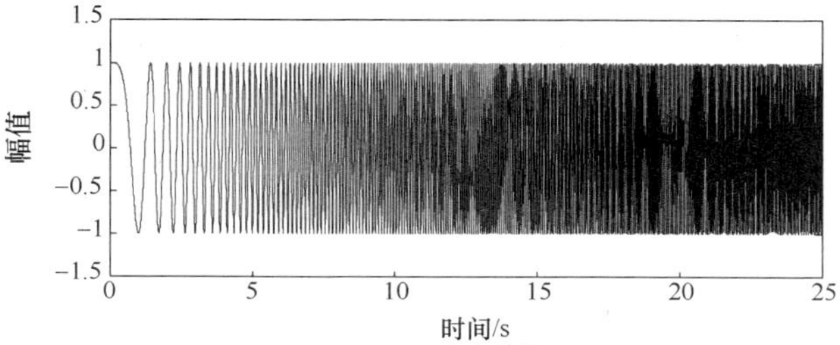

(a) 真实信号

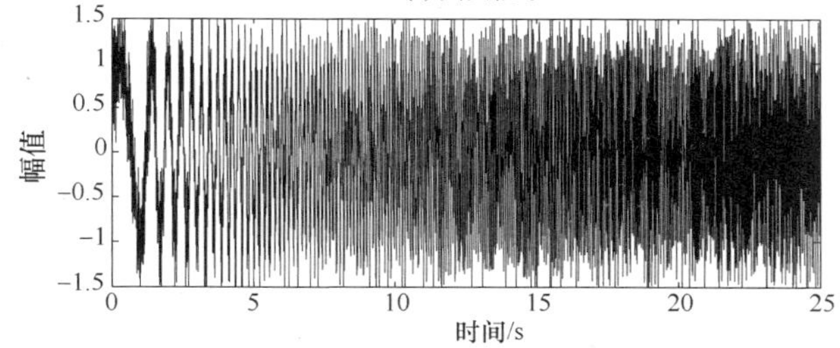

(b) 带噪信号

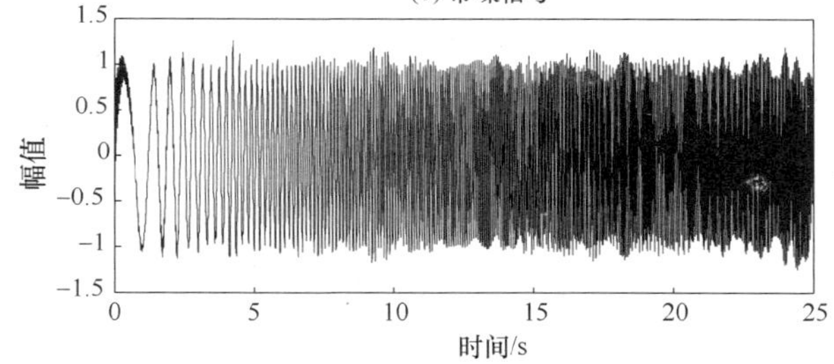

(c) 小波时频域去噪信号

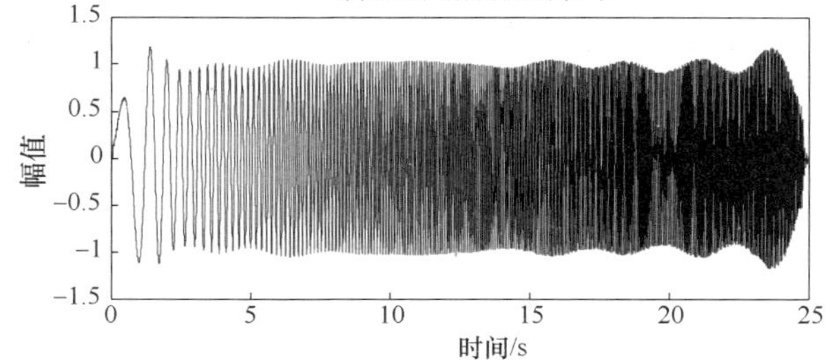

(d) 分数阶傅里叶域去噪信号

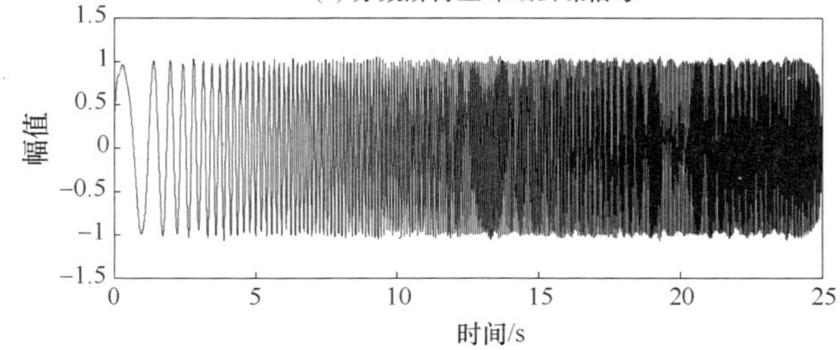

(e) 短时分数阶傅里叶域去噪信号

图 4.21　扫频信号在三种去噪算法滤波前后的对比图

我们给出了真实信号与重构的去噪信号之间的偏差，如图 4.22 所示。经过小波滤波处理后，大部分的干扰和噪声都得到了有效剔除。

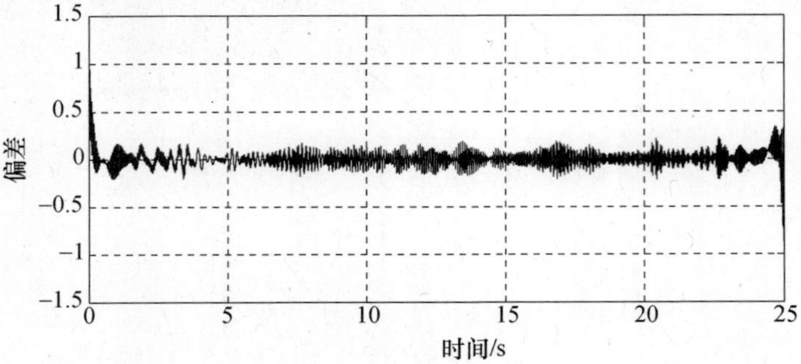

图 4.22　真实信号与小波去噪后信号的偏差

通过比较去噪结果，发现分数阶傅里叶变换的去噪效果要比小波时频滤波算法的效果更好，这主要是因为 FRFT 经过时频轴的旋转，将二维时频域内分布的真实信号更集中地分布于一维有限区间内，从而把更多的噪声从真实信号中分离出来。但是，分数阶傅里叶变换不足之处在于它只对线性扫频信号有效，而所有在时频域内满足特定分布的信号均可用小波时频滤波算法去噪。图 4.23 给出了真实信号与经过分数阶傅里叶域去噪的重构信号的偏差。

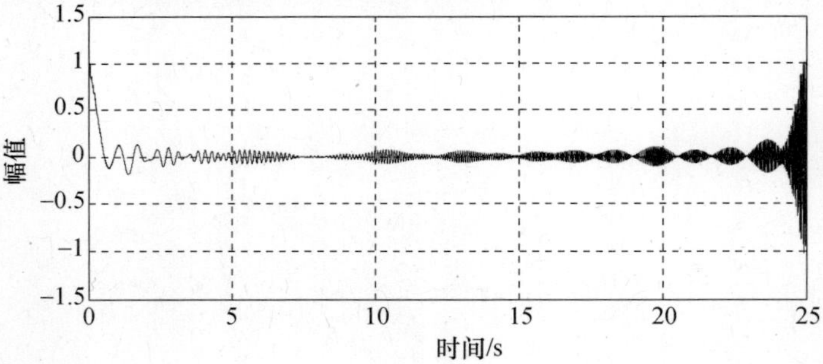

图 4.23　真实信号与分数阶傅里叶域去噪后信号的偏差

由图 4.23 可知，经过分数阶傅里叶变换去噪的重构信号基本上能反映真实信号的特征，除了数据的首尾两端其余部分偏差都较小。这是由于在重构信号的边缘往往会引起能量的泄漏，造成滤波的效果不理想，通常把这种现象称为吉布斯效应（Gibbs Effect）。

通过短时分数阶傅里叶变换方法去噪后的信噪比达到了 33.2394dB，仿真结果优于小波时频域滤波和分数阶傅里叶域滤波方法。这是由于短时分数阶傅里叶变换对信号高度的时频聚焦性，干扰和噪声在二维的 STFRFD 能够得到有效分离，恢复出较纯净信号。图 4.24 给出了真实信号与经过短时分数阶傅里叶域去噪的重构信号的偏差。

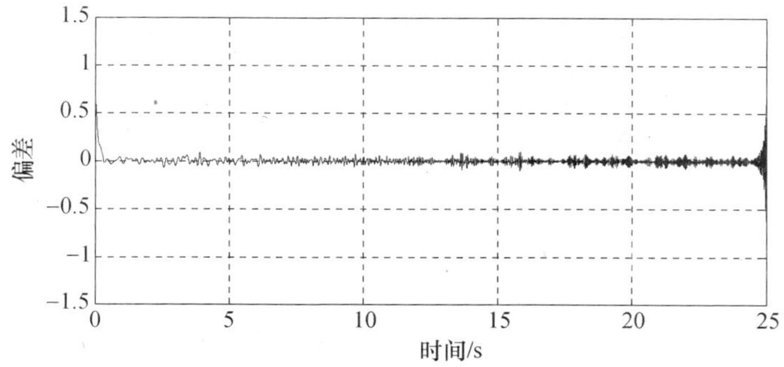

图 4.24　真信号与短时分数阶傅里叶域去噪后信号的偏差

比较图 4.21 中的(c)、(d)、(e)可以看到,经过短时分数阶傅里叶域去噪方法得到的偏差最小,即滤波效果最好,并且首尾两端的能量泄漏也得到了很大抑制。因为在最佳阶数的短时分数阶域内信号不仅可以高度集中,干扰和噪声也可以得到有效分离,因此恢复出的信号偏差最小。

为了更综合直观地比较三种方法,在信噪比 .5 ~ 20dB 范围内做了一个 200 次的蒙特卡罗仿真实验,仿真结果如图 4.25 所示。这个仿真结果证明,在广范围的信噪比条件下,短时分数阶傅里叶变换既能把干扰和信号分离,又能使信号很密集,因此 STFRFT 滤波效果优于分数阶傅里叶域滤波和小波时频域滤波,尤其是在较低的信噪比情况下。

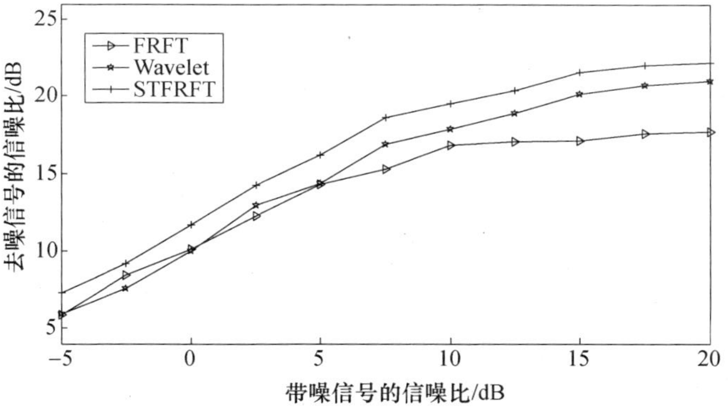

图 4.25　蒙特卡罗仿真实验

4.2.5　实测试飞数据去噪与结果分析

前面各节的理论分析和仿真算例表明本章提出的几种去噪算法能有效提高含噪数据的信噪比,为进一步说明上述算法的工程适应性,本节将借助实际试飞数据予以验证。

1. 小火箭脉冲激励试验去噪

首先以某型飞机的小火箭脉冲激励的试验数据为例，验证前几节提出的去噪算法的有效性。图 4.26、图 4.27 给出了某一飞行状态点下（高度 $H=5\text{km}$，马赫数 $Ma=0.95$），采用小火箭激励飞机左平尾时，应变传感器和加速度传感器测得的激振力（用激振力引起的应变表示激振力）和加速度响应时间历程曲线，数据长度为 1024，采样频率为 256Hz。

由图 4.26、图 4.27 可知，此时激励、响应数据中均包含了较大的噪声。脉冲激励信号具有瞬态特性，其有效工作时间聚焦在很窄的时间窗内。响应信号则是谐波阻尼衰减信号，信号的幅度因为阻尼作用逐渐衰减，其信噪比也逐渐走低。

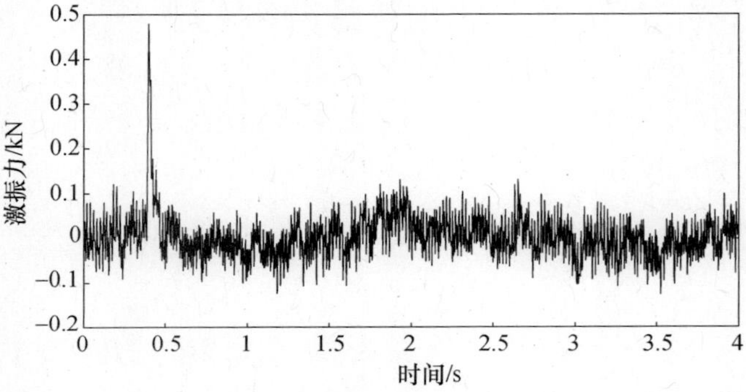

图 4.26　含噪脉冲激励力的时间历程

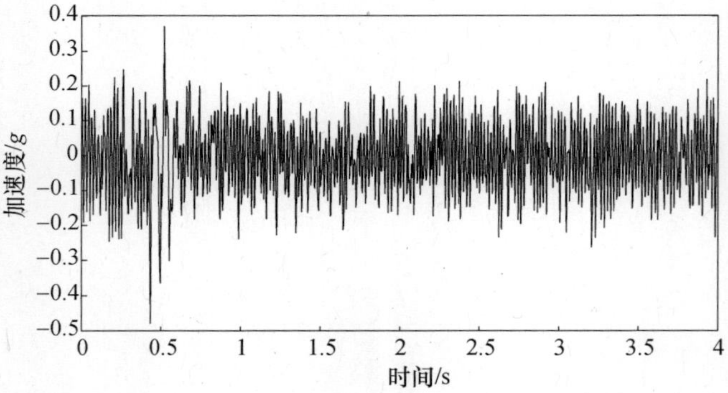

图 4.27　含噪脉冲响应的时间历程

1）脉冲激励力去噪

首先采用 4.2.1 节中的阈值去噪法对脉冲激励力进行预处理，阈值去噪后的小波系数如图 4.28 所示（Daubechies(4) 小波为小波基，分解尺度为 3）。

由于脉冲激励属于瞬态激励，有效信号只存在于时域上的窄带区间内，可进一步采用遮隔操作去噪，即保留每一尺度上代表脉冲激励的小波系数，而将脉宽区间

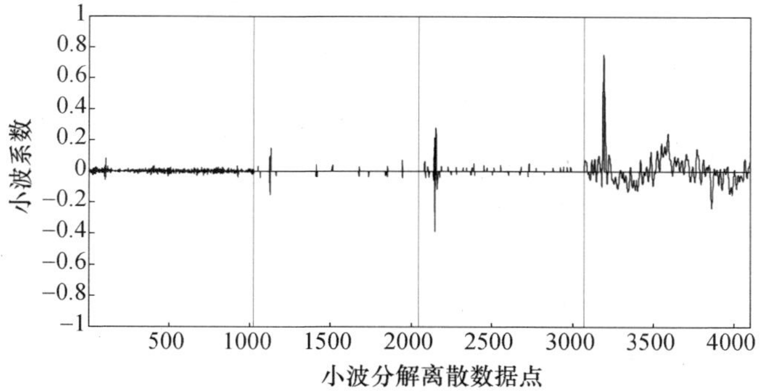

图 4.28　阈值去噪后的小波系数

外的小波系数置为零,其结果如图 4.29 所示。随后利用小波系数重构,得到的降噪后的激励信号如图 4.30 所示。

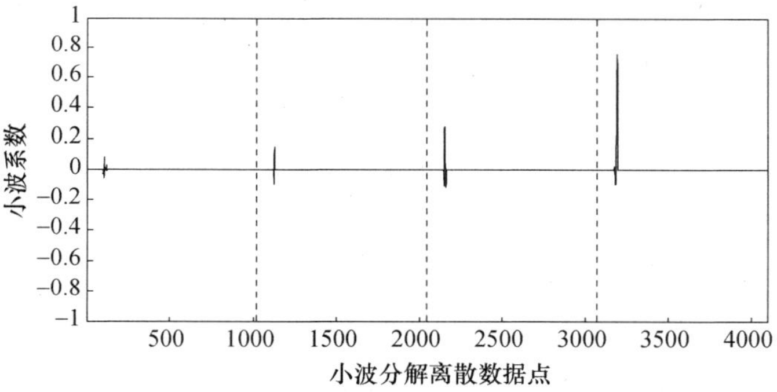

图 4.29　遮隔操作后的小波系数

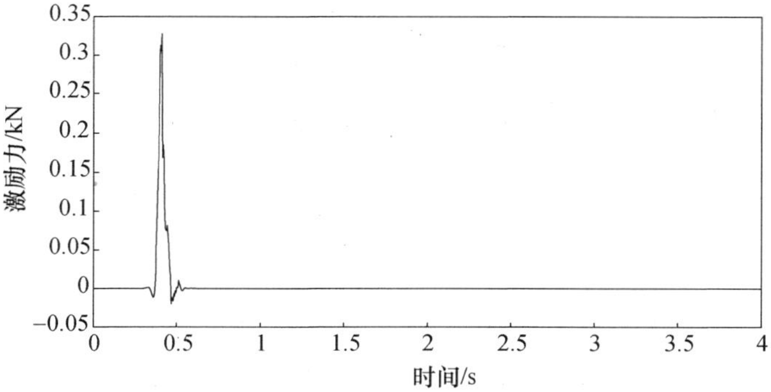

图 4.30　去噪后的脉冲激励力的时间历程

2）脉冲响应去噪

由图 4.30 可见,原始的脉冲响应信号的信噪比较低,为分析信号的主要成分,这里首先采用 4.2.2 节中的 Morlet 小波对该信号进行时频分析(尺度系数 $a=$

0.35)，结果如图4.31所示。由图可见，时频图在15Hz和50Hz附近存在两个带状能量区域。由于脉冲响应信号为衰减信号，能量会随时间的推移发生变化，反映在时频图上，其灰度会随时间推移而变化。据此可推断真实信号的主能量应分布在15Hz附近，而50Hz附近的能量带系由工频噪声引起。为进一步验证上述判断，对采集的脉冲激励信号也进行了时频分析，在图4.32中同样可以发现在50Hz附近存在工频干扰。

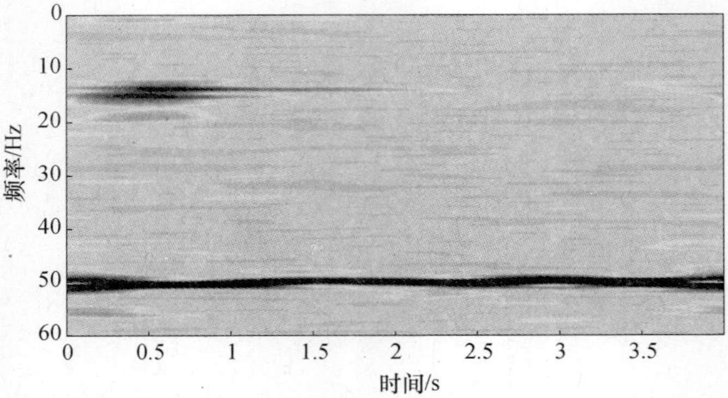

图4.31 脉冲响应信号的时频图

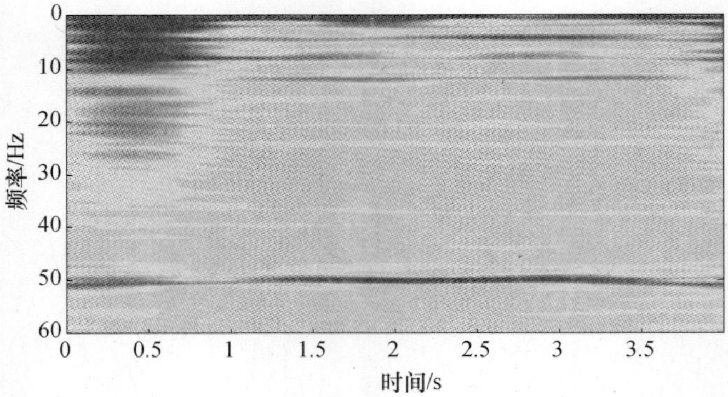

图4.32 脉冲激励信号的时频图

为避免工频干扰，在去噪之前对响应信号进行低通滤波，截止频率为25Hz。同时由图4.30中的脉冲激励可知，在小火箭点火（对应的时间约为0.35s）之前，脉冲激励力为零，其对应的脉冲响应信号的真实值也应为零。因此，将点火前的响应信号的幅值一律置为零，随后对响应信号去噪，图4.33给出了降噪后的脉冲响应信号，去噪效果较好。

2. 舵面扫频激励试验去噪

前面各节的理论分析和仿真算例表明，本章提出的几种去噪算法能有效滤除信号中的噪声，提高含噪数据的信噪比，为进一步说明上述算法的工程适应性，本

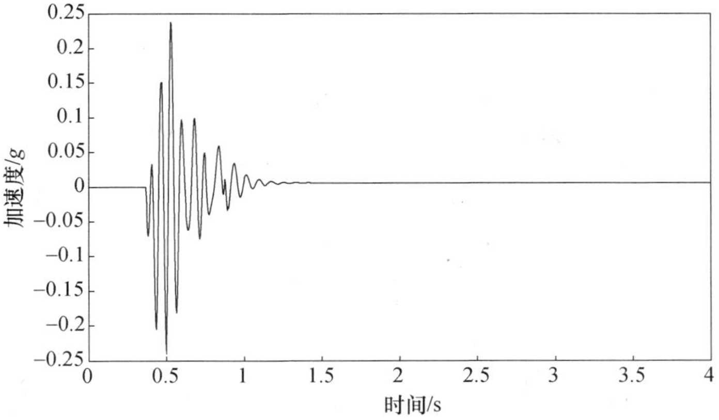

图 4.33　去噪后的脉冲激励响应信号

节借助实际试飞数据予以验证。

本节以某型飞机的舵面扫频的试验数据为例，验证前几节提出的去噪算法的有效性。在某一飞行状态点下，采用线性扫频信号作为舵机输入，驱动左右副翼，激励飞机振动，同时测量飞机结构的加速度响应，图 4.34 给出了机身头部的加速度响应时间历程曲线，数据长度 $N=4608$，采样频率 $f=256\text{Hz}$，扫频范围限定在 $1\sim25\text{Hz}$。

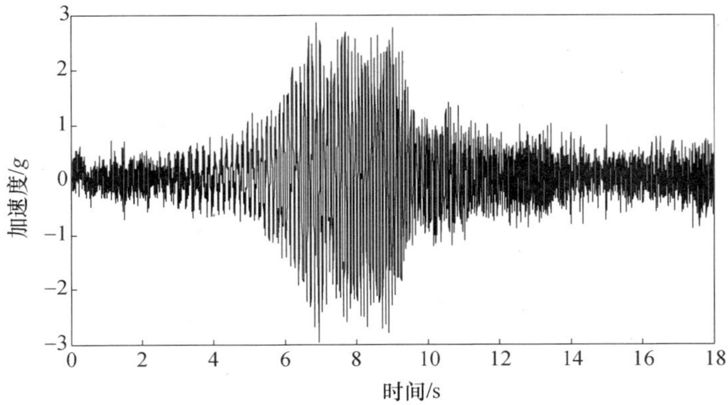

图 4.34　机身头部加速度响应时间历程

由图 4.34 可见，由紊流激励引起的过程噪声严重影响了实测信号的品质，整个响应信号的信噪比较低，某些幅值较小的数据段甚至淹没在噪声中。在此，首先采用基于小波的时频滤波法对测量信号去噪，去噪结果如图 4.35 所示。为便于比较，随后又分别采用了基于分数阶傅里叶变换和短时分数阶傅里叶变换的去噪方法对同一组数据去噪，结果如图 4.36、图 4.37 所示。

通过比较去噪结果，可以发现：采用分数阶傅里叶变换进行去噪的效果优于小

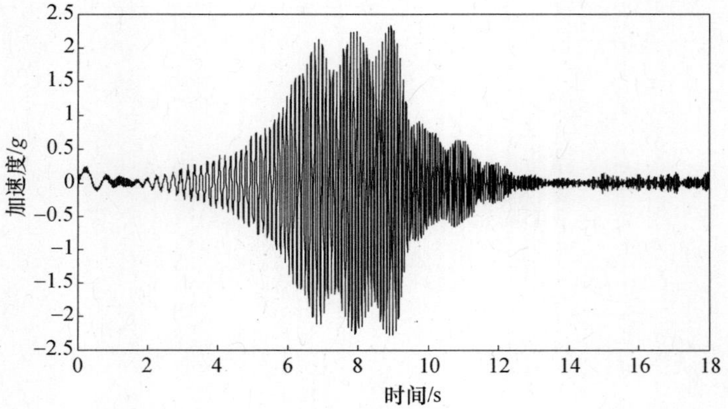

图 4.35　小波时频去噪结果

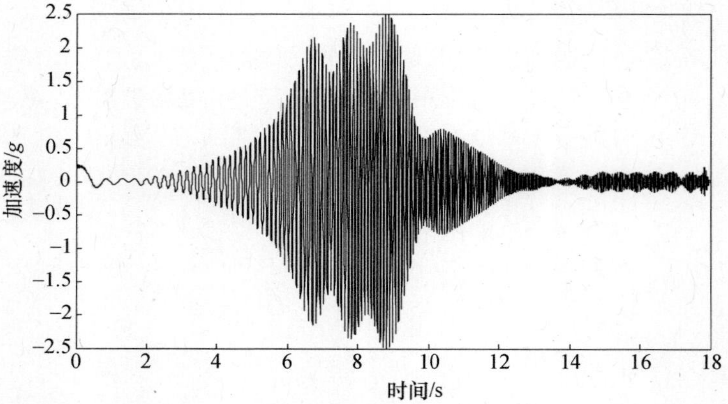

图 4.36　分数阶傅里叶域去噪结果

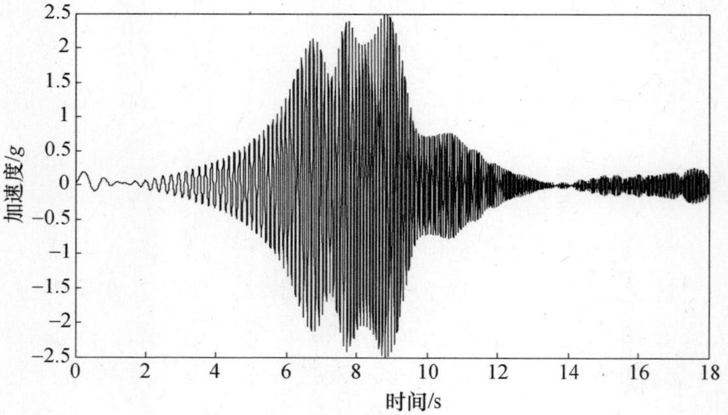

图 4.37　短时分数阶傅里叶域去噪结果

波时频去噪。但是，受限于 Gibbs 效应，分数阶傅里叶变换会在信号首尾段引发较大的误差，而短时分数阶傅里叶变换由于施加了窗函数，能够极大改善 Gibbs 效应引起的误差。同时，短时分数阶傅里叶变换具有更好的时间域聚焦性。因此，去噪效果也会优于分数阶傅里叶变换。在本例中二者的差别不太明显，这是因为靠近模态频率时，系统响应的幅度较大，信噪比较高。对于信噪比偏低的情形，短时分数阶傅里叶变换无疑会表现更优异的性能。

但是，从通用性的角度衡量，小波滤波算法适用范围更广，所有在时频域内满足特定分布的信号均可用该方法去噪，而分数阶傅里叶变换和短时分数阶傅里叶只对线性扫频信号有效。另一方面，分数阶傅里叶变换拥有计算量最小的优势。因此，需要根据应用需求，选择合适的去噪手段。

第5章 频率响应函数估计

频域辨识方法已在飞行试验数据处理中被广泛使用。相比于时域方法,频域方法的最大优点是直观。它能从实测频响函数曲线上直接观察到模态的分布以及模态参数的粗略估计值。其次是噪声影响小,由于在处理实测频响函数过程中运用频谱平均技术,最大限度地抑制了噪声的影响。同时,它便于分频段建模,可以显著降低模型的复杂度。正是凭借这些优点,频域辨识吸引了越来越多的研究者和工程人员的关注,尤其是在颤振试飞数据处理中,它已经成为主流方法。

频率响应函数简称频响函数,反映了系统对不同输入信号的传递能力,是描述动态系统特征的一种非参数估计模型[119]。对于任何线性系统来说,都可以应用频率响应函数在频域中直接分析系统的稳定性和对系统进行综合设计和校正。它为应用控制理论分析和求解工程实际复杂问题提供了强有力的工具。在模态参数辨识时,直接用输入和输出数据辨识,一般误差较大、耗时较长,通常适用于短数据序列;用频率响应函数来辨识,精度较高,抗噪能力较强,可以在短时间内处理大量数据。因此,对频率响应函数的准确估计是获得良好模态参数辨识的重要前提。

频率响应函数表示的是激励和测试点响应之间的关系,它是由试验测得的激励和响应的时间历程,运用数字信号处理技术求得的。由于在数据测试过程中不可避免地存在干扰噪声,数据处理也会产生一定的误差,这些因素的存在会影响频响函数的估计精度。为了提高频响函数的估计精度,在工程中一般借助 FFT,通过加窗函数和重叠比例,利用激励和响应信号的自功率谱和互功率谱来估计频响函数,减小噪声和泄漏的影响。对于飞行试验而言,频率响应的优势主要体现在:

(1) 它全面描述了飞机的动态特性;

(2) 它不需要了解待辨识系统的模型结构和阶次,属于典型的非参数模型,不需要复杂算法就可以直观了解飞机动态特性,对于飞行试验安全性的快速评估有重要意义;

(3) 尽管飞行器存在非线性(气动非线性、作动器非线性)动态响应,但是频率响应函数可以为系统的非线性动力学提供最有有效的线性近似,相当多的工程应用已经表明了这种线性近似的可靠性和普遍性。

本章重点介绍频率响应函数估计和相关函数估计。主要介绍几种常用的频率响应函数估计方法。同时,重点介绍一种非加窗的频响函数估计方法,即局部多项式法(Local Polynomial Method, LPM),它可以有效减小频谱泄漏。另外,对于闭环情况下的频响估计问题也开展了工程讨论。

5.1 傅里叶变换

频域算法需要将时域数据转化为频域数据,因此与傅里叶变换密不可分。傅里叶变换是数字信号处理领域一种很重要的算法。它是在傅里叶级数正交函数展开的基础上发展而产生的,揭示了信号内在的频率特性以及信号时间特性与其频率特性之间的密切关系。傅里叶变换可将原来难以处理的时域信号转换成易于分析的频域信号(信号的频谱),可以利用一些工具对这些频域信号进行处理,最后还可以利用傅里叶逆变换将这些频域信号转换成时域信号。

信号 $x(t)$ 的傅里叶变换的定义为

$$[x(t)] = X(\omega) = \int_{-\infty}^{+\infty} x(t)\mathrm{e}^{-\mathrm{j}\omega t}\mathrm{d}t \tag{5.1}$$

式中:ω 为圆频率;$\mathrm{j}=\sqrt{-1}$。

$X(\omega)$ 也能依靠傅里叶逆变换,恢复成时域信号:

$$x(t) = \frac{1}{2\pi}\int_{-\infty}^{+\infty} X(\omega)\mathrm{e}^{\mathrm{j}\omega t}\mathrm{d}\omega \tag{5.2}$$

傅里叶变换一般为无限积分,而实际信号通常为时间有限长度 $[0,T]$,由此给出有限时间傅里叶变换:

$$\widetilde{X}(\omega) = \int_{0}^{T} x(t)\mathrm{e}^{-\mathrm{j}\omega t}\mathrm{d}t \tag{5.3}$$

当采集到的数据为离散信号时,有限时间傅里叶变换可以近似为

$$\widetilde{X}(\omega) \approx \Delta t\sum_{i=0}^{N-1} x(i)\mathrm{e}^{-\mathrm{j}\omega i\Delta t} \tag{5.4}$$

式中:Δt 为采样间隔时间;$T=(N-1)\Delta t$。

除了时间离散外,对应的频率也进行离散化,离散圆频率可以表示为

$$\omega_k = 2\pi f_k = 2\pi\frac{k}{N\Delta t} \tag{5.5}$$

利用式(5.5)中离散频率的表达,有限时间傅里叶变换可以改写为

$$\widetilde{X}(\omega) \approx \Delta t\sum_{i=0}^{N-1} x(i)\mathrm{e}^{-\mathrm{j}(2\pi k/N)i}$$

当归一化采样时间间隔,即 $\Delta t=1$,即可得到离散傅里叶变换(DFT)表达式:

$$X(k) = X(\mathrm{e}^{\mathrm{j}\omega_k})\big|_{\omega_k=2\pi k/N} = \sum_{i=0}^{N-1} x(i)\mathrm{e}^{-\mathrm{j}(2\pi k/N)i} \tag{5.6}$$

对应的离散傅里叶逆变换为

$$x(i) = \frac{1}{N}\sum_{k=0}^{N-1} X(k)\mathrm{e}^{\mathrm{j}(2\pi k/N)i} \tag{5.7}$$

直接利用式(5.6)进行 DFT 变换会面临繁重的计算,为此,快速傅里叶变化(FFT)应运而生,可以将运算量由 N^2 降至 $\log_2 N$。显然,DFT 变换可将离散的时域采样序列转换成离散频域序列。在实际工程中,基于 FFT 算法开展 DFT 变换是输出频域处理的常规手段。

需要注意的是,连续信号通过傅里叶变换得到的连续频谱和离散信号进行离散傅里叶变换得到的离散频谱并不相同,这与周期采样造成信号频谱的改变有关。由于篇幅限制,这里不再详细讲述,有兴趣的读者可以参考相关书籍。根据信号处理的香农定理,只有采样频率大于被采样信号最大频率的 2 倍以上才能保证信号重构时不会因为频域混叠发生畸变(即采样后的离散数据能够表征原始连续信号的特性)。显然,采样频率是一个极为重要的指标,在工程中一般希望采样频率至少大于感兴趣频带最大频率的 5 倍以上,如果能达到 7 ~ 8 倍更好。例如在试飞扫频试验中,如果扫频信号的频带上限是 30Hz,那么采样率至少应为 150Hz,如采用 256Hz 就比较合适。另一方面,为了避免混叠现象,工程中一般会在传感器后端接入抗混叠滤波器。

傅里叶变换就是将一个信号的时域表示形式映射到一个频域表示形式;逆傅里叶变换恰好相反。对于飞行试验,尤其是颤振飞行试验,之所以对试验信号要进行傅里叶变换,是由于在频域内能够充分展现响应信号中包含的结构信息,如模态频率、阻尼。而在时间域内,由于高频噪声、直流成分的干扰,相应的时域信号看起来可能杂乱无章,但在频域内可以通过频域分析深入地抓住信号变化的本质。

5.2 频率响应函数(FRF)

5.2.1 连续时间系统频率响应函数

对于一个连续时间线性定常系统,如果忽略初始状态的影响,其输入和输出满足如下关系:

$$y(t) = \int_0^t g(t-\tau)u(\tau)\mathrm{d}t \tag{5.8}$$

式中:$g(t-\tau)$为脉冲响应函数;$u(t)$,$y(t)$分别为系统的输入和输出。

对式(5.8)两边进行拉普拉斯变换:

$$Y(s) = G(s)U(s)$$

式中:$G(s)$为传递函数。如果进一步假设系统为单输入单输出系统,则系统传递函数可写为

$$G(s) = Y(s)/U(s) \tag{5.9}$$

若令 $s = j\omega$，这可得频率响应函数 $G(j\omega)$：

$$G(j\omega) = Y(j\omega)/U(j\omega) \tag{5.10}$$

式中：$U(j\omega)$，$Y(j\omega)$分别表示 $u(t)$，$y(t)$的傅里叶变换。

式(5.10)表明频率响应函数 $G(j\omega)$是连续传递函数在 $s = j\omega$ 时的一个特例。它揭示了频域内输入、输出之间的量化关系。$G(j\omega)$一般为复数形式，可以表示为

$$G(j\omega) = \mathrm{Re}(G(j\omega)) + j\mathrm{Im}(G(j\omega))$$

利用这一关系，可以绘制伯德(bode)图中常用的幅频曲线和相频曲线：

$$M(\omega) = \sqrt{[\mathrm{Re}(G(j\omega))]^2 + [\mathrm{Im}(G(j\omega))]^2} \tag{5.11}$$

$$\phi(\omega) = \arctan\left(\frac{\mathrm{Im}(G(j\omega))}{\mathrm{Re}(G(j\omega))}\right) \tag{5.12}$$

显然，一旦获得系统的频率响应函数，就可以绘制系统的幅频曲线和相频曲线，进而利用控制理论进行系统特性分析和控制系统设计。这些信息直接由试飞数据提取，完全不依赖于传递函数模型的具体参数，因此是一种非参数模型。需要说明的是，对于多输入多输出系统，频率响应仍然存在，而且应该称为频率响应矩阵(FRM)：

$$\boldsymbol{G}(j\omega) = \begin{bmatrix} G_{11}(j\omega) & G_{12}(j\omega) & \cdots & G_{1p}(j\omega) \\ G_{21}(j\omega) & G_{22}(j\omega) & \cdots & G_{2p}(j\omega) \\ \vdots & \vdots & \ddots & \vdots \\ G_{m1}(j\omega) & G_{m2}(j\omega) & \cdots & G_{mp}(j\omega) \end{bmatrix}$$

5.2.2 离散时间系统频率响应函数

对于一个连续时间系统的输入、输出进行数字采样后，可采用离散时间线性定常模型描述其输入、输出关系：

$$y(n) = \sum_{m=-\infty}^{\infty} g(n-m)u(m)$$

对上式两边进行 Z 变换：

$$Y(z) = G(z)U(z)$$

则该系统的离散时间传递函数可写为

$$G(z) = Y(z)/U(z) \tag{5.13}$$

若令 $z = e^{sT} = e^{j\omega T}$，则频率响应函数为

$$G(e^{j\omega T}) = Y(e^{j\omega T})/U(e^{j\omega T}) \tag{5.14}$$

式(5.14)表明离散频率响应函数 $G(e^{j\omega T})$是离散传函在 $z = e^{j\omega T}$时的一个特例。

考虑离散 DFT 变换造成频率离散化，则在每个离散频率点：

$$G(e^{j\omega_k}) = Y(e^{j\omega_k})/U(e^{j\omega_k})$$

式中：$\omega_k = \mathrm{j}2\pi f_k T$，其中 $f_k = k\Delta f = k/NT$，$k = 1,2,\cdots,N$。

如图 5.1 所示，根据香农采样定理，连续频响函数一般会由于抗混叠滤波变成有限带宽的频响函数，截断后的频响函数的最高频率应低于采样频率的一半，FFT 变换则将连续频响离散化，每一个离散的频率点 $f_k = k/NT$，其中 T 为采样周期。实际计算中，频响函数的频域数据为复数，均匀分布在 $0 \sim 1/T$ 频带内。但是由图可知，数据以频率点 $1/2T$ 为界，幅值左右对称，实际上是互为共轭。因此，考虑到信息冗余，一般只取 $0 \sim 1/2T$ 频率范围内的数据用于后续辨识处理。

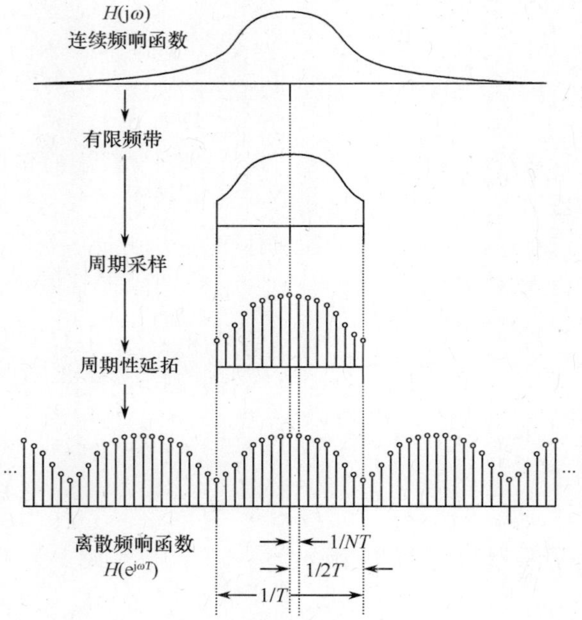

图 5.1　连续频响函数与离散频响函数的关系

另外一个值的工程师关注的问题是，利用 FFT 算法得到的离散频响函数是否可以用于连续时间模型的辨识呢？如果仔细观察图 5.1，这个答案是肯定的。在 $0 \sim 1/2T$ 频率范围内，离散与连续频响是完全对应的。这意味着离散频响函数不仅可以用于离散时间模型辨识，还可以用于连续时间模型辨识。连续时间模型是直接由微分方程得到的，它更能反映系统的物理本质。

5.3　不同激励下的频响函数表达式

频响函数反映了系统的输入和输出之间的关系，并表示系统的固有特性。但是在不同类型的激励力下，频响函数的表达式不同。本节将针对几种不同的激励，给出了对应的频响函数表达式[120]。

5.3.1 简谐激励

对线性时不变系统，在简谐激励力 $u(t)=A\sin(\omega t+\alpha)$ 的作用下，系统的运动为简谐运动，且频率与激励力相同，其位移响应可以表示为

$$y(t)=B\sin(\omega t+\beta) \tag{5.15}$$

式中：α 和 β 分别为激励与响应的相位角；A 和 B 为振幅。

位移阻抗为

$$Z_{\mathrm{d}}=\frac{A\mathrm{e}^{\mathrm{j}\alpha}}{B\mathrm{e}^{\mathrm{j}\beta}}=\frac{A}{B}\mathrm{e}^{\mathrm{j}(\alpha-\beta)} \tag{5.16}$$

因此，位移响应函数为

$$H_{\mathrm{d}}=\frac{1}{Z_{\mathrm{d}}}=\frac{B\mathrm{e}^{\mathrm{j}\beta}}{A\mathrm{e}^{\mathrm{j}\alpha}}=\frac{B}{A}\mathrm{e}^{\mathrm{j}(\beta-\alpha)} \tag{5.17}$$

同理可以推出速度和加速度频响函数，分别为

$$H_v=\mathrm{j}\omega H_{\mathrm{d}} \tag{5.18}$$

$$H_a=\mathrm{j}\omega H_v=-\omega^2 H_{\mathrm{d}} \tag{5.19}$$

5.3.2 周期激励

周期激励力是一些具有周期性的信号，例如方波、锯齿波等都属于周期激励力。任何周期信号总可以用傅里叶分析方法展开成一系列具有一定频率、幅值与相位的正弦级数。设激励输入为 $u(t)$，周期为 T，则可以写为

$$u(t)=\sum_{k=1}^{\infty}\widetilde{U}(\omega_k)\mathrm{e}^{\mathrm{i}\omega_k t} \tag{5.20}$$

式中：$\omega_k=2\pi k/T$，这样便可以得到输入函数的各个频率分量。

同理，响应也可写成

$$y(t)=\sum_{k=1}^{\infty}\widetilde{Y}(\omega_k)\mathrm{e}^{\mathrm{i}\omega_k t} \tag{5.21}$$

响应 $y(t)$ 与激励 $u(t)$ 的级数具有相同离散频率，它们都等于 $2\pi/T$ 的整数倍。

周期振动的频响函数定义为各频率点上的响应与激励的复数幅值之比：

$$H(\omega_k)=\widetilde{Y}(\omega_k)/\widetilde{U}(\omega_k) \tag{5.22}$$

式中：$\widetilde{Y}(\omega_k)$ 和 $\widetilde{U}(\omega_k)$ 均包含幅值与相位信息。

5.3.3 瞬态激励

对瞬态振动而言，激励与响应均非周期函数，但是它们往往是绝对可积的力函

数，例如脉冲和阶跃等。它们满足狄利克雷(Dirichlet)条件(①在一个周期内，如果有间断点存在，则间断点的数目应该是有限个；②在一个周期内，极大值和极小值的数目应该是有限个；③在一个周期内，信号是绝对可积的。)因此其傅里叶变换 $u(\omega)$ 可由下式表示：

$$U(\mathrm{j}\omega) = \int_{-\infty}^{+\infty} u(t)\mathrm{e}^{-\mathrm{j}\omega t}\mathrm{d}t \tag{5.23}$$

同理，对响应有

$$Y(\mathrm{j}\omega) = \int_{-\infty}^{+\infty} y(t)\mathrm{e}^{-\mathrm{j}\omega t}\mathrm{d}t \tag{5.24}$$

此时，系统的频响函数定义为系统的输出(响应)与输入(激励)的傅里叶变换之比：

$$H(\mathrm{j}\omega) = Y(\mathrm{j}\omega)/U(\mathrm{j}\omega) \tag{5.25}$$

5.3.4 随机激励

随机振动是一种非确定性振动，它无法用一个确定的函数来描述，它的时间历程信号具有随机性质，它不满足狄利克雷条件。因此，无论是激励还是响应信号都不能进行傅里叶变换，只能用概率统计的方法来处理。在此，引入两个很重要的描述随机信号的函数，即相关函数和功率谱密度函数。前者为一个时域函数，后者则为频域函数。

自相关函数定义为函数 $u(t)$ 及 $u(t+\tau)$ 之乘积的数学期望：

$$R_{uu}(\tau) = E[u(t+\tau)\cdot u(t)] = \lim_{T\to\infty}\frac{1}{T}\int_0^T u(t+\tau)u(t)\mathrm{d}t \tag{5.26}$$

式中：τ 为延时；E 为数学期望符号。它是时间的实偶函数，即 $R(\tau)=R(-\tau)$。在 $\tau=0$ 时有最大值。

自相关函数与原函数不同，它满足傅里叶变换的条件。因此可以对它进行傅里叶变换。自相关函数的傅里叶变换称为自功率谱密度，其定义为

$$S_{uu}(\mathrm{j}\omega) = \int_0^{\infty} R_{uu}(\tau)\mathrm{e}^{-\mathrm{j}\omega\tau}\mathrm{d}\tau \tag{5.27}$$

功率谱具有单位频率的平均功率量纲，所以标准叫法是功率谱密度。通过功率谱密度函数，可以看出随机信号的能量随着频率的分布情况。为便于后续说明，这里给出自功率谱密度的另一种定义，尽管随机信号在($-\infty<t<\infty$)区间内不能直接应用傅里叶变换，但可以在有限的区间内积分，这里引入下述辅助函数 $u_T(\omega)$：

$$U_T(\mathrm{j}\omega) = \int_{-\infty}^{\infty} u_T(t)\mathrm{e}^{-\mathrm{j}\omega t}\mathrm{d}t$$

据此,可得到自功率谱的另一种定义:

$$S_{uu}(\mathrm{j}\omega) = \lim_{T\to\infty}\left\{E\left[\frac{1}{T}\mid U_T(\omega)\mid^2\right]\right\}$$

虽然一个平稳随机过程在无限时间上不能进行傅里叶变换,但是对于有限区间,傅里叶变换总是存在的,可以先架构有限时间区间上的变换,再对时间区间取极限,这个定义方式就是当前快速傅里叶变换估计谱密度的依据。

相似的概念可用于两个不同的时域信号 $u(t)$ 及 $y(t)$ 上,便可以产生互相关函数及互功率谱密度。互相关函数定义为

$$R_{yu}(\tau) = E[y(t+\tau)\cdot u(t)] = \lim_{T\to\infty}\frac{1}{T}\int_0^T y(t+\tau)u(t)\,\mathrm{d}t \tag{5.28}$$

互功率谱密度为互相关函数的傅里叶变换,即

$$S_{yu}(\mathrm{j}\omega) = \int_0^\infty R_{yu}(\tau)\mathrm{e}^{-\mathrm{j}\omega\tau}\mathrm{d}\tau \tag{5.29}$$

同样给出互功率谱的另一种定义:

$$S_{yu}(\mathrm{j}\omega) = \lim_{T\to\infty}\left\{E\left[\frac{1}{T}Y(\mathrm{j}\omega)U^*(\mathrm{j}\omega)\right]\right\}$$

互相关函数是时间的实函数,但是通常不是时间的偶函数。互谱密度与自谱密度不同,它通常是频率的复函数。它具有特定的共轭特性:

$$S_{yu}(\mathrm{j}\omega) = S_{uy}^*(\mathrm{j}\omega) \tag{5.30}$$

当系统为平稳随机过程时,根据频域输入、输出关系,有

$$y(\mathrm{j}\omega) = H(\mathrm{j}\omega)u(\mathrm{j}\omega) \tag{5.31}$$

等式两端右乘以 $u^*(\mathrm{j}\omega)$,并取数学期望,即

$$E[y(\mathrm{j}\omega)u^*(\mathrm{j}\omega)] = E[H(\mathrm{j}\omega)u(\mathrm{j}\omega)u^*(\mathrm{j}\omega)] \tag{5.32}$$

则

$$G_{yu}(\mathrm{j}\omega) = H(\mathrm{j}\omega)G_{uu}(\mathrm{j}\omega) \tag{5.33}$$

故频响函数为

$$H(\mathrm{j}\omega) = \frac{G_{yu}(\mathrm{j}\omega)}{G_{uu}(\mathrm{j}\omega)} \tag{5.34}$$

式中:$G_{yu}(\mathrm{j}\omega)$ 和 $G_{uu}(\mathrm{j}\omega)$ 分别为输出、输入的互功率谱及输入的自功率谱。

对于离散采样数据,其自相关函数,互相关函数分别为

$$R_{uu}(m) = E(u(n+m)u(n)) = \lim_{N\to\infty}\frac{1}{N}\sum_{n=0}^{N-1}u(n+m)u(n)$$

$$R_{yu}(m) = E(y(n+m)u(n)) = \lim_{N\to\infty}\frac{1}{N}\sum_{n=0}^{N-1}y(n+m)u(n)$$

利用数据长度为 N 的有限数据样本 $u(n),y(n)$ 估计自相关函数：

$$\hat{R}_{uu}(m) = \frac{1}{N-m}\sum_{n=0}^{N-m-1} u(n+m)u(n),\ m = 0,1,\cdots,N-1$$

$$\hat{R}_{yu}(m) = \frac{1}{N-m}\sum_{n=0}^{N-m-1} y(n+m)u(n),\ m = 0,1,\cdots,N-1$$

功率谱密度定义为相关函数的离散傅里叶变换，即

$$S_{uu}(e^{j\omega_k}) = \sum_{m=0}^{N-1} R_{uu}(m)e^{-j2\pi km/N} = \lim_{N\to\infty}\frac{1}{N}E(U(k)U^*(k))$$

$$S_{yu}(e^{j\omega_k}) = \sum_{m=0}^{N-1} R_{yu}(m)e^{-j2\pi km/N} = = \lim_{N\to\infty}\frac{1}{N}E(Y(k)U^*(k))$$

式中：$U(k),Y(k)$分别为 $u(t),y(t)$的离散傅里叶变换。

由于离散事件系统在频域内输入、输出满足如下关系：

$$Y(e^{j\omega}) = H(e^{j\omega})U(e^{j\omega}) \tag{5.35}$$

因此离散时间系统频响函数可以表示为

$$H(e^{j\omega_k}) = S_{yu}(e^{j\omega_k})/S_{uu}(e^{j\omega_k})$$

5.4 功率谱密度的样本估计

试飞数据不可避免地引入噪声，因此针对随机信号分析的功率谱密度在频率响应函数计算中占据重要地位。但是试飞时间短，只能观测有限个数据样本，因此，希望从有限个样本数据中计算随机序列的真实功率谱，属于典型的估计问题，一般称为功率谱估计。功率谱的估计方法有很多，主要有非参数谱估计和参数化谱估计（现代谱估计）。非参数谱估计又分成两种：一种是 BT 法，也称间接法；另一种是周期图法，又称直接法。尽管现代谱估计在试飞中的应用已有前人探索，但是，非参数法仍然是目前在飞行试验中使用最为广泛的一种方法，这将是本书叙述的重点。

5.4.1 周期图法

直接法又称周期图法，它是把随机序列 $x(n)$ 的 N 个观测数据视为一能量有限的序列，直接计算 $x(n)$ 的离散傅里叶变换，得 $X(k)$，然后再取其幅值的平方，并除以 N，作为序列 $x(n)$ 真实自功率谱的估计。

周期图估计给出的功率谱很不平滑，相应的估计协方差比较大，而且采用增加采样点的办法也不能使周期图变得更加平滑，这是周期图法的缺点。周期图法得出的估计谱方差特性不好：当数据长度 N 太大时，谱线的起伏加剧；N 太小时谱的分辨率又不好。对其改进的主要方法有两种，即平均和平滑。平均就是将截取的数据段 $x_N(n)$ 再分成 L 小段，分别计算功率谱后取功率谱的平均，这种方法使估计

的方差减少,但偏差加大,分辨率下降。平滑是用一个适当的窗函数 $W(e^{j\omega})$ 与算出的功率谱$\hat{S}_X(e^{j\omega})$进行卷积,使谱线平滑。这种方法得出的谱估计是无偏的,方差较小,但同样分辨率较差。

现在比较常用的改进方法是 Welch 法,又称加权交叠平均法,这种方法以加窗(加权)求取平滑,以分段重叠求得平均,集平均与平滑的优点于一身,同时也不可避免带有两者的缺点,因此归根到底是一种折中。其主要步骤是:

(1) 将 N 长的数据段分成 L 小段,每小段 M 点,相邻小段间交叠 M_0:

$$L = \left\lfloor \frac{N - M_0}{M - M_0} \right\rfloor \tag{5.36}$$

(2) 对各小段加同样的平滑窗 $w(n)$后做傅里叶变换:

$$X_i(e^{j\omega_k}) = \sum_{k=0}^{M-1} x_i(n) w(n) e^{-j2\pi k/M}, \quad i = 1, \cdots, L \tag{5.37}$$

(3) 用下式求各小段功率谱的平均:

$$\hat{S}_{xx}(e^{j\omega_k}) = \frac{1}{L} \sum_{i=1}^{l} \frac{1}{MU} |X_i(e^{jw})|^2 \tag{5.38}$$

式中:$U = \frac{1}{M} \sum_{n=0}^{M-1} w^2(n)$ 为窗函数平均功率;MU 为窗函数的能量。

由上述理论分析可知,Welch 法采用加窗交叠求功率谱,可以有效减小方差和偏差,一般情况下能接近一致估计的要求,因而得到广泛应用。当然,对信号应施加不同的窗函数,有关窗函数的内容可以参见 5.6 节。

5.4.2 相关法谱估计

这种方法通过相关函数为中介来计算功率谱,所以又称间接法。它是 1958 年由 Blackman 和 Tukey 提出。快速傅里叶算法出现后,该算法进行了相应改进,将原有的相关性计算改为快速傅里叶变换实现,这种方法的具体步骤是:

(1) 从无限长随机序列 $x(n)$中截取长度为 N 的有限长序列 $x_N(n)$,并补充$(N-1)$个零,使得数据长度达到$(2N-1)$。

(2) 计算 N 点长序列 $x_N(n)$中$(2M-1)$点的自相关函数$\hat{R}_x(m)$序列,即

$$\hat{R}_x(m) = \frac{1}{N} \sum_{n=0}^{N-1} x_N(n) x_N(n+m)$$

式中:$m = -(M-1), \cdots, -1, 0, 1, \cdots, M-1$,$R_x(m)$是双边序列,但是由于自相关函数具有偶对称性,一次只要求出 $m = 0, 1, \cdots, M-1$ 的傅里叶变换即可。

(3) 由相关函数的傅里叶变换估计功率谱,即

$$\hat{S}_{xx}(e^{j\omega_k}) = \sum_{m=-(M-1)}^{M-1} \hat{R}_X(m) e^{-j\omega m}$$

以上过程中经历了两次截断,一次是将 $x(n)$ 截成长度为 N 的数据,称为加窗截断,一次是将 $x(n)$ 截成长度为 $(2M-1)$ 的自相关序列,因此所得功率谱仅是近似值。受制于计算水平的低下,早期算法一般取 $M \ll N$,因为只有当 M 较小时,序列傅里叶变换的点数才较少,功率谱的计算量不至于大到难以实现,而且谱估计质量也较好。因此,在 FFT 问世之前,相关法是最常用的谱估计方法。

当 FFT 问世后,算法进行了相应改进。其中最重要的一点就是相关函数采用了 FFT 进行实现。随着计算能力的提高,相关函数的数据长度也扩大到 $(2N-1)$ 此时,$x_N(n)$ 的相关函数可以转化成线性卷积的形式:

$$\hat{R}_x(m) = \frac{1}{N}[x_N(m) * x_N(-m)]$$

而这个卷积完全可以采用快速傅里叶变换计算,对上式两边取 DFT:

$$\Phi(\hat{R}_x(m)) = \frac{1}{N}[X_{2N-1}(k) * X_{2N-1}^*(k)] = \frac{1}{N}|X_{2N-1}(K)|^2$$

显然对 $\frac{1}{N}|X_{2N-1}(K)|^2$ 进行傅里叶逆变换,可得自相关函数。考虑到最后为得到功率谱估计,还需对自相关函数再进行一次傅里叶变换,显然这两步可以省略,直接写为

$$S_{xx}(e^{j\omega_k}) = \frac{1}{N}|X_{2N-1}(K)|^2$$

5.5 频响函数估计方法

频响函数估计就是利用实际测量的输入和输出信号来计算系统的频响函数,为后续频域参数辨识提供依据。它直接决定了后续辨识的精度。因此,频响函数估计十分重要。而对于飞行试验而言,不可避免会受到随机噪声的影响,利用功率谱估计频响函数是目前的常用方法[87]。

5.5.1 H_1 估计

由于在实际的测试过程中不可避免地会存在干扰噪声,针对这种类型的频响函数估计方法很早就引起学者们的重视,目前发展较为成熟,在许多工程实践中得到了广泛的应用。

考虑图 5.2 所示的测量模型,在频域内响应的第 l 次测量值 $Y_l(\Omega_f)$ 可写成下列形式

$$Y_l(\Omega_f) = H(\Omega_f)U_l(\Omega_f) + N_l(\Omega_f) \tag{5.39}$$

式中:Ω_f 为广义算子,对应于频域内的频率 f。当采用连续时间模型建模时,$\Omega_f = j\omega_f$,表示 s 域内虚轴上的某一点,$\omega_f = 2\pi f$;当采用离散模型建模时,$\Omega_f = e^{j\omega_f T_s}$,表示

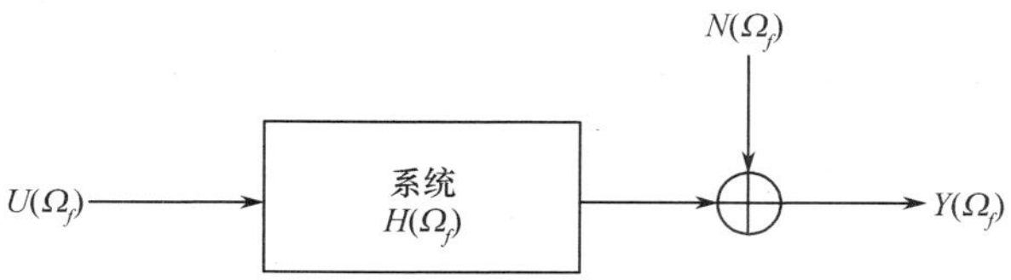

图 5.2　H_1 估计模型

z 域内单位圆上的某一点。

频响函数的最小二乘估计要求：

$$J = \min \sum_{l=1}^{L} N_l(\Omega_f) N_l^{\mathrm{H}}(\Omega_f)$$
$$= \min \sum_{l=1}^{L} [Y_l(\Omega_f) - \hat{H} U_l(\Omega_f)][Y_l^{\mathrm{H}}(\Omega_f) - \hat{H}^{\mathrm{H}} U_l^{\mathrm{H}}(\Omega_f)]$$

式中：$\hat{H}(\Omega_f)$ 为频率响应函数估计。满足上式的必要条件是 $\dfrac{\partial J}{\partial H^{\mathrm{H}}(\Omega_f)} = 0$，即

$$\sum_{l=1}^{L} \{[Y_l(\Omega_f) - \hat{H}(\Omega_f) U_l(\Omega_f)] U_l^{\mathrm{H}}(\Omega_f)\} = 0$$

可得频响函数的最佳估计 $\hat{H}(\Omega_f)$：

$$\hat{H}(\Omega_f) = \left(\sum_{l=1}^{L} Y_l(\Omega_f) U_l^{\mathrm{H}}(\Omega_f)\right) \Big/ \left(\sum_{l=1}^{L} U_l(\Omega_f) U_l^{\mathrm{H}}(\Omega_f)\right)$$
$$= \boldsymbol{S}_{YU}(\Omega_f) / \boldsymbol{S}_{UU}(\Omega_f) \tag{5.40}$$

式中：L 为谱平均帧数；$\boldsymbol{S}_{UU}(\Omega_f)$ 为输入信号的自功率谱密度矩阵；$\boldsymbol{S}_{YU}(\Omega_f)$ 为输入、输出信号的互功率谱密度矩阵。当输入与输出噪声不相关时，即 $S_{XN}(\Omega_f) = 0$ 时，式(5.40)是图 5.2 所示系统频响函数的无偏估计，称为 H_1 估计。它适用于仅有输出端干扰情况和频响函数具有谷值的频带。

5.5.2　H_2 估计

考虑图 5.3 所示的测量模型。频域内响应的第 l 次测量值 $Y_l(\Omega_f)$ 为

$$Y_l(\Omega_f) = H(\Omega_f)[U_l(\Omega_f - M_l(\Omega_f)] \tag{5.41}$$

频响函数的最小二乘估计要求：

$$J = \min \sum_{l=1}^{L} M_l(\Omega_f) M_l^{\mathrm{H}}(\Omega_f)$$

可得图 5.3 所示测量模型的频响函数最佳估计为

$$\hat{H}(\Omega_f) = \left(\sum_{l=1}^{L} Y_l(\Omega_f) Y_l^{\mathrm{H}}(\Omega_f)\right) \Big/ \left(\sum_{l=1}^{L} U_l(\Omega_f) Y_l^{\mathrm{H}}(\Omega_f)\right) = S_{YY}(\Omega_f) / S_{UY}(\Omega_f) \tag{5.42}$$

当输出与输入噪声不相关时,即 $S_{YM}(\Omega_f)=0$ 时,式(5.42)是图 5.3 所示系统频响函数的无偏估计,称为 H_2 估计。该频响函数估计公式适用于仅在输入端有噪声干扰情况和频响函数具有峰值的情况。可定义 H_2 估计为[121]

$$\hat{H}_2(\Omega_f)=S_{YY}(\Omega_f)/S_{UY}(\Omega_f) \tag{5.43}$$

式中:$S_{UY}(\Omega_f)$ 为实测输入和输出信号的互功率谱均值;$S_{YY}(\Omega_f)$ 为实测输出信号的自功率谱均值。

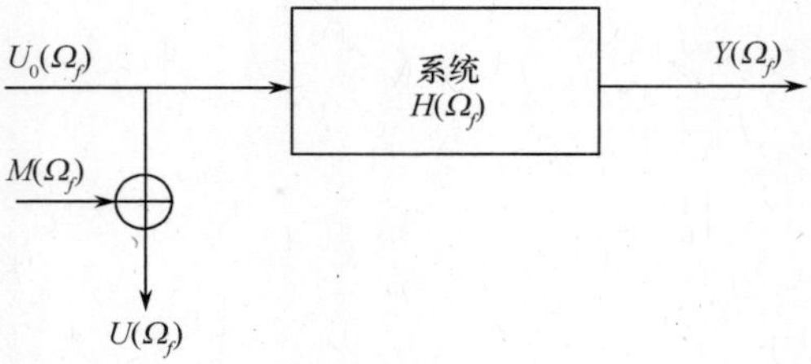

图 5.3　H_2 估计模型

H_1 估计不能消除输入噪声的影响,H_2 估计不能消除输出噪声的影响,因此两者都是有偏估计。其中:H_1 估计比真值 H 偏小,为欠估计;而 H_2 估计比真值 H 偏大,为过估计,即 $H_1\leqslant H\leqslant H_2$。$H_1$ 估计适用于仅有输出端噪声干扰的情况,H_2 估计适用于仅在输入端有噪声干扰的情况。

5.5.3　H_3 和 H_4 估计

在实际测量中,有可能输入、输出噪声是同时存在的,考虑图 5.4 所示的系统模型,在频域内响应的第 l 次测量值 $Y_l(\Omega_f)$ 可写成下列形式:

$$Y_l(\Omega_f)=H(\Omega_f)(U_l(\Omega_f)-M_l(\Omega_f))+N_l(\Omega_f) \tag{5.44}$$

考虑到 H_1 估计和 H_2 估计分别为欠估计和过估计,为了减小误差影响,研究者们提出了 H_3 估计和 H_4 估计[122],它们是 H_1 估计和 H_2 估计的算术平均值和几何平均值。

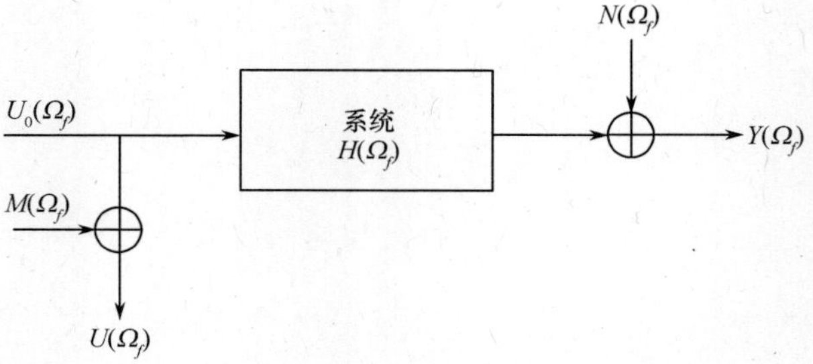

图 5.4　H_3 和 H_4 估计模型

频响函数的 H_3 估计定义为

$$H_3(\Omega_f) = \frac{1}{2}[H_1(\Omega_f) + H_2(\Omega_f)] \tag{5.45}$$

频响函数的 H_4 估计定义为

$$H_4(\Omega_f) = \sqrt{H_1(\Omega_f)H_2(\Omega_f)} \tag{5.46}$$

H_3、H_4 与系统真实频响函数 $H(\Omega_f)$ 的关系为

$$H_3(\Omega_f) = \frac{1}{2}H(\Omega_f)/\{[1 + G_{NN}(\Omega_f)/G_{YY}(\Omega_f)] + [1 + G_{MM}(\Omega_f)/G_{UU}(\Omega_f)]^{-1}\} \tag{5.47}$$

$$H_4(\Omega_f) = H(\Omega_f)/\{[1 + G_{NN}(\Omega_f)/G_{YY}(\Omega_f)] + [1 + G_{MM}(\Omega_f)/G_{UU}(\Omega_f)]\}^{1/2} \tag{5.48}$$

根据式(5.45)和式(5.46)可知:H_3 估计和 H_4 估计也都是有偏估计,而且 $H_4 \leqslant H_3$,故可以得到 $H_1 \sim H_4$ 估计的关系为,$H_1 \leqslant H_4 \leqslant H_3 \leqslant H_2$。$H_1 \sim H_4$ 估计都是利用功率谱来进行频响函数的估计,离散傅里叶变换和有限长的测量数据通过加窗分段处理后,在频响函数的估计过程中会带来泄漏和随机误差,因此,除了谱平均外,根据第 3 章激励信号的设计可知:还可以通过改变窗函数的长度,利用多次整周期测量、截断和平均来改善这些误差,提高频响函数的估计精度。

5.5.4 EIV 和 ARI 估计

频响函数的准确估计和激励信号的好坏密切相关,通过多次测量平均,可以减少噪声。即每次测量都可以看作一个独立的数据块,在每个数据块中采用相同的激励信号,这样就得到了多个数据块,则变量含误差(EIV)估计的定义为

$$H^{\text{EIV}}(\Omega_f) = \left[\frac{1}{M}\sum_{m=1}^{M} Y^m(\Omega_f)\right] \Big/ \left[\frac{1}{M}\sum_{m=1}^{M} U^m(\Omega_f)\right] \tag{5.49}$$

式中:M 为数据块的个数;$U^m(\Omega_f)$ 和 $Y^m(\Omega_f)$ 为系统输入端和输出端实测信号的频谱。

EIV 估计是正态分布噪声的最大似然估计;它是一种优化的估计方法,要求频响函数测量的同步性和激励信号的相同性。

另外一种类似的估计方法为算术平均(ARI)估计,具体定义为

$$H^{\text{ARI}}(\Omega_k) = \frac{1}{M}\sum_{m=1}^{M} Y^m(\Omega_f)/U^m(\Omega_f) \tag{5.50}$$

当测量噪声在输入端,或者采集到的是闭环数据,ARI 估计的偏差比 H_1 估计偏差要小。

EIV 估计和 ARI 估计没有利用互功率谱和自功率谱来进行频响函数的估计,

可以避免加窗引起的泄漏。两者在数据噪声较小的情况下比较适用,对噪声比较大的情况,为了得到理想的效果,就必须增加数据块的个数,可多达上百个,这会耗费大量的测量时间。

与之类似的还有对数(LOG)估计[123]和谐波平均(HAR)估计,它们也是利用多个数据块进行频响函数的估计,不同的是这两种方法是利用函数建立在非线性平均的基础上。在1992年,Guillaume 等人研究了非线性平均的频响函数估计的属性,并与其他经典的频响函数估计方法做了比较,结论是在许多非线性存在的实际工程应用中,许多经典的估计方法,例如 H_1 估计将会产生较大的偏差,对于不能同步测量和相同激励的情况,EIV 估计也将不再适用,而 LOG 估计和 HAR 估计将会得到理想的效果。同时它们还具有较好的鲁棒性,可以改善非线性问题,适用于非线性存在的实际工程应用中。具体见参考文献[122,124],这里不再详细介绍。

5.6 窗函数

在频域辨识中,采集到时域信号要经过快速傅里叶变换(FFT),转换成频域信号,再进行分析和处理。在实际问题中,利用香农采样定理采集到的离散时间序列通常是有限长度的,相当于对原有无限长序列进行了加窗截断。例如,对于频率为 f_s 的正弦序列,它的频谱应该只是在 f_s 处有离散谱。但是,在利用傅里叶变换求它的频谱时做了截断,结果信号的频谱不只是在 f_s 处有离散谱,而是在以 f_s 为中心的频带范围内都有谱线出现,它们可以理解为从 f_s 频率上“泄漏”出去的,这种现象称为频谱“泄漏”。

利用离散傅里叶变换(DFT)分析连续非周期信号 $x(t)$ 的傅里叶变换 $X(j\omega)$,需对 $x(t)$ 进行离散化处理。即 $x[k]=x(t)\big|_{t=kT}$,则离散信号 $x[k]$ 的离散时间傅里叶变换 $X(e^{j\omega T})$ 与连续信号 $x(t)$ 的傅里叶变换 $X(j\omega)$ 的关系为

$$X(e^{j\omega T}) = \frac{1}{T}\sum_{n=-\infty}^{\infty} X(j(\omega - n\omega_s)) = \frac{1}{T}\sum_{n=-\infty}^{\infty} X\left(j\left(\frac{2\pi}{T}(\omega T - n\cdot 2\pi)\right)\right) \tag{5.51}$$

式中:ω_s 为对连续信号采样的角频率;T 为采样时间;ω 为模拟角频率。由式(5.51)可知,$X(e^{j\omega T})$ 是 $X(j\omega)$ 的周期化,且周期是 2π。因此在满足抽样定理的前提下,采用离散手段分析连续信号的频谱时,可将 $x(t)$ 经等间隔 T 抽样得到序列 $x[k]$,再对 $x[k]$ 进行 N 点的离散傅里叶变换,得到 $X(e^{j\omega T})$ 在 $[0,2\pi)$ 上 N 个频谱抽样点,从而得到 $X(j\omega)$ 的频谱信息。如果连续信号 $x(t)$ 在时域为无限长,在对其进行离散化处理后得到的离散序列 $x[k]$ 也为无限长序列。而在实际信号处理过程中往往对获得的离散序列 $x[k]$ 进行时域加窗截短处理,使其成为有限长序列 $x_N[k]$,$x_N[k]$ 和 $x[k]$ 有如下关系:

$$x_N(k)=x[k]\cdot w[k] \tag{5.52}$$

式中:$w[k]$为窗函数。

例如使用长度为 N 的矩形窗函数对离散序列 $x[k]$ 加窗,相当于对序列 $x[k]$ 直接截断。因为矩形窗的幅度谱函数主要由主瓣以及若干个幅度较小的旁瓣组成。矩形窗在两个端点的突然截断在谱中产生的高频分量是旁瓣出现的主要原因。因而利用矩形窗对信号进行加窗时,得到的谱函数会以谱的实际频率值为中心,以窗函数频谱波形的形状向两边扩散。而其他类型的窗尽管无法根本消除频域泄漏,但是可以降低旁瓣幅值,减轻不利影响。常用的窗函数除了矩形窗,还有汉明(Hamming)窗、汉宁(Hanning)窗等非矩形窗。

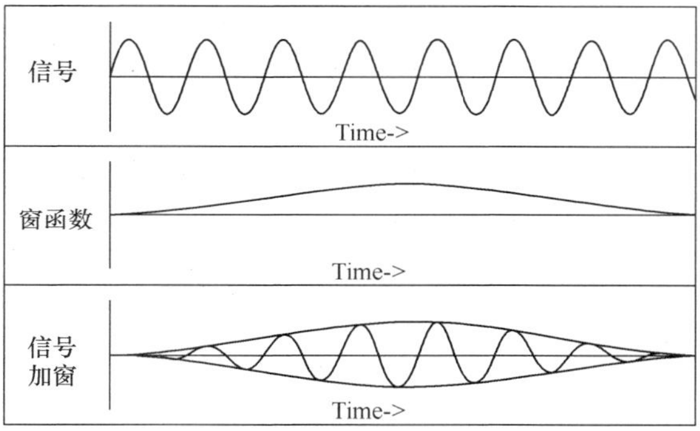

图 5.5 信号加窗处理

本节主要介绍矩形窗、三角函数窗、汉宁(Hanning)窗、汉明(Hamming)窗、布莱克曼(Blackman)窗等。

5.6.1 矩形窗

矩形窗(Rectangular Window)长度为 $N+1$,时域形式表示为

$$w(n)=R_N(n)=\begin{cases}1, & 0\leqslant n\leqslant N-1\\ 0, & 其它\end{cases} \tag{5.53}$$

矩形窗时域和频域如图 5.6 所示。其优点是主瓣比较集中,缺点是旁瓣较高,导致变换中带进了高频干扰和泄漏。使用矩形窗相当于对数据进行直接截断。由于泄漏现象是由窗函数突然截断信号而引起的,所以采用幅度逐渐减少的非矩形窗对信号进行加窗,即信号是被逐渐截断的,这在一定程度上可以减小泄漏对频谱分析的影响。

5.6.2 三角窗

由于矩形窗从 0 到 1(或 1 到 0)有一个突变的过渡带,这造成了吉布斯现象。为此,提出了一种逐渐过渡的三角窗(Triangular 窗)形式函数,它是两个矩形窗的

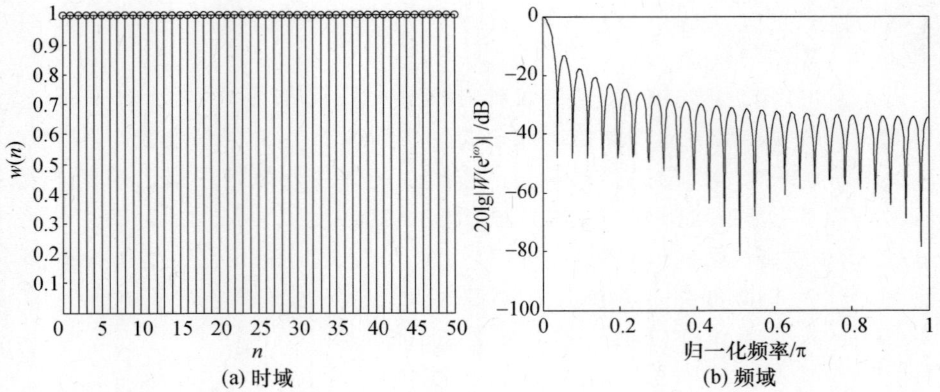

图 5.6　矩形窗的形状和频谱($N=51$)

卷积。三角窗函数(长度为 L)的时域形式可以表示如下:

当 L 为奇数时

$$w(n)=\begin{cases}\dfrac{2n}{L+1}, & 1\leqslant n\leqslant\dfrac{L+1}{2}\\[2ex]\dfrac{2(L-n+1)}{L+1}, & \dfrac{L+1}{2}\leqslant n\leqslant L\end{cases}\tag{5.54}$$

当 N 为偶数时

$$w(n)=\begin{cases}\dfrac{2n}{L}, & 1\leqslant n\leqslant\dfrac{L}{2}\\[2ex]\dfrac{2(L-n+1)}{L}, & \dfrac{L}{2}+1\leqslant n\leqslant L\end{cases}\tag{5.55}$$

三角窗函数的主瓣宽度为 $8\pi/N$,比矩形窗函数的主瓣宽度增加了 1 倍,但是它的旁瓣宽度却小得多,而且无副旁瓣。三角窗也是两个矩形窗的卷积。三角窗函数的首尾两个数值通常是不为零的。三角窗函数的时域图和频谱如图 5.7 所示。

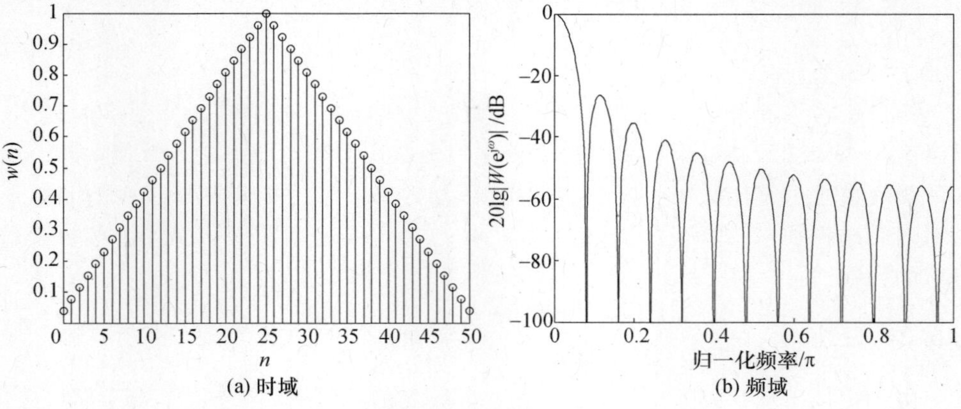

图 5.7　三角窗函数的形状和频谱($N=51$)

5.6.3 广义余弦窗

汉宁窗、汉明窗和布莱克曼窗都可以用一种通用的形式表示，即广义余弦窗。这些窗都是广义余弦窗的特例，汉宁窗又被称为余弦平方窗或升余弦窗，汉明窗又称为改进的升余弦窗，而布莱克曼窗又被称为二阶升余弦窗。采用这些窗可以有效地降低旁瓣的高度，但是同时会增加主瓣的宽度。

1）汉宁窗（Hanning）

汉宁窗函数的时域形式可表示为

$$w(n)=0.5-0.5\cos(2\pi n/N),\quad 0\leqslant n\leqslant N \tag{5.56}$$

整个窗的长度 $L=N+1$。“汉宁窗谱”和离散信号的 DFT 谱之间的关系如下：

$$X_{\text{Hann}}(k)=0.25[2X(k)-X(k-1)-X(k+1)] \tag{5.57}$$

式(5.57)表明，汉宁窗本质上是原始信号频谱的一个二阶微分。因为频谱泄漏项 $T_G(k)$ 是光滑函数，所以可以将其进行泰勒展开，其展开式如下：

$$T_G(k+r)=T_G(k)+r\frac{t_1(k)}{N}+r^2\frac{t_2(k)}{N^2}+O(N^{-1/2})O(N^{-3}) \tag{5.58}$$

使用汉宁窗相当于对输出频谱 $Y(k)$ 做了两次微分，这样便消除了泰勒展开式的前两项，因此将泄漏项从 $O(N^{-1/2})$ 减小到 $O(N^{-5/2})$。在进行微分的过程中，在频率 $[k-1 \quad k \quad k+1]$ 处的 $G_0(\Omega_{k-1})$，$G_0(\Omega_k)$，$G_0(\Omega_{k+1})$ 被一起进行计算。因此，汉宁窗的使用引入了插值误差，加汉宁窗后的输出关系式如下：

$$Y_{\text{Hann}}(k)=G_0(\Omega_k)U_{\text{Hann}}(k)+e_{\text{interpolation}}+\text{Diff}^2(T_G(k)) \tag{5.59}$$

图 5.8 给出了汉宁窗时域图和频谱图。

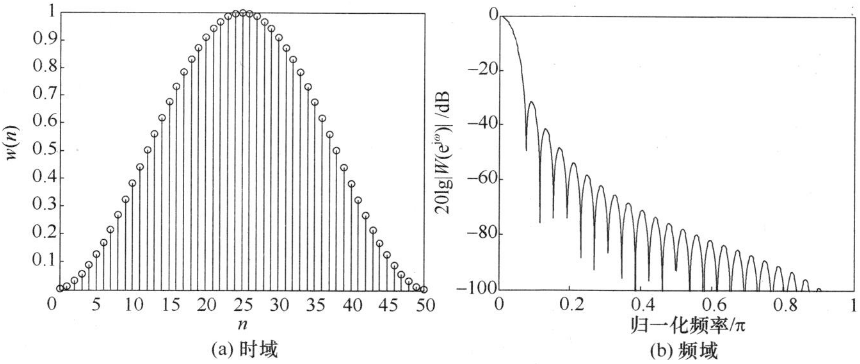

图 5.8 汉宁窗函数的形状和频谱（$N=51$）

2）汉明窗（Hamming）

汉明窗函数的时域形式可以表示为

$$w(n)=0.54-0.46\cos\left(2\pi\frac{n}{N-1}\right),\ n=1,2,\cdots,N \tag{5.60}$$

汉明窗函数的最大旁瓣值比主瓣值低 41dB，但它和汉宁窗函数的主瓣宽度是一样大的。汉明窗也是余弦窗的一种，又称改进的升余弦窗。汉明窗与汉宁窗都是余弦窗，只是加权系数不同。汉明窗加权的系数能使旁瓣达到更小。分析表明，汉明窗的第一旁瓣衰减为 -42dB. 汉明窗的频谱也是由 3 个矩形时窗的频谱合成，但其旁瓣衰减速度为 20dB/10oct，这比汉宁窗衰减速度慢。

图 5.9 给出了汉明窗时域图和频谱图。

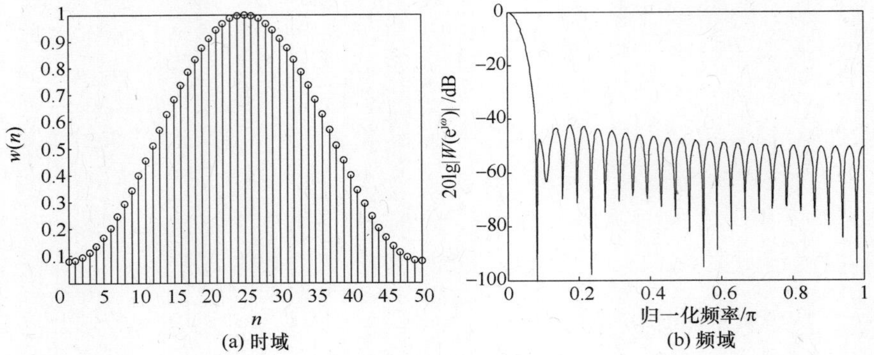

图 5.9 汉明窗的形状和频谱（$N=51$）

3）布莱克曼窗

布莱克曼窗函数的时域形式可以表示为

$$w(n)=0.42-0.5\cos\left(2\pi\frac{n}{N-1}\right)+0.08\cos\left(4\pi\frac{n}{N-1}\right) \tag{5.61}$$

布莱克曼窗属于二阶升余弦窗，主瓣宽，旁瓣比较低，但等效噪声带宽比汉宁窗要大一点，波动却小一点。频率识别精度最低，但幅值识别精度最高，有更好的选择性。常用来识别频率相近幅度不同的两个信号。

图 5.10 给出了布莱克曼窗时域图和频谱图。

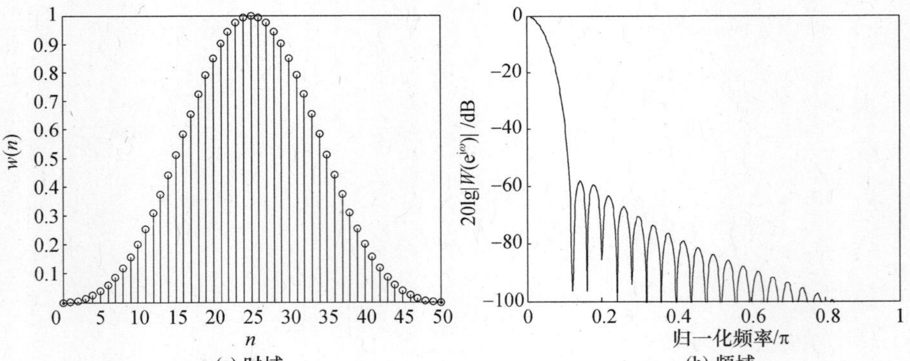

图 5.10 布莱克曼窗的形状和频谱（$N=51$）

5.7 局部多项式法(LPM)

LPM(Local Polynomial Method)采用局部多项式描述频响函数,并通过线性最小二乘(LS)算法估计系统的频率响应函数[98,125]。它本质上是一种非参数估计方法。LPM 与典型的抑制频谱泄漏的非参数方法(如窗函数法)相比具有明显的优势。该方法充分利用了传递函数 G_0 和频谱泄漏项 T_G 的光滑特性,减小了频谱泄漏误差和插值误差。

5.7.1 系统描述

本节仅讨论输出端含有噪声的线性时不变(LTI)系统。在此系统中,输入信号是已知的激励信号,输出信号含有测量噪声。该系统的数学模型形式如下:

$$y(t) = G_0(q)u_0(t) + H_0(q)e(t) = G_0(q)u_0(t) + v(t) \tag{5.62}$$

式中:$G_0(q)$为将要被估计的动态系统;$u_0(t)$为输入信号;$v(t) = H_0(q)e(t)$为经过过滤的白噪声,表示输出端的噪声源。

(1) 对于离散时间系统,指出第 k 个离散频率点 $\omega_k = \mathrm{e}^{-\mathrm{j}2\pi k/N}$,$N$ 为采样点的总长度;

(2) 通过第 k 个离散频率点处的 FRF,即 $G(\omega_k)$,代替参数模型 $G(q,\theta)$。

5.7.2 非参数模型与假设条件

当输出端没有输出噪声时,输出在时域内可以表示为

$$y_0(k) = g_0(k) * u_0(k)$$

式中:$k=0,1,2\cdots,N-1$。在频率 ω_k 处采样的信号的 DFT 变换如下:

$$Y_0(\mathrm{e}^{\mathrm{j}\omega_k}) = G_0(\mathrm{e}^{\mathrm{j}\omega_k})U_0(\mathrm{e}^{\mathrm{j}\omega_k}) + T_G(\mathrm{e}^{\mathrm{j}\omega_k}) \tag{5.63}$$

式中:$U_0(\mathrm{e}^{\mathrm{j}\omega_k})$为输入激励信号的 DFT 谱;$G_0(\mathrm{e}^{\mathrm{j}\omega_k})$为传递函数;$T_G(\mathrm{e}^{\mathrm{j}\omega_k})$为瞬态泄漏项。信号 $x(t)$的 DFT 变换被定义为

$$X(\mathrm{e}^{\mathrm{j}\omega_k}) = \frac{1}{\sqrt{N}}\sum_{t=0}^{N-1} x(i)\mathrm{e}^{-\frac{\mathrm{j}2\pi ki}{N}} \tag{5.64}$$

式中:$\omega_k = 2\pi k/N$ 表示第 k 点的离散数字频率,对应的模拟频率为 $k \cdot f_s/N$(Hz)。这里 f_s 为采样频率,N 为离散数据的总长度,$f_0 = f_s/N$ 为 DFT 谱的频率分辨率。

对于输出端含有噪声的系统,有如下假设:

假设 1:系统传递函数 G_0 和瞬态频谱泄漏项 T_G 都是关于频率 ω_k 的光滑函数。

假设 2:输入信号 U_0 的谱函数不是频率的光滑函数,即 $U_0(\mathrm{e}^{\mathrm{j}\omega_{k+1}}) - U_0(\mathrm{e}^{\mathrm{j}\omega_k})$

不能为零。

假设3：测量输出信号 $y(t)=y_0(t)+v(t)$，且输入信号 $u_0(t)$ 已知。

假设4：有色噪声 $v(t)=H_0(q)e(t)$ 是输出端的干扰噪声。

5.7.3 LPM 原理

对线性系统进行离散傅里叶变换（DFT），得

$$Y(e^{j\omega_k})=G_0(e^{j\omega_k})U_0(e^{j\omega_k})+T(e^{j\omega_k})+V_0(e^{j\omega_k}) \tag{5.65}$$

式中：$V_0(e^{j\omega_k})=H_0(e^{j\omega_k})E(e^{j\omega_k})$ 为噪声项；$T(e^{j\omega_k})$ 为频域泄漏项，$T(e^{j\omega_k})=T_G(e^{j\omega_k})+T_H(e^{j\omega_k})=O(N^{-1/2})$，它代表系统和噪声泄漏之和。

由于 $G_0(e^{j\omega_k})$ 和 $T(e^{j\omega_k})$ 的光滑特性，使得可以在临近的频率点 $k+r$ 处对其进行泰勒序列展开，其展开式分别如下：

$$G_0(e^{j\omega_{k+r}})=G_0(e^{j\omega_k})+\sum_{s=1}^{R}g_p(k)r^s+O\left(\frac{r}{N}\right)^{(R+1)} \tag{5.66}$$

$$T(e^{j\omega_{k+r}})=T(e^{j\omega_k})+\sum_{s=1}^{R}t_p(k)r^s+N^{-1/2}O\left(\frac{r}{N}\right)^{(R+1)} \tag{5.67}$$

式中：$r\in\{-n \quad -n+1 \quad \cdots \quad n\}$，其中 n 的取值范围将在后面介绍。若忽略余项，仅取泰勒级数的前 R 项，输出可以近似用以下矩阵矢量形式表示：

$$\boldsymbol{Y}(e^{j\omega_{k+r}})=\boldsymbol{\theta}(k)\boldsymbol{K}(k,r)+\boldsymbol{V}_0(e^{j\omega_{k+r}}) \tag{5.68}$$

式中：$\boldsymbol{\theta}(k)\in C^{n_y\times(R+1)(n_u+1)}$，且 $\boldsymbol{\theta}(k)=[G_0(e^{j\omega_k}) \quad g_1 \quad \cdots \quad g_R \quad T(e^{j\omega_k}) \quad t_1 \quad \cdots \quad t_R]$；$\boldsymbol{K}(k,r)\in C^{(R+1)(n_u+1)\times 1}$，且 $\boldsymbol{K}(k,r)=[\boldsymbol{K}_1(r)\otimes\boldsymbol{U}_0^{\mathrm{T}}(e^{j\omega_{k+r}}) \quad K_1(r)]$，其中 $\boldsymbol{K}_1(r)=[1 \quad r \quad \cdots \quad r^R]$，$\otimes$ 表示 Kronecker 积。

针对 r 的每一个取值，均有式(5.68)成立，按行堆积排列可得

$$\boldsymbol{Y}_n(k)=\theta(k)\boldsymbol{K}_n(k)+\boldsymbol{V}_n(k) \tag{5.69}$$

式中

$$\boldsymbol{Y}_n(k)=[Y(e^{j\omega_{k-n}}) \quad \cdots \quad Y(e^{j\omega_k}) \quad \cdots \quad Y(e^{j\omega_{k+n}})]$$

$$\boldsymbol{K}_n(k)=\begin{bmatrix}K(k,-n)\\ \vdots \\ K(k,0)\\ \vdots \\ K(k,n)\end{bmatrix}$$

$$\boldsymbol{V}_n(k)=[V(e^{j\omega_{k-n}}) \quad \cdots \quad V(e^{j\omega_k}) \quad \cdots \quad V(e^{j\omega_{k+n}})]$$

参数 $\boldsymbol{\theta}(k)\in C^{n_y\times(R+1)(n_u+1)}$ 的最小二乘估计如下：

$$\hat{\boldsymbol{\theta}}(k)=\arg\min_{\theta(k)}\|\boldsymbol{Y}_n(k)-\boldsymbol{\theta}(k)\boldsymbol{K}_n(k)\|_2^2 \tag{5.70}$$

可以得到

$$\hat{\boldsymbol{\theta}}(k) = \boldsymbol{Y}_n(k)\boldsymbol{K}_n^{\mathrm{H}}(k)[\boldsymbol{K}_n(k)\boldsymbol{K}_n^{\mathrm{H}}(k)]^{-1} \tag{5.71}$$

式中:运算符$(\cdot)^{\mathrm{H}}$表示 Hermitian 转置。式(5.71)必须考虑到为了使$\boldsymbol{K}_n$为满秩矩阵,为此,需要求每个频谱序列$n \geqslant R+1$。当选择$n=R+1$时,估计方差会达到最大,但是插值误差会达到最小。由$\boldsymbol{\theta}(k)$的表达式知频响函数的 LPM 估计就是$\hat{\boldsymbol{\theta}}(k)$的第一个元素,即$\hat{G}_{\mathrm{LPM}}(\mathrm{e}^{\mathrm{j}\omega_k}) = \hat{\theta}_{[:,1:n_u]}(k)$。符号$X_{[:,1:n_u]}$表示矩阵$\boldsymbol{X}$的前$n_u$列。现举例如下,对一个单输入单输出系统,若取$R=2, n=R+1=3$,代入泰勒展开式,则$G_0$和$T$关于中心频率$\omega_k$的二次局部多项式如下:

$$G_0(\mathrm{e}^{\mathrm{j}\omega_{k+r}}) \approx G_0(\mathrm{e}^{\mathrm{j}\omega_k}) + g_1 r + g_2 r^2 \tag{5.72}$$

$$T(\mathrm{e}^{\mathrm{j}\omega_{k+r}}) \approx T(\mathrm{e}^{\mathrm{j}\omega_k}) + t_1 r + t_2 r^2 \tag{5.73}$$

式中:$r \in W_3$。参数矢量如下:

$$\boldsymbol{\theta}(k) = [G_0(\omega_k) \quad g_1 \quad g_2 \quad T_G(\omega_k) \quad t_1 \quad t_2]$$

由上式可知 FRF 的 LPM 估计为参数矢量$\hat{\boldsymbol{\theta}}(k)$的第一个参数元素,由最小二乘(LS)估计得

$$\hat{G}_{\mathrm{LPM}}(\mathrm{e}^{\mathrm{j}\omega_k}) = \hat{\boldsymbol{\theta}}_{[:,1]}(k) \tag{5.74}$$

图 5.11 表示了 LPM 方法估计 FRF 的基本原理。图 5.11(a)中输入、输出频谱的灰色部分表示频域ω_k邻近的窄带区域,为了估计频率的频响函数而选择的。

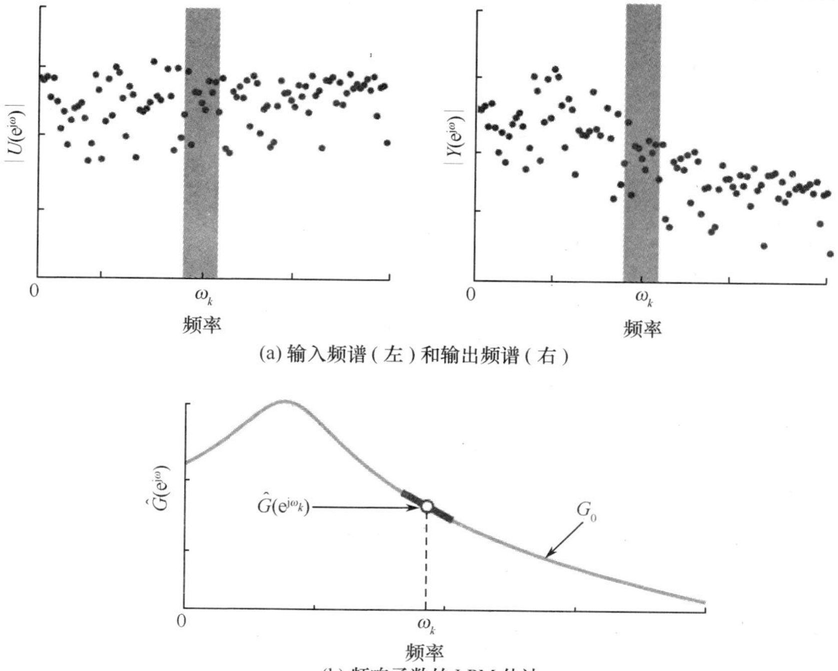

(a) 输入频谱(左)和输出频谱(右)

(b) 频响函数的 LPM 估计

图 5.11　LPM 方法估计 FRF 示意图

在该窄带区域内，通过局部多项式拟合可以得到频响函数估计。如图 5.11(b)所示，该区域的中心频率点，即 ω_k 处的$\hat{G}_{LPM}(e^{j\omega_k})$被保留。以这种方式在所有的频率点 ω_k 处重复这个步骤，即可得到关心频带内所有频率点的频响函数估计值。

5.7.4 数值稳定算法

对于任意激励信号而言，必须考虑在某些频率点有可能出现 $U_0(e^{j\omega_k})=0$，进而造成 K_n 奇异。为了保证这种情况下数值稳定性，这里运用奇异值分解(Singular Value Decomposition，SVD)进行计算：

$$\boldsymbol{K}_n^{H}(k)=\boldsymbol{U}_1\boldsymbol{\Sigma}_1\boldsymbol{V}_1^{H} \tag{5.75}$$

此时式(5.71)中最小二乘解可以表示为

$$\hat{\boldsymbol{\theta}}(k)=\boldsymbol{Y}_n(k)\boldsymbol{U}_1\boldsymbol{\Sigma}_1^{-1}\boldsymbol{V}_1^{H} \tag{5.76}$$

从而得到$\hat{G}(e^{j\omega_k})$的一个数值稳定的估计值。

为了进一步提高计算过程的数值稳定性，可以在进行 SVD 处理之前缩减 $\boldsymbol{K}_n(k)$的行数，即

$$\boldsymbol{K}_n(k)\rightarrow\boldsymbol{D}_{scale}^{-1}\boldsymbol{K}_n(k) \tag{5.77}$$

式中：$\boldsymbol{D}_{scale}^{-1}$是一个对角矩阵，且满足

$$\boldsymbol{D}_{scale[i,i]}=\begin{cases}\|\boldsymbol{K}_{n[i,:]}(k)\|_2, & \|\boldsymbol{K}_{n[i,:]}(k)\|_2\neq0\\1, & \|\boldsymbol{K}_{n[i,:]}(k)\|_2=0\end{cases} \tag{5.78}$$

式中：$K_{n[i,:]}$为矩阵 $\boldsymbol{K}_n$ 的第 i 行；$\boldsymbol{D}_{scale[i,i]}$为矩阵 $\boldsymbol{D}_{scalle}$的第 i 行，第 i 列。需要注意的是，缩减行数之后式(5.75)变换为

$$\boldsymbol{D}_{scale}^{-1}\boldsymbol{K}_n(k)=\boldsymbol{U}_1\boldsymbol{\Sigma}_1\boldsymbol{V}_1^{H} \tag{5.79}$$

则 $\theta(k)$的估计结果变为

$$\boldsymbol{\theta}(k)=[\boldsymbol{Y}_n(k)\boldsymbol{U}_1\boldsymbol{\Sigma}_1^{-1}\boldsymbol{V}_1^{H}\boldsymbol{D}_{scale}^{-1}] \tag{5.80}$$

5.7.5 LPM 的优点

LPM 法是一种有效的非参数估计方法，对于泰勒多项式中阶次 R 的最优选择是独立的。插值误差会随着 n 的增加而增加，同时会随着多项式阶次 R 成比例地增加，因此 R 取值不应太大。但是，频谱泄漏误差会随着 R 的增大而减小，因此，权衡插值误差和频谱泄漏误差，一个较好的折中是选择 $R=2$。

对于一个没有噪声的系统，分别采用加窗方法和 LPM 法的误差对比如表 5.1 所列。表中表明了采用 LPM 法在降低频域泄漏方面的优势，尽管引入了更大的计

算量，但是 LPM 可以获得更好的频域分辨率，而且适用于长度较短的数据，可以减少测量时间。随着计算机计算能力的提高，LPM 较大的计算量将会被忽略，但 LPM 法可以节省测量时间对于很多应用是很重要的。

表 5.1　无噪声情况($v(t)=0$)下长度为 N 的 M 个子序列的误差对比

方法	频谱泄漏误差	插值误差	偏差	方差
矩形窗	$O(N^{-1/2})$	0	$O(N^{-1})$	$O(M^{-1}N^{-1})$
汉宁窗	$O(N^{-5/2})$	$O(N^{-1})$	$O(N^{-2})$	$O(M^{-1}N^{-2})$
LPM 法	$O((NM)^{-7/2})$	$O((NM)^{-3})$	$O((NM)^{-3})$	$O((NM)^{-3})$

5.8　闭环飞行试验频响测定

为在开始扫频试验时保证飞机在试验开始和结束时保持配平状态，同时，为了避免机体静不稳定的负面影响，飞行试验通常是在增稳系统接通的情况下开展。对于闭环试验条件下，最为重要的问题是增稳系统的反馈作用会使输出噪声和飞机机体激励信号之间出现相关性。

尽管如第 3 章 3.5.2 节所述，由于种种原因，当前的颤振试飞可以近似视为开环系统试验，但是着眼于未来主动控制技术的发展，仍然有必要讨论闭环条件下的频响测量。为了简化问题，假设图 5.12 所示是一个单输入单输出反馈系统。r 为人工施加的激励信号，δ 为舵偏角，y_0 为真实结构响应，y 为含噪结构响应信号。这里假设结构响应信号被送入了飞控通道，这种假设对于许多带有主动控制功能的飞控系统是适用的。

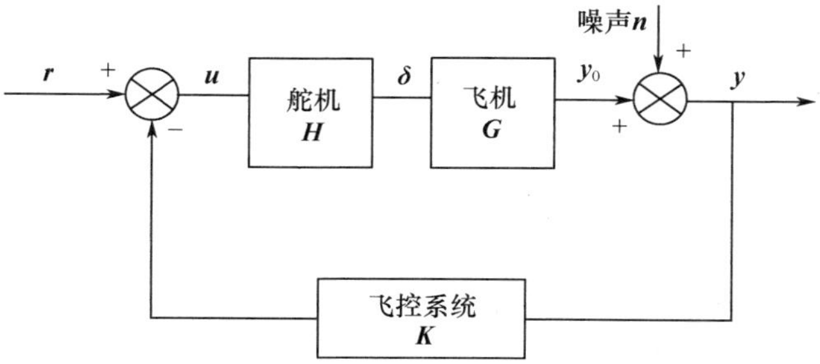

图 5.12　闭环频响函数测定

利用舵偏角 δ 和结构响应 y 的数据，可以得到飞机气动弹性系统的频响函数的估计值：

$$\hat{G}=S_{y\delta}/S_{\delta\delta} \tag{5.81}$$

若考虑到测量噪声，则输入、输出的互功率谱可写为

$$S_{y\delta}=S_{y_0\delta}+S_{n\delta} \tag{5.82}$$

据此关系,频响估计可改写为

$$\hat{G} = G + S_{n\delta}/S_{\delta\delta} \tag{5.83}$$

式中:G 为真实值;$S_{n\delta}/S_{\delta\delta}$ 为偏差。显然,在闭环下开展频响函数估计一定会因为噪声带来误差,导致估计是有偏估计。

根据反馈关系可知有如下关系成立:

$$\delta = \frac{H}{1 + HKG}(r - Kn) \tag{5.84}$$

将式(5.84)代入式(5.83),并考虑到 r 与 n 不相关,则有

$$\hat{G} = G - \frac{S_{nn}K^*}{[H/(1 + HKG)]S_{rr} + [H|K|^2/(1 + HKG)]S_{nn}} \tag{5.85}$$

若 $S_{rr} = 0$,即当没有外界激励时:

$$\hat{G} = -\frac{1}{HK} \tag{5.86}$$

显然估计结果根本没有反映飞机本体的动态特性。这表明在进行闭环辨识时,充分有效的持续外部激励将是保证飞行试验结果有效的重要保证。

频响函数的估计误差可以表示为

$$\begin{aligned} G - \hat{G} &= \frac{S_{nn}K^*}{[H/(1 + HKG)]S_{rr} + [H|K|^2/(1 + HKG)]S_{nn}} \\ &= \frac{K^*(1 + HKG)}{HS_{rr}/S_{nn} + H|K|^2} \end{aligned} \tag{5.87}$$

直观的分析式(5.87)可以知道,S_{rr}/S_{nn} 越大,估计误差就越小,这说明激励信号远大于噪声时,由于相关性造成的偏差尽管不可避免,但是它的影响极其微弱,是可以接受的。因此,在飞行试验过程中,在满足安全性的前提下,应该尽可能增大激励信号的能量,以便降低由于相关性带来的误差。

以上分析均是考虑了以实际舵偏角作为输入的试飞试验。然而在飞行试验中,有时也会以外界激励信号 r 作为输入。例如在进行操纵品质试飞时,还需要考虑操纵杆、舵机等环节。对与颤振试飞或者 ASE 试飞而言,如第 3 章所述,一般情况下由于反馈量远小于激励信号,从输入 r 到输出 y 可以近似等效为开路,进而得到

$$\hat{G}\hat{H} = S_{yr}/S_{rr} \tag{5.88}$$

尽管估计的是 GH 的频响函数,但是由于执行机构的频带范围远低于模态频率,所以在频域内很容易区分模态特性(G)和执行机构动态特性(H)。这种方法对于后续的辨识研究是有优势的,因为输入 r 通常是人工合成信号,不存在噪声,噪声主要体现在系统输出端,可以用输出误差模型描述(OE),而当舵偏角作为输

入时，输入信号通常包含测量噪声，需要用误差变量模型（EIV）模型描述。但是无论怎样，这种估计方法会引入一定的偏差，为此，这里给出一种频率响应函数的无偏估计。首先，在频域内有如下关系成立：

$$Y(\Omega_f) = G(\Omega_f)\delta(\Omega_f) + N(\Omega_f) \tag{5.89}$$

式中：$Y(\Omega_f)$，$\delta(\Omega_f)$，$N(\Omega_f)$分别为输入、输出、噪声的频谱。继而得到功率谱关系：

$$S_{yr}(\Omega_f) = G(\Omega_f)S_{\delta r}(\Omega_f) + S_{nr}(\Omega_f) \tag{5.90}$$

由于外部激励信号与噪声不相关，所以 $S_{nr}(\Omega_f)=0$，故

$$S_{yr}(\Omega_f) = G(\Omega_f)S_{\delta r}(\Omega_f) \tag{5.91}$$

$$\hat{G}(\Omega_f) = S_{yr}(\Omega_f)/S_{\delta r}(\Omega_f) \tag{5.92}$$

可见，通过引入外部激励信号作为间接信号，可以实现频响函数的无偏估计。而这在现有试飞条件下也是完全可以实现的。

5.9 相干函数

频响函数估计作为一种非参数方法，通常需要对辨识结果的可靠性进行评价，为此，提出了相干函数的概念，其定义如下：

$$\gamma_{yu}^2(\Omega_f) = \frac{|S_{yu}(\Omega_f)|^2}{|S_{yy}(\Omega_f)||S_{uu}(\Omega_f)|}$$

式中：S_{yu}，S_{yy}，S_{uu}分别为输出、输入信号的互功率谱、输出信号的自功率谱和输入信号的自功率谱。

相干函数实际是反映了输入和输出的相关性。在物理上可解释为：在频率点f处，互功率谱谱中与输入谱密切相关的部分占整个输出谱的比重。γ_{yu}^2的取值范围为0～1，值越大，相关性越好，但是一般试验数据得到的相干估计都小于1，这主要是因为：

（1）输出信号中含有测量噪声；

（2）系统响应中包含了非线性成分，而输入、输出描述只反映了线性关系，非线性响应也会造成相干函数下降；

（3）输出信号中包含了不可测激励引起的过程噪声，这相当于在输出端增加了噪声，从而引起相干函数减小。

相干函数的计算可以采用本章5.4节叙述的功率谱估计方法。根据工程经验，可以利用相干函数快速评价频响函数估计的精度。一般而言，只有当

$$\gamma_{yu}^2 \geqslant 0.6$$

且不振荡，则频响函数具有可接受的精度[84]。相干函数在某个频带内快速下降或

者剧烈振荡则意味相应区域的频响函数估计结果质量较差。

图5.13给出了某次颤振飞行试验数据的相干函数曲线,在4~16Hz频域范围内,相干系数接近1,而在小于4Hz的频段,相干系数偏低(0.6左右),这表明该频段频响函数可靠性较差。大于16Hz时,相干系数迅速下降到0.6以下。因此,仅4~16Hz频段的频响函数数据可用于后续的辨识研究。换言之,这个频带内气动弹性系统被输入信号充分激励,满足了可辨识性的要求。

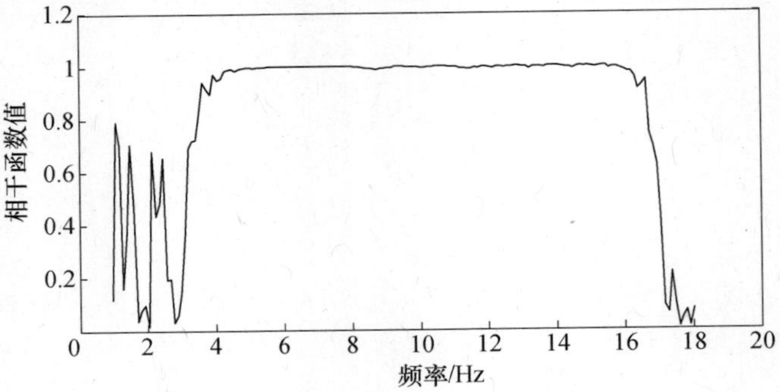

图5.13 颤振试飞数据的相干函数估计

5.10 仿真与试飞数据分析

5.10.1 传统频响函数估计方法仿真

为了验证5.5节频响函数的估计方法,本节选用一个单输入单输出系统的4阶连续时间模型,进行仿真研究,系统的状态方程系数矩阵如下:

$$\boldsymbol{A}=\begin{bmatrix} -1.5463 & -97.6737 & 8.3617 & 136.7055 \\ 42.0123 & -0.6294 & 249.1808 & 1.3050 \\ -2.6344 & -75.6493 & -2.8548 & -431.0517 \\ -0.2574 & 0.1076 & 5.5411 & 0.4746 \end{bmatrix}$$

$$\boldsymbol{B}=[0.1458 \quad 0.0923 \quad 0.0991 \quad 0.0048]^{\mathrm{T}}$$

$$\boldsymbol{C}=[-4.2062 \quad -6.9788 \quad 12.6269 \quad 16.9837]$$

$$\boldsymbol{D}=-0.2366$$

本例中采用扫频信号作为输入信号,先对该连续系统进行离散化,数据的采样频率为256Hz,扫频范围为1~50Hz,一个采样周期为20s,一共采用10个周期。为了模拟噪声的影响,在得到的输出信号中加入方差为0.1的白噪声。随后应用5.3节中的估计方法来进行频响函数的估计,其中采用了分段加汉宁窗的方法估计功率谱。具体结果如图 5.14 所示,图中,点线代表真实的频响函数曲线,实线代表不同方法估计的频响函数曲线。

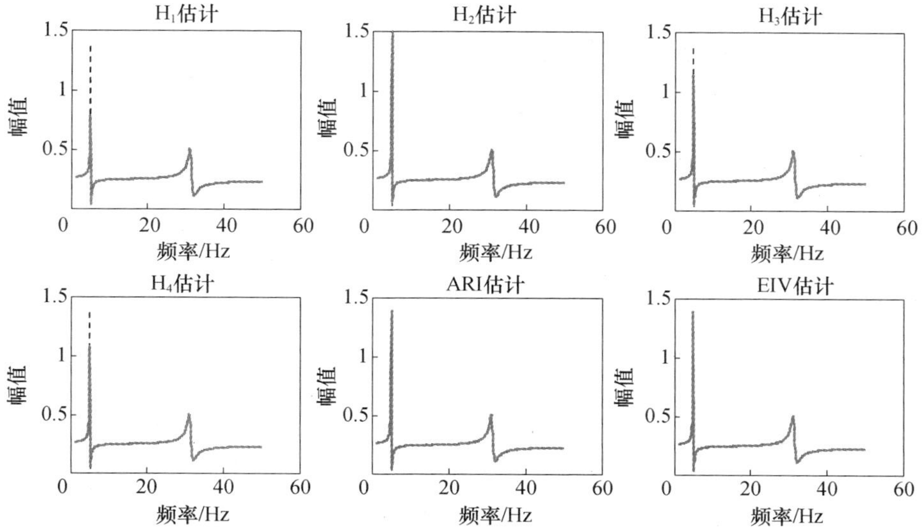

图 5.14 频响函数曲线对比图

根据 5.3 节中的分析和图 5.14 可知:H_1 估计比真值 H 偏小,为欠估计;而 H_2 估计比真值 H 偏大,为过估计,两者都是有偏估计。H_3 估计和 H_4 估计也都是有偏估计。$H_1 \sim H_4$ 估计的关系为:$H_1 \leqslant H_4 \leqslant H_3 \leqslant H_2$。EIV 估计和 ARI 估计没有利用互功率谱和自功率谱来进行频响函数的估计,可以避免加窗引起的泄漏。在数据噪声较小的情况下比较适用,同时采用了多个周期平均,可以得到理想的效果,估计的频响函数比 $H_1 \sim H_4$ 估计的偏差要小很多,基本上与真实的频响函数曲线重合。

5.10.2 LPM 方法仿真

为了验证频响函数的 LPM 估计方法。本节选用一个单输入单输出系统的 6 阶离散时间模型,进行仿真研究,系统的状态方程系数矩阵如下:

$$
\boldsymbol{A}=\begin{bmatrix}
0.6541 & -0.8108 & -0.0009 & -0.0042 & 0.0003 & 0.0018 \\
0.6977 & 0.6512 & 0.0004 & 0.0031 & -0.0001 & -0.0013 \\
-0.0007 & 0.0050 & -0.0211 & -1.0106 & 0.0131 & -0.0436 \\
0.0001 & -0.0001 & 0.9599 & -0.0270 & -0.0079 & 0.0165 \\
-0.0003 & 0.0019 & -0.0118 & -0.0442 & -0.4961 & 0.9079 \\
0.0002 & -0.0016 & 0.0027 & 0.0176 & -0.7944 & -0.4636
\end{bmatrix}
$$

$$
\boldsymbol{B}=[-0.0018 \quad 0.0010 \quad -0.0014 \quad 0.0004 \quad 0.0007 \quad -0.0001]^{\mathrm{T}}
$$

$\boldsymbol{C} = [\,-0.1735 \quad -0.0301 \quad -0.2569 \quad 0.0922 \quad 0.1920 \quad 0.0696\,]$

$\boldsymbol{D} = [\,0.1327\,] \times 10^{-3}$

为了体现出频域泄漏在频响估计过程中的影响，所选用的系统具有较小的阻尼比，其对频域泄漏的影响更为敏感。另一方面，本例中采用高斯白噪声信号作为输入信号，该信号作为随机信号，能够排除周期信号对频域泄漏的减缓效果。设定数据的采样频率为256Hz，数据长度 $N=4096$。为了模拟噪声的影响，在输出信号中加入方差为0.001的高斯白噪声，其中信噪比小于10dB。随后应用5.3节中的传统估计方法和5.7节中LPM估计方法分别来进行频响函数的估计，具体如图5.15所示。其中图5.15中实线代表真实的频响函数曲线，虚线代表不同方法估计的频响函数曲线。

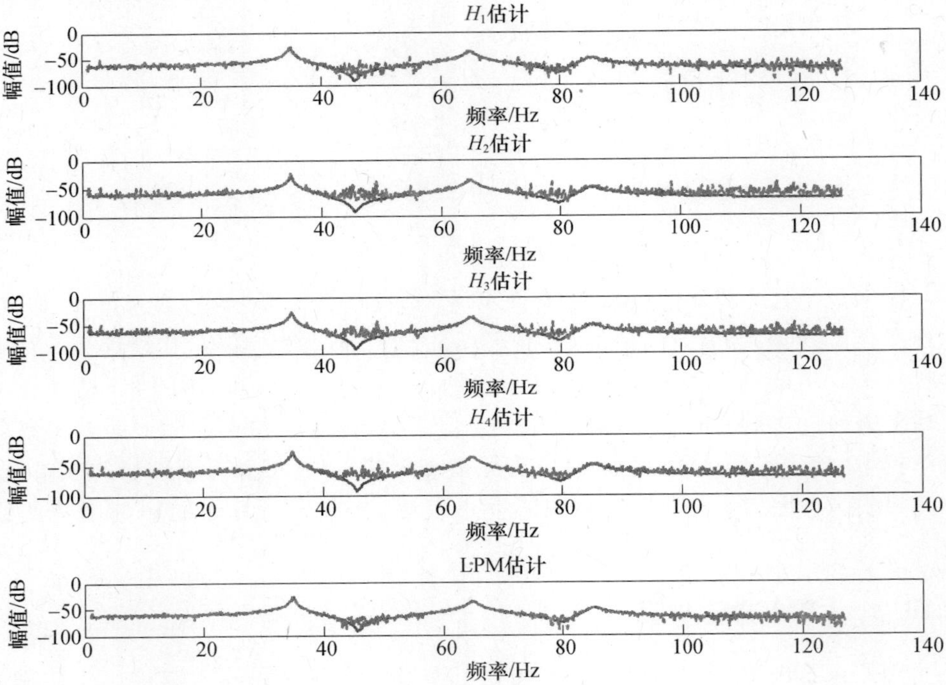

图 5.15　频响函数曲线对比图

根据图5.15可知：尽管传统估计采用了多段平均处理数据，但是频响估计的结果仍然遭受到噪声较为明显的影响，同时由于仿真实验采用的是输出端加噪声，其它几种传统方法的效果略逊于 H_1 估计，尤其是在低信噪比的波谷处。而LPM估计方法得到的频响估计与 H_1 相当，因噪声引发的毛刺甚至少于 H_1。另一个不容回避的优势是LPM方法不需要对数据进行分段处理，能够直接采用整段数据用于估计，因而具有更高分辨率。这得益于它采用了最小二乘估计，不仅降低了泄漏，还有一定平滑噪声的作用。

由于单一仿真无法全面评价估计方法的有效性，因此，针对 H_1 估计和 LPM 估计又分别进行 100 次蒙特卡罗试验，通过比较相对误差衡量两种估计方法的优劣，结果如图 5.16 所示。其中虚线表示 100 次估计的相对误差平均值，灰色区域则代表 100 次仿真对应的相对误差带，在每个频率点通过计算一个标准方差确定上下限。频响幅值相对误差计算公式如下：

$$R_i(\Omega_k) = |(20\lg|G_i(\Omega_k)| - 20\lg|G_0(\Omega_k)|)|/20\lg|G_0(\Omega_k)|$$

式中：$G_0(\Omega_k)$ 为真实系统的频响；$G_i(\Omega_k)$ 为第 i 次蒙特卡罗试验得到的估计频响。

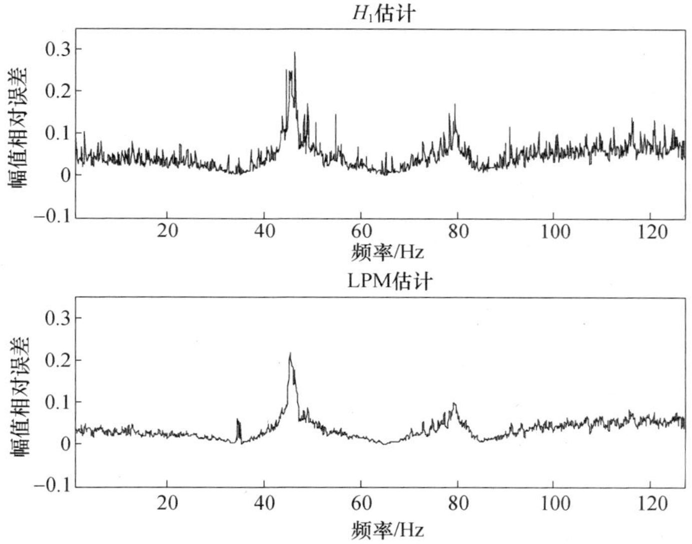

图 5.16　相对误差曲线对比图

从图 5.16 中可以得知，在整个频带内，LPM 估计结果都明显优于 H 估计方法，其优势体现在更小的相对误差均值和更小的相对误差方差。可见，LPM 估计方法作为一种新的非参数频响估计方法具有相当的优势。

5.10.3　飞行试验频响测定

这里采用与第 4 章相同的某型飞机颤振试飞数据进行频响函数估计，结构响应数据由加速度计测得，输入信号为 FES 产生的扫频信号，数据长度为 4096，采样率为 256Hz。

利用试飞数据估计频响函数，H_1 采用汉宁窗，窗长为 2600，重叠区长度为 2500。LPM 则采用 3 阶多项式拟合，结果如图 5.17 所示，H_1 估计与 LPM 估计的结果非常近似，仅在一些频段存在细微的差别，这一点与仿真试验的结果类似。但是，另一方面 LPM 得到频响函数具有更多的数据点，更大的数据量将有利于后续的辨识算法。

为了衡量频响估计的可靠性，采用与 H_1 估计相同的功率谱计算输入、输出数据的相干性，结果表明在 4 ~ 16Hz 范围内，系统相干系数大于 0.7，如图 5.18 所示这说明在该频带范围内采用 H_1 估计可以得到精度较高的频响函数估计结果，LPM 方法取得了与 H_1 估计近似的结果，也间接说明了该方法的正确性。

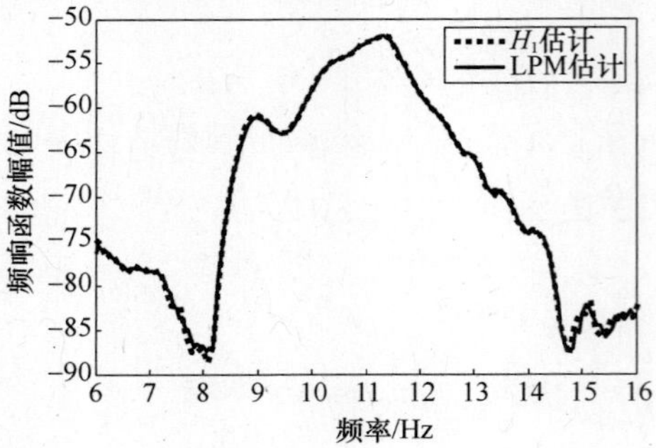

图 5.17 LPM 估计与 H_1 估计结果对比

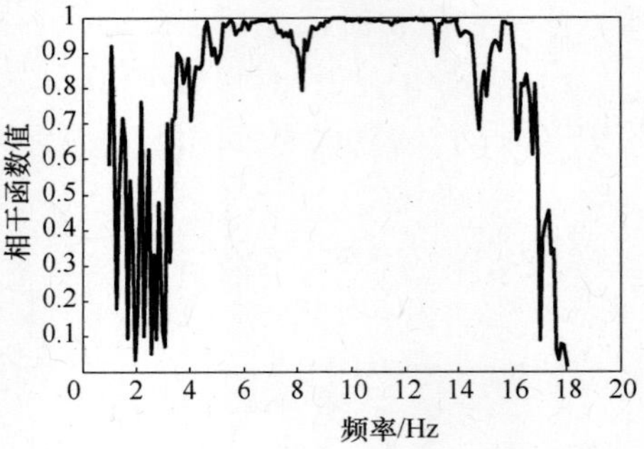

图 5.18 试飞数据的相干函数

第 6 章　气动弹性系统的频域传递函数辨识

基于传递函数模型的频域算法是飞机颤振模态参数辨识，乃至结构模态参数辨识领域一类重要的传统算法。它通常需要建立参数化的频域传递函数(频响函数)模型，通过拟合由试验测得的频响函数估计值获得各阶模态的参数。在这类方法中，由 Levy 提出的有理分式法[126]被广泛地应用于颤振模态参数辨识。该方法是将频响函数表示成有理多项式形式，再利用线性最小二乘拟合估计颤振频率和阻尼。它的优点是简单、易行，但是由于传统的最小二乘算法未能充分考虑噪声扰动对拟合结果的影响，使该方法在处理噪声较大的试飞数据时，很难准确辨识模态参数，尤其是阻尼系数这类对噪声较为敏感的参数。为此，一些新算法相继出现，如迭代加权最小二乘、非线性最小二乘、对数最小二乘等，其中最为成功的是由 Patrick Guillaume[127]等人提出的频域极大似然估计法，该算法在损失函数中加入了误差方差项，在输入、输出噪声满足频域内零均值的复数正态分布时，可以获得待辨识参数的渐进有效一致估计。但是极大似然估计法的非线性损失函数需要借助优化迭代算法求取极小值点，在噪声较大的情况下，将很难选取合适的初始值使算法每次都能收敛到全局最优。就数值病态的问题，采用正交多项式的模态参数辨识方法，对数值问题只是进行了改善，并未完全解决，因此很多学者就如何完全解决数值问题做了大量的研究。Guillaume 等人提出的最小二乘复频域法(LSCF)比较成功地解决了该问题，之后又将 LSCF 推广到多参考点的形式，即 p - LSCF 法[128]。该方法可以高效地辨识出结构的密集模态和阻尼系数，是目前较好的模态分析方法之一，比利时 LMS 公司基于该方法成功开发了 PolyMAX 模态分析软件，得到了广泛应用。

为此，本章在传统的模态参数频域辨识理论基础上，相继采用整体最小二乘、广义整体最小二乘以及加权迭代广义整体最小二乘算法求解模态参数的辨识问题，形成了频域内的整体最小二乘类辨识算法。该类算法利用线性的广义整体最小二乘方法估计模型系数，避免了复杂的非线性优化计算及对初始值的依赖。同时将噪声的协方差矩阵引入损失函数，通过迭代更新加权项，获得接近极大似然估计的辨识效果。同时，研究了多参考点复频域最小二乘法(p - LSCF 法)，并对其极点约束条件和数值问题展开详细讨论。

6.1　问题描述

采用图 6.1 所示的模型描述颤振飞行试验，U，Y 是包含各类噪声的输入、输出测量信号，U_0表示对飞机结构施加的人工激励，N_g为大气紊流激励，由于紊流激励无法测量，在此将其产生的激励响应作为输出端的过程噪声，Y_0为输出的振动加速度信号，M_U，M_Y是传感器产生的测量噪声。频域内有如下关系成立：

$$U(\Omega_f) = U_0(\Omega_f) + N_U(\Omega_f) = U_0(\Omega_f) + M_U(\Omega_f)$$

$$Y(\Omega_f) = Y_0(\Omega_f) + N_Y(\Omega_f) = Y_0(\Omega_f) + M_Y(\Omega_f) + H_0(\Omega_f) N_g(\Omega_f)$$

将上式中的频域噪声表示为复数随机矢量的形式：

$$\Delta \mathbf{Z} = [N_U(\Omega_f) N_Y(\Omega_f)]^{\mathrm{T}} \tag{6.1}$$

则有

$$\mathbf{Z}(\Omega_f) = \mathbf{Z}_0(\Omega_f) + \Delta \mathbf{Z}(\Omega_f) \tag{6.2}$$

式中：$\mathbf{Z}_0 = [U_0(\mathrm{j}\omega_k) \quad Y_0(\mathrm{j}\omega_k)]^{\mathrm{T}}$；$\mathbf{Z} = [U(\Omega_f) \quad Y(\Omega_f)]^{\mathrm{T}}$。

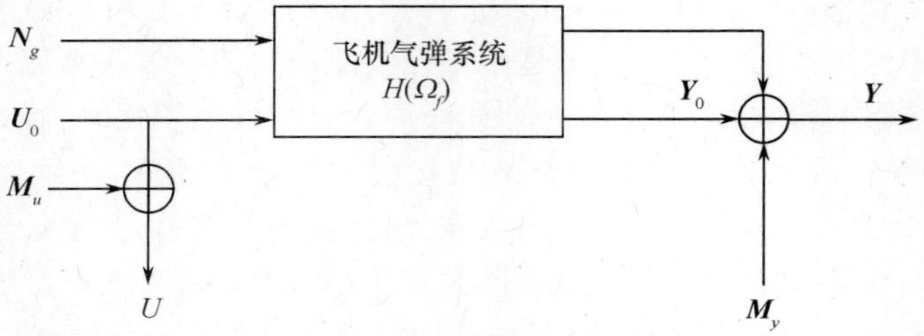

图 6.1 颤振飞行试验的随机模型

根据概率论中的中心极限定理，具有有限均值和方差的大量独立随机变量的统计特性必定收敛为高斯分布，据此可对于频域内的噪声作如下假设[129]：

假设 1 $\Delta Z(\Omega_f)$是均值为零的服从复数正态分布的随机矢量，其协方差矩阵可表示为

$$E(\Delta \mathbf{Z}(\Omega_f) \Delta \mathbf{Z}^{\mathrm{H}}(\Omega_f)) = C_Z(\Omega_f) = \begin{bmatrix} C_U(\Omega_f) & C_{UY}(\Omega_f) \\ C_{YU}(\Omega_f) & C_Y(\Omega_f) \end{bmatrix} \tag{6.3}$$

且对于任意 k, l 有

$$E(\Delta \mathbf{Z}(\Delta \mathbf{Z}(\Omega_f)) \Delta \mathbf{Z}^{\mathrm{T}}(\Delta \mathbf{Z}(\Omega_f))) = 0$$

式中：上标 H 表示复数矩阵的共扼转置；T 表示转置。

假设 2 频域内的每个离散频率点的 $\Delta \mathbf{Z}$ 独立同分布：

当 $k \neq l$ 时，有

$$E(\Delta \mathbf{Z}(\Delta \mathbf{Z}(\Omega_f)) \Delta \mathbf{Z}^{\mathrm{H}}(\Delta \mathbf{Z}(\Omega_f))) = 0$$

6.2 频域传递函数模型

对于模态参数辨识而言，其本质是用线性、低阶、非时变模型描述在某一飞行状态点下的飞机气动弹性系统。因此，传递函数模型作为线性系统最常见的数学

描述被广泛使用。这里分别列举了两种传递函数模型：公共极点模型和矩阵分式模型。二者均可用于多输入多输出（MIMO）系统的建模，这里针对这两种模型提出了两类不同的频域最小二乘算法。

6.2.1 公共极点模型

采用有理分数形式的公共极点模型描述 MIMO 系统中从第 j 个输出到第 i 个输入的频率响应函数：

$$\boldsymbol{H}_{ij}(\Omega_f,\boldsymbol{p})=\frac{B_{ij}(\Omega_f,\boldsymbol{p})}{A(\Omega_f,\boldsymbol{p})}=\frac{b_{ijm}(\Omega_f)^m+\cdots+b_{ij1}(\Omega_f)+b_{ij0}}{a_n(\Omega_f)^n+\cdots+a_1(\Omega_f)+a_0} \tag{6.4}$$

式中：m 和 n 是多项式的阶数；$\boldsymbol{p}=[a_0,\cdots,a_d,b_{ij0},\cdots,b_{ijn}]$表示多项式的系数，$i=1,2,\cdots,N_o$，$j=1,2,\cdots,N_i$，$f=1,2,\cdots,N_f$。在进行系统辨识时，有时为了简化问题，可以假定 $m=n$。

系统的传递函数矩阵则可以表示为

$$\boldsymbol{H}(\Omega_f,\boldsymbol{p})=\frac{\begin{bmatrix} B_{11}(\Omega_f,\boldsymbol{p}) & \cdots & B_{1N_i}(\Omega_f,\boldsymbol{p}) \\ \vdots & \ddots & \vdots \\ B_{N_o1}(\Omega_f,\boldsymbol{p}) & \cdots & B_{N_oN_i}(\Omega_f,\boldsymbol{p}) \end{bmatrix}}{A(\Omega_f,\boldsymbol{p})}=\frac{\boldsymbol{B}(\Omega_f,\boldsymbol{p})}{A(\Omega_f,\boldsymbol{p})} \tag{6.5}$$

式(6.5)中 Ω_f为广义算子，对应于频域内的频率 f。当采用连续时间模型建模时，$\Omega_f=\mathrm{j}\omega_f$，表示 s 域内虚轴上的某一点，其中 ω_f为圆频率；当采用离散模型建模时，$\Omega_f=\mathrm{e}^{\mathrm{j}\omega_f T_s}$，表示 z 域内单位圆上的某一点其中 T_s 为采样周期。

根据第 2 章的理论推导，在确定分母多项式 $A(\Omega_f,p)$的系数后，若采用连续时间模型建模，可定义 $s_r(r=1,2,\cdots,d)$为分母多项式的零点（式(6.4)中传递函数的极点），颤振模态的频率及阻尼系数参数可表示如下：

$$f_r=\frac{|s_r|}{2\pi},\ \zeta_r=-\frac{\mathrm{Re}(s_r)}{|s_r|} \tag{6.6}$$

若采用离散模型建模，则定义 $Z_r(r=1,2,\cdots,n)$为模型的极点，利用连续模型与离散模型极点的对应关系 $Z_r=\mathrm{e}^{s_rT}$，可得 $s_r=\ln(Z_r)/T$，随后由式(6.6)同样计算可得模态的频率及阻尼。

显然，准确的传递函数估计是模态参数辨识的前提，如何准确辨识传函模型的参数是频域辨识算法关注的重点。

6.2.2 矩阵分式模型

在频域内，对一个具有 N_i个输入和 N_o个输出的多输入多输出系统还可以用如下模型来进行描述：

$$\boldsymbol{H}(\Omega_f)=\boldsymbol{N}(\Omega_f)\cdot\boldsymbol{D}^{-1}(\Omega_f) \tag{6.7}$$

式中:$\boldsymbol{H}(\Omega_f)\in\boldsymbol{C}^{N_o\times N_i}$为频率响应函数;若$\boldsymbol{N}(\Omega_f)\in\boldsymbol{C}^{N_o\times N_i}$,$\boldsymbol{D}(\Omega_f)\in\boldsymbol{C}^{N_i\times N_i}$均为矩阵多项式,则该模型为右矩阵分式模型,若$\boldsymbol{N}(\Omega_f)\in\boldsymbol{C}^{N_o\times N_i}$为矩阵多项式,$\boldsymbol{D}(\Omega_f)$是一个标量多项式,则该模型为公共分母模型;左矩阵分式模型与右矩阵模型类似,记为$\boldsymbol{H}(\Omega_f)=\boldsymbol{D}^{-1}(\Omega_f)\cdot\boldsymbol{N}(\Omega_f)$;$\Omega_f$为第$f$个频率点;$(\cdot)^{-1}$为数或矩阵的逆。$\boldsymbol{N}(\Omega_f)$和$\boldsymbol{D}(\Omega_f)$都可以表示为如下形式:

$$\boldsymbol{N}(\Omega_f)=\sum_{j=0}^{n_b}\boldsymbol{B}_j\Omega_f^j \tag{6.8}$$

$$\boldsymbol{D}(\Omega_f)=\sum_{j=0}^{n_a}\boldsymbol{A}_j\Omega_f^j \tag{6.9}$$

式中:$\boldsymbol{A}_j$和$\boldsymbol{B}_j$为待估计的系数;n_a和n_b为多项式的阶次,为了简便计算,可以取相同的阶次,即$n_a=n_b=n$;Ω_f为基函数,当采用离散时间模型时,针对传递函数中的变量z和z^{-1},可分别将其表述为$\Omega_f=z_f=\mathrm{e}^{\mathrm{i}2\pi f/N_f}$或$\Omega_f=z_f^{-1}=\mathrm{e}^{-\mathrm{i}2\pi f/N_f}$。为便于叙述,下面以右矩阵分式模型为例介绍算法,公共分母模型与之类似。对右矩阵分式模型,所有待估计的参数可以合并成一个矩阵:

$$\boldsymbol{\theta}=[\boldsymbol{\beta}^{\mathrm{T}},\boldsymbol{\alpha}^{\mathrm{T}}]^{\mathrm{T}} \tag{6.10}$$

式中:$(\cdot)^{\mathrm{T}}$为矩阵的转置,有

$$\boldsymbol{\beta}=\begin{bmatrix}\boldsymbol{B}_0\\ \boldsymbol{B}_1\\ \vdots\\ \boldsymbol{B}_n\end{bmatrix},\ \boldsymbol{\alpha}=\begin{bmatrix}\boldsymbol{A}_0\\ \boldsymbol{A}_1\\ \vdots\\ \boldsymbol{A}_n\end{bmatrix} \tag{6.11}$$

6.3 稳态图与真实物理模态

在进行辨识之前,需要确定模型的阶次(定阶),虽然在系统辨识理论中已有诸多方法,如 AIC 准则等,但实际应用效果并不理想。这主要是因为数据中非平稳噪声过大,干扰了定阶过程。其次,气弹系统是典型的分布参数系统,理论上是无限维的系统,为了获得较为理想的拟合效果,实际操作时往往采用高阶模型进行辨识,这样就不可避免地引入大量噪声而带来数学极点,这些极点是在计算过程中产生的,没有实际的物理意义,却给真实模态的判别与选取带来了极大的困扰。

模态分析的工程人员在长期实践中总结了一种方法——稳态图法,用于辨别真实与虚假模态。稳态图的横轴是频率,纵轴是模型阶次。在不同阶次下对模型进行辨识,并计算模型的极点和所对应的频率就可以完成稳态图的绘制。对于真实存在的物理模态而言,其对应的极点是稳定极点,且它的模态频率仅会因阶次的改变发生微小变化。而虚假模态是由噪声形成的,不仅无法保证对应的极点在不

同阶次下均为稳定,并且虚假模态的频率也会随阶次发生较大幅度的变化。引入稳态图的概念,可以有效地甄别真实模态,有助于得到各阶模态的最佳稳定极点。而一旦确定真实模态的个数,就可以间接确定模型阶次。

图 6.2 为典型的稳态图:横坐标是频率点,纵坐标是模型的改变阶次,"+"代表辨识出的极点。在图 6.2(a)中随着模型阶次的增加,所出现的极点数量也在增多,在 25Hz、75Hz、140Hz、230Hz、300Hz、350Hz 附近,极点的位置变化幅度较小,大概呈一条直线,这样通过分析大概判断出有 6 个模态,12 阶次。然而在图 6.2(a)中,随着阶次的增加,除了物理极点外,数学极点和不稳定的极点也在增加,稳态图不清晰,可能有虚假模态出现,这就对准确判断模态进行模型定阶造成一定的影响,而图 6.2(b)给出了更加清晰的稳态图,它剔除了不稳定的极点和虚假模态,直观显示模态有 5 个,25Hz 附近没有真实模态,由于每一个模态代表一个二阶环节,因此模型的阶次可以定为 10 及其以上。至于如何获得清晰的稳态图与算法相关,将在后续章节中具体讨论。

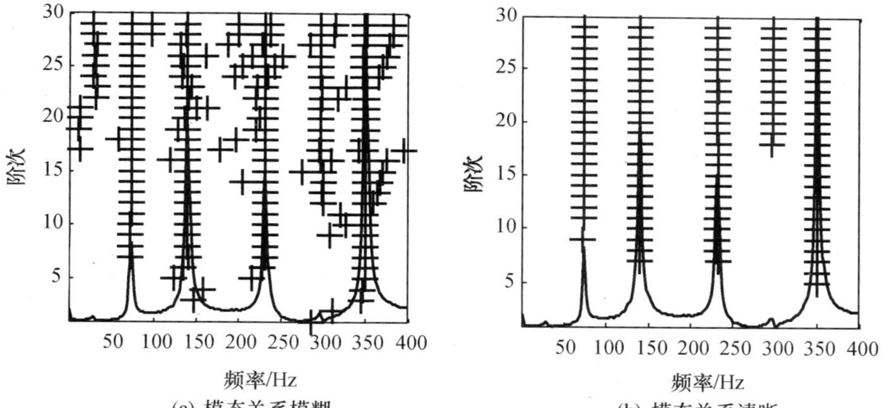

(a) 模态关系模糊 (b) 模态关系清晰

图 6.2 稳态图

6.4 频域最小二乘类算法(公共极点模型)

频域最小二乘算法最早是针对单输入单输出形式的传递函数模型提出的。在 20 世纪 90 年代末,一些学者依据一些更高级的最小二乘方法(加权最小二乘、整体最小二乘等)提出了更加完整的最小二乘系列算法,同时为了解决多输入多输出系统的辨识问题,采用了式(6.5)所示的公共极点模型表示待辨识系统。

6.4.1 频域最小二乘算法(FLS)

系统的真实输入、输出满足如下关系:

$$\boldsymbol{Y}_0(\Omega_f)=\boldsymbol{H}(\Omega_f,p)\boldsymbol{U}_0(\Omega_f)$$

则由式(6.4)可知,对系统的第 k 个输出有如下等式成立:

$$W_k(\Omega_f)[A(\Omega_f,p)Y_{0k}(\Omega_f)-\boldsymbol{B}_k(\Omega_f,\boldsymbol{p})\boldsymbol{U}_0(\Omega_f)]=0 \tag{6.12}$$

式中:$Y_{0k}(\Omega_f)$为第 k 个输出在频率 Ω_f处的频谱值;$\boldsymbol{U}_0(\Omega_f)$为 $N_i\times 1$ 的矢量,表示所有输入在频率 Ω_f处的频谱;$\boldsymbol{B}_k(\Omega_f,p)$为矩阵 $\boldsymbol{B}(\Omega_f,p)$的第 k 行;$W_k(\Omega_f)$为对应的权值。

在采用频域最小二乘辨识系统时,通常用观测数据的离散频谱 Y_k,U 代替等式中的 Y_{0k},U_0,其中 $\boldsymbol{U}=[\boldsymbol{U}_1^{\mathrm{H}}\quad \boldsymbol{U}_2^{\mathrm{H}}\quad \cdots\quad \boldsymbol{U}_{N_i}^{\mathrm{H}}]^{\mathrm{H}}$。列出每一个离散频率点处的等式,可写成形如 $J\theta=0$ 的矩阵等式形式:

$$\begin{bmatrix}\boldsymbol{\Gamma}_1 & 0 & 0 & \cdots & \boldsymbol{\Phi}_1\\ 0 & \boldsymbol{\Gamma}_2 & 0 & \cdots & \boldsymbol{\Phi}_2\\ \vdots & \vdots & \ddots & \vdots & \vdots\\ 0 & 0 & \cdots & \boldsymbol{\Gamma}_{N_o} & \boldsymbol{\Phi}_{N_o}\end{bmatrix}\begin{bmatrix}\boldsymbol{\theta}_{B_1}\\ \boldsymbol{\theta}_{B_2}\\ \vdots\\ \boldsymbol{\theta}_{B_{N_o}}\\ \boldsymbol{\theta}_A\end{bmatrix}=0 \tag{6.13}$$

式(6.13)中子矩阵 $\boldsymbol{\Gamma}_k=[\Gamma_{k1}\quad\cdots\quad\Gamma_{kN_i}]$,其维数为 $N_f\times N_i(n+1)$。矩阵 $\boldsymbol{\Phi}_j$ 的维数为 $N_f\times(n+1)$,且

$$\Gamma_{ki}(\Omega_f)=W_k(\Omega_f)[\Omega_f^0\quad\Omega_f^1\quad\cdots\quad\Omega_f^n]U_i(\Omega_f)$$

$$\boldsymbol{\Phi}_k=-W_k(\Omega_f)[\Omega_f^0\quad\Omega_f^1\quad\cdots\quad\Omega_f^n]Y_k(\Omega_f)$$

待辨识的未知参数 $\boldsymbol{\theta}_{B_k}=[\boldsymbol{\theta}_{B_{k_1}}^{\mathrm{T}}\quad\boldsymbol{\theta}_{B_{k_2}}^{\mathrm{T}}\quad\cdots\quad\boldsymbol{\theta}_{B_{k_n}}^{\mathrm{T}}]^{\mathrm{T}}$,且 $\boldsymbol{\theta}_{B_{k_i}}=[b_{ki,0}\quad b_{ki,1}\quad\cdots\quad b_{ki,n}]^{\mathrm{T}}$,$\boldsymbol{\theta}_A=[a_0\quad a_1\quad\cdots\quad a_d]^{\mathrm{T}}$。式(6.13)中 J 的行数为 $N_fN_oN_i$,列数为$(n+1)(N_oN_i+1)$。由于 $N_f\gg n,d$,为减少计算量,降低矩阵维数,可将上式改写为更为紧凑的 $J^{\mathrm{H}}J\theta=0$ 的形式:

$$\begin{bmatrix}\boldsymbol{R}_1 & 0 & \cdots & \boldsymbol{S}_1\\ 0 & \boldsymbol{R}_2 & 0 & \boldsymbol{S}_2\\ \vdots & 0 & \ddots & \vdots\\ \boldsymbol{S}_1 & \boldsymbol{S}_2 & \cdots & \sum_{k=1}^{N_o}\boldsymbol{T}_k\end{bmatrix}\begin{bmatrix}\boldsymbol{\theta}_{B_1}\\ \boldsymbol{\theta}_{B_2}\\ \vdots\\ \boldsymbol{\theta}_{B_{N_o}}\\ \boldsymbol{\theta}_A\end{bmatrix}=0 \tag{6.14}$$

式中

$$\boldsymbol{R}_k=\begin{bmatrix}R_k^{11} & \cdots & R_k^{1N_i}\\ R_k^{21} & \cdots & R_k^{2N_i}\\ \vdots & \ddots & \vdots\\ R_k^{N_i1} & \cdots & R_k^{N_iN_i}\end{bmatrix},\ \boldsymbol{S}_k=[S_k^1\quad S_k^2\quad\cdots\quad S_k^{N_i}]^{\mathrm{T}}$$

且式中的子矩阵元素为

$$[R_k^{i_1,i_2}]_{rs} = \sum_{f=1}^{N_f} |W_k(\Omega_f)|^2 U_{i_1}^{\mathrm{H}}(\Omega_f) U_{i_2}(\Omega_f) \Omega_f^{r-1^{\mathrm{H}}} \Omega_f^{s-1}$$

$$[T_k]_{rs} = \sum_{f=1}^{N_f} |W_k(\Omega_f) Y_k(\Omega_f)|^2 \Omega_f^{r-1^{\mathrm{H}}} \Omega_f^{s-1}$$

$$[S_k^{i_1}]_{rs} = -\sum_{f=1}^{N_f} |W_k(\Omega_f)|^2 U_{i_1}^{\mathrm{H}}(\omega_f) Y_k(\omega_f) \Omega_f^{r-1^{\mathrm{H}}} \Omega_f^{s-1}$$

为进一步减少计算量,可以分两步求取分子,分母多项式的系数,由式(6.14)可得[130]

$$\boldsymbol{\theta}_{B_k} = -\boldsymbol{R}_k \boldsymbol{S}_k \boldsymbol{\theta}_A \tag{6.15}$$

将式(6.15)代入式(6.14)的最后一行,可得

$$\left[\sum_{k=1}^{N_0} \boldsymbol{T}_k - \boldsymbol{S}_k^{\mathrm{H}} \boldsymbol{R}_k^{-1} \boldsymbol{S}_k\right] \boldsymbol{\theta}_A = \boldsymbol{D}\boldsymbol{\theta}_A = 0 \tag{6.16}$$

等式(6.16)有无穷个解,为获得唯一解,需设定约束条件,这里设定分母多项式中最高阶的系数 $a_d = 1$,则

$$\hat{\boldsymbol{\theta}}_{\mathrm{ALS}} = \begin{Bmatrix} -[\boldsymbol{D}(1:n,1:n)]^{-1} D(1:n,n+1) \\ 1 \end{Bmatrix}$$

将上式中 $\boldsymbol{\theta}_A$ 的估计值代入式(6.15)中,即可得到 $\boldsymbol{\theta}_B$ 的估计值。由于模态参数只与分母多项式有关,为缩短分析时间,只需辨识分母的系数 $\boldsymbol{\theta}_A$ 即可。

6.4.2 频域整体最小二乘算法(FTLS)

在采用最小二乘法求解等式(6.13)时,忽略了等式右边雅克比矩阵 $\boldsymbol{J}$ 的扰动对结果的影响。为此,本节将采用整体最小二乘求解等式(6.13),首先考虑如下的矩阵方程:

$$(\boldsymbol{J}_0 + \Delta \boldsymbol{J})\boldsymbol{\theta} = 0 \tag{6.17}$$

式中:$\boldsymbol{J}_0$,$\Delta \boldsymbol{J}$ 分别为真实数据构成的系数矩阵和由噪声等引起的矩阵扰动。该方程的整体最小二乘解满足如下条件:

$$\underset{\hat{J}}{\operatorname{argmin}} \|(\boldsymbol{J} - \hat{\boldsymbol{J}})\|_F^2,\ \hat{\boldsymbol{J}}\boldsymbol{\theta} = 0, \boldsymbol{\theta}^{\mathrm{T}}\boldsymbol{\theta} = 1 \tag{6.18}$$

式中:$\hat{\boldsymbol{J}}$ 为 $\boldsymbol{J}_0$ 的估计值。

采用拉格朗日乘法对式(6.18)进行变换,并消去 $\hat{\boldsymbol{J}}$,得到它的等效形式为

$$\underset{\theta}{\operatorname{argmin}}\left(\frac{\boldsymbol{\theta}^{\mathrm{T}}\boldsymbol{J}^{\mathrm{H}}\boldsymbol{J}\boldsymbol{\theta}}{\boldsymbol{\theta}^{\mathrm{T}}\boldsymbol{\theta}}\right) \text{且 } \boldsymbol{\theta}^{\mathrm{T}}\boldsymbol{\theta} = 1 \tag{6.19}$$

假设 $\min\left(\dfrac{\boldsymbol{\theta}^{\mathrm{T}}\boldsymbol{J}^{\mathrm{H}}\boldsymbol{J}\boldsymbol{\theta}}{\boldsymbol{\theta}^{\mathrm{T}}\boldsymbol{\theta}}\right) = \lambda$,则等式(6.18)中的 $\boldsymbol{\theta}$ 可由如下的方程组求得:

$$\boldsymbol{J}^{\mathrm{H}}\boldsymbol{J}\boldsymbol{\theta}=\lambda\boldsymbol{\theta} \text{ 且 } \boldsymbol{\theta}^{\mathrm{T}}\boldsymbol{\theta}=1$$

式中：λ 为拉格朗日乘法因子，对应于 $\boldsymbol{J}^{\mathrm{H}}\boldsymbol{J}$ 的最小特征值，该特征值所对应的特征矢量 $\boldsymbol{x}$ 即为待求的解。当然，也可对 J 进行奇异值分解（SVD），由它的最小奇异值对应的右奇异特征矢量确定待辨识的系数矢量。

若直接利用等式（6.14）进行整体最小二乘求解，会导致计算量过大。在实际计算中，通常结合频域最小二乘，对化简后的等式（6.16）进行整体最小二乘求解[131]，即对矩阵 $\boldsymbol{D}$ 进行奇异值分解，并将最小奇异值对应的右奇异特征矢量作为 θ_{A} 的估计值：

$$\boldsymbol{D}=\boldsymbol{U}\boldsymbol{S}\boldsymbol{V}^{\mathrm{H}}$$

$$\hat{\boldsymbol{\theta}}_{\mathrm{ATLS}}=\boldsymbol{V}(:,n+1)$$

6.4.3 频域广义整体最小二乘算法[132]

频域整体最小二乘法虽然考虑了雅克比矩阵 $\boldsymbol{J}$ 的扰动对辨识结果的影响，但是由于未能充分利用有关噪声的先验信息，依然无法获得待辨识参数的一致估计。为此，这里将广义整体最小二乘（GTLS）方法[133]引入频域辨识算法中，其定义如下：

$$\underset{\hat{J}}{\operatorname{argmin}} \|(\boldsymbol{J}-\hat{\boldsymbol{J}})\boldsymbol{C}^{-1}\|_{\mathrm{F}}^{2},\ \hat{\boldsymbol{J}}\boldsymbol{\theta}=0,\ \boldsymbol{\theta}^{\mathrm{T}}\boldsymbol{\theta}=1 \tag{6.20}$$

式中：$\boldsymbol{C}$ 为 $\boldsymbol{J}$ 矩阵方差的平方根，即 $\boldsymbol{C}^{\mathrm{H}}\boldsymbol{C}=\boldsymbol{E}(\Delta\boldsymbol{J}^{\mathrm{H}}\Delta\boldsymbol{J}\}$；$\hat{\boldsymbol{J}}$ 为 J_0 的估计值。

与整体最小二乘相似，同样采用 Lagrange 乘法进行变换，得到它的等效形式：

$$\underset{\theta}{\operatorname{argmin}}\left(\frac{\boldsymbol{\theta}^{\mathrm{T}}\boldsymbol{J}^{\mathrm{H}}\boldsymbol{J}\boldsymbol{\theta}}{\boldsymbol{\theta}^{\mathrm{T}}\boldsymbol{C}^{\mathrm{H}}\boldsymbol{C}\boldsymbol{\theta}}\right),\ \boldsymbol{\theta}^{\mathrm{T}}\boldsymbol{\theta}=1 \tag{6.21}$$

假设 $\min\left(\dfrac{\boldsymbol{\theta}^{\mathrm{T}}\boldsymbol{J}^{\mathrm{H}}\boldsymbol{J}\boldsymbol{\theta}}{\boldsymbol{\theta}^{\mathrm{T}}\boldsymbol{C}^{\mathrm{H}}\boldsymbol{C}\boldsymbol{\theta}}\right)=\lambda$，则等式（6.21）中的 $\boldsymbol{\theta}$ 可通过如下的方程求得：

$$\boldsymbol{J}^{\mathrm{H}}\boldsymbol{J}\boldsymbol{\theta}=\lambda\boldsymbol{C}^{\mathrm{H}}\boldsymbol{C}\boldsymbol{\theta},\ \boldsymbol{\theta}^{\mathrm{T}}\boldsymbol{\theta}=1 \tag{6.22}$$

为了求解式（6.22），可对矩阵（$\boldsymbol{J},\boldsymbol{C}$）进行广义奇异值分解[134]（GSVD），其最小的广义奇异值所对应的右特征矢量即为待求的解，即

$$\begin{bmatrix}\boldsymbol{U} & 0\\ 0 & \boldsymbol{V}\end{bmatrix}\begin{bmatrix}\boldsymbol{D}\\ \boldsymbol{S}\end{bmatrix}\boldsymbol{X}^{\mathrm{H}}=\begin{bmatrix}\boldsymbol{J}\\ \boldsymbol{C}\end{bmatrix},\ \boldsymbol{D}^{\mathrm{H}}\boldsymbol{D}+\boldsymbol{S}^{\mathrm{H}}\boldsymbol{S}=\boldsymbol{I}$$

$$\boldsymbol{X}i=\boldsymbol{X}^{-1}$$

$$\hat{\boldsymbol{\theta}}_{\mathrm{AGTLS}}=\boldsymbol{X}i(:,1)$$

与极大似然估计相比，线性方法求取极小值点避免了非线性优化的复杂迭代计算以及对初始值的依赖。

在实际计算中，为提高运算速度，并不直接对等式（6.13）中 $\boldsymbol{J}$ 及其协方差矩

阵 $\boldsymbol{C}$ 进行广义奇异值分解，而是采用了一种简化矩阵的快速算法，其具体推导如下。

由等式(6.22)可知，有如下等式成立：

$$\begin{bmatrix} \boldsymbol{R}_1 & 0 & \cdots & \boldsymbol{S}_1 \\ 0 & \boldsymbol{R}_2 & 0 & \boldsymbol{S}_2 \\ \vdots & 0 & \ddots & \vdots \\ \boldsymbol{S}_1^{\mathrm{H}} & \boldsymbol{S}_2^{\mathrm{H}} & \cdots & \sum_{k=1}^{N_o} \boldsymbol{T}_k \end{bmatrix} \begin{Bmatrix} \boldsymbol{\theta}_{B_1} \\ \boldsymbol{\theta}_{B_2} \\ \vdots \\ \boldsymbol{\theta}_{B_{N_o}} \\ \boldsymbol{\theta}_A \end{Bmatrix} = \lambda \begin{bmatrix} \boldsymbol{C}_{R_1} & 0 & \cdots & \boldsymbol{C}_{S_1} \\ 0 & \boldsymbol{C}_{R_2} & 0 & \boldsymbol{C}_{S_2} \\ \vdots & 0 & \ddots & \vdots \\ \boldsymbol{C}_{S_1^{\mathrm{H}}} & \boldsymbol{C}_{S_2^{\mathrm{H}}} & \cdots & \sum_{k=1}^{N_o} \boldsymbol{C}_{T_k} \end{bmatrix} \begin{bmatrix} \boldsymbol{\theta}_{B_1} \\ \boldsymbol{\theta}_{B_2} \\ \vdots \\ \boldsymbol{\theta}_{B_{N_o}} \\ \boldsymbol{\theta}_A \end{bmatrix} \tag{6.23}$$

式中

$$[C_{R_k^{i1,i2}}]_{rs} = \sum_{f=1}^{N_f} |W_k(\Omega_f)|^2 \mathrm{cov}(U_{i_1}(\omega_f), U_{i_2}(\omega_f)) \Omega_f^{r-1^{\mathrm{H}}} \Omega_f^{s-1}$$

$$[C_{T_k}]_{rs} = \sum_{f=1}^{N_f} |W_k(\Omega_f)|^2 \mathrm{var}(Y_k(\omega_f)) \Omega_f^{r-1^{\mathrm{H}}} \Omega_f^{s-1}$$

$$[C_{S_k^{i1}}]_{rs} = -\sum_{f=1}^{N_f} |W_k(\Omega_f)|^2 \mathrm{cov}(U_{i_1}^{\mathrm{H}}(\omega_f) Y_k(\omega_f)) \Omega_f^{r-1^{\mathrm{H}}} \Omega_f^{s-1}$$

式中：$\mathrm{cov}(x,y)$ 为 x,y 的互协方差；$\mathrm{var}(x)$ 为 x 的自协方差。

利用式(6.23)中的前 $N_o \times n$ 个等式可得如下关系：

$$\boldsymbol{R}_j \boldsymbol{\theta}_{B_k} + \boldsymbol{S}_k \boldsymbol{\theta}_A = \lambda \boldsymbol{C}_{R_k} \boldsymbol{\theta}_{B_k} + \lambda \boldsymbol{C}_{S_k} \boldsymbol{\theta}_A \quad (k = 1, 2, \cdots, N_o) \tag{6.24}$$

$$\boldsymbol{\theta}_{B_j} = [\boldsymbol{R}_j - \lambda \boldsymbol{C}_{R_j}]^{-1} [\lambda \boldsymbol{C}_{S_i} - \boldsymbol{S}_j] \boldsymbol{\theta}_A \tag{6.25}$$

由式(6.23)中最后 d 个等式可得

$$\sum_{k=1}^{N_o} (\boldsymbol{S}_k^{\mathrm{H}} \boldsymbol{\theta}_{B_k} + \boldsymbol{T}_k \boldsymbol{\theta}_A) = \lambda \sum_{k=1}^{N_o} (\boldsymbol{C}_{S_k^{\mathrm{H}}} \boldsymbol{\theta}_{B_j} + \boldsymbol{C}_{T_k} \boldsymbol{\theta}_A) \tag{6.26}$$

仿照频域最小二乘辨识算法，可将式(6.25)代入式(6.26)中，以消去 $\boldsymbol{\theta}_{B_j}$。但是由于等式中含有未知的 λ，增加了计算的难度。在此为简化问题，认为由信号发生器产生的人工激励信号为真实输入信号，未含有噪声。只考虑在试验的输出端存在噪声（测量噪声与紊流激励产生的过程噪声）。即假设 $\boldsymbol{C}_{R_j} = 0, \boldsymbol{C}_{S_j} = 0$。由此可得

$$\sum_{k=1}^{N_o} (\boldsymbol{T}_k - \boldsymbol{S}_k^{\mathrm{H}} \boldsymbol{R}_k^{-1} \boldsymbol{S}_k) \boldsymbol{\theta}_A = \lambda \sum_{k=1}^{N_o} \boldsymbol{C}_{T_k} \boldsymbol{\theta}_A \tag{6.27}$$

由于矩阵 $\sum_{k=1}^{N_o} (\boldsymbol{T}_k - \boldsymbol{S}_k^{\mathrm{H}} \boldsymbol{R}_k \boldsymbol{S}_k)$ 和 $\sum_{k=1}^{N_o} \boldsymbol{C}_{T_k}$ 均为复共轭对称矩阵，可将其分解为矩阵转置相乘的形式：

$$\sum_{k=1}^{N_o}(\boldsymbol{T}_k-\boldsymbol{S}_k^{\mathrm{H}}\boldsymbol{R}_k^{-1}\boldsymbol{S}_k)=\boldsymbol{M}^{\mathrm{H}}\boldsymbol{M},\ \sum_{k=1}^{N_o}\boldsymbol{C}_{T_k}=\boldsymbol{T}^{\mathrm{H}}\boldsymbol{T}$$

式(6.27)可以改写为

$$\boldsymbol{M}^{\mathrm{H}}\boldsymbol{M}\boldsymbol{\theta}_A=\lambda\boldsymbol{T}^{\mathrm{H}}\boldsymbol{T}\boldsymbol{\theta}_A \tag{6.28}$$

由于式(6.28)与式(6.22)具有相同的形式,因此可采用广义奇异值分解的方法求解分母多项式的系数。显然,利用式(6.28)估计系统的参数可明显减少计算量,提高运算速度。

6.4.4 频域加权迭代广义整体最小二乘算法

为将式(6.21)表述为更直观的形式,定义:

$$\varepsilon_k(\Omega_f,\boldsymbol{p})=A(\Omega_f,\boldsymbol{p})Y_k(\omega_f)-B_k(\Omega_f,\boldsymbol{p})U(\omega_f) \tag{6.29}$$

$$\begin{aligned}W_k^2(\Omega_f,\boldsymbol{p})&=E\{\Delta\varepsilon_k(\Omega_f)\Delta\varepsilon_k(\Omega_f)^{\mathrm{H}}\}\\&=|A(\Omega_f,\boldsymbol{p})|^2\mathrm{var}(Y_k(\Omega_f))+\boldsymbol{B}_k(\Omega_f,\boldsymbol{p})C_U(\Omega_f)B_k(\Omega_f,\boldsymbol{p})^{\mathrm{H}}-\\&\quad 2\mathrm{herm}(\boldsymbol{B}_k(\Omega_f,\boldsymbol{p})C_{UY}(:,k)(\Omega_f)A(\Omega_f,\boldsymbol{p})^{\mathrm{H}})\end{aligned} \tag{6.30}$$

式中:$\mathrm{herm}(\boldsymbol{X})=(\boldsymbol{X}+\boldsymbol{X}^{\mathrm{H}})/2$;$C_{UY}(:,k)$为式(6.3)中方差矩阵$\boldsymbol{C}_{UY}$的第$k$列。在此,$W_k(\Omega_f,\boldsymbol{p})$与极大似然估计(ML)的加权项相同,因此下面用$W_{k\mathrm{ML}}(\Omega_f,\boldsymbol{p})$表示该加权项。

式(6.20)中的损失函数可以改写为如下形式:

$$V_{\mathrm{GTLS}}=\frac{\sum_{k=1}^{N_o}\sum_{f=1}^{N_f}|\varepsilon_k(\Omega_f,\boldsymbol{p})|^2}{\sum_{k=1}^{N_o}\sum_{f=1}^{N_f}W_{k_{ML}}^2(\Omega_f,\boldsymbol{p})} \tag{6.31}$$

可将式(6.29)视为一个以分母为加权项的加权最小二乘的损失函数。显然在每个频率点上都具有相同的权值,使得损失函数过分强调高频段误差,导致低频段的估计并不理想,因此选择适当的随频率变化的加权项是提高广义整体最小二乘估计结果的关键[135]。

为了获得接近极大似然估计的辨识结果,通常将极大似然估计的权值作为最优权值[136]引入式(6.29)中:

$$V_{\mathrm{WGTLS}}=\frac{\sum_{k=1}^{N_o}\sum_{f=1}^{N_f}W_{k_{\mathrm{ML}}}^{-2}(\Omega_f,\boldsymbol{p})|\varepsilon_k(\Omega_f,\boldsymbol{p})|^2}{\sum_{k=1}^{N_o}\sum_{f=1}^{N_f}W_{k_{\mathrm{ML}}}^{-2}(\Omega_f,\boldsymbol{p})W_{k_{\mathrm{ML}}}^2(\Omega_f,\boldsymbol{p})} \tag{6.32}$$

由于$W_{k_{\mathrm{ML}}}^{-2}(\Omega_f,\boldsymbol{p})$的值依赖于待估计值的系数矢量$\boldsymbol{p}$,为了便于线性求解,这里

采用了类似线性加权最小二乘的迭代法，将前一步的参数估计值用于计算当前步的加权项，其迭代损失函数如下式：

$$V_{\mathrm{WGTLS}}(\boldsymbol{p}^{i})=\frac{\sum_{k=1}^{N_o}\sum_{f=1}^{N_f}W_{k_{\mathrm{ML}}}^{-2}(\Omega_f,\boldsymbol{p}^{i-1})\,|\varepsilon(\Omega_f,\boldsymbol{p}^{i})|^2}{\sum_{k=1}^{N_o}\sum_{f=1}^{N_f}W_{k_{\mathrm{ML}}}^{-2}(\Omega_f,\boldsymbol{p}^{i-1})\,W_{k_{\mathrm{ML}}}^{2}(\Omega_f,\boldsymbol{p}^{i})}\tag{6.33}$$

式中：$V_{\mathrm{WGTLS}}(\boldsymbol{p}^{i})$为第 i 步迭代的损失函数；$\boldsymbol{p}^{i-1}$表示前一步的参数估计值。

考虑算法的收敛性，当 $i\to\infty$ 时：

$$\boldsymbol{p}^{i-1}=\boldsymbol{p}^{i}\tag{6.34}$$

将式(6.34)代入式(6.33)：

$$V_{\mathrm{WGTLS}}^{(i)}=K_{\mathrm{ML}}/(N_f N_o)$$

式中：K_{ML}为极大似然估计的损失函数，有

$$K_{\mathrm{ML}}=\sum_{k=1}^{N_o}\sum_{f=1}^{N_f}W_{k_{\mathrm{ML}}}^{-2}(\Omega_f,\boldsymbol{p})\,|\varepsilon(\Omega_f,\boldsymbol{p})|^2$$

显然在迭代次数趋于无穷时，迭代加权广义整体最小二乘与极大似然估计的损失函数是等效的。在满足渐进收敛的条件下，迭代次数越多，越接近极大似然估计的辨识结果。鉴于迭代加权广义整体最小二乘良好的收敛特性，也可将其用于极大似然估计的初始值选取。

在编制算法时，可先采用频域最小二乘或整体最小二乘获取参数估计的初始值 $\boldsymbol{p}_0$，并将加权项 $W_{k_{\mathrm{ML}}}^{-2}(\Omega_f,\boldsymbol{p}_0)$置于等式(6.12)的左端：

$$W_{k_{\mathrm{ML}}}^{-2}(\Omega_f,\boldsymbol{p}_0)[A(\Omega_f,\boldsymbol{p})Y_k(\omega_f)-B_k(\Omega_f,\boldsymbol{p})U(\omega_f)]=0$$

随后采用广义整体最小二乘法求解由上式构成的矩阵等式，并通过迭代法不断更新加权项，最终获得接近极大似然估计的辨识结果。

6.4.5 基于频响函数的整体最小二乘类辨识算法

以上各节给出的整体最小二乘类辨识算法均系采用输入、输出的频域数据直接辨识，然而在进行模态参数辨识中，人们更倾向于利用频响函数进行模态分析。这主要是由于试飞数据含有较大噪声，在估计频响函数时可以采用多帧谱估计平均的方法减小噪声的影响。为此，本节对基于频响函数的整体最小二乘类辨识算法予以研究，并给出具体的算法表达式。

由式(6.4)可知，有如下关系成立：

$$W_{ij}(\Omega_f)[B_{ij}(\Omega_f,p)-A(\Omega_f,p)H_{ij}(\Omega_f)]=0\tag{6.35}$$

仿照等式(6.13)，同样有矩阵等式 $J\theta=0$ 成立：

$$\begin{bmatrix} \boldsymbol{\Gamma}_{11} & 0 & 0 & \cdots & \boldsymbol{\Phi}_{11} \\ 0 & \boldsymbol{\Gamma}_{12} & 0 & \cdots & \boldsymbol{\Phi}_{12} \\ \vdots & \vdots & \ddots & \vdots & \vdots \\ 0 & 0 & \cdots & \boldsymbol{\Gamma}_{N_oN_i} & \boldsymbol{\Phi}_{N_oN_i} \end{bmatrix} \begin{bmatrix} \boldsymbol{\theta}_{B_{11}} \\ \boldsymbol{\theta}_{B_{12}} \\ \vdots \\ \boldsymbol{\theta}_{B_{N_oN_i}} \\ \boldsymbol{\theta}_A \end{bmatrix} = 0 \tag{6.36}$$

式中：$\Gamma_{ij}(\Omega_f) = W_{ij}(\Omega_f)[\Omega_f^0 \quad \Omega_f^1 \quad \cdots \quad \Omega_f^n]$；$\Phi_{ij} = -\Gamma_{ij}(\Omega_f)H_{ij}(\Omega_f)$；待辨识的未知参数 $\boldsymbol{\theta}_{B_{ij}} = [b_{ij0} \quad b_{ij1} \quad \cdots \quad b_{ijn}]^{\mathrm{T}}$；$\boldsymbol{\theta}_A = [a_0 \quad a_1 \quad \cdots \quad a_d]^{\mathrm{T}}$。

建立矩阵等式后，可仿照6.4.1节、6.4.2节和6.4.3节的频域最小二乘、整体最小二乘方法、广义整体最小二乘算法分别估计传递函数模型的系数。只是在选取广义最小二乘的加权项时，与式(6.30)略有不同。在此定义：

$$\varepsilon_k(\Omega_f,\boldsymbol{p}) = B_{ij}(\Omega_f,\boldsymbol{p}) - A(\Omega_f,\boldsymbol{p})H_{ij}(\Omega_f) \tag{6.37}$$

则

$$\begin{aligned} W_{k_{\mathrm{ML}}}^2(\Omega_f,\boldsymbol{p}) &= E\{\Delta\varepsilon_k(\Omega_f)\Delta\varepsilon_k(\Omega_f)^{\mathrm{H}}\} \\ &= \mathrm{var}\{H_{ij}(\Omega_f)\}\,|A(\Omega_f,\boldsymbol{p})|^2 \end{aligned} \tag{6.38}$$

式中：$\mathrm{var}\{H_{ij}(\Omega_f)\}$ 为 $H_{ij}(\Omega_f)$ 的方差。若采用迭代法更新加权项时，上式可写为

$$W_{k_{\mathrm{ML}}}^2(\Omega_f,\boldsymbol{p}^{i-1}) = \mathrm{var}\{H_{ij}(\Omega_f)\}\,|A(\Omega_f,\boldsymbol{p}^{i-1})|^2$$

式中：$\boldsymbol{p}^{i-1}$ 为前一步的传函参数估计值。

6.4.6 正交多项式矢量频域辨识算法

数值稳定性是基于分式多项式模型的频域辨识算法（尤其是采用连续时间模型的频域辨识算法）所要解决的一个主要问题。较宽的辨识频带和较高的模型阶数（阶数大于20）通常会导致矩阵方程的系数矩阵病态或条件数较大，从而引发算法的数值稳定性问题。对于颤振模态参数辨识，数值稳定性问题尤为重要，主要是由于待辨识的飞机结构系统阶数较高（若在试验系统中加入控制回路，阶数将更高），且数据含有较大噪声，即便是系数矩阵的条件数较大，也会引起参数估计的较大偏差。

目前解决数值稳定性问题的主要方法有频率比例缩放法[137]和正交多项式法[138]。前者是将传函模型中的频率项乘以一定的比例系数来改善系数矩阵的病态，后者则是采用正交多项式分别表示分子分母，以此减少矩阵的病态。但是上述方法只是在一定程度上改善了矩阵的病态，并未根本解决数值稳定性问题。

为此，本节采用一种新的基于正交多项式矢量的整体最小二乘类频域辨识算法。该算法采用正交多项式矢量基组合表示由分式的分子分母构成的矢量，可获

得条件数为 1 的系数矩阵，它是目前数值稳定性问题最为理想的解决途径。

1. 正交多项式矢量与频域最小二乘辨识算法

为简化问题，本节以单输入单输出系统为例说明该算法。对于式(6.4)表示的单输入单输出系统传递函数模型，在采用频域最小二乘辨识时，其损失函数可表示为

$$\sum_{f=1}^{N_f} |w(\Omega_f)\varepsilon(\Omega_f,\boldsymbol{p})|^2 \tag{6.39}$$

且

$$\varepsilon(\Omega_f,\boldsymbol{p}) = A(\Omega_f,\boldsymbol{p})Y(\Omega_f) - B(\Omega_f,\boldsymbol{p})U(\Omega_f) \tag{6.40}$$

式中：$w(\Omega_f)$为加权项。

将式(6.49)改写为矢量的形式：

$$\varepsilon(\Omega_f,\boldsymbol{p}) = [Y(\Omega_f) \quad -U(\Omega_f)]\begin{bmatrix} A(\Omega_f,\boldsymbol{p}) \\ B(\Omega_f,\boldsymbol{p}) \end{bmatrix}$$

则式(6.39)的损失函数可以表示为

$$V_{\mathrm{LS}} = \sum_{f=1}^{N_f} |W(\Omega_f)|^2 \begin{bmatrix} A(\Omega_f,p) \\ B(\Omega_f,p) \end{bmatrix}^{\mathrm{H}} \begin{bmatrix} |Y(\Omega_f)|^2 & -Y^*(\Omega_f)U(\Omega_f) \\ -Y(\Omega_f)U^*(\Omega_f) & |U(\Omega_f)|^2 \end{bmatrix} \begin{bmatrix} A(\Omega_f,p) \\ B(\Omega_f,p) \end{bmatrix} \tag{6.41}$$

式中：* 表示复数共轭。

若定义 $\boldsymbol{P}(\boldsymbol{\Omega}_f,\boldsymbol{p}) = \begin{bmatrix} A(\Omega_f,\boldsymbol{p}) \\ B(\Omega_f,\boldsymbol{p}) \end{bmatrix}$，$W_f = w(\Omega_f)[Y(\Omega_f) \quad -U(\Omega_f)]$，式(6.41)可改写为

$$V_{\mathrm{LS}} = \sum_{f=1}^{N_f} P^{\mathrm{H}}(\Omega_f,\boldsymbol{p})\boldsymbol{W}_f^{\mathrm{H}}\boldsymbol{W}_f\boldsymbol{P}(\Omega_f,\boldsymbol{p}) \tag{6.42}$$

根据式(6.42)，可将最小二乘问题看作寻找多项式矢量 $\boldsymbol{P}$，使得损失函数 V_{LS} 最小，其中 P 的阶数为 m，$m = \max(n+1, d+1)$。同时为了获得待辨识系数的唯一解，可设定约束条件：分子多项式 $B(\Omega_f,p)$的最高阶的系数为 1 或分母多项式 $A(\Omega_f,p)$的最高阶的系数为 1(当然也可采用其它约束，如限定系数 $\boldsymbol{p}$ 为单位矢量)。

为了求解上述问题，我们将 P 表示成多个正交多项式矢量基的组合：

$$\boldsymbol{P}(\boldsymbol{\Omega}_f,\boldsymbol{p}) = \begin{bmatrix} A(\Omega_f,\boldsymbol{p}) \\ B(\Omega_f,\boldsymbol{p}) \end{bmatrix} = \sum_{k=0}^{m} \boldsymbol{\varphi}_k\boldsymbol{a}_k \tag{6.43}$$

式中：$\boldsymbol{a}_k = [a_{1k}^{\mathrm{T}} \quad a_{2k}^{\mathrm{T}}]^{\mathrm{T}}$；$\boldsymbol{\varphi}_k$为正交多项式矢量，其中多项式的阶数为 k，它满足

$$\langle \varphi_k,\varphi_l \rangle_W = \sum_{f=1}^{N_f} \boldsymbol{\varphi}_k^{\mathrm{H}}(\boldsymbol{\Omega}_f,\boldsymbol{p})W^{\mathrm{H}}(\boldsymbol{\Omega}_f)\boldsymbol{W}(\Omega_f)\boldsymbol{\varphi}_l^{\mathrm{H}}(\Omega_f,\boldsymbol{p}) = \begin{cases} I_2 & k = l \\ 0 & k \neq l \end{cases}$$

利用式(6.43),可将最小二乘的矩阵等式 $J\theta=0$ 改写为如下等式:

$$\boldsymbol{W\Phi A}=0 \tag{6.44}$$

式中

$$\boldsymbol{\Phi}=\begin{bmatrix}\varphi_0(\Omega_1) & \cdots & \varphi_m(\Omega_1)\\ \vdots & & \vdots \\ \varphi_0(\Omega_{N_f}) & \cdots & \varphi_m(\Omega_{N_f})\end{bmatrix},\ \boldsymbol{W}=\mathrm{diag}(\boldsymbol{W}_1,\cdots \boldsymbol{W}_{N_f}),\boldsymbol{A}=[a_1^{\mathrm{T}}\cdots\ a_m^{\mathrm{T}}]^{\mathrm{T}}$$

由于多项式矢量 $\boldsymbol{\varphi}_k$ 满足正交性,所以

$$\boldsymbol{\Phi}^{\mathrm{H}}\boldsymbol{W}^{\mathrm{H}}\boldsymbol{W\Phi}=I_{2m+2}$$

上式表明式(6.44)中的系数矩阵 $\boldsymbol{W\Phi}$ 为单位矩阵,其条件数为1。

利用上述关系,可将式(6.42)中的损失函数写为

$$\begin{aligned}\min V_{\mathrm{LS}} &= \min\sum_{f=1}^{N_f}\boldsymbol{P}(\boldsymbol{\Omega}_f,\boldsymbol{p})^{\mathrm{H}}\boldsymbol{W}_k^{\mathrm{H}}\boldsymbol{W}_k\boldsymbol{P}(\boldsymbol{\Omega}_f,\boldsymbol{p})\\ &= \min\boldsymbol{A}^{\mathrm{H}}\boldsymbol{\Phi}^{\mathrm{H}}\boldsymbol{W}^{\mathrm{H}}\boldsymbol{W\Phi A} = \min\boldsymbol{A}^{\mathrm{H}}\boldsymbol{A}\\ &= \min\sum\nolimits_{k=1}^{m}\boldsymbol{a}_k^{\mathrm{T}}\boldsymbol{a}_k = \min\sum\nolimits_{k=1}^{m}(a_{1k}^2+a_{2k}^2)\end{aligned} \tag{6.45}$$

显然,当 $a_0=a_1=\cdots=a_{m-1}=0$ 时(由于已限定分子多项式或分母多项式的最高阶系数为1,故 $a_m\neq 0$),损失函数具有最小值。此时,式(6.45)简化为

$$\min V_{\mathrm{LS}}=\min(a_{1m}^2+a_{2m}^2) \tag{6.46}$$

其对应的分子分母矢量为

$$\boldsymbol{P}(\boldsymbol{\Omega}_f,\boldsymbol{p})=\varphi_m a_m=\varphi(m)\begin{bmatrix}a_{1m}\\ a_{2m}\end{bmatrix}$$

由文献[139]的推导可知,$\boldsymbol{\varphi}_m$所对应的最高阶系数矩阵为上三角矩阵,即

$$\boldsymbol{\varphi}_m=\begin{bmatrix}a_m & \gamma_m\\ & \beta_m\end{bmatrix}(\Omega_f)^m+\cdots$$

为使式(6.46)的值最小,且满足分子或分母最高阶次项的系数为1,有如下解成立:

$$\begin{bmatrix}A(\Omega_f,\boldsymbol{p})\\ B(\Omega_f,\boldsymbol{p})\end{bmatrix}=\varphi_m\begin{bmatrix}1/\alpha_m\\ 0\end{bmatrix},\ \alpha_m>\beta_m$$

$$\begin{bmatrix}A(\Omega_f,\boldsymbol{p})\\ B(\Omega_f,\boldsymbol{p})\end{bmatrix}=\varphi_m\begin{bmatrix}0\\ 1/\beta_m\end{bmatrix},\ \alpha_m<\beta_m$$

2. 正交多项式矢量基的建立

有关正交多项式矢量基的构建是本算法的另一个重要方面,对此问题 M. Van

Barel 和 A. Bultheel 做了详细研究，并针对连续域和离散域模型，分别在文献[139]和文献[140]中给出了具体的构建方法。其算法的核心内容是利用已知的频域数据构造如下的 Hessenberg 分块矩阵。

$$\boldsymbol{Q}^{\mathrm{H}}[\boldsymbol{W}|\boldsymbol{Z}]\begin{bmatrix} I_2 & \\ & \boldsymbol{Q} \end{bmatrix} = \tilde{\boldsymbol{H}} \tag{6.47}$$

式中：$\boldsymbol{Q}$ 为单位阵；$\boldsymbol{W} = [W_1^{\mathrm{H}} \quad W_2^{\mathrm{H}} \quad \cdots \quad W_{N_f}^{\mathrm{H}}]$；$Z = \mathrm{diag}(z_1\ z_2 \cdots z_{N_f})$，对于时间连续域模型，$z_i = \mathrm{j}\omega_i$，对于时间离散域模型，$z_i = \mathrm{e}^{\mathrm{j}\omega i T_s}$。对于时间连续域模型，$\tilde{\boldsymbol{H}}$ 为扩展的上三角 Hessenberg 分块矩阵。

$$\tilde{\boldsymbol{H}} = \left[\begin{array}{c|cccc} \eta_{00} & \eta_{01} & \cdots & \eta_{0N_f} & \eta_{0,N_f+1} \\ & \eta_{11} & \cdots & \eta_{1N_f} & \eta_{0,N_f+1} \\ & & \ddots & \vdots & \vdots \\ & & & \eta_{N_fN_f} & \eta_{N_f,N_f+1} \end{array}\right]$$

对于离散域模型，$\tilde{\boldsymbol{H}}$ 蜕变为三对角分块矩阵：

$$\tilde{\boldsymbol{H}} = \left[\begin{array}{c|cccc} B_0 & A_0 & B_1^* & & \\ & B_1 & A_1 & \ddots & \\ & & \ddots & \ddots & B_{N_f}^* \\ & & & B_{N_f} & A_{N_f} \end{array}\right]$$

随后可利用式(6.47)分别对连续模型和离散模型建立迭代等式，利用迭代法得到各阶的正交多项式矢量。在此限于篇幅，不再对算法进行具体叙述。有关算法的详细内容可参见文献[137]。

3. 正交多项式矢量与广义整体最小二乘辨识算法

在采用正交多项式矢量基表示最小二乘等式的系数矩阵时，仍可以继续采用 6.4.3 节中介绍的广义整体最小二乘算法，通过对矩阵$(\boldsymbol{J},\boldsymbol{C})$进行广义奇异值分解估计模型系数。所不同的是可利用系数矩阵 $\boldsymbol{J}$ 的正交性，将 $\boldsymbol{J\theta} = 0$ 改写成 $\boldsymbol{J}^{\mathrm{H}}\boldsymbol{J\theta} = 0$ 的形式，通过对矩阵$(\boldsymbol{J}^{\mathrm{H}}\boldsymbol{J}, \boldsymbol{C}^{\mathrm{H}}\boldsymbol{C})$进行广义奇异值分解估计系数。由于 $\boldsymbol{J}^{\mathrm{H}}\boldsymbol{J}$ 为单位阵，在分解时可以减少计算量。

在将正交多项式矢量应用于加权迭代广义整体最小二乘算法时，由于该算法每迭代一步都会根据前一步的估计结果更新当前的加权项，故而每次迭代都需要重新构造正交多项式矢量基，使得系数矩阵的条件数为 1。

6.4.7 频率响应函数的样本方差估计

在采用基于频响函数的整体最小二乘算法辨识模态参数时，首先必须由试验数据估计频率响应函数。此外，在选择广义整体最小二乘的最优加权项时，还需要估计频响函数的样本方差，若直接由试验数据进行辨识，则需要估计输入、输出数据的方差。如何从有限的试飞数据中获取上述估计值是本节关心的主要问题。

由式(6.30)、式(6.33)可知，在采用频域加权广义整体最小二乘辨识传递函数时，需要估计输入信号的样本方差矩阵、输出信号的方差和协方差。由于受到飞行试验数据样本个数的限制，在此假设随机噪声满足频域内的均方遍历性，对单一样本分段后利用谱分析估计信号方差。由于飞行试验采用操纵面扫频激励，它的输入为已知的电子扫频信号，为简化问题，可以认为试验输入信号为真实信号，只在输出端存在的噪声(测量噪声与紊流激励产生的过程噪声)。即假设输入信号方差矩阵 $\boldsymbol{C}_U=0,\boldsymbol{C}_{UY}=0$。

对于一般的多输入多输出系统，其输出信号的方差矩阵可以表示为

$$\begin{aligned}\operatorname{cov}(\boldsymbol{Y}(\Omega_f)) &= \boldsymbol{E}\{\boldsymbol{N}_Y(\Omega_f)\boldsymbol{N}_Y^{\mathrm{H}}(\Omega_f)\} = E\{\boldsymbol{N}_Y(\Omega_f)[\boldsymbol{Y}^{\mathrm{H}}(\Omega_f)-\boldsymbol{Y}_0^{\mathrm{H}}(\Omega_f)]\}\\ &= E\{\boldsymbol{N}_Y(\Omega_f)\boldsymbol{Y}^{\mathrm{H}}(\Omega_f)\} = E\{\boldsymbol{YY}^{\mathrm{H}}-\boldsymbol{Y}_0\boldsymbol{Y}^{\mathrm{H}}\} = E(\boldsymbol{YY}^{\mathrm{H}})-\boldsymbol{H}_0(\Omega_f)E(\boldsymbol{UY}^{\mathrm{H}})\end{aligned} \tag{6.48}$$

由于只需考虑输出端存在的噪声，本书采用了 H_1 方法估计频响函数，即

$$\hat{\boldsymbol{H}}_1(\Omega_f)=\boldsymbol{S}_{YU}(\Omega_f)\boldsymbol{S}_{UU}^{-1}(\Omega_f) \tag{6.49}$$

将估计值 $\hat{\boldsymbol{H}}(\Omega_f)$ 代入式(6.48)，可得输出信号的方差的估计为

$$\begin{aligned}\operatorname{cov}(\boldsymbol{Y}(\Omega_f)) &= \left(\sum_{i=1}^{M}\right)\boldsymbol{Y}_i(\Omega_f)\boldsymbol{Y}_i^{\mathrm{H}}(\Omega_f) - \hat{H}(\Omega_f)\sum_{i=1}^{M}\boldsymbol{U}_i(\Omega_f)\boldsymbol{Y}_i^{\mathrm{H}}(\Omega_f))/M\\ &= \boldsymbol{S}_{YY}(\Omega_f)-\hat{\boldsymbol{H}}_1(\Omega_f)\boldsymbol{S}_{UY}(\Omega_f)\\ &= \boldsymbol{S}_{YY}(\Omega_f)-\boldsymbol{S}_{YU}(\Omega_f)\boldsymbol{S}_{UU}^{-1}(\Omega_f)\boldsymbol{S}_{UY}(\Omega_f)\end{aligned} \tag{6.50}$$

上述输出矢量的方差矩阵中，第 k 行第 k 列的元素即为第 k 个输出的自方差 $\operatorname{var}(Y_k(\boldsymbol{\Omega}_k))$。

同时根据式(6.49)，可对 H_1 估计进行灵敏度分析：

$$\delta[\hat{\boldsymbol{H}}_1] = \left(\frac{1}{M}\sum_{i=1}^{M}\delta[\boldsymbol{Y}_i]\boldsymbol{U}_i\right)\boldsymbol{S}_{UU}^{-1}(\Omega_f) \tag{6.51}$$

式中：i 为第 i 帧谱；M 为多帧谱的总数。

使用 Kronecker 积将上式中的频响函数矩阵改写为列展开的形式：

$$\operatorname{vec}(\delta[\hat{\boldsymbol{H}}_1]) = \frac{1}{M}\sum_{i=1}^{M}[\boldsymbol{Q}]\operatorname{vec}(\delta[\boldsymbol{Y}_j]) \tag{6.52}$$

式中：$[\boldsymbol{Q}]=S_{UU}^{-\mathrm{T}}U_i^*\otimes I_{N_o}$；vec(·)表示对矩阵进行列展开；⊗表示 Kronecker 积。

假设所测信号均为平稳信号，且采用多帧谱平均时，各帧间的输出噪声互不相关，则由式(6.52)可得频响函数估计的方差矩阵为

$$\begin{aligned}\operatorname{cov}(\hat{\boldsymbol{H}}_1) &= \operatorname{vec}(\delta[\boldsymbol{H}_1])(\operatorname{vec}(\delta[\hat{\boldsymbol{H}}_1]))^{\mathrm{H}}\\ &= \frac{1}{M^2}\sum_{i=1}^{M}[\boldsymbol{Q}]E(\operatorname{vec}(\delta[\boldsymbol{Y}_i]\operatorname{vec}(\delta[\boldsymbol{Y}_j]))^{\mathrm{H}}[\boldsymbol{Q}]^{\mathrm{H}}\end{aligned}$$

$$= \frac{1}{M^2}\sum_{i=1}^{M}(S_{UU}^{-T}U_i^* U_i^T S_{UU}^{-T} \otimes \mathrm{cov}(Y)$$

$$= \frac{1}{M}S_{UU}^{-T} \otimes \mathrm{cov}(Y) \tag{6.53}$$

该方差矩阵对角线上的元素即为式(6.38)中待估计的频响函数方差 $\mathrm{var}\{H_{ij}(\Omega_f)\}$。

目前的操纵面扫频飞行试验大多采用单通道信号激励，多传感器测量的方式进行，因此可将整个试验系统视为一个单输入多输出系统，在估计频响函数和方差时，将系统化解为多个单输入单输出系统，逐个对每个输出估计频响函数和方差，则频响函数和方差可以简化为如下形式：

对于第 k 个输出，它所对应的频响函数估计为

$$\hat{H}_k(\Omega_f) = \frac{S_{Y_kU}(\Omega_f)}{S_{UU}(\Omega_f)}$$

第 k 个输出信号的方差为

$$\mathrm{var}(Y_k(\Omega_f)) = S_{Y_kY_k}(\Omega_f) - S_{Y_kU}(\Omega_f) \cdot \frac{1}{S_{UU}(\Omega_f)} \cdot S_{UY_k}(\Omega_f)$$

第 k 个输出所对应的频响函数的方差为

$$\mathrm{var}(\hat{H}_k(\Omega_f)) = \frac{1}{M}\frac{1}{S_{UU}(\Omega_f)}\mathrm{var}(Y_k(\Omega_f))$$

6.4.8 仿真算例

为验证广义整体最小二乘算法的有效性，本节采用如下传递函数模型进行仿真试验。

$$H(s) = \sum_{i=1}^{12}\frac{0.1s^2}{s^2 + 2\xi_i\omega_{ni}s + \omega_{ni}^2}$$

式中：$\xi_i = 0.045$；$\omega_{ni} = 4 + 2(i-1)$，$i = 1, 2, \cdots, 12$。该模型的模态分布在 4 ~ 26Hz，具有模态密集的特点。

为了模拟实际的操纵面扫频试验，在此采用了 1 ~ 30Hz 的线性扫频信号作为系统的输入信号，同时在输出信号中添加了白噪声（方差 $\sigma^2 = 1$）作为试验噪声。数据采样频率为 256Hz，数据长度为 1024。

采用基于正交多项式矢量的频域迭代加权最小二乘法（加权项如式(6.38)，迭代 3 次）建立了图 6.3 所示的稳定图，该图横轴为频率，纵轴为模型阶次，其中的函数曲线代表估计的频响函数，图中‘+’表示稳定极点，对应于真实模态；‘o’表示非稳定极点，对应于虚假模态。由图可见，该系统共有 12 个稳定模态（对应于图中由‘+’组成的列），每一个模态代表一个二阶环节。因此在选取阶次时，考虑噪声的影响，模型的阶数至少应大于 24。

首先采用加权整体最小二乘方法估计传函参数的初值，然后采用频域迭代加

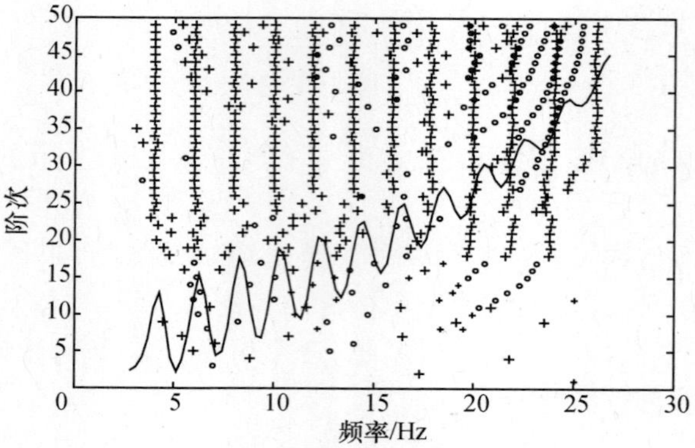

图 6.3 仿真算例的稳定图

权广义整体最小二乘算法对系统的传递函数进行频域辨识（模型的阶数 $n = d = 27$），选择极大似然估计的加权项为权值，经过 8 次迭代得到了图 6.4 所示的辨识结果。为便于比较，给出了真实传递函数曲线。表 6.1 则是模态参数辨识结果与理论值的比较。从图 6.4 可见，本书提出的整体最小二乘类辨识算法取得了较为

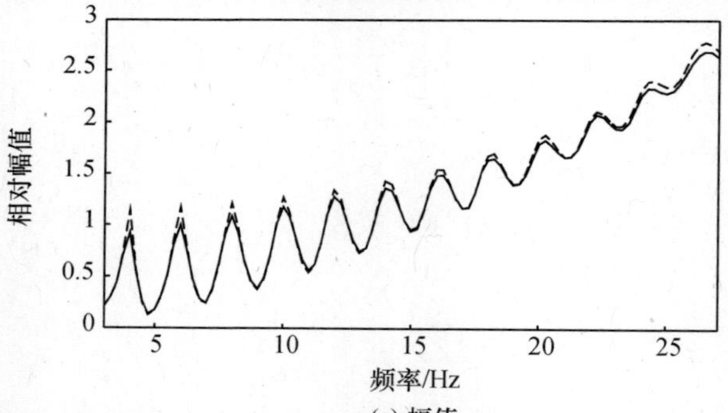

(a) 幅值

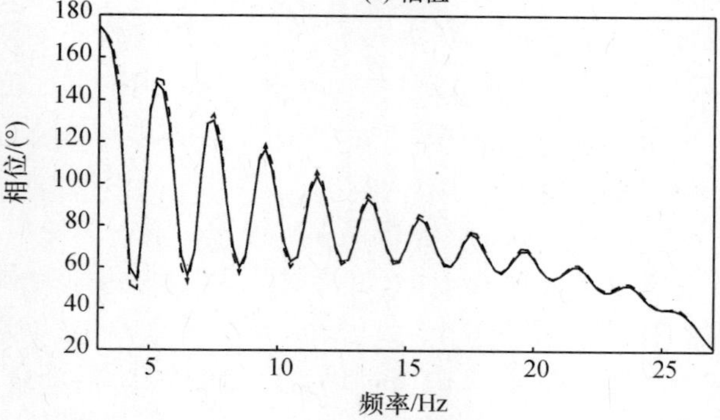

(b) 相位

图 6.4 广义整体最小二乘算法估计的传函（实线）与真实值的比较（虚线）

理想的辨识结果。在噪声环境下,获得了与真实值相吻合的传递函数估计曲线(频带两端的辨识误差主要由频域泄漏引起)。表 6.1 则进一步验证了算法的有效性,利用整体最小二乘类算法得到了接近真实值的辨识结果。

表 6.1 仿真算例中模态的参数辨识结果与真实值的比较

模态参数		真实值	辨识值	模态参数		真实值	辨识值
1	f_1	4	3.9879	7	f_7	16	15.8922
	ξ_1	0.045	0.0608		ξ_7	0.045	0.0555
2	f_2	6	5.9966	8	f_8	18	17.8118
	ξ_2	0.045	0.0592		ξ_8	0.045	0.0475
3	f_3	8	7.9786	9	f_9	20	19.9154
	ξ_3	0.045	0.0567		ξ_9	0.045	0.0375
4	f_4	10	9.9705	10	f_{10}	22	22.0326
	ξ_4	0.045	0.0561		ξ_{10}	0.045	0.0403
5	f_5	12	11.9477	11	f_{11}	24	23.9998
	ξ_5	0.045	0.0528		ξ_{11}	0.045	0.0369
6	f_6	14	13.9457	12	f_{12}	26	26.1897
	ξ_6	0.045	0.0519		ξ_{12}	0.045	0.0519

6.4.9 应用实例

以某型飞机在某状态点下的颤振扫频激励试飞试验数据为例,验证本章算法的有效性。试飞的输入信号为副翼舵机的扫频指令信号,输出是从机身、翼尖、平尾等处采集的加速度信号。整个试飞系统可以视为一个单输入多输出系统,采样频率 256Hz,数据长度 4600。

由于本例中所关心的模态集中分布于一个较窄的频带内,在此仅对该频带范围内的模态参数进行辨识。出于保密原因,本例的图中均未给出具体的频率坐标。

首先,采用分数阶傅里叶变换对试飞数据进行滤波处理(详见第 4 章),然后对飞机气动弹性系统进行连续时间域建模。为了获得更为准确的辨识结果,采用频域整体最小二乘法确定初始值,然后由加权迭代广义整体最小二乘法迭代 4 次得到待辨识模型的系数。在模型阶次 $n=10\sim30$ 之间重复利用上述方法方法提取模态信息,获得了图 6.5 所示的稳态图。图中“+”表示稳定极点,“o”表示不稳定极点。

由图可知,尽管稳态图的模态关系并不清晰,但依然可以在感兴趣的频带内发现大约 4 个稳定模态。当然,这些模态是否代表了物理真实模态则需要更深入的分析。进一步观察稳态图可以发现:当模型阶次较低时会遗漏一部分之间的模态。而当模型阶次较高(大于 20)时,又会引入更多的稳定极点和不稳定极点。

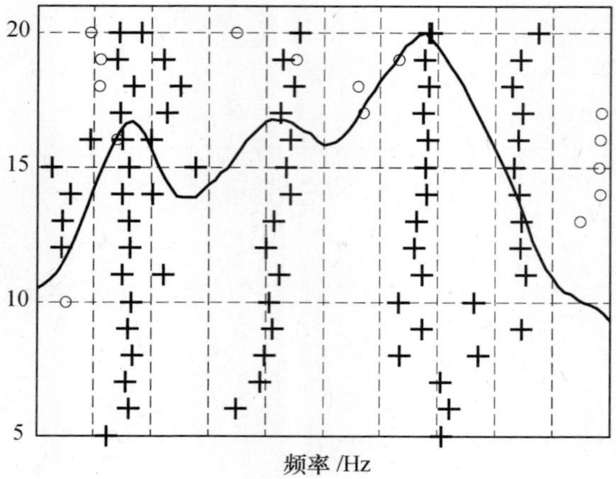

图 6.5　颤振分析的稳定图

为了获得较好的辨识精度,通常会采用过拟合。即模型阶次应大于模态个数的 2 倍。为了说明不同阶次下算法的效果,以其中一个传递函数的辨识效果为例,分别在图 6.6、图 6.7 对比了 $n = 10$ 和 20 时,整体最小二乘算法和加权迭代广义整体最小二乘算法的辨识结果。

观察图 6.6 中的结果,在低阶次的情况下,加权迭代广义整体最小二乘算法取得了较好的拟合效果,而整体最小二乘算法则效果欠佳。显然,作为更加高级的算法,迭代广义整体最小二乘算法在辨识精度方面具有明显的优势。

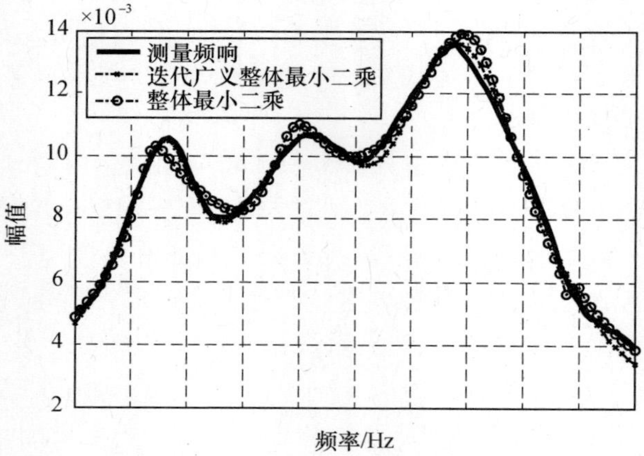

图 6.6　$n = 10$ 时的辨识结果(见彩色插页)

观察 $n = 20$ 时的结果可以发现:加权迭代广义整体最小二乘算法继续保持了它的优势,表现出了更小的拟合误差。同时,整体最小二乘算法相较于低阶模型辨识,也表现出更好的拟合效果。但是,由于模型阶次较高,整体最小二乘拟合的曲线并不平滑，甚至出现了一些跳点。这些跳点极易在模型中产生一些实际并不存在的数学极点。

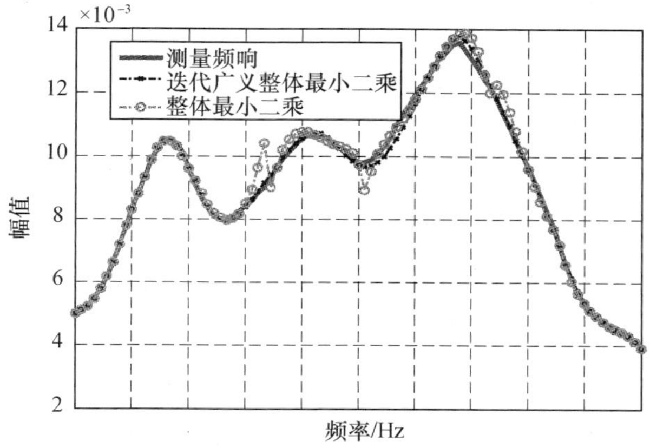

图 6.7 $n=20$ 时的辨识结果(见彩色插页)

观察图 6.5，可进一步发现：在进行上述辨识时，辨识结果中均包含了不稳定的数学极点。这些数学极点会带来一个问题：原本是稳定的系统，辨识后得到的模型却是不稳定的。而问题产生的原因恰恰是模型阶次较高造成的。但是，当我们选择较低的阶次时却又不能保证良好的辨识精度。

显然，对于实际颤振模态辨识和控制的需求，需要解决两个层面的问题：

(1) 为了获取真实的模态参数，需要找到一种鉴别、提取真实极点的有效办法。

(2) 在获得有效的极点估计之后，如何建立一个面向控制的仅包含真实极点的低阶模型也是一个值的研究的问题。

下一节回答第一个问题，叙述一种能够提供清晰稳态图的频域辨识方法。第二个问题将在第 7 章回答。

6.5 频域多参考点最小二乘法(矩阵分式模型)

多参考点复频域最小二乘法(p - LSCF 法)是一种基于矩阵分式模型的最小二乘算法。区别于公共极点模型的研究，其最大优势在于：它不仅可以解决多输入多输出的辨识问题，而且可以获得更加清晰的模态图，尤其是模态比较密集的系统，或者频响函数受到严重噪声污染的情况，它仍可以建立清晰的稳态图，识别出高度密集的模态，对每一个模态的频率、阻尼和振型都有较好的识别精度。毫无疑问，这种优势对于大噪声环境下的颤振飞行试验而言是至关重要的。当然仍然需要指出，这种优势并不代表此种辨识方法给我们带来了足够精确地辨识结果。毕竟在有噪声的情况下，最小二乘法提供的仍然是有偏估计。目前这种方法已经由

LMS 公司开发成商业软件 Polymax。本章的最大目的是希望揭示这种算法能够提供清晰稳态图的主要原因，目前这方面的研究非常有限。

6.5.1 算法描述

多参考点复频域最小二乘识别技术以频响函数矩阵作为识别的初始数据，其数学模型采用了式(6.11)中的右矩阵分式模型。则系数矩阵的估计可以通过最小化下面的关于参数矩阵 $\boldsymbol{\theta}$ 的非线性最小二乘(NLS)目标函数获得。

$$\ell_{\mathrm{NLC}}(\boldsymbol{\theta}) = \sum_{f=1}^{N_f} \mathrm{tr}((\boldsymbol{\varepsilon}^{\mathrm{NLS}}(\Omega_f,\boldsymbol{\theta}))^{\mathrm{H}},\boldsymbol{\varepsilon}^{\mathrm{NLS}}(\Omega_f,\boldsymbol{\theta}) \tag{6.54}$$

式中：$(\cdot)^{\mathrm{H}}$ 为矩阵的复共轭转置；$\mathrm{tr}(\cdot)$ 为矩阵的迹。$\boldsymbol{\varepsilon}^{\mathrm{NLS}}(\omega_k,\boldsymbol{\theta})$ 定义如下：

$$\boldsymbol{\varepsilon}^{\mathrm{NLS}}(\Omega_f,\boldsymbol{\theta}) = \boldsymbol{W}(\Omega_f)(\boldsymbol{N}(\Omega_f,\boldsymbol{\beta})\cdot\boldsymbol{D}^{-1}(\Omega_f,\boldsymbol{\alpha}) - \boldsymbol{H}(\Omega_f)) \tag{6.55}$$

式中：$\boldsymbol{W}(\Omega_f)$ 为加权函数。若将 $\boldsymbol{\varepsilon}^{\mathrm{NLS}}(\Omega_f,\boldsymbol{\theta})$ 右乘 $\boldsymbol{D}(\Omega_f,\boldsymbol{\alpha})$，则可以得到一个线性方程，其最小二乘误差可表示为

$$\begin{aligned}\boldsymbol{\varepsilon}^{\mathrm{LS}}(\Omega_f,\boldsymbol{\theta}) &= \boldsymbol{\varepsilon}^{\mathrm{NLS}}(\Omega_f,\boldsymbol{\theta})\cdot\boldsymbol{D}(\Omega_f,\boldsymbol{\alpha})\\ &= \boldsymbol{W}(\Omega_f)(\boldsymbol{N}(\Omega_f,\beta)\cdot\boldsymbol{D}^{-1}(\Omega_f,\boldsymbol{\alpha}) - \boldsymbol{H}(\Omega_f))\cdot\boldsymbol{D}(\Omega_f,\boldsymbol{\alpha})\\ &= \boldsymbol{W}(\Omega_f)\sum_{j=0}^{n}(\Omega_j(\Omega_f)\cdot\boldsymbol{B}_j - \Omega_j(\Omega_f)\boldsymbol{H}(\Omega_f)\cdot\boldsymbol{A}_j)\end{aligned} \tag{6.56}$$

在所有频率点下，存在如下线性关系：

$$\boldsymbol{\varepsilon}^{\mathrm{LS}}(\boldsymbol{\theta}) = \begin{bmatrix}\boldsymbol{\varepsilon}^{\mathrm{LS}}(\Omega_i,\boldsymbol{\theta})\\ \vdots\\ \boldsymbol{\varepsilon}^{\mathrm{LS}}(\Omega_{N_f},\boldsymbol{\theta})\end{bmatrix} = [\boldsymbol{X}\quad\boldsymbol{Y}]\begin{bmatrix}\boldsymbol{\beta}\\ \boldsymbol{\alpha}\end{bmatrix} = \boldsymbol{J}\begin{bmatrix}\boldsymbol{\beta}\\ \boldsymbol{\alpha}\end{bmatrix} \tag{6.57}$$

式中

$$\boldsymbol{X} = \begin{bmatrix}(\boldsymbol{W}(\Omega_1)[\Omega_1^0\quad\cdots\quad\Omega_1^n])\otimes\boldsymbol{I}_{N_o}\\ \vdots\\ (\boldsymbol{W}(\Omega_{N_f})[\Omega_{N_f}^0\quad\cdots\quad\Omega_{N_f}^n])\otimes\boldsymbol{I}_{N_o}\end{bmatrix} \tag{6.58}$$

$$\boldsymbol{Y} = \begin{bmatrix}-(\boldsymbol{W}(\Omega_1)[\Omega_1^0\quad\cdots\quad\Omega_1^n])\otimes\boldsymbol{H}(\omega_1)\\ \vdots\\ -(\boldsymbol{W}(\Omega_{N_f})[\Omega_{N_f}^0\quad\cdots\quad\Omega_{N_f}^n])\otimes\boldsymbol{H}(\omega_k)\end{bmatrix} \tag{6.59}$$

式中：$\otimes$ 为 Kronecker 积；$\boldsymbol{I}_{N_o}$ 为 $\boldsymbol{N}_o$ 维的单位矩阵。

由式(6.57)可知，待辨识参数可由如下方程的最小二乘解得到，即

$$\boldsymbol{J\theta} = \boldsymbol{0}$$

此时目标函数为

$$
\begin{aligned}
\ell_{\mathrm{LS}}(\boldsymbol{\theta}) &= \sum_{f=1}^{N_f} \mathrm{tr}((\boldsymbol{\varepsilon}^{\mathrm{LS}}(\Omega_f,\boldsymbol{\theta}))^{\mathrm{H}},\boldsymbol{\varepsilon}^{\mathrm{LS}}(\Omega_f,\boldsymbol{\theta})) \\
&= \mathrm{tr}\left([\boldsymbol{\beta}^{\mathrm{T}} \quad \boldsymbol{\alpha}^{\mathrm{T}}] \cdot \begin{bmatrix} \boldsymbol{R} & \boldsymbol{S} \\ \boldsymbol{S}^{\mathrm{T}} & \boldsymbol{T} \end{bmatrix} \cdot \begin{Bmatrix} \boldsymbol{\beta} \\ \boldsymbol{\alpha} \end{Bmatrix}\right) = \mathrm{tr}(\boldsymbol{\theta}^{\mathrm{T}} \cdot \mathrm{Re}(\boldsymbol{J}^{\mathrm{T}}\boldsymbol{J}) \cdot \boldsymbol{\theta})
\end{aligned}
\tag{6.60}
$$

式中：$\boldsymbol{R}=\mathrm{Re}(\boldsymbol{X}^{\mathrm{H}}\boldsymbol{X})$，$\boldsymbol{S}=\mathrm{Re}(\boldsymbol{X}^{\mathrm{H}}\boldsymbol{Y})$，$\boldsymbol{T}=\mathrm{Re}(\boldsymbol{Y}^{\mathrm{H}}\boldsymbol{Y})$均为 Toeplitz 矩阵，其中 Re(·)为矩阵的实部，其矩阵元素具体定义如下：

$$\boldsymbol{R} = \mathrm{Re}(\boldsymbol{X}^{\mathrm{H}}\boldsymbol{X}) \tag{6.61}$$

$$\boldsymbol{S} = \mathrm{Re}(\boldsymbol{X}^{\mathrm{H}}\boldsymbol{Y}) \tag{6.62}$$

$$\boldsymbol{T} = \mathrm{Re}(\boldsymbol{Y}^{\mathrm{H}}\boldsymbol{Y}) \tag{6.63}$$

式中：Re(·)为矩阵的实部。

由于模态参数识别仅关注系统的极点，只需辨识系数矩阵 $\boldsymbol{\alpha}$ 即可。将 $\ell_{\mathrm{LS}}(\boldsymbol{\theta})$ 对系数矩阵 $\boldsymbol{\beta}$ 和 $\boldsymbol{\alpha}$ 分别求导，并令其为零。

$$\frac{\partial}{\partial \boldsymbol{\beta}}\ell_{\mathrm{LS}}(\theta) = 2(\boldsymbol{R\beta}+\boldsymbol{S\alpha}) = 0 \tag{6.64}$$

$$\frac{\partial}{\partial \boldsymbol{\alpha}}\ell_{\mathrm{LS}}(\theta) = 2(\boldsymbol{S}^{\mathrm{T}}\boldsymbol{\beta}+\boldsymbol{T\alpha}) = 0 \tag{6.65}$$

由式(6.64)可知 $\boldsymbol{\beta}=-\boldsymbol{R}^{-1}\boldsymbol{S}\cdot\boldsymbol{\alpha}$，将其代入式(6.74)可得

$$2(\boldsymbol{T}-\boldsymbol{S}^{\mathrm{T}}\boldsymbol{R}^{-1}\boldsymbol{S})\cdot\boldsymbol{\alpha} = 2\boldsymbol{M}\cdot\boldsymbol{\alpha} = 0 \tag{6.66}$$

式中：$\boldsymbol{M}=\boldsymbol{T}-\boldsymbol{S}^{\mathrm{T}}\boldsymbol{R}^{-1}\boldsymbol{S}$。在求取式(6.66)中 $\boldsymbol{\alpha}$ 的最小二乘估计时，为避免出现平凡解，通常可取 $\boldsymbol{A}_0=\boldsymbol{I}$ 或 $\boldsymbol{A}_n=\boldsymbol{I}$ 作为约束条件。例如，当取 $\boldsymbol{A}_0=\boldsymbol{I}_{N_i}$时：

$$\boldsymbol{A} = \boldsymbol{M}(1:N_i(n+1),N_i+1:N_i(n+1)) \tag{6.67}$$

$$\boldsymbol{B} = -\boldsymbol{M}(1:N_i(n+1),1:N_i) \tag{6.68}$$

令 $\boldsymbol{X}=\boldsymbol{A}^{-1}\boldsymbol{B}$，可得到 $\boldsymbol{\alpha}$ 的最小二乘估计为

$$\hat{\boldsymbol{\alpha}}_{\mathrm{LS}} = \begin{Bmatrix} \boldsymbol{X} \\ \boldsymbol{I}_{N_i} \end{Bmatrix} \tag{6.69}$$

在实际应用中，为了提高运算效率，文献[90]曾给出了该算法的一种快速计算方法。该方法利用快速傅里叶变换计算矩阵，避免了高维输入、输出情况下，数据维数增大引发的计算量剧增。限于篇幅，这里不再详细叙述，感兴趣的读者可以参阅文献[90]。

6.5.2 频域最小二乘法中约束条件的选取

频域最小二乘辨识方法因其较小的计算量和较高的辨识精度，在模态分析尤其是飞机颤振模态分析中得到了广泛关注。在实际应用中为提高辨识精度和后续的稳态图分析，通常采用过拟合方法进行系统辨识，然而过高的模型阶次会引入多余的数学极点，产生虚假模态，进而干扰真实模态的识别。因此，本节将针对系统

辨识问题，研究两种典型极点约束条件对频域最小二乘辨识方法的不同影响，并通过理论分析和数学推导来解释约束条件选择和虚假数学极点稳定性之间的关系。

1. 极点约束条件之一

若选择 $\boldsymbol{A}_0=\boldsymbol{I}$ 或 $\boldsymbol{A}_n=\boldsymbol{I}$ 作为约束条件来求解式(6.66)，则最终最小二乘解的获得和约束条件之间的关系如何将值得进一步讨论。下面将从单输入单输出系统出发，进一步推广到多输入多输出系统来解释该约束条件选择对频域最小二乘辨识方法的不同影响。

假定单输入单输出离散时间系统的传递函数 $\boldsymbol{H}(z)=\boldsymbol{N}(z)/\boldsymbol{D}(z)$，当采用过拟合方法进行辨识时，若模型的阶次为 n，真实极点的个数为 r，通常会有 $n\geqslant r$，数学极点(对应虚假模态)的个数 $m=n-r$，则相应的分母多项式 $\boldsymbol{D}(z)$ 可分解为两个多项式乘积的形式：

$$\boldsymbol{D}(z)=\boldsymbol{D}_1(z)\boldsymbol{D}_2(z) \tag{6.70}$$

式中：$\boldsymbol{D}_1(z_k)$，$\boldsymbol{D}_2(z_k)$ 的根分别对应真实极点和数学极点，即

$$\boldsymbol{D}(z_k)=a_0+a_1z+\alpha_2z^2+\cdots+a_nz^n \tag{6.71}$$

$$\boldsymbol{D}_1(z_k)=g_0+g_1z+g_2z^2+\cdots+g_rz^r \tag{6.72}$$

$$\boldsymbol{D}_2(z_k)=h_0+h_1z+h_2z^2+\cdots+h_mz^m \tag{6.73}$$

根据式(6.70)中的多项式乘积关系，易知多项式系数存在如下卷积关系：

$$a_i=\sum_{k=-\infty}^{\infty}h_{i-k}g_k \tag{6.74}$$

式中

$$\begin{cases}h_i=0, & i<0 \text{ 或 } i>m\\ g_i=0, & i<0 \text{ 或 } i>r\end{cases}$$

若约束条件为 $a_0=1$，则根据卷积关系 $g_0=h_0=1$。可将卷积改写成如下 $\boldsymbol{Gh}=\boldsymbol{\alpha}$ 的等式形式：

$$\left[\begin{array}{c:ccc}1 & 0 & \cdots & 0\\ \hdashline g_1 & 1 & \ddots & \vdots\\ \vdots & g_1 & \ddots & 0\\ g_{r-1} & \vdots & \ddots & 1\\ g_r & g_{r-1} & \vdots & g_1\\ 0 & g_r & \ddots & \vdots\\ \vdots & \vdots & \ddots & g_{r-1}\\ 0 & 0 & 0 & g_r\end{array}\right]\left[\begin{array}{c}1\\ \hdashline h_1\\ \vdots\\ h_{m-1}\\ h_m\end{array}\right]=\left[\begin{array}{c}1\\ \hdashline a_1\\ \vdots\\ a_{n-1}\\ a_n\end{array}\right] \tag{6.75}$$

$$\begin{bmatrix} \boldsymbol{G}_{11} & 0 \\ \boldsymbol{G}_{21} & \boldsymbol{G}_{22} \end{bmatrix} \begin{bmatrix} 1 \\ \bar{\boldsymbol{h}} \end{bmatrix} \begin{bmatrix} 1 \\ \bar{\boldsymbol{\alpha}} \end{bmatrix} \tag{6.76}$$

事实上，最小二乘估计 $\hat{\boldsymbol{X}} = \boldsymbol{A}^{-1}\boldsymbol{B}$ 也称为极小范数最小二乘解，除满足 $\min\limits_{X} \| \boldsymbol{AX} - \boldsymbol{B} \|$ 外，还需保证 $\| \boldsymbol{X} \|$ 为最小。结合式(6.76)，$\| \boldsymbol{X} \|$ 可表示为

$$\begin{aligned} \| \boldsymbol{X}(\bar{\boldsymbol{h}}) \| &= |\bar{\boldsymbol{\alpha}}| = \sqrt{|a_1|^2 + \cdots |a_{n-1}|^2 + |a_n|^2} \\ &= \sqrt{\boldsymbol{G}_{21}^{\mathrm{T}}\boldsymbol{G}_{21} + \boldsymbol{G}_{21}^{\mathrm{T}}\boldsymbol{G}_{22}\bar{\boldsymbol{h}} + \bar{\boldsymbol{h}}^{\mathrm{T}}\boldsymbol{G}_{22}^{\mathrm{T}}\boldsymbol{G}_{21} + \bar{\boldsymbol{h}}^{\mathrm{T}}\boldsymbol{G}_{22}^{\mathrm{T}}\boldsymbol{G}_{21}\bar{\boldsymbol{h}}} \end{aligned} \tag{6.77}$$

令 $\partial \| \boldsymbol{X} \| / \partial \bar{\boldsymbol{h}} = 0$，则可得

$$[\boldsymbol{G}_{22}^{\mathrm{T}}\boldsymbol{G}_{21} \quad \boldsymbol{G}_{22}^{\mathrm{T}}\boldsymbol{G}_{22}] \begin{bmatrix} 1 \\ \bar{\boldsymbol{h}} \end{bmatrix} = 0 \tag{6.78}$$

上式中矢量 $[1 \quad \bar{\boldsymbol{h}}^{\mathrm{T}}]^{\mathrm{T}}$ 决定了数学极点的分布。就此问题，Kumaresan[141,142]和Cauberghe[143]分别从 Yule. walker 方程和自回归模型的角度对式(6.78)进行了分析，结果表明：当选择约束 $a_0 = 1$ 时，$h_0 = 1$，此时对应的数学极点为不稳定极点；反之，当选择约束 $a_n = 1$ 时，$h_m = 1$，对应的数学极点为稳定极点。同时，Cauberghe[143]指出：当采用 z^{-1} 代替式(6.71)中的 z 时，其效果等同于将约束条件由 $a_0 = 1$ 变为 $a_n = 1$。综合以上结果，约束对数学极点的影响如表 6.2[142]所列。

表 6.2　约束对数学极点的影响

	z	z^{-1}
$a_0 = 1$	不稳定	稳定
$a_n = 1$	稳定	不稳定

现有结论虽然能够解释单输入单输出系统辨识中约束对极点的影响，但对于多输入多输出系统，仍缺少必要的讨论和推导。为此，本节研究多输入多输出系统 $\boldsymbol{A}_0 = \boldsymbol{I}$ 或 $\boldsymbol{A}_n = \boldsymbol{I}$ 的约束条件对极点的影响，并给出理论推导。

对于多输入多输出系统，式(6.70)依然成立，只是此时 $\boldsymbol{D}(z)$，$\boldsymbol{D}_1(z)$，$\boldsymbol{D}_2(z)$ 为多项式矩阵：

$$\boldsymbol{D}(z_k) = \boldsymbol{A}_0 + \boldsymbol{A}_1 z + \boldsymbol{A}_2 z^2 + \cdots + \boldsymbol{A}_n z^n \tag{6.79}$$

$$\boldsymbol{D}_1(z_k) = \boldsymbol{G}_0 + \boldsymbol{G}_1 z + \boldsymbol{G}_2 z^2 + \cdots + \boldsymbol{G}_r z^r \tag{6.80}$$

$$\boldsymbol{D}_2(z_k) = \boldsymbol{H}_0 + \boldsymbol{H}_1 z + \boldsymbol{H}_2 z^2 + \cdots + \boldsymbol{H}_m z^m \tag{6.81}$$

类似于单输入单输出系统，依旧可采用如下等式表示多项式矩阵之间的卷积关系，若假定约束条件为 $\boldsymbol{A}_0 = \boldsymbol{I}$，则有

$$
\underbrace{\begin{bmatrix} I & \vdots & 0 & \cdots & 0 \\ \hline G_1 & \vdots & I & \ddots & \vdots \\ \vdots & \vdots & G_1 & \ddots & 0 \\ G_{r-1} & \vdots & \vdots & \ddots & I \\ G_r & \vdots & G_{r-1} & \vdots & G_1 \\ 0 & \vdots & G_r & \ddots & \vdots \\ \vdots & \vdots & \vdots & \ddots & G_{r-1} \\ 0 & \vdots & 0 & 0 & G_r \end{bmatrix}}_{G} \underbrace{\begin{bmatrix} I \\ \hline H_1 \\ \vdots \\ H_{m-1} \\ H_m \end{bmatrix}}_{H} = \underbrace{\begin{bmatrix} I \\ \hline A_1 \\ \vdots \\ A_{n-1} \\ A_n \end{bmatrix}}_{\Lambda} \tag{6.82}
$$

即

$$
\begin{bmatrix} I & \vdots & 0 \\ \hline \overline{G}_{21} & \vdots & \overline{G}_{22} \end{bmatrix} \begin{bmatrix} I \\ \hline \overline{H} \end{bmatrix} = \begin{bmatrix} I \\ \hline \overline{\Lambda} \end{bmatrix} \tag{6.83}
$$

此时 $\| X \|$ 可改写为

$$
\| X(\overline{H}) \| = \| \overline{\Lambda} \| = \sqrt{\operatorname{tr}(\overline{\Lambda}^{\mathrm{T}} \overline{\Lambda})} =
$$

$$
\sqrt{\operatorname{tr}(\overline{G}_{21}^{\mathrm{T}} \overline{G}_{21} + \overline{G}_{21}^{\mathrm{T}} \overline{G}_{22} \overline{H} + \overline{H}^{\mathrm{T}} \overline{G}_{22}^{\mathrm{T}} \overline{G}_{21} + \overline{H}^{\mathrm{T}} \overline{G}_{22}^{\mathrm{T}} \overline{G}_{22} \overline{H})} \tag{6.84}
$$

若式(6.84)对 $\overline{H}$ 求导，并令其为零可得

$$
[\overline{G}_{22}^{\mathrm{T}} \overline{G}_{21} \quad \overline{G}_{22}^{\mathrm{T}} \overline{G}_{22}] \begin{bmatrix} I \\ \overline{H} \end{bmatrix} = 0 \tag{6.85}
$$

同时假设

$$
[I + \overline{G}_{21}^{\mathrm{T}} \overline{G}_{21} \quad \overline{G}_{21}^{\mathrm{T}} \overline{G}_{22}] \begin{bmatrix} I \\ \overline{H} \end{bmatrix} = \Psi \tag{6.86}
$$

则有

$$
\underbrace{\begin{bmatrix} I + \overline{G}_{21}^{\mathrm{T}} \overline{G}_{21} & \overline{G}_{21}^{\mathrm{T}} \overline{G}_{22} \\ \overline{G}_{22}^{\mathrm{T}} \overline{G}_{21} & \overline{G}_{22}^{\mathrm{T}} \overline{G}_{22} \end{bmatrix}}_{\Phi} \underbrace{\begin{bmatrix} I \\ \overline{H} \end{bmatrix}}_{H} = \begin{bmatrix} \Psi \\ 0 \end{bmatrix} \tag{6.87}
$$

式中：$\Phi = G^{\mathrm{T}} G$ 为对称的 Toeplitz 矩阵；$\Psi = [I \quad \overline{H}^{\mathrm{T}}] \Phi \begin{bmatrix} I \\ \overline{H} \end{bmatrix}$ 为对称正定矩阵。

根据文献[144]可知：若构造如下的块伴随矩阵 A_c，则该矩阵的特征值即为虚假数学极点。

$$
\boldsymbol{A}_{c}=\begin{bmatrix} -H_{m-1}H_{m}^{-1} & I & \cdots & 0 \\ -H_{m-2}H_{m}^{-1} & \vdots & \ddots & \vdots \\ \vdots & 0 & & I \\ -H_{m}^{-1} & 0 & \cdots & 0 \end{bmatrix} \tag{6.88}
$$

对其进行特征值分解可得

$$
\boldsymbol{A}_{c}\boldsymbol{U}_{c}=\boldsymbol{U}_{c}\boldsymbol{\Lambda}_{c} \tag{6.89}
$$

式中：$\boldsymbol{\Lambda}_{c}\in R^{mN_i\times mN_i}$为包含特征值的对角阵，$\boldsymbol{U}_{c}\in R^{mN_i\times mN_i}$为特征矢量矩阵，可将其定义为分块矩阵的形式：

$$
\boldsymbol{U}_{c}=\begin{bmatrix} \boldsymbol{U}_{1c} \\ \vdots \\ \boldsymbol{U}_{mc} \end{bmatrix},\boldsymbol{U}_{kc}\in R^{N_i\times mN_j} \tag{6.90}
$$

结合式(6.88)～式(6.90)，可知有如下关系成立：

$$
\begin{gathered}
\boldsymbol{U}_{1c}=\boldsymbol{H}_{m}\boldsymbol{H}_{m}^{-1}\boldsymbol{U}_{1c}+\boldsymbol{0} \\
\boldsymbol{U}_{2c}=\boldsymbol{H}_{m-1}\boldsymbol{H}_{m}^{-1}\boldsymbol{U}_{1c}+\boldsymbol{U}_{1c}\boldsymbol{\Lambda}_{c} \\
\vdots \\
\boldsymbol{U}_{mc}=\boldsymbol{H}_{1}\boldsymbol{H}_{m}^{-1}\boldsymbol{U}_{1c}+\boldsymbol{U}_{(m-1)c}\boldsymbol{\Lambda}_{c} \\
\boldsymbol{0}=\boldsymbol{H}_{m}^{-1}\boldsymbol{U}_{1c}+\boldsymbol{U}_{mc}\boldsymbol{\Lambda}_{c}
\end{gathered} \tag{6.91}
$$

上述关系可进一步改写为如下形式：

$$
\begin{bmatrix} \boldsymbol{0} \\ \boldsymbol{U}_{cc} \end{bmatrix}=\begin{bmatrix} \boldsymbol{I} \\ \hdashline \boldsymbol{H} \end{bmatrix}\boldsymbol{H}_{m}^{-1}\boldsymbol{U}_{1c}+\begin{bmatrix} \boldsymbol{U}_{cc} \\ 0 \end{bmatrix}\boldsymbol{\Lambda}_{c}=-\begin{bmatrix} \boldsymbol{I} \\ \boldsymbol{H}' \end{bmatrix}\boldsymbol{U}_{mc}\boldsymbol{\Lambda}_{c}+\begin{bmatrix} \boldsymbol{U}_{cc} \\ 0 \end{bmatrix}\boldsymbol{\Lambda}_{c}
$$

式中：$\boldsymbol{U}_{cc}=[\boldsymbol{U}_{mc}^{T}\quad \boldsymbol{U}_{(m-1)c}^{T}\quad \cdots\quad \boldsymbol{U}_{1c}^{T}]^{T}$。

进而可得

$$
\begin{bmatrix} \boldsymbol{U}_{cc} \\ \boldsymbol{0} \end{bmatrix}\boldsymbol{\Lambda}_{c}=\begin{bmatrix} \boldsymbol{0} \\ \boldsymbol{U}_{cc} \end{bmatrix}+\begin{bmatrix} \boldsymbol{I} \\ \hline \boldsymbol{H} \end{bmatrix}\boldsymbol{U}_{mc}\boldsymbol{\Lambda}_{c} \tag{6.92}
$$

假设$\boldsymbol{\Phi}_{m}$为 Toeplitz 矩阵$\boldsymbol{\Phi}$的第mN_i阶顺序主子式，$(\cdot)^{H}$为共轭转置，并考虑到式(6.92)中的等式关系，则有

$$
\begin{aligned}
\boldsymbol{\Lambda}_{c}^{H}\boldsymbol{U}_{cc}^{H}\boldsymbol{\Phi}_{m}\boldsymbol{U}_{cc}\boldsymbol{\Lambda}_{c} &= \boldsymbol{\Lambda}_{c}^{H}[\boldsymbol{U}_{cc}^{H}\quad \boldsymbol{0}]\boldsymbol{\Phi}\begin{bmatrix} \boldsymbol{U}_{cc} \\ \boldsymbol{0} \end{bmatrix}\boldsymbol{\Lambda}_{c} \\
&= \left(\begin{bmatrix} \boldsymbol{0} \\ \boldsymbol{U}_{cc} \end{bmatrix}+\begin{bmatrix} \boldsymbol{I} \\ \hline \boldsymbol{H} \end{bmatrix}\boldsymbol{U}_{mc}\boldsymbol{\Lambda}_{c}\right)^{H}\boldsymbol{\Phi}\left(\begin{bmatrix} \boldsymbol{0} \\ \boldsymbol{U}_{cc} \end{bmatrix}+\begin{bmatrix} \boldsymbol{I} \\ \hline \boldsymbol{H} \end{bmatrix}\boldsymbol{U}_{mc}\boldsymbol{\Lambda}_{c}\right) \\
&= \boldsymbol{U}_{cc}^{H}\boldsymbol{\Phi}_{m}\boldsymbol{U}_{cc}+\boldsymbol{\Lambda}_{c}^{H}\boldsymbol{U}_{mc}^{H}\boldsymbol{\Psi}\boldsymbol{U}_{mc}\boldsymbol{\Lambda}_{c}
\end{aligned} \tag{6.93}
$$

若 λ_i 表示矩阵 $\boldsymbol{\Lambda}_c$ 对角线上的某一特征值，$\boldsymbol{u}_{ci}$，σ_i 分别为与之对应的 $\boldsymbol{U}_{cc}$ 中的矢量和正定矩阵 $\boldsymbol{U}_{mc}^{T}\boldsymbol{\Psi}\boldsymbol{U}_{mc}$ 的对角元素。则利用对角线上元素相等的关系可得

$$|\lambda_i|^2\boldsymbol{u}_c^{H}\boldsymbol{\Phi}_m\boldsymbol{u}_c=\boldsymbol{u}_c^{H}\boldsymbol{\Phi}_m\boldsymbol{u}_c+|\lambda_i|^2\sigma_i \tag{6.94}$$

$$|\lambda_i|^2=\frac{\boldsymbol{u}_c^{H}\boldsymbol{\Phi}_m\boldsymbol{u}_c}{\boldsymbol{u}_c^{H}\boldsymbol{\Phi}_m\boldsymbol{u}_c-\sigma_i} \tag{6.95}$$

上式中 $|\cdot|$ 表示模值，由于 σ_i 为正数，所以 $|\lambda_i|>1$。由此可知，当 $\boldsymbol{A}_0=\boldsymbol{I}$ 时，数学极点位于单位圆之外，是不稳定极点。

以下考虑约束条件为 $\boldsymbol{A}_n=\boldsymbol{I}$ 时的情形，为便于分析，可将式(6.72)中 $\boldsymbol{D}(z)$ 改写为以 z^{-1} 为变量的等效形式：

$$\boldsymbol{D}(z)=z^n\boldsymbol{D}'(z^{-1})=z^n(\boldsymbol{A}_0z^{-n}+\boldsymbol{A}_1z^{-n+1}+\cdots+\boldsymbol{A}_{n-1}z+\boldsymbol{A}_n)$$

式中：多项式 $\boldsymbol{D}'(z^{-1})$ 的零点即为系统的极点。采用与前述理论相同方法分析该多项式可知：$|\lambda_i|>1$。但是由于此时 $\boldsymbol{D}'(z^{-1})$ 的变量为 z^{-1}，式(6.79)得到的特征值 $|\lambda_i|$ 并不直接对应虚假数学极点 p_i，而是互为倒数。故有

$$|p_i|=\frac{1}{|\lambda_i|}<1 \tag{6.96}$$

因此约束条件为 $\boldsymbol{A}_n=\boldsymbol{I}$ 时，虚假数学极点位于单位圆之内，是稳定极点。

同理可知，当采用 z^{-1} 代替式(6.79)中的 z 时，其效果等同于将约束条件由 $\boldsymbol{A}_0=\boldsymbol{I}$ 变为 $\boldsymbol{A}_n=\boldsymbol{I}$。

综合以上情况，多输入多输出情形下约束条件与数学极点的稳定性满足如表6.3所示的关系。

表 6.3　约束对数学极点的影响

	z	z^{-1}
$\boldsymbol{A}_0=\boldsymbol{I}$	不稳定	稳定
$\boldsymbol{A}_n=\boldsymbol{I}$	稳定	不稳定

由表6.4可知：当模型中基函数为 z 时，若取约束条件 $\boldsymbol{A}_0=\boldsymbol{I}$，此时数学极点是不稳定的，而真实极点是稳定的，利用它们不同的稳定特性，可以清楚地区分二者，从而得到清晰的稳态图；若取 $\boldsymbol{A}_n=\boldsymbol{I}$，数学极点和真实极点都是稳定的，不能将两者有效的区分开，得不到清晰的稳态图。

同理，当选择基函数为 z^{-1} 时，若取 $\boldsymbol{A}_0=\boldsymbol{I}$，数学极点和真实极点都是稳定极点，不能有效的区分开；若取 $\boldsymbol{A}_n=\boldsymbol{I}$，此时数学极点是不稳定的，真实极点是稳定的，能够较为容易的区分二者，获得清晰的稳态图。

综上可知，为获得清晰稳态图，约束条件的选取原则是：当待辨识模型中基函

数为 z 时，约束条件取为 $\boldsymbol{A}_0=\boldsymbol{I}$；当基函数为 z^{-1}时，约束条件取为 $\boldsymbol{A}_n=\boldsymbol{I}$。

2. 极点约束条件之二

最小二乘求解常见约束条件还包括 $\boldsymbol{\alpha}^{\mathrm{T}}\boldsymbol{\alpha}=\boldsymbol{I}$ 的形式。限于问题的复杂性，这里仅讨论单输入情况下，约束条件为 $\boldsymbol{\alpha}^{\mathrm{T}}\boldsymbol{\alpha}=1$ 的情况。此时，方程(6.66)可由下式求解：

$$\boldsymbol{M}\ \hat{\boldsymbol{\alpha}}=\lambda_{\min}\hat{\boldsymbol{\alpha}},\ 且\ \hat{\boldsymbol{\alpha}}^{\mathrm{T}}\hat{\boldsymbol{\alpha}}=1 \tag{6.97}$$

式中：$\lambda_{\min}$为 $\boldsymbol{M}$ 的最小特征值，由于 $\boldsymbol{M}$ 是正定矩阵，该特征值所对应的特征矢量 $\hat{\boldsymbol{\alpha}}$ 即为待求的解。

对于等式 $\boldsymbol{M}\ \hat{\boldsymbol{\alpha}}=\lambda_{\min}\hat{\boldsymbol{\alpha}}$，其特征矢量构成的多项式的根可以分为两种情况：共轭复根和实数根。下面就这两种情况分别展开讨论。

1）共轭复根

当极点中含有共轭复根时，其极点多项式可以表示为

$$\hat{\alpha}(z)=(1+\gamma_1 z^{-1}+\gamma_2 z^{-2})\boldsymbol{U}(z^{-1}) \tag{6.98}$$

其系数矢量可以表示为 $\hat{\boldsymbol{\alpha}}=\boldsymbol{U}[1\quad \gamma_1\quad \gamma_2]^{\mathrm{T}}$，其中 $\boldsymbol{U}=[\boldsymbol{u}\quad \boldsymbol{Su}\quad S^2u]$，$\boldsymbol{u}=[u_0\quad \cdots\quad u_{n-1}\quad 0\quad 0]^{\mathrm{T}}$，$\boldsymbol{u}_i$是多项式 $\boldsymbol{U}(z)$ 的系数，$\boldsymbol{S}$ 是移位矩阵。对等式 $\boldsymbol{M}\hat{\boldsymbol{\alpha}}=\lambda_{\min}\hat{\boldsymbol{\alpha}}$ 左乘 $\boldsymbol{U}^{\mathrm{T}}$，可得

$$\boldsymbol{U}^{\mathrm{T}}\boldsymbol{M}\boldsymbol{U}[1\quad \gamma_1\quad \gamma_2]^{\mathrm{T}}=\lambda_{\min}\boldsymbol{U}^{\mathrm{T}}\boldsymbol{U}[1\quad \gamma_1\quad \gamma_2]^{\mathrm{T}} \tag{6.99}$$

$$\boldsymbol{U}^{\mathrm{T}}(\boldsymbol{M}-\lambda_{\min}\boldsymbol{I})\boldsymbol{U}[1\quad \gamma_1\quad \gamma_2]^{\mathrm{T}}=\boldsymbol{0} \tag{6.100}$$

由上述 $\boldsymbol{M}$ 和 $\boldsymbol{U}$ 的值可判断 $\boldsymbol{U}^{\mathrm{T}}(\boldsymbol{M}-\lambda_{\min}\boldsymbol{I})\boldsymbol{U}$ 是一个 Toeplitz 矩阵，可写为

$$\boldsymbol{U}^{\mathrm{T}}(\boldsymbol{M}-\lambda_{\min}\boldsymbol{I})\boldsymbol{U}=\begin{bmatrix} s & t & v \\ t & s & t \\ v & t & s \end{bmatrix}$$

代入式(6.113)可得

$$\begin{bmatrix} s & t & v \\ t & s & t \\ v & t & s \end{bmatrix}\begin{bmatrix} 1 \\ \gamma_1 \\ \gamma_2 \end{bmatrix}=0$$

即

$$\begin{cases} s+t\gamma_1+v\gamma_2=0 \\ t+s\gamma_1+t\gamma_2=0 \\ v+t\gamma_1+s\gamma_2=0 \end{cases} \tag{6.101}$$

求解上式方程组可得：$\gamma_2=1$，$2t+s\gamma_1=0$。

由于 $\boldsymbol{U}^{\mathrm{T}}(\boldsymbol{M}-\lambda_{\min}\boldsymbol{I})\boldsymbol{U}$ 是一个 Toeplitz 矩阵，故正定，其各阶主子式均大于零，由 $s^2>t^2$ 可得

$$|\gamma_1|=2\frac{|t|}{|s|}<2 \tag{6.102}$$

式(6.102)确保了其中的一对极点为共轭复数极点，并且根据多项式的系数可以判断共轭复根位于 Z 平面内的单位圆上。

由于普遍存在的计算误差和数据噪声影响，$\boldsymbol{U}^{\mathrm{T}}(\boldsymbol{M}-\lambda_{\min}\boldsymbol{I})\boldsymbol{U}$ 并不是标准的 Toeplitz 矩阵，因此其特征矢量构成的多项式所对应的共轭复根通常表现为在单位圆附近波动。

2）实数根

给定一个多项式 $\alpha(z)=(1-\gamma z^{-1})U(z)$，其系数矢量可以表示为

$$\boldsymbol{\alpha}=\boldsymbol{U}[1\quad -\gamma]^{\mathrm{T}} \tag{6.103}$$

式中：$\boldsymbol{U}=[\boldsymbol{u}\quad \boldsymbol{S}\boldsymbol{u}]$，$\boldsymbol{u}=[u_0\quad \cdots\quad u_{n-1}\quad 0\quad 0]^{\mathrm{T}}$，其中 $\boldsymbol{u}_i$ 是多项式 $\boldsymbol{U}(z)$ 的系数，$\boldsymbol{S}$ 是移位矩阵。对等式 $\boldsymbol{M}\hat{\boldsymbol{\alpha}}=\lambda_{\min}\hat{\boldsymbol{\alpha}}$ 左乘 $\boldsymbol{U}^{\mathrm{T}}$，可得

$$\boldsymbol{U}^{\mathrm{T}}\boldsymbol{M}\boldsymbol{U}[1\quad -\gamma]^{\mathrm{T}}=\lambda_{\min}\boldsymbol{U}^{\mathrm{T}}\boldsymbol{U}[1\quad -\gamma]^{\mathrm{T}} \tag{6.104}$$

即

$$\boldsymbol{U}^{\mathrm{T}}(\Delta\boldsymbol{M}-\lambda_{\min}\boldsymbol{I})\boldsymbol{U}[1\quad -\gamma]^{\mathrm{T}}=\boldsymbol{0} \tag{6.105}$$

同理，$\boldsymbol{U}^{\mathrm{T}}(\boldsymbol{M}-\lambda_{\min}\boldsymbol{I})\boldsymbol{U}$ 是正定的 Toeplitz 矩阵，故可表示为

$$\boldsymbol{U}^{\mathrm{T}}(\boldsymbol{M}-\lambda_{\min}\boldsymbol{I})\boldsymbol{U}=\begin{bmatrix}\xi & \psi\\ \psi & \xi\end{bmatrix} \tag{6.106}$$

代入式(6.105)可得

$$\begin{bmatrix}\xi & \psi\\ \psi & \xi\end{bmatrix}\begin{bmatrix}1\\ -\gamma\end{bmatrix}=0$$

即

$$\begin{cases}\xi-\psi\gamma=0\\ \psi-\xi\gamma=0\end{cases}$$

求解上式方程组可得

$$|\gamma|=1$$

因此，对于等式 $\boldsymbol{M}\hat{\boldsymbol{\alpha}}=\lambda_{\min}\hat{\boldsymbol{\alpha}}$，其特征矢量构成的多项式的实数根在单位圆上。同样考虑到计算误差和数据噪声影响，$\boldsymbol{U}^{\mathrm{T}}(\boldsymbol{M}-\lambda_{\min}\boldsymbol{I})\boldsymbol{U}$ 并不是标准的 Toeplitz 矩阵。因此，其特征矢量构成的多项式所对应的实数根会在单位圆附近波动。

综合以上两方面可知：当采用极点约束条件 $\boldsymbol{\alpha}^{\mathrm{T}}\boldsymbol{\alpha}=1$ 时，系统的真实极点在单

位圆内,噪声引起的数学极点则在单位圆附近波动,当真实极点非常接近单位圆时就无法分清二者,也得不到清晰的稳态图。

6.5.3 约束条件的数值仿真

由于待辨识系统通常为稳定系统,其真实极点均为稳定极点。为便于区分真实极点和虚假极点,我们通常希望由噪声引起的数学极点为不稳定极点。为了便于分析,在此选择一个单输入单输出系统,根据前述分析,当基函数为 z^{-1} 时,取约束条件 $\boldsymbol{\alpha}_n=1$ 和当基函数为 z 时,取约束条件 $\boldsymbol{\alpha}_0=1$,可区分不稳定的数学极点和稳定的物理极点。若取约束 $\boldsymbol{\alpha}^{\mathrm{T}}\boldsymbol{\alpha}=1$,则不能有效地区分稳定极点与不稳定的极点。为了验证上述结论,取一个单输入单输出系统的传递函数为

$$H(z_k)=\frac{z_k^{-1}+0.5z_k^{-2}}{1+0.7z_k^{-1}-1.02z_k^{-2}} \tag{6.107}$$

根据式(6.107)的传递函数,分别计算不同离散频率点下的频率响应函数,可取 $z_k=\exp(2\pi k/N)$,$k=0,1,2\cdots,250$,$N=500$。为了模拟噪声影响,在频响函数中加入复数白噪声,其中实部和虚部的噪声方差均为 0.1。随后,应用本节多参考点复频域最小二乘方法对含噪的频响数据进行辨识,这里取模型阶次 $n_a=n_b=7$。采用蒙特卡罗方法,共进行了 50 次仿真实验,结果如图 6.8 所示。

图 6.8(a)给出了 $\boldsymbol{\alpha}_0=1$ 时进行 50 次仿真得到极点在 z 复平面内的分布图。图中用"×"标注了系统的真实极点,真实极点分别为 $\lambda_1=-0.8424$,$\lambda_2=0.1424$。由于模值均小于 1,它们都是稳定极点。未标注的其它点则代表过拟合引发的数学极点。由于该种情况下,数学极点和真实极点都是稳定极点,均分布在单位圆内。因此,很难区分真实模态和虚假模态。图 6.8(b)则给出了当取 $\boldsymbol{\alpha}_7=1$ 时的辨识结果。此时,真实极点和数学极点分别分布在单位圆内和单位圆外,可以很容易分辨二者,也就是说可以得到模态关系清晰的稳态图。图 6.8(c)给出了 $\boldsymbol{\alpha}^{\mathrm{T}}\boldsymbol{\alpha}=1$ 时的极点在 z 复平面的分布情况,真实极点在单位圆内,数学极点在单位圆上或附近,不能有效地区分真实极点和数学极点。

通过图 6.8 可以清楚地看出:不同的极点约束条件对辨识结果有不同影响,辨识条件的准确选择在很大程度上影响了辨识结果的准确性。当基函数为 z^{-1} 时,取约束条件 $\boldsymbol{\alpha}_n=1$ 和当基函数为 z 时,取约束条件 $\boldsymbol{\alpha}_0=1$,可区分不稳定的数学极点和稳定的物理极点。若取约束 $\boldsymbol{\alpha}^{\mathrm{T}}\boldsymbol{\alpha}=1$,则不能有效地区分稳定极点与不稳定的极点。通过仿真分析验证了上述结论的有效性,因此,在进行频域模态参数辨识时,正确地选择极点约束条件,有利于得到清晰的稳态图,为后续模态参数的准确估计提供良好的基础。

6.5.4 算法的数值稳定性

p-LSCF 采用了离散时间模型,相比于连续时间模型,z 域内的数值稳定性问

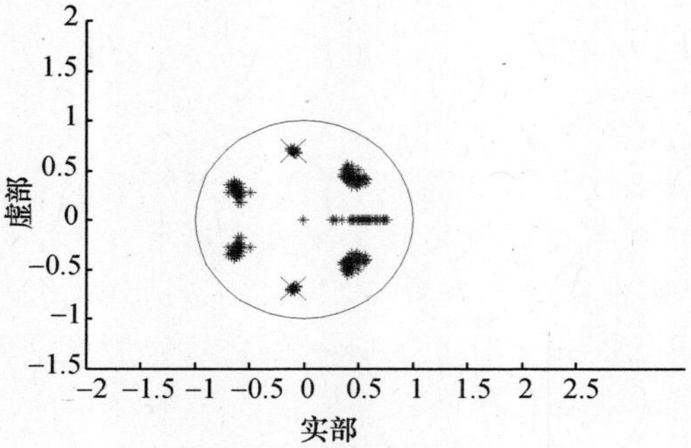

(a) 约束条件为$\boldsymbol{a}_0=1$

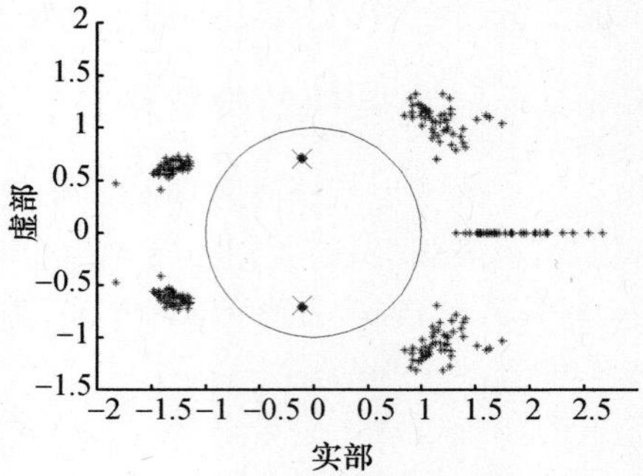

(b) 约束条件为$\boldsymbol{a}_7=1$

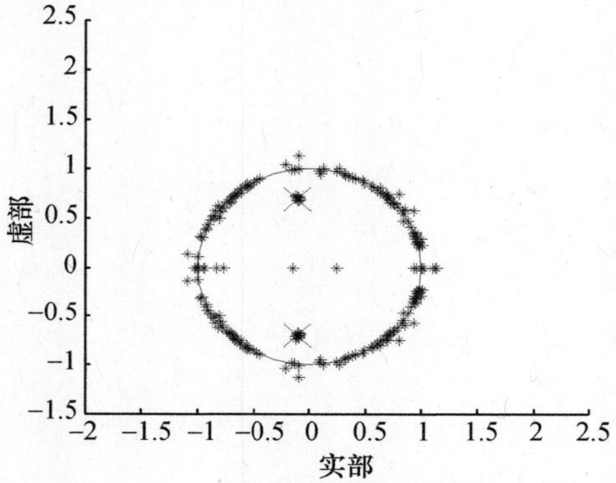

(c) 约束条件为$\boldsymbol{\alpha}^{\mathrm{T}}\boldsymbol{\alpha}=1$

图 6.8　蒙特卡罗仿真的极点分布图（×为物理极点，＊为数学极点）

题远不及 s 域内严重，但是过窄的待辨识频带和高阶模型仍然会引发数值问题。为了说明数值稳定性和频带宽度及模型阶次的关系，本节以一个单输入单输出 4 阶连续时间系统为例，假定其传递函数为

$$H(s)=\frac{-0.001s^2+0.001s+0.4}{s^2+4\pi\xi_1 f_1+(2\pi f_1)^2}+\frac{-0.001s^2+0.003s-0.3}{s^2+4\pi\xi_2 f_2+(2\pi f_2)^2} \tag{6.108}$$

式中：$f_1=10$；$f_2=11.3$；$\xi_1=0.035$，$\xi_2=0.04$。

如图 6.9 所示，假定该系统待辨识的频带范围为 0～20Hz，且离散采样频率为 f_s，则系统离散化后，对应的频带范围可用圆频率表示为 $0\sim40\pi/f_s$ rad/s。显然，通过改变 f_s 可以达到调整离散系统频带带宽的目的。本节分别选取采样频率为 320Hz，160Hz，80Hz，40Hz，其对应的带宽为 $0\sim\pi/8$，$0\sim\pi/4$，$0\sim\pi/2$，$0\sim\pi$。

为说明数值稳定性问题，在不同带宽和阶次条件下分别采用频域多参考点最小二乘方法进行辨识，并以矩阵 $\boldsymbol{M}$ 的条件数为衡量指标进行对比，结果如表 6.4 所列。

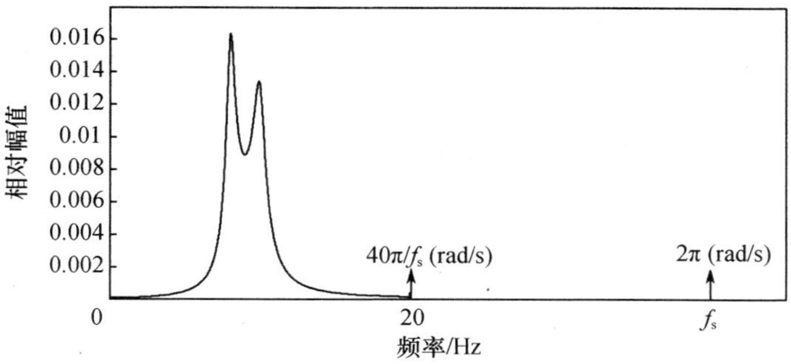

图 6.9 4 阶连续时间系统的频响函数幅值曲线

表 6.4 带宽、模型阶次与条件数的关系

模型阶次	条件数 (0 ~ π/8)	条件数 (0 ~ π/4)	条件数 (0 ~ π/2)	条件数 (0 ~ π)
5	9.90×10^{9}	6.27×10^{6}	2.19×10^{3}	1.0015
6	1.03×10^{12}	1.49×10^{8}	1.15×10^{4}	1.0020
7	1.06×10^{14}	3.53×10^{9}	6.17×10^{4}	1.0020
8	8.44×10^{15}	8.39×10^{10}	3.35×10^{5}	1.0025

由表 6.5 可知：①带宽越窄，模型阶次越高，则条件数越大；②带宽越大，则条件数受阶次的影响越小，尤其是当带宽为 0 ~ π 时，阶次的改变对条件数几乎没有影响。因此，如果能将频率轴进行缩放与平移，使频带的范围限定在 0 ~ π 区间内，就可以有效解决数值病态问题。

然而对于颤振试飞而言，我们感兴趣的频带范围仅限于前几阶模态，频带范围较窄。下面的研究将表明：可以采用平移和缩放的方法改变频带宽度，从而获得精度更高的辨识结果。这里假设待辨识系统的频带范围为 $f_0 \sim f_1$，离散采样频率为 f_s，则对应的 z 域内的圆频率 ω 范围：

$$\omega = 2\pi f \cdot T_s = 2\pi f/f_s,\ f_0 \leqslant f \leqslant f_1 \tag{6.109}$$

式中：$T_s = 1/f_s$ 为采样间隔。

本节采用频率轴缩放与平移的方法，将频带限定在 0 ~ π 范围内：

$$\omega = 2\pi f' \cdot T_s' = \pi(f - f_0)/(f_1 - f_0),\ f_0 \leqslant f \leqslant f_1 \tag{6.110}$$

式中：$f' = f - f_0$，$T_s' = 1/2(f_1 - f_0)$。

显然，频率的缩放与平移会引起辨识模型的改变。虽然文献[145]曾给出类似公式，但该方法对于频率轴变换前后，新旧模型间的对应关系如何，以及是否有效，值得进一步研究。为此，本节研究了新旧模型间极点的对应关系，其推导如下：

假定连续时间系统在 s 域内的极点为

$$s_k = \sigma + j\omega = \sigma + j2\pi f,\ k = 1, 2\cdots, n_a \tag{6.111}$$

其对应的离散时间系统在 z 域内的极点为

$$z_k = e^{s_k T_s} = e^{\sigma T_s + j2\pi f T_s},\ k = 1, 2\cdots, n_a \tag{6.112}$$

假设频域变换后，对应的离散时间系统的极点为 z'，则依据公式(6.112)可知：

$$z_k' = e^{(\sigma + j2\pi f')T_s'} = e^{[\sigma + j2\pi(f - f_0)]T_s'} \tag{6.113}$$

假定 $T_s' = mT_s$，则有

$$z_k' = e^{[\sigma + j2\pi(f - f_0)]mT_s} = e^{(\sigma + j2\pi f)mT_s} \cdot e^{-j2\pi f_0 m T_s} = z_k^m \cdot e^{-j2\pi f_0 m T_s} \tag{6.114}$$

将 z_k' 从 z 域转换到 s 域，则

$$s_k' = \ln z_k' / T_s' = (m \ln z_k - j2\pi f_0 m T_s)/(mT_s) = s_k - j2\pi f_0 \tag{6.115}$$

由式(6.129)可知

$$s_k = s_k' + j2\pi f_0 \tag{6.116}$$

同理，若 $z_k = e^{-s_k T_s}$，则 $s_k = s_k' - j2\pi f_0$。若连续时间系统在 s 域内的极点为 $s_k = \sigma - j\omega = \sigma - j2\pi f$，其新旧模型间极点的对应关系和上述推导过程类似。

根据上式，我们可以很容易地由缩放、平移后的系统得到原系统的极点。同时，观察该式可以发现：采用上述频率缩放和平移的方法，整个频带将被映射到半个单位圆内，基函数的值不会随着频率改变而大幅度变化，也不会带来额外的计算量，数值稳定性得到提高。

6.5.5 实例分析

为了进一步验证本节的研究结果，本节仍然采用了 6.4.9 节的某型飞机的颤振飞行试验数据为例，说明本节算法的有效性。

由于整个试验系统可以视为一个单输入多输出系统，其对应的约束条件可以简化为 $\boldsymbol{a}_n = 1$，$\boldsymbol{a}_0 = 1$ 和 $\boldsymbol{\alpha}^T\boldsymbol{\alpha} = 1$。这里取待辨识模型中的变量为 z。图 6.10 给出了约束条件为 $\boldsymbol{a}_n = 1$ 时的稳态图。根据前述研究结果可知，此时辨识所得的虚假数学极点为稳定极点，与真实极点混淆在一起，很难有效识别真实模态，而图 6.10 中混乱的模态关系证明了这一结论，我们很难在稳态图中找到清晰的主要模态。

图 6.11 给出了约束条件为 $\boldsymbol{a}_0 = 1$ 时的稳态图。选择约束 $\boldsymbol{\alpha}^T\boldsymbol{\alpha} = 1$ 进行辨识，稳态图如图 6.12 所示。图 6.13 是与图 6.11 对应的频率．阻尼分布图。根据前述结论，选择 z 为传递函数变量，约束条件为 $\boldsymbol{a}_0 = 1$ 时，数学极点为不稳定极点，而真实极点为稳定极点，能够较为容易地区分二者，获得清晰的稳态图，而图 6.11、

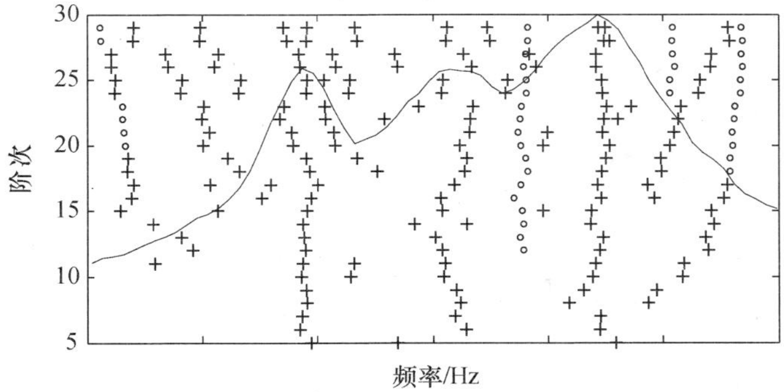

图 6.10　当约束条件为 $\boldsymbol{a}_n=1$ 时的稳态图

图 6.13 恰恰印证了这一点。与图 6.10 相比,图 6.11 中的三个主模态清晰可辨,它们的模态频率与频响函数的峰值处吻合较好。图 6.12 中的稳定极点与数学极点混淆在一起,稳态图不清晰。图 6.13 给出了不同阶次下模态阻尼系数辨识结果,它们表现了较好集中度,分散度小,根据频率和阻尼相对误差准则可知,这三个模态为真实模态。

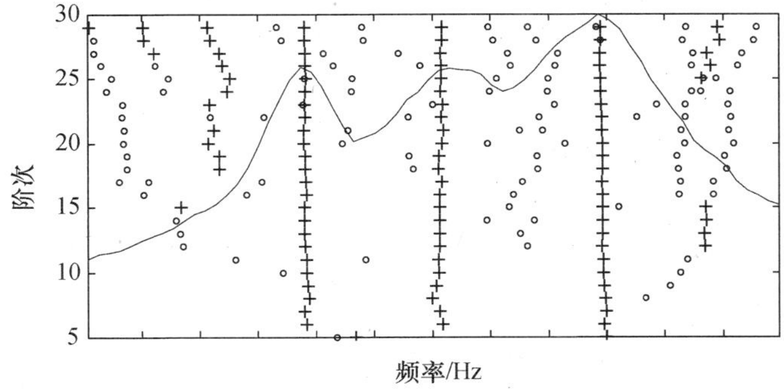

图 6.11　当约束条件为 $\boldsymbol{a}_0=1$ 时的稳态图

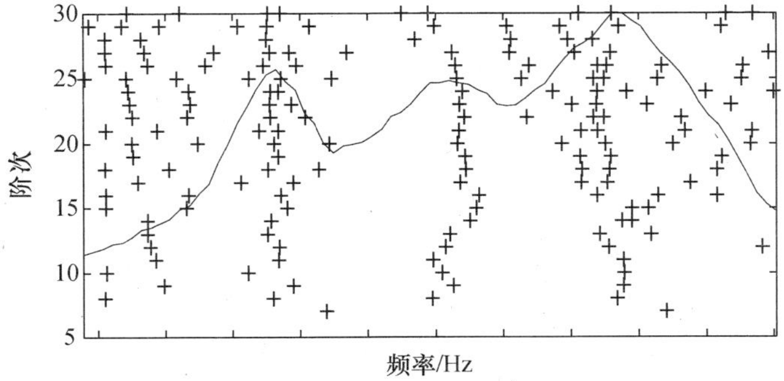

图 6.12　当约束条件为 $\boldsymbol{\alpha}^{\mathrm{T}}\boldsymbol{\alpha}=1$ 时的稳态图

由此可见在频域最小二乘辨识中,约束条件与清晰稳态图之间存在一定的内

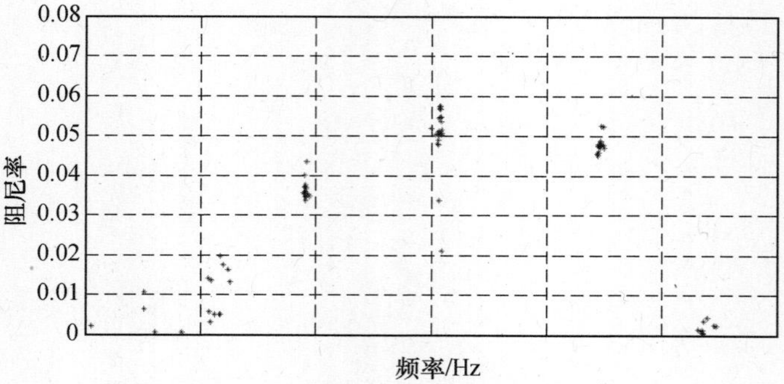

图 6.13 阻尼－频率图

在联系。适当选取约束条件有助于区分真实和虚假模态。当待辨识模型中基函数为 z,约束条件取为 $\boldsymbol{a}_0=1$ 时或当基函数为 z^{-1},约束条件取为 $\boldsymbol{a}_n=1$,两种情况下均可以获得清晰的稳态图。若取约束 $\boldsymbol{\alpha}^{\mathrm{T}}\boldsymbol{\alpha}=1$,则不能有效地区分稳定极点与不稳定的极点。

6.6 频域传递函数模型辨识的应用讨论

1）频响函数还是频域 I/O 数据?

频域整体最小二乘类辨识算法应用于飞机颤振模态参数辨识时,首先需要将时域数据转化成频域数据,并估计频响函数。为提高辨识精度,减少噪声影响,通常采用基于频响函数的频域辨识算法,它的优点是可以通过多帧谱平均减小噪声影响。但是,每一帧需要对原有数据截断,这无疑会产生频域泄漏,为减少频域泄漏的影响,在估计频响函数时,需对数据加汉宁窗等,但是即便加窗,仍然会对能量造成一定损失,尤其是愈加接近颤振边界的飞行时,此时模态阻尼数量级较小,对能量泄漏非常敏感,泄漏容易造成估计的阻尼系数远大于真实模态阻尼。对于这种场合,建议直接采用输入输出数据的傅里叶谱进行辨识,可以通过在模型中添加附加多项式的方法实现无泄漏的参数估计。由于试飞时间有限,这种方法虽然无法利用多次平均降低噪声影响,但是此时结构的响应明显强于远离颤振边界处,即数据的信噪比较高。

在确定模型的阶数时,可采用稳定图的方法判断分母多项式的阶次。本章中已在多次谈及稳定图。所谓稳定图法就是在不同的阶次下分别计算系统的极点,并在图中分别标出稳定极点和不稳定极点,通过稳定极点分布的个数确定模型的阶数。采用稳定图还可以区分虚假模态(建模计算引起的模态)和真实模态,通常稳定极点对应的模态为真实模态。对于常规的模态试验,在不同阶次下辨识时,一般规定真实模态的频率变化应小于 1%,阻尼变化小于 5%。而对于颤振模态辨识而言，需要考虑到噪声和数据长度的影响，模态参数尤其是阻尼系数的变动范围有时超过 5% 也是可以理解的。就现有技术而言，多参考点复频域最小二乘法无疑是最有效的绘制稳态图的方法，但是这种方法仍然是有偏估计。为了得到更加精准的估计，需要采用考虑噪声模型的复杂算法，如广义整体最小二乘等，但是这些方法却无法提供类似复频域最小二乘法那般清晰的稳态图，这是因为这些方法的最小二乘解通常采用了 2 范数归一化作为约束条件，这种约束条件的辨识效果可参见图 6.12(c)，它无法有效区分虚假模态和真实模态。可见，在寻求清晰的稳态图与准确的估计之间仍然存在一定的悖论，我们需要其它思路解决这一问题。

2）连续时间模型还是离散时间模型？

另外一个值得探讨的话题是辨识模型究竟该采用连续时间模型还是离散时间模型？对于气动弹性这类分布参数动态系统，从物理关系上描述其运动规律的最恰当数学形式应是偏微分方程。当然，为了满足工程应用需求和模态理论，一般会对偏微分方程进行空间离散化得到微分方程，而微分方程进行拉氏变换后对应的就是连续时间模型。显然，连续时间模型更能反映气弹系统物理本质。但是连续模型中出现了以 s 为变量的多项式，这会引起最小二乘算法中雅克比矩阵条件数过大，这意味着数据中极小的噪声就会引起估计值极大的误差。正是出于这一原因，研究者更喜欢采用离散模型开展辨识工作。以 z 为变量的多项式并不会引起数值失稳，尤其是当辨识的频带范围达到或者接近 $0 \sim f_s/2$（f_s 为采样频率）时。但是研究表明，离散时间模型并未根本消除数值稳定性的不利影响。当辨识频带较窄时，仍然存在雅克比矩阵条件数过大的问题。这对于颤振模态辨识是必须要考虑的问题，因为感兴趣的前几阶模态往往存在于低频段，远低于 $f_s/2$。本书中给出了频率缩放和频移的方法解决了这个问题。

尽管如此，连续时间模型辨识在应用层面仍有其存在价值。它不仅反映了系统的物理特性，而且可以根据控制需求，通过离散化得到对应不同采样率的离散模型。同时，一些研究者也提出了不同的思路解决它所面临的数值问题。本书中提出的正交矢量方法可谓是该类数值问题的终极解决方法，它可以获得条件数为 1 的雅克比矩阵，显著降低了噪声最估计值的影响。另外一种变通的解决途径，即通过双线性变换实现连续和离散模型的转换，但这种方法主要针对状态空间模型，具体内容可以参见第 7 章。

3）模型辨识还是模态参数辨识？

颤振模态参数辨识顾名思义应该属于参数辨识，而系统辨识理论中的第一步应该是模型辨识，只有完成第一步模型辨识，才有可能从模型中提取模态参数。这也是目前进行颤振模态参数辨识的一般思路。

进行模态参数辨识的目的是为了后续的颤振边界预测。依靠模态阻尼系数的变化预测颤振边界是目前广泛采用的工程方法。但是，阻尼系数的数量级较小，对噪声、模型阶次等因素极为敏感，当采用它进行边界预测时，往往会引入较大的不确定性。另一方面，在不确定框架下，采用鲁棒分析方法进行边界预测已成为新兴热点。这类方法依靠辨识模型的变化，而非阻尼系数，进行边界预测，能够提供更为保守的预测结果。这对于降低试验风险的意义不言自明。有关这种方法的具体内容可参见第 9 章。正是预测方法的改变，让气弹系统的模型辨识在未来变得更有意义。

第7章　气动弹性系统的频域状态空间模型辨识

状态空间模型的系统辨识法，是指采用状态方程的形式来描述系统的方法。状态空间模型在描述多数多输出系统时具有天然优势，它不仅能方便地描述系统和外界输入的作用关系，还能揭示系统的内在动力学特性。关于这一点，在许多线性系统理论书籍中都有论述。而对于系统辨识而言，状态空间模型仅需辨识参数(A,B,C,D)，不同于传递函数模型中冗长的参数形式。因此，与其对应的辨识算法具有更加简洁的数学形式。状态空间方法的另一个巨大优势在于它是一种面向控制的辨识模型，现代控制理论大多采用状态空间方程描述被控对象，并据此设计控制器。以上优势为状态空间模型赢得了使用者的青睐。

为了精确地估计状态空间模型的参数，国内外研究者们提出了许多辨识方法，根据辨识原理大致可以分为两类：规范型辨识和全参数化辨识。规范型辨识首先将状态空间模型等价地变换为特定的规范形式，如能控规范型、能观规范型，然后利用递阶随机梯度法、最小二乘法等算法辨识系统参数。规范型系统仅适用于满足能控型、能观型或最小相位型等特定条件的系统，这在一定程度上限制了规范型方法的应用。全参数化辨识是把状态空间模型的系数矩阵的所有参数看作多元解空间，通过优化选定的目标函数，如输出预报误差、极大似然函数等得到系统参数在多元解空间的估计。子空间辨识是近些年来发展起来的一类新型状态空间辨识方法，它采用正交投影和最小二乘法快速辨识系统参数，算法简单，计算量小，广为研究者关注，已成为一大类算法的总称。极大似然法可以提供精度最高的参数估计，历来是辨识建模的终极方法。然而受限于状态空间模型复杂的极大似然函数形式，往往需要另辟蹊径。本书将重点介绍借助期望极大化方法进行状态空间模型的极大似然估计。

7.1　频域子空间辨识算法

子空间辨识算法是近些年来出现的一类用于多输入多输出系统辨识算法的总称。该类方法可直接从输入/输出数据矩阵的行、列空间中估计出系统的卡尔曼状态序列或广义观测矩阵，通过求解最小二乘问题，即可容易地获得系统的状态空间模型。与“经典”的模态参数的传递函数辨识方法相比，子空间算法勿需对模型预先参数化，仅依靠基本线性代数运算，如 QR 分解及 SVD 等完成模型辨识，可显著提高辨识速度，避免经典算法的复杂矩阵运算。更为重要的是子空间方法可将带有多个传感器的飞机视为一个多输出系统进行辨识，多通道的数据融合将提供更加全面的辨识结果。

目前子空间辨识算法的研究以时域算法[146~149]居多，有关该类算法在颤振模态参数辨识领域的应用研究也屡有报道。早在 1996 年，P. Van Overschee 就在有关子空间的专著中给出了飞机颤振模态辨识的应用实例[81]。随后，美国 NASA 在 1998 年结合新兴的小波方法，将子空间辨识应用于 F/A－18 试验机（SRA）的颤振模态分析[150]。但是 NASA 的研究报告中表明：时域子空间方法由于受到试飞噪声的影响，辨识效果并不理想，而频域子空间法得益于较为准确的频响函数估计，往往能提供理想的辨识结果。

作为子空间方法的一个分支，频域子空间辨识算法出现较晚，最早由 T. Mckelvey 等人[151]于 1994 年提出。此后，T. Mckelvey[152~154]，R. Pintelon[155]等人又相继发表了多篇论文对原有算法进行改进和扩展。

本书采用频域子空间辨识算法实现了基于多通道数据的颤振模态参数辨识，突破了传统的单通道颤振试验数据分析模式，结果表明子空间算法能有效提取多通道数据中包含的主要危险模态信息，且运算速度较快，适用于模态参数的在线分析。但同时也应看到子空间算法存在辨识精度低（算法简单），模型受噪声影响，存在不稳定极点的缺陷。为此，我们将子空间辨识法和多参考点复频域最小二乘法（p－LSCF 法）[128,156]有效结合，提出一种改进的算法——两步频域子空间辨识法。首先采用 p－LSCF 法建立清晰的稳态图，进行模型定阶，辨识出系统的极点，得到需要的模态参数，称该步骤为“极点辨识”；然后根据辨识出的极点，利用频域子空间法的基本原理辨识出零点，称该步骤为“零点辨识”。该方法可以提供亚临界稳定的状态空间模型，便于边界预测和颤振主动控制器设计。

7.1.1 正交投影

子空间辨识通过特定矩阵的行空间投影运算来揭示系统的特性，几何投影理论是子空间辨识的基础，这些投影运算可以很方便地由 QR（或 LQ）分解实现。本节将重点介绍投影理论中的正交投影，这将是频域子空间算法中最常用的投影运算。有关投影理论的其它运算如斜向投影等可参见文献[59]。

$\Pi_{\boldsymbol{B}}$表示一个矩阵的行空间在矩阵 $\boldsymbol{B} \in R^{q \times j}$上的投影算子。

$$\Pi_{\boldsymbol{B}} \overset{\text{def}}{=} \boldsymbol{B}^{\mathrm{T}}(\boldsymbol{B}\boldsymbol{B}^{\mathrm{T}})^{+}\boldsymbol{B} \tag{7.1}$$

式中：+ 表示矩阵的 Moore. Penrose 伪逆。

矩阵 $\boldsymbol{A} \in R^{p \times j}$的行空间在矩阵 $\boldsymbol{B}$ 的行空间的投影简记为

$$\boldsymbol{A}/\boldsymbol{B} \overset{\text{def}}{=} \boldsymbol{A}.\,\Pi_{\boldsymbol{B}} = \boldsymbol{A}\boldsymbol{B}^{\mathrm{T}}(\boldsymbol{B}\boldsymbol{B}^{\mathrm{T}})^{+}\boldsymbol{B} \tag{7.2}$$

$\Pi_{B^\perp}$是将一个矩阵的行空间投影到矩阵 $\boldsymbol{B}$ 的行空间正交补上的几何算子，$\boldsymbol{A}$ 的行空间在矩阵 $\boldsymbol{B}$ 的行空间正交补上的投影可简记为

$$\boldsymbol{A}/\boldsymbol{B}^\perp = \boldsymbol{A}\Pi_{B^\perp} \tag{7.3}$$

其中 $\Pi_{B^\perp} = I_j - \Pi_{\boldsymbol{B}}$。

根据上述定义，显然有下式成立：

$$\boldsymbol{B}/\boldsymbol{B}^\perp = 0 \tag{7.4}$$

$\Pi_{\boldsymbol{B}}$和 $\Pi_{B^\perp}$两投影算子在二维空间的说明如图 7.1 所示。由算子 $\Pi_{\boldsymbol{B}}$和 $\Pi_{B^\perp}$可将矩阵 $\boldsymbol{A}$ 分解成两个行空间正交的矩阵。

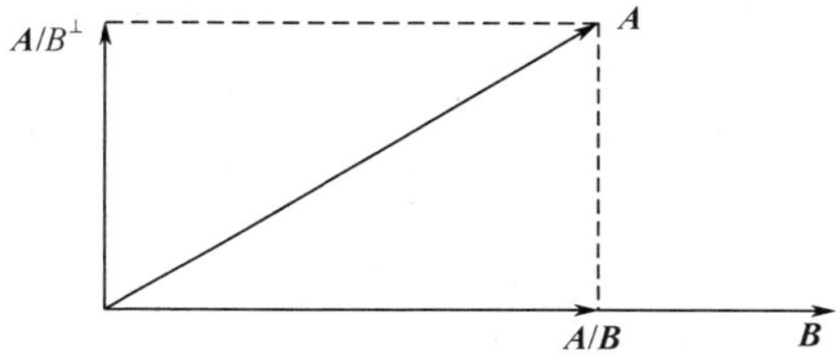

图 7.1　j 维空间($j=2$)上的正交投影说明

$$\boldsymbol{A} = \boldsymbol{A}.\ \Pi_{\boldsymbol{B}} + \boldsymbol{A}.\ \Pi_{B^\perp} \tag{7.5}$$

若定义

$$L_{\boldsymbol{B}} \cdot \boldsymbol{B} \overset{\text{def}}{=} \boldsymbol{A}/\boldsymbol{B}$$

$$L_{B^\perp} \cdot B^\perp \overset{\text{def}}{=} \boldsymbol{A}/B^\perp$$

则利用该投影也可将 $\boldsymbol{A}$ 分解成 $\boldsymbol{B}$ 的行 $L_{\boldsymbol{B}}$和正交补的行 $L_{B^\perp}$的线性组合。

$$\boldsymbol{A} = L_{\boldsymbol{B}} \cdot \boldsymbol{B} + L_{B^\perp} \cdot B^\perp \tag{7.6}$$

7.1.2　频域基本关系

多输入多输出系统通常采用状态空间方程的形式进行描述，其中连续时间系统的状态方程描述为

$$\begin{cases} \dot{\boldsymbol{x}} = \boldsymbol{A}_c x + \boldsymbol{B}_c \boldsymbol{u} \\ \boldsymbol{y} = \boldsymbol{C}_c \boldsymbol{x} + \boldsymbol{D}_c \boldsymbol{u} \end{cases} \tag{7.7}$$

离散时间系统的状态方程描述为

$$\begin{cases} \boldsymbol{x}_{t+1} = \boldsymbol{A}\boldsymbol{x}_t + \boldsymbol{B}\boldsymbol{u}_t \\ \boldsymbol{y}_t = \boldsymbol{C}\boldsymbol{x}_t + \boldsymbol{D}\boldsymbol{u}_t \end{cases} \tag{7.8}$$

对式(7.7)、式(7.8)分别进行离散傅里叶变换，得到状态方程的频域表达式：

$$\xi_k \boldsymbol{X}(k)=\boldsymbol{A}\boldsymbol{X}(k)+\boldsymbol{B}\boldsymbol{U}(k) \tag{7.9}$$

$$\boldsymbol{Y}(k)=\boldsymbol{C}\boldsymbol{X}(k)+\boldsymbol{D}\boldsymbol{U}(k) \tag{7.10}$$

式中：$\boldsymbol{X}(k)\in C^{n\times 1}$，$\boldsymbol{U}(k)\in C^{m\times 1}$，$\boldsymbol{Y}(k)\in C^{p\times 1}$分别为 x,u,y 的离散傅里叶变换；ξ_k 为广义算子，对应于频域内的第 k 条频谱线。当采用连续时间模型建模时，$\xi_k=\mathrm{j}2\pi f_s k/N$，对应于 s 域内虚轴上的某一点，$f_s$ 为采样频率；当采用离散模型建模时，$\xi_k=\exp(\mathrm{j}2\pi k/N)$，表示 z 域内单位圆上的某一点。

重复迭代等式(7.9)和式(7.10)，可得

$$\begin{aligned}\xi_k^j \boldsymbol{Y}(k) &= \xi_k^{j-1}(\boldsymbol{C}\xi_k\boldsymbol{X}(k)+\xi_k\boldsymbol{D}\boldsymbol{U}(k)) \\ &= \xi_k^{j-1}(\boldsymbol{CAX}(k)+\boldsymbol{CBU}(k)+\xi_k\boldsymbol{DU}(k) \\ &\quad\vdots \\ &= \boldsymbol{CA}^j\boldsymbol{X}(k)+(\boldsymbol{CA}^{j-1}\boldsymbol{BU}(k)+\boldsymbol{CA}^{j-2}\boldsymbol{BU}(k)\xi_k+\cdots+ \\ &\quad \boldsymbol{CBU}(k)\xi_k^{j-1}+\boldsymbol{DU}(k)\xi_k^j)\boldsymbol{U}(k)\end{aligned}$$

分别列出 $j=0,1,\cdots,r-1$ 的所有等式，并将其改写为矩阵形式：

$$\begin{bmatrix}\boldsymbol{Y}(k)\\ \xi_k\boldsymbol{Y}(k)\\ \vdots\\ \xi_k^{r-1}(k)\boldsymbol{Y}(k)\end{bmatrix}=\boldsymbol{O}_r\boldsymbol{X}(k)+\boldsymbol{\Gamma}\begin{bmatrix}\boldsymbol{U}(k)\\ \xi_k\boldsymbol{U}(k)\\ \vdots\\ \xi_k^{r-1}\boldsymbol{U}(k)\end{bmatrix} \tag{7.11}$$

式中：$\boldsymbol{O}_r$为广义观测矩阵，表达式为

$$\boldsymbol{O}_r=\begin{bmatrix}\boldsymbol{C}\\ \boldsymbol{CA}\\ \vdots\\ \boldsymbol{CA}^{r-1}\end{bmatrix} \tag{7.12}$$

$\boldsymbol{\Gamma}$ 为下三角 Toeplitz 块矩阵

$$\boldsymbol{\Gamma}=\begin{bmatrix}\boldsymbol{D} & 0 & \cdots & 0\\ \boldsymbol{C}B & \boldsymbol{D} & \cdots & 0\\ \vdots & \vdots & & \vdots\\ \boldsymbol{C}A^{r-2}B & \boldsymbol{C}A^{r-3}\boldsymbol{B} & \cdots & \boldsymbol{D}\end{bmatrix} \tag{7.13}$$

在待辨识频带内的每个离散频率点处均有形如式(7.11)的等式成立，将其写成矩阵形式：

$$\boldsymbol{Y}=\boldsymbol{O}_r\boldsymbol{X}+\boldsymbol{\Gamma}\boldsymbol{U} \tag{7.14}$$

式中：$\boldsymbol{X}=[X(1)\ X(2)\ \cdots X(N)]$（$N$ 表示关心频带内的离散频率点的个数）；$\boldsymbol{Y},\boldsymbol{U}$ 均为复数的 Vandermonde 块矩阵，矩阵的维数分别是 $p\times r\times N$，$m\times r\times N$，表达式如

下所示：

$$\boldsymbol{Y}=\begin{bmatrix}\boldsymbol{Y}(1) & \boldsymbol{Y}(2) & \cdots & \boldsymbol{Y}(N)\\ \xi_k\boldsymbol{Y}(1) & \xi_k\boldsymbol{Y}(2) & \cdots & \xi_k\boldsymbol{Y}(N)\\ \vdots & \vdots & & \vdots\\ \xi_k^{r-1}\boldsymbol{Y}(1) & \xi_k^{r-1}\boldsymbol{Y}(2) & \cdots & \xi_k^{r-1}\boldsymbol{Y}(N)\end{bmatrix} \tag{7.15}$$

$$\boldsymbol{U}=\begin{bmatrix}\boldsymbol{U}(1) & \boldsymbol{U}(2) & \cdots & \boldsymbol{U}(N)\\ \xi_k\boldsymbol{U}(1) & \xi_k\boldsymbol{U}(2) & \cdots & \xi_k\boldsymbol{U}(N)\\ \vdots & \vdots & & \vdots\\ \xi_k^{r-1}\boldsymbol{U}(1) & \xi_k^{r-1}\boldsymbol{U}(2) & \cdots & \xi_k^{r-1}\boldsymbol{U}(N)\end{bmatrix} \tag{7.16}$$

由于待辨识的 $\boldsymbol{A},\boldsymbol{B},\boldsymbol{C},\boldsymbol{D}$ 均为实数矩阵，因此有必要将式(7.14)改写为实数矩阵的形式：

$$\boldsymbol{Y}^{\mathrm{re}}=\boldsymbol{O}_r\boldsymbol{X}^{\mathrm{re}}+\boldsymbol{\Gamma}\boldsymbol{U}^{\mathrm{re}} \tag{7.17}$$

式中：$\boldsymbol{Y}^{\mathrm{re}}=[\mathrm{Re}(\boldsymbol{Y})\quad \mathrm{lm}(\boldsymbol{Y})]$，$\boldsymbol{U}^{\mathrm{re}}=[\mathrm{Re}(\boldsymbol{U})\quad \mathrm{lm}(\boldsymbol{U})]$，其中 Re 表示矩阵的实部，lm 表示矩阵的虚部。式(7.17)揭示了多输入多输出系统的状态变量、输入与输出的关系，是频域子空间辨识算法的基础。

7.1.3 一般算法描述

子空间辨识算法主要分为三步：

(1) 据正交投影原理，采用 QR 分解和奇异值分解估计广义观测阵 $\boldsymbol{O}_r$；

(2) 用 $\boldsymbol{O}_r$ 的估计值和最小二乘法计算 $\boldsymbol{A},\boldsymbol{C}$ 的估计矩阵 $\hat{\boldsymbol{A}},\hat{\boldsymbol{C}}$；

(3) 利用传递函数关系和最小二乘估计 $\hat{\boldsymbol{B}},\hat{\boldsymbol{D}}$。

算法的详细过程如下：

首先，为了估计广义观测矩阵 $\boldsymbol{O}_r$，频域子空间辨识算法将 $\boldsymbol{Y}^{\mathrm{re}}$ 正交投影到矩阵 $\boldsymbol{U}^{\mathrm{re}}$ 的行空间正交补上，以消除式(7.17)中的 $\boldsymbol{\Gamma}\boldsymbol{U}^{\mathrm{re}}$ 项。由于

$$\boldsymbol{U}^{\mathrm{re}}/\boldsymbol{U}^{\mathrm{re},\perp}=0$$

可知有如下等式成立：

$$\boldsymbol{Y}^{\mathrm{re}}/\boldsymbol{U}^{\mathrm{re},\perp}=\boldsymbol{O}_r\boldsymbol{X}^{\mathrm{re}}/\boldsymbol{U}^{\mathrm{re},\perp} \tag{7.18}$$

为提高效率，辨识算法在执行投影运算时通常采用一种基于 QR 分解的快速方法。对矩阵$[\boldsymbol{U}^{\mathrm{re}}\quad \boldsymbol{Y}^{\mathrm{re}}]$进行 QR 分解，可得如下等式：

$$\begin{bmatrix}\boldsymbol{U}^{\mathrm{re}}\\ \boldsymbol{Y}^{\mathrm{re}}\end{bmatrix}=\begin{bmatrix}\boldsymbol{R}_{11}^{\mathrm{T}} & 0\\ \boldsymbol{R}_{12}^{\mathrm{T}} & \boldsymbol{R}_{22}^{\mathrm{T}}\end{bmatrix}\begin{bmatrix}\boldsymbol{Q}_1^{\mathrm{T}}\\ \boldsymbol{Q}_2^{\mathrm{T}}\end{bmatrix} \tag{7.19}$$

式中

$$\boldsymbol{U}^{\mathrm{re}}=\boldsymbol{R}_{11}^{\mathrm{T}}\boldsymbol{Q}_1^{\mathrm{T}},\ \boldsymbol{Y}^{\mathrm{re}}=\boldsymbol{R}_{12}^{\mathrm{T}}\boldsymbol{Q}_1^{\mathrm{T}}+\boldsymbol{R}_{22}^{\mathrm{T}}\boldsymbol{Q}_2^{\mathrm{T}} \tag{7.20}$$

式(7.20)表明 $\boldsymbol{U}^{\mathrm{re}}$存在于由 $\boldsymbol{Q}_1^{\mathrm{T}}$的行矢量张成的子空间中,而 $\boldsymbol{Q}_1^{\mathrm{T}}$和 $\boldsymbol{Q}_2^{\mathrm{T}}$的行矢量是相互正交的子空间,利用正交投影关系可得

$$\boldsymbol{Y}^{\mathrm{re}}/\boldsymbol{U}^{\mathrm{re},\perp}=\boldsymbol{O}_r\boldsymbol{X}^{\mathrm{re}}/\boldsymbol{U}^{\mathrm{re},\perp}=\boldsymbol{R}_{22}^{\mathrm{T}}\boldsymbol{Q}_2^{\mathrm{T}} \tag{7.21}$$

若对 $\boldsymbol{R}_{22}^{\mathrm{T}}$进行奇异值分解,有

$$\boldsymbol{R}_{22}^{\mathrm{T}}=\boldsymbol{U}\boldsymbol{\Sigma}\boldsymbol{V}^{\mathrm{T}} \tag{7.22}$$

可知 $\boldsymbol{O}_r$的估计矩阵为

$$\hat{\boldsymbol{O}}_r=\boldsymbol{U}_{[:,1:n]} \tag{7.23}$$

式中:n 为模型的阶数,频域子空间算法中常根据式(7.22)中的奇异值分解对模型定阶,$\boldsymbol{\Sigma}$ 中较大的奇异值的个数代表了系统的阶数。

需要指出的是,$\hat{\boldsymbol{O}}_r$不是广义观测矩阵 $\boldsymbol{O}_r$的唯一估计,式(7.22)只是其中一种估计结果,可将其与真实 $\boldsymbol{O}_r$的关系表示成更加一般的形式:

$$\hat{\boldsymbol{O}}_r=\boldsymbol{U}_{[:,1:n]}=\boldsymbol{O}_r\boldsymbol{T}$$

式中:$\boldsymbol{T}$ 为转换矩阵,不同的 $\boldsymbol{T}$ 阵对应不同的估计结果。$\hat{\boldsymbol{O}}_r$对应的状态方程实现为$(\boldsymbol{A}_T,\boldsymbol{B}_T,\boldsymbol{C}_T,\boldsymbol{D}_T)=(T^{-1}AT,T^{-1}B,\boldsymbol{C}T,\boldsymbol{D})$,从传递函数实现的角度分析,$(\boldsymbol{A}_T,\boldsymbol{B}_T,\boldsymbol{C}_T,\boldsymbol{D}_T)$的状态空间描述与$(A,B,\boldsymbol{C},\boldsymbol{D})$是等效的,系统的传递函数以及极点并未因 T 的出现发生变化。

根据式(7.12)可知

$$\hat{\boldsymbol{O}}_{r[1:p(r-1),:]}\hat{\boldsymbol{A}}=\hat{\boldsymbol{O}}_{r[p+1:pr,:]} \tag{7.24}$$

利用式(7.24),可采用最小二乘法估计矩阵 $\boldsymbol{A}$,$\boldsymbol{C}$,即

$$\hat{\boldsymbol{A}}=\hat{\boldsymbol{O}}_{r[1:p(r-1),:]}^{+}\hat{\boldsymbol{O}}_{r[p+1:pr,:]} \tag{7.25}$$

$$\hat{\boldsymbol{C}}=\hat{\boldsymbol{O}}_{[1:p,:]} \tag{7.26}$$

由传递函数关系

$$\boldsymbol{Y}(k)=\hat{\boldsymbol{C}}(\xi I-\hat{\boldsymbol{A}})^{-1}\boldsymbol{B}\boldsymbol{U}(k)+\boldsymbol{D}\boldsymbol{U}(k)$$

得到

$$\boldsymbol{Y}(k)=\begin{bmatrix} I & \hat{\boldsymbol{C}}(\xi I-\hat{\boldsymbol{A}})^{-1}\end{bmatrix}\begin{bmatrix}\hat{\boldsymbol{D}}\\ \hat{\boldsymbol{B}}\end{bmatrix}\boldsymbol{U}(k) \tag{7.27}$$

为便于计算,根据 Kronecker 乘积的列展开特性

$$\mathrm{vec}(\boldsymbol{ABC})=(\boldsymbol{C}^{\mathrm{T}}\otimes\boldsymbol{A})\mathrm{vec}(\boldsymbol{B})$$

可将式(7.27)变形为

$$\boldsymbol{Y}(k)=\underbrace{(\boldsymbol{U}(k)\otimes[\boldsymbol{I}\quad \hat{\boldsymbol{C}}(\xi\boldsymbol{I}-\hat{\boldsymbol{A}})^{-1}])}_{\boldsymbol{\Psi}_k}\underbrace{\mathrm{vec}\begin{bmatrix}\hat{\boldsymbol{D}}\\ \hat{\boldsymbol{B}}\end{bmatrix}}_{\boldsymbol{\theta}} \tag{7.28}$$

式中:vec(·)表示将矩阵的各列依次纵排得到一列矢量。为了得到 $\boldsymbol{B}$,$\boldsymbol{D}$ 实数矩阵估计,可将复数的实部,虚部展开,记为

$$\boldsymbol{X}^{\mathrm{rs}}=\begin{bmatrix}\mathrm{Re}(\boldsymbol{X})\\ \mathrm{Im}(\boldsymbol{X})\end{bmatrix}$$

则式(7.26)可改写为

$$\boldsymbol{Y}^{\mathrm{rs}}(k)=\boldsymbol{\Psi}_k^{\mathrm{rs}}\boldsymbol{\theta} \tag{7.29}$$

利用最小二乘法求解 $\min\limits_{\boldsymbol{\theta}}\sum\limits_{k=0}^{N-1}\|\boldsymbol{Y}^{\mathrm{rs}}(k)-\boldsymbol{\Psi}_k^{\mathrm{rs}}\boldsymbol{\theta}\|^2$,即可得到估计矩阵 $\hat{\boldsymbol{B}}$,$\hat{\boldsymbol{D}}$。

7.2 基于频响函数的频域子空间辨识算法

频域子空间算法除了可以直接利用输入输出数据进行辨识外,还可由频响函数辨识系统模型。对于颤振分析而言,采用基于频响函数的子空间算法是提高辨识精度的有效途径。

基于频响函数的频域子空间算法与基于输入输出数据的算法基本原理相同。本节将对该算法作简要介绍,具体过程可以参见文献[157]。这里针对一个离散时间系统,设系统的输出为频响函数,系统的输入为单位阵,其状态方程表示为

$$\begin{cases}\mathrm{e}^{\mathrm{j}\omega_k T}\boldsymbol{X}(\mathrm{e}^{\mathrm{j}\omega_k T})=\boldsymbol{A}\boldsymbol{X}(\mathrm{e}^{\mathrm{j}\omega_k T})+\boldsymbol{B}\\ \boldsymbol{G}(\mathrm{e}^{\mathrm{j}\omega_k T})=\boldsymbol{C}\boldsymbol{X}(\mathrm{e}^{\mathrm{j}\omega_k T})+\boldsymbol{D}\end{cases} \tag{7.30}$$

重复迭代式(7.30)可以得到

$$\begin{bmatrix}\boldsymbol{G}(\mathrm{e}^{\mathrm{j}\omega_k T})\\ \mathrm{e}^{\mathrm{j}\omega_k T}\boldsymbol{G}(\mathrm{e}^{\mathrm{j}\omega_k T})\\ \vdots\\ \mathrm{e}^{\mathrm{j}(r-1)\omega_k T}\boldsymbol{G}(\mathrm{e}^{\mathrm{j}\omega_k T})\end{bmatrix}=\boldsymbol{O}_r\boldsymbol{X}(\mathrm{e}^{\mathrm{j}\omega_k T})+\boldsymbol{\Gamma}_r\begin{bmatrix}\boldsymbol{I}_m\\ \mathrm{e}^{\mathrm{j}\omega_k T}\boldsymbol{I}_m\\ \vdots\\ \mathrm{e}^{\mathrm{j}(r-1)\omega_k T}\boldsymbol{I}_m\end{bmatrix} \tag{7.31}$$

将式(7.31)改写为如下形式:

$$\boldsymbol{G}=\boldsymbol{O}_r\boldsymbol{X}+\boldsymbol{\Gamma}_r\boldsymbol{W}_m \tag{7.32}$$

式中:$\boldsymbol{X}=[\boldsymbol{X}(\mathrm{e}^{\mathrm{j}\omega_1 T})\quad \boldsymbol{X}(\mathrm{e}^{\mathrm{j}\omega_2 T})\quad \cdots\quad \boldsymbol{X}(\mathrm{e}^{\mathrm{j}\omega_N T})]$,并且有

$$\boldsymbol{G}=\begin{bmatrix}\boldsymbol{G}_1 & \boldsymbol{G}_2 & \cdots & \boldsymbol{G}_N\\ \mathrm{e}^{\mathrm{j}\omega_1\mathrm{T}}\boldsymbol{G}_1 & \mathrm{e}^{\mathrm{j}\omega_2\mathrm{T}}\boldsymbol{G}_2 & \cdots & \mathrm{e}^{\mathrm{j}\omega_N\mathrm{T}}\boldsymbol{G}_N\\ \vdots & \vdots & & \vdots\\ \mathrm{e}^{\mathrm{j}(r-1)\omega_1\mathrm{T}}\boldsymbol{G}_1 & \mathrm{e}^{\mathrm{j}(r-1)\omega_2\mathrm{T}}\boldsymbol{G}_2 & \cdots & \mathrm{e}^{\mathrm{j}(r-1)\omega_N\mathrm{T}}\boldsymbol{G}_N\end{bmatrix} \tag{7.33}$$

$$
\boldsymbol{W}_m = \begin{bmatrix} \boldsymbol{I}_m & \boldsymbol{I}_m & \cdots & \boldsymbol{I}_m \\ \mathrm{e}^{\mathrm{j}\omega_1 T}\boldsymbol{I}_m & \mathrm{e}^{\mathrm{j}\omega_2 T}\boldsymbol{I}_m & \cdots & \mathrm{e}^{\mathrm{j}\omega_N T}\boldsymbol{I}_m \\ \vdots & \vdots & & \vdots \\ \mathrm{e}^{\mathrm{j}(r-1)\omega_1 T}\boldsymbol{I}_m & \mathrm{e}^{\mathrm{j}(r-1)\omega_2 T}\boldsymbol{I}_m & \cdots & \mathrm{e}^{\mathrm{j}(r-1)\omega_N T}\boldsymbol{I}_m \end{bmatrix} \tag{7.34}
$$

将式(7.32)改写为实数矩阵的形式:

$$
\boldsymbol{G}^{\mathrm{re}} = \boldsymbol{O}_r \boldsymbol{X}^{\mathrm{re}} + \boldsymbol{\Gamma}_r \boldsymbol{W}_m^{\mathrm{re}} \tag{7.35}
$$

式中:$\boldsymbol{G}^{\mathrm{re}} = [\mathrm{Re}(\boldsymbol{G}) \quad \mathrm{lm}(G)]$;$\boldsymbol{W}_m^{\mathrm{re}} = [\mathrm{Re}(\boldsymbol{W}_m) \quad \mathrm{lm}(\boldsymbol{W}_m)]$。

(1) 计算 QR 分解

$$
\begin{bmatrix} \boldsymbol{W}_m^{\mathrm{re}} \\ \boldsymbol{G}^{\mathrm{re}} \end{bmatrix} = \begin{bmatrix} \boldsymbol{R}_{11} & \boldsymbol{0} \\ \boldsymbol{R}_{12} & \boldsymbol{R}_{22} \end{bmatrix} \begin{bmatrix} \boldsymbol{Q}_1 \\ \boldsymbol{Q}_2 \end{bmatrix} \tag{7.36}
$$

对 $\boldsymbol{R}_{22}$ 进行奇异值分解,通过奇异值分解来定义系统的阶次 n,假设 Σ_{s} 包含了 n 个最大奇异值,则

$$
\boldsymbol{R}_{22} = \boldsymbol{U}\Sigma\boldsymbol{V}^{\mathrm{H}} = [\boldsymbol{U}_{\mathrm{s}} \quad \boldsymbol{U}_o] \begin{bmatrix} \Sigma_{\mathrm{s}} & \boldsymbol{0} \\ \boldsymbol{0} & \Sigma_o \end{bmatrix} \begin{bmatrix} \boldsymbol{V}_{\mathrm{s}}^{\mathrm{T}} \\ \boldsymbol{V}_o^{\mathrm{T}} \end{bmatrix} \tag{7.37}
$$

(2)系统的估计矩阵 $\hat{\boldsymbol{A}}$、$\hat{\boldsymbol{C}}$ 为

$$
\hat{\boldsymbol{A}} = (\boldsymbol{J}_1 \boldsymbol{U}_s)^{\dagger} \boldsymbol{J}_2 \boldsymbol{U}_{\mathrm{s}} \tag{7.38}
$$

$$
\hat{\boldsymbol{C}} \boldsymbol{J}_3 \boldsymbol{U}_{\mathrm{s}} \tag{7.39}
$$

式中:$\boldsymbol{J}_1 = [\boldsymbol{I}_{(r-1)p} \quad \boldsymbol{0}_{(r-1)p\times p}]$;$\boldsymbol{J}_2 = [\boldsymbol{0}_{(r-1)p\times p} \quad \boldsymbol{I}_{(r-1)p}]$;$\boldsymbol{J}_3 = [\boldsymbol{I}_p \quad \boldsymbol{0}_{p\times(r-1)p}]$;$p$ 为输出的维数;r 为汉克尔矩阵 $\hat{\boldsymbol{H}}$ 的行数。

(3) 利用估计的矩阵 $\hat{\boldsymbol{A}}$、$\hat{\boldsymbol{C}}$ 和最小二乘法求解,得到矩阵 $\hat{\boldsymbol{B}}$、$\hat{\boldsymbol{D}}$。

$$
\hat{\boldsymbol{B}}, \hat{\boldsymbol{D}} = \min_{\substack{B \in R^{n\times m} \\ D \in R^{p\times m}}} \sum_{k=1}^{N} \| \boldsymbol{G}_k - \hat{\boldsymbol{C}}(\mathrm{e}^{\mathrm{j}\omega_k}\boldsymbol{I} - \hat{\boldsymbol{A}})^{-1}\boldsymbol{B} - \boldsymbol{D} \| \tag{7.40}
$$

(4) 估计的传递函数定义为

$$
\hat{\boldsymbol{H}} = \hat{\boldsymbol{D}} + \hat{\boldsymbol{C}}(z\boldsymbol{I} - \hat{\boldsymbol{A}})\hat{\boldsymbol{B}} \tag{7.41}
$$

7.3 频域加权子空间辨识算法

上节介绍的子空间辨识算法建立在理想状态下,未考虑噪声的影响。本节将重点讨论噪声条件下的子空间辨识问题,为了获得广义观测矩阵的一致估计,这里

采用了加权频域子空间辨识算法。

为简化问题,假设只在系统的输出端存在噪声

$$\boldsymbol{U}(k)=\boldsymbol{U}_0(k),\ \boldsymbol{Y}(k)=\boldsymbol{Y}_0(k)+\boldsymbol{N}_Y(k)$$

式中:$\boldsymbol{U}_0$,$\boldsymbol{Y}_0$为输入、输出信号的真实频域数据;$\boldsymbol{N}_Y$为输出端的噪声频谱,它满足均值为零的条件,且与输入、输出信号互不相关,其协方差矩阵为

$$\boldsymbol{C}(k)=E(\boldsymbol{N}_Y(k)\boldsymbol{N}_Y^{\mathrm{H}}(k))\in C^{N_o\times N_o}$$

此时式(7.17)可表示为

$$\boldsymbol{Y}^{\mathrm{re}}=\boldsymbol{O}_r X^{\mathrm{re}}+\boldsymbol{\Gamma}\boldsymbol{U}^{\mathrm{re}}+\boldsymbol{N}^{\mathrm{re}} \tag{7.42}$$

式中:$\boldsymbol{N}$ 的表达式与式(7.15)、式(7.16)中 $\boldsymbol{Y}$,$\boldsymbol{U}$ 的形式相同。

对式(7.42)进行投影运算可得

$$\boldsymbol{Y}^{\mathrm{re}}/\boldsymbol{U}^{\mathrm{re},\perp}=O_r X^{\mathrm{re}}/\boldsymbol{U}^{\mathrm{re},\perp}+\boldsymbol{N}^{\mathrm{re}}/\boldsymbol{U}^{\mathrm{re},\perp} \tag{7.43}$$

为了获得噪声条件下的广义观测矩阵 $\boldsymbol{O}_r$的一致估计,Mckelvey 提出采用式 $\boldsymbol{Y}^{\mathrm{re}}$的方差矩阵的平方根作为式(7.43)的加权项,其中 $\boldsymbol{Y}^{\mathrm{re}}$的方差矩阵表达式为

$$\boldsymbol{C}=\mathrm{Re}(\boldsymbol{Z}\cdot\mathrm{diag}(C(1),\cdots,C(N))\cdot\boldsymbol{Z}^{\mathrm{H}}) \tag{7.44}$$

式中

$$\boldsymbol{Z}=\begin{bmatrix} I_p & I_p & \cdots & I_p \\ z_1 I_p & z_2 I_{N_0} & \cdots & z_N I_p \\ \vdots & \vdots & & \vdots \\ z_1^{r-1} I_p & z_2^{r-1} I_p & \cdots & z_N^{r-1} I_p \end{bmatrix} \tag{7.45}$$

可以证明当采用方差矩阵 $\boldsymbol{C}$ 的平方根作为加权项时($\boldsymbol{K}\boldsymbol{K}^{\mathrm{T}}=\boldsymbol{C}$),矩阵 $\boldsymbol{K}^{-1}\boldsymbol{Y}^{\mathrm{re}}/\boldsymbol{U}^{\mathrm{re},\perp}$的最大的 n 个奇异值对应的左奇异矢量为 $\boldsymbol{K}^{-1}\boldsymbol{O}_r$的强一致估计,有关该结论的详细推导可参见文献[155]。

因此,在式(7.43)的等式两边添加加权项 K^{-1}就得到了频域加权子空间辨识算法。该算法为了得到广义观测阵的一致估计,将式(7.22)、式(7.23)改写为

$$\boldsymbol{K}^{-1}\boldsymbol{R}_{22}^{\mathrm{T}}=\boldsymbol{U}\boldsymbol{\Sigma}\boldsymbol{V}^{\mathrm{T}} \tag{7.46}$$

$$\hat{\boldsymbol{O}}_r=\boldsymbol{K}\boldsymbol{U}_{[:,1:n]} \tag{7.47}$$

在获得广义观测阵的估计值 $\hat{\boldsymbol{O}}_r$后,考虑到式(7.24)两端的系数矩阵受噪声的影响均含有误差,本节采用了整体最小二乘算法求解状态矩阵 $\boldsymbol{A}$。可将式(7.24)改写为

$$\underbrace{[\hat{O}_{r[1:p(r-1),:]}, -\hat{O}_{r[p+1:pr,:]}]}_{\Phi}\underbrace{\begin{bmatrix}\hat{A}\\ I\end{bmatrix}}_{Z}=0 \tag{7.48}$$

对矩阵 $\boldsymbol{\Phi}$ 进行奇异值分解

$$\boldsymbol{\Phi}=\boldsymbol{U\Sigma V}^{\mathrm{T}}$$

$\boldsymbol{Z}$ 的整体最小二乘解为最小的 n 个奇异值对应的右奇异值矢量组成的矩阵,即

$$\boldsymbol{Z}=\boldsymbol{V}(:,n+1:2n)$$

因此

$$\hat{\boldsymbol{A}}=\boldsymbol{Z}(1:n,:)\boldsymbol{Z}(n+1:2n,:)^{-1} \tag{7.49}$$

最终在估计系数矩阵 $\boldsymbol{B},\boldsymbol{D}$ 时,也可将非参数的噪声方差作为加权项,采用加权最小二乘的形式估计系数矩阵,即

$$\min_{\boldsymbol{\theta}}\sum_{k=0}^{N-1}\|\boldsymbol{W}_k(\boldsymbol{Y}^{\mathrm{rs}}(k)-\boldsymbol{\Psi}_k^{\mathrm{rs}}\boldsymbol{\theta})\|^2 \tag{7.50}$$

式中:$\boldsymbol{W}_k=C(k)^{-1/2}$。

7.4 子空间辨识算法的数值稳定性

在采用连续时间系统的状态方程模型进行频域子空间辨识时,如果式(7.15)、式(7.16)中的 r 较小,算法尚可以获得较好的辨识结果,但是当 r 增大时,通常会因矩阵 $\begin{bmatrix}\boldsymbol{U}^{\mathrm{re}}\\ \boldsymbol{Y}^{\mathrm{re}}\end{bmatrix}$ 病态导致算法失效。因此在采用连续时间模型表示待辨识系统时,子空间算法需要考虑数值稳定性问题。

目前解决子空间数值稳定性的常见办法是频域缩放法,通过缩放测量频率 ω_k 来减小其动态范围,对应于一个模型,之后通过缩放该模型来消除在频率 ω_k 点处的先前变形影响。

此类方法的一个简单示例如下式所示:

$$\mathrm{j}\omega\rightarrow\frac{\mathrm{j}\omega}{\omega_{\mathrm{med}}} \tag{7.51}$$

式中:ω_{med}为全部频率点 $\omega_1,\cdots,\omega_N$的中间值。同样地,相关的系统矩阵估计值 $\boldsymbol{A}$,$\boldsymbol{B}$ 也能够通过缩放得到最终的估计值,即

$$\boldsymbol{A}\rightarrow\frac{1}{\omega_{\mathrm{med}}}\boldsymbol{A},\ \boldsymbol{B}\rightarrow\frac{1}{\omega_{\mathrm{med}}}\boldsymbol{B} \tag{7.52}$$

除了这种缩放方法外,在此基础上,还有一种效果更佳的方法。该方法将通过双线性变换 $s=\frac{2}{T}(z-1)/(z+1)$ 将连续时间模型 $G(s,\theta)$ 与离散时间模型 $G_{\mathrm{d}}(z,$

θ)联系起来,可以得到 $G_d(z,\theta)=G(s,\theta)$。在频域内,有如下关系:

$$G(s,\theta)=G\left(\frac{2}{T}\frac{(z-1)}{z+1},\theta\right)$$

在频域内有

$$\begin{aligned}G(\mathrm{j}\omega,\theta) &= =G\left(\frac{2}{T}\frac{(\mathrm{e}^{\mathrm{j}\omega_d}-1)}{\mathrm{e}^{\mathrm{j}\omega_d}+1},\theta\right)\\ &=G\left(\mathrm{j}\frac{2}{T}\frac{\mathrm{e}^{\mathrm{j}\omega_d/2}(\mathrm{e}^{\mathrm{j}\omega_d/2}-\mathrm{e}^{-\mathrm{j}\omega_d/2})/2\mathrm{j}}{\mathrm{e}^{\mathrm{j}\omega_d/2}(\mathrm{e}^{\mathrm{j}\omega_d}+\mathrm{e}^{-\mathrm{j}\omega_d/2})/2},\theta\right)\\ &=G\left(\mathrm{j}\frac{2}{T}\frac{(\mathrm{e}^{\mathrm{j}\omega_d/2}-\mathrm{e}^{-\mathrm{j}\omega_d/2})/2\mathrm{j}}{(\mathrm{e}^{\mathrm{j}\omega_d}+\mathrm{e}^{-\mathrm{j}\omega_d/2})/2},\theta\right)\\ &=G\left(\mathrm{j}\frac{2}{T}\tan(\mathrm{j}\omega_d/2),\theta\right)\end{aligned}$$

上述推导给出了变换前后离散频率与连续频率之间的关系:

$$\omega=\frac{2}{T}\tan(\mathrm{j}\omega_d/2) \tag{7.53}$$

$$\omega_d=\frac{2}{T}\arctan\frac{\omega T}{2} \tag{7.54}$$

利用双线性变换关系还可以得到离散时间系统矩阵估计值 $\overline{\boldsymbol{A}},\overline{\boldsymbol{B}},\overline{\boldsymbol{C}},\overline{\boldsymbol{D}}$ 到连续时间模型的系统矩阵估计值 $\boldsymbol{A}_c,\boldsymbol{B}_c,\boldsymbol{C}_c,\boldsymbol{D}_c$ 的逆映射

$$\boldsymbol{A}_c=\frac{2}{T}(\boldsymbol{I}+\overline{\boldsymbol{A}})^{-1}(\overline{\boldsymbol{A}}-\boldsymbol{I}),\ \boldsymbol{B}_c=\frac{2}{\sqrt{T}}(\boldsymbol{I}+\overline{\boldsymbol{A}})^{-1}\overline{\boldsymbol{B}} \tag{7.55}$$

$$\boldsymbol{C}_c=\frac{2}{\sqrt{T}}\overline{\boldsymbol{C}}(\boldsymbol{I}+\overline{\boldsymbol{A}})^{-1},\ \boldsymbol{D}_c=\overline{\boldsymbol{D}}-\overline{\boldsymbol{C}}(\boldsymbol{I}+\overline{\boldsymbol{A}})^{-1}\overline{\boldsymbol{B}} \tag{7.56}$$

利用连续时间模型和离散时间模型的这些关系,可以先对离散模型进行系统辨识,只是在辨识之前,需要利用式(7.54)将连续频率转换成离散频率。最后在利用式(7.55)、式(7.56)转换为连续模型。

事实上,即使是处理离散时间模型,当频带范围过窄时,同样会有矩阵条件数较大的数值问题,尽管没有严重到矩阵奇异的境地,却也会造成辨识结果偏差较大。因此,对于频带范围较窄的辨识算法数值问题也可以参考如上的思路解决,先辨识出连续时间模型,然后根据采样时间 T,得到对应的离散时间模型。

7.5 极点已知的频域子空间辨识法

7.5.1 算法介绍

前文介绍的频域子空间辨识法都是建立在理想情形下的,但是在实际使用中,

尤其是对飞行器结构这类分布参数系统进行建模时，首先需要考虑的是合适的定阶。然而，当试图采用奇异值大小确定阶次时，会发现针对实际系统这一方法很难操作。这是因为大多数情况下，系统奇异值大小之间的差异过于微小，不足以提供足够清晰的分界，很难据此判定系统阶次。阶次过低的欠估计无法准确表示系统，阶次过高的过估计又容易在模型中引入噪声信息。

另一方面，实际环境中大量引入的测量噪声和过程噪声，势必造成辨识得到的模型是不稳定的。而颤振试飞通常是在亚临界状态下进行，实际气弹系统是稳定的。不稳定极点的存在有悖于真实情况，这会对依赖模型开展边界预测和控制器设计产生极其不利的影响。

因此，尽可能用稳定、低阶模型描述气弹系统是非常重要的。为了解决这个问题，本节将子空间辨识法和 p-LSCF 法有效结合，提出一种改进的算法——两步频域子空间辨识法[158]。首先采用 p-LSCF 法建立清晰的稳态图，进行模型定阶，辨识出系统的极点，得到需要的模态参数，称该步骤为“极点辨识”；然后根据辨识出的极点，利用频域子空间法的基本原理辨识出零点，称该步骤为“零点辨识”。该方法综合了 p-LSCF 法和频域子空间法的优势，最终建立良好的状态空间模型。在本节还将给出实例分析，验证两步法的有效性。

该方法的核心问题是在已知极点的情况下，将其作为约束条件进行后续的子空间辨识。为了回答这个问题，这里假设 A 有确定的特征根 $\lambda_i(i=1,2,\cdots,n)$，其对应的特征矢量为 $\boldsymbol{P}_i$，若特征根为实数，则

$$\boldsymbol{A}\boldsymbol{P}_i=\boldsymbol{\lambda}_i\boldsymbol{P}_i \tag{7.57}$$

对于动力学系统，特征根常常以复数共轭对出现，因此，上式可以写作：

$$\boldsymbol{A}[\boldsymbol{P}_i \quad \boldsymbol{P}_i^*]=[\boldsymbol{P}_i \quad \boldsymbol{P}_i^*]\begin{bmatrix}\boldsymbol{\lambda}_i & \\ & \boldsymbol{\lambda}_i^*\end{bmatrix} \tag{7.58}$$

式中：* 代表复数的共轭。

由式(7.57)、式(7.58)可得

$$\boldsymbol{A}=\boldsymbol{P}\boldsymbol{\Lambda}\boldsymbol{P}^{-1} \tag{7.59}$$

式中：$\boldsymbol{\Lambda}=\mathrm{diag}[\lambda_1 \quad \lambda_2 \quad \cdots \quad \lambda_n]$；$\boldsymbol{P}=[P_1 \quad P_2 \quad \cdots \quad P_n]$。

通过以上分析可知：若已知极点信息，通过已知极点来估计矩阵 $\boldsymbol{A}$，需要求出相似变换矩阵 $\boldsymbol{P}$。

定理 7.1：对于一个具有确定极点的状态空间模型($\boldsymbol{A},\boldsymbol{B},\boldsymbol{C},\boldsymbol{D}$)，如果 λ_i 是 $\boldsymbol{A}$ 的一个特征值，P_i 是对应的特征矢量。则矩阵 $\boldsymbol{T}^{-1}\boldsymbol{A}\boldsymbol{T}$ 对应 λ_i 的特征矢量 $\hat{P}_i$ 可以通过如下等式求得：

$$\overline{\boldsymbol{A}}\hat{\boldsymbol{P}}_i=0 \text{ 且 } \hat{\boldsymbol{P}}_i^{\mathrm{H}}\hat{\boldsymbol{P}}_i=\boldsymbol{I} \tag{7.60}$$

式中

$$\overline{A} = \begin{bmatrix} \boldsymbol{\lambda}_i \hat{C} \\ \boldsymbol{\lambda}_i^2 \hat{C} \\ \vdots \\ \boldsymbol{\lambda}_i^{r-1} \hat{C} \end{bmatrix} - \hat{O}_r \tag{7.61}$$

这里 $\boldsymbol{T}$ 为非奇异矩阵，$\boldsymbol{T} = \boldsymbol{X}^{\mathrm{re}} \boldsymbol{U}^{\mathrm{re},\perp} \boldsymbol{Q}_2 \boldsymbol{V}_{\mathrm{s}} \boldsymbol{\Sigma}_{\mathrm{s}}^{-1}$。

证明：假设 $\boldsymbol{T} = \boldsymbol{X}^{\mathrm{re}} \boldsymbol{U}^{\mathrm{re},\perp} \boldsymbol{Q}_2 \boldsymbol{V}_{\mathrm{s}} \boldsymbol{\Sigma}_{\mathrm{s}}^{-1}$，则 $\hat{\boldsymbol{O}}_r = \boldsymbol{O}_r \boldsymbol{T}$，即

$$\hat{O}_r = \begin{bmatrix} C \\ CA \\ \vdots \\ CA^{r-1} \end{bmatrix} T = \begin{bmatrix} \hat{C} \\ \hat{C}\hat{A} \\ \vdots \\ \hat{C}\hat{A}^{r-1} \end{bmatrix} \tag{7.62}$$

式中：$\hat{\boldsymbol{C}} = \boldsymbol{CT}$，$\hat{\boldsymbol{A}} = \boldsymbol{T}^{-1}\boldsymbol{AT}$，这说明了以上状态空间模型是原来模型的一个实现。

假设 $\hat{\boldsymbol{P}}_i$ 是 $\hat{\boldsymbol{A}}$ 对应 $\boldsymbol{\lambda}_i$ 的特征矢量，用 $\hat{\boldsymbol{P}}_i$ 右乘式(7.62)，可得

$$\hat{O}_r \hat{P}_i = \begin{bmatrix} \hat{C} \\ \hat{C}\hat{A} \\ \vdots \\ \hat{C}\hat{A}^{r-1} \end{bmatrix} \hat{P}_i = \begin{bmatrix} \hat{C} \\ \boldsymbol{\lambda}_i \hat{C} \\ \vdots \\ \boldsymbol{\lambda}_i^{r-1} \hat{C} \end{bmatrix} \hat{P}_i \tag{7.63}$$

式(7.63)可以看作一个最小二乘问题 $\overline{\boldsymbol{A}}\hat{\boldsymbol{P}}_i = 0$，约束条件为 $\hat{\boldsymbol{P}}_i^{\mathrm{H}} \hat{\boldsymbol{P}}_i = 1$。它的数值稳定解可以通过对 $\overline{\boldsymbol{A}}$ 进行奇异值分解，寻找与最小奇异值对应的右特征矢量得到。

定理 7.1 在基本的频域子空间辨识法的基础上，提供了一种计算特征矢量 $\hat{\boldsymbol{P}}_i$ 的方法，将所有特征矢量按列排放可得相似变换矩阵 $\boldsymbol{P}$ 的估计

$$\hat{\boldsymbol{P}} = [\hat{p}_1 \quad \hat{p}_2 \quad \cdots \quad \hat{p}_n]$$

通过相似变换 $\hat{\boldsymbol{A}} = \hat{\boldsymbol{P}}\boldsymbol{\Lambda}\hat{\boldsymbol{P}}^{-1}$，最终得到满足极点约束的 $\hat{\boldsymbol{A}}$ 阵。随后利用已估计的 $\hat{\boldsymbol{A}}$、$\hat{\boldsymbol{C}}$，通过最小二乘法来获得 $\hat{\boldsymbol{B}}$、$\hat{\boldsymbol{D}}$，其求解过程和基本的频域子空间辨识法相同。

7.5.2 试验验证

为了验证两步频域子空间辨识法的有效性，采用一个压电悬臂梁的试验数据进行验证。该悬臂梁包含本文设计了压电智能悬臂梁振动实验验证所提改进方法

的有效性。试验平台如图 7.2 所示。由信号发生器分别生成线性扫频信号,并驱动压电陶瓷片对悬臂梁进行激振,利用 Hadamard 矩阵设计两输入两输出试验。为减少频域泄漏、噪声和非线性因素的影响,采用多个整周期采样与截断的方法,扫频范围为 1 ~ 200Hz,采样频率 512Hz,单个采样周期 32s,数据长度为 2^{14},一共采样 20 个周期。

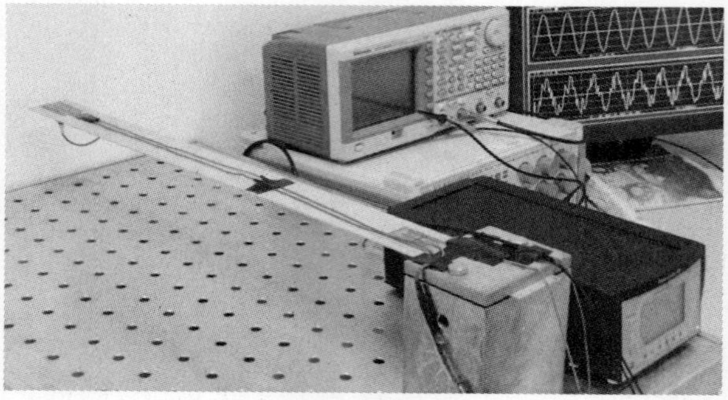

图 7.2 压电悬臂梁试验平台

根据前述分析可知:子空间辨识法是通过奇异值分解进行模型定阶,而 p – LSCF 法通过清晰的稳态图进行模型定阶。为了清楚地说明这两种方法定阶方式的不同,本节采用图形来进行对比,如图 7.3 和图 7.4 所示。采用子空间辨识法由实测数据进行辨识,并根据奇异值分解结果进行模型定阶,采用直方图(图 7.3)的形式来表示奇异值的大小,其中前 2 阶的奇异值明显偏大,3 ~ 7 阶的奇异值次之,该如何比较准确的确定模型的阶次显得十分困难。

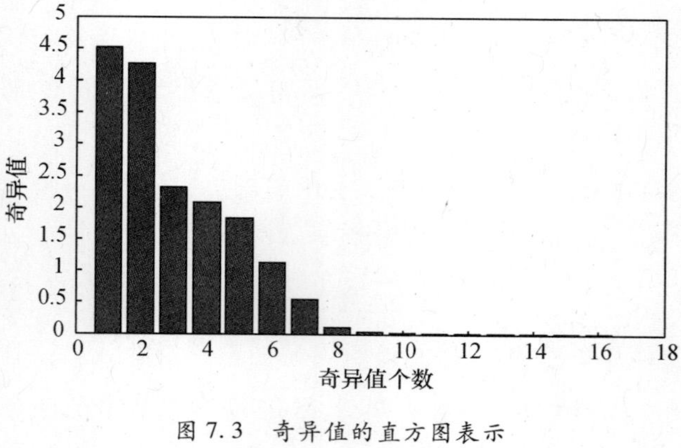

图 7.3 奇异值的直方图表示

采用 p – LSCF 法进行辨识时,通过改变模型的阶次建立清晰的稳态图,如图 7.4 所示。据此可以很容易判断出有 4 个主要模态,故模型阶次定为 8 阶。同时利用 p – LSCF 法得到结果绘制频率 – 阻尼分布图(图 7.5),并通过聚类的方法获得模态参数,如频率和阻尼。具体数值如表 7.1 所列。

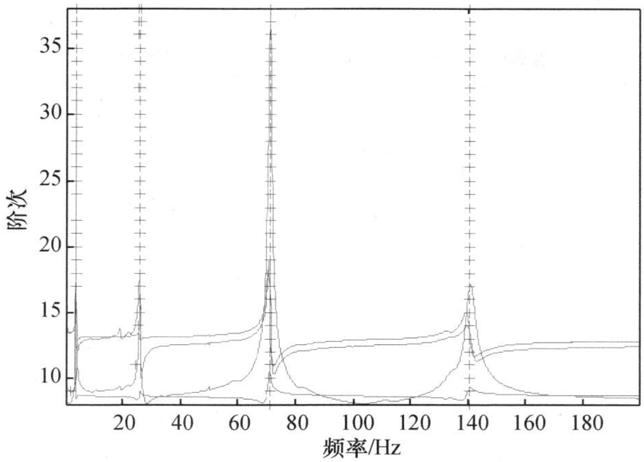

图 7.4 稳态图

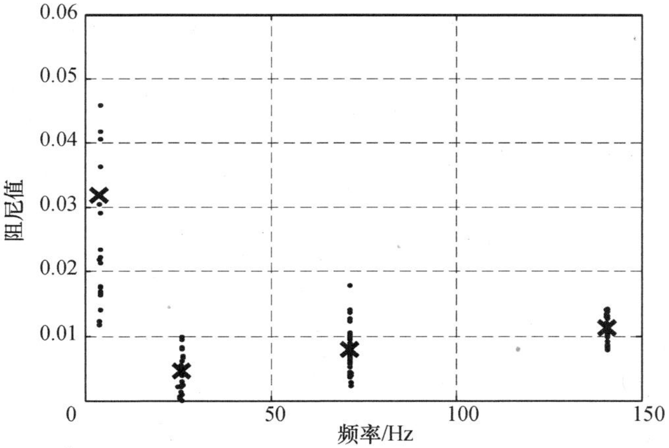

图 7.5 频率 - 阻尼分布图

表 7.1 聚类法得到的模态参数

模态	频率/Hz	阻尼
1	3.8745	0.0318
2	25.8866	0.0047
3	71.3010	0.0079
4	140.6070	0.0113

然后，借助极点已知的频域子空间算法估计系数矩阵 $\boldsymbol{A}$、$\boldsymbol{B}$、$\boldsymbol{C}$、$\boldsymbol{D}$，为了验证辨识结果，将状态空间模型估计出来的频响函数曲线（红虚线）与实测数据估计出来的频响函数曲线（蓝实线）进行比较，如图 7.6 所示，从图中可以看出：通过两步法辨识得到了较为理想的模型，估计出的频响函数曲线接近实测数据的频响函数曲

线，幅值和相应模态频率与实测数据一致性高，拟合度较好，说明了两步频域子空间辨识法的有效性。

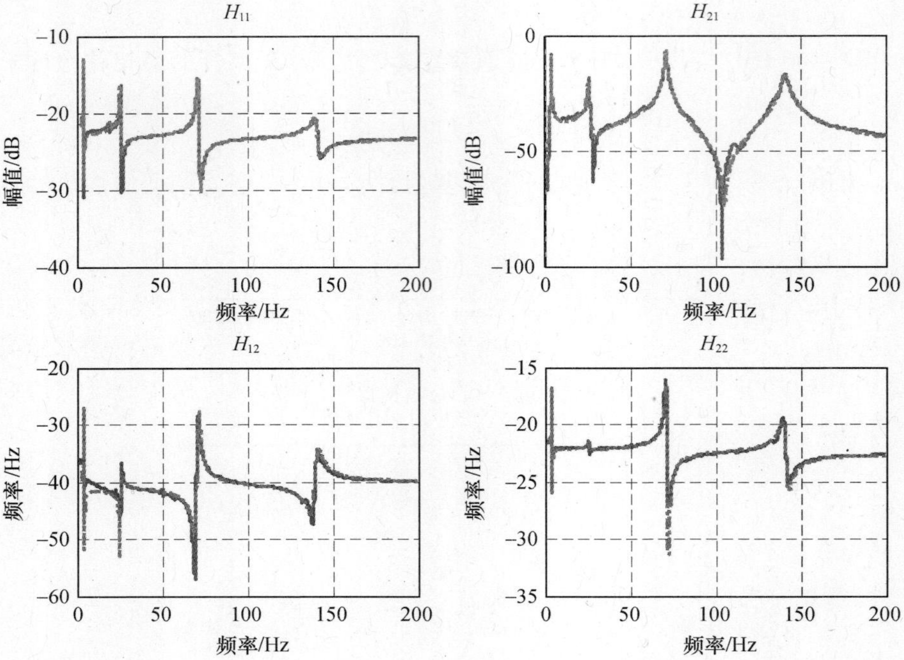

图 7.6　两步法的拟合图(见彩色插页)

7.6　极大似然估计方法

7.6.1　引言

极大似然估计是一种基于概率统计理论的参数估计方法，其基本思想可以追溯到 1809 年高斯的观点：根据概率方法能够导出由观测数据确定参数的一般方法。1912 年，著名统计学家 Fisher 提出了极大似然辨识法并在以后发展成为一种普遍的参数估计方法。由极大似然方法进行系统参数估计通常分为两步：第一，构造出以观测数据和系统参数为自变量的似然函数；第二，极大化似然函数从而得到系统参数估计。这几年，极大似然辨识算法无论在理论探索上还是工业应用方面都得到了极大的发展。

极大似然估计作为参数估计的一种常用方法，已经广泛地应用到很多领域。但是，针对似然函数方程的求解还没有一种普遍的理论方法，实际应用中主要借助于数值优化的方法。例如通过梯度方法实现似然函数最大化，但是梯度搜索法往往会进入局部最优，而非全局最优。同时，状态空间方程的极大似然估计函数形式复杂,不利于优化运算。我们必须寻求别的新的解决方法,正是在这种情况下,人们提出了期望极大值(Expectation Maximization,EM)算法。

EM 算法是一种用来计算不完全数据问题的极大似然估计的迭代算法。20 世纪 70 年代,用 EM 方法进行缺失情况下系统参数极大似然估计的思想首次被哈佛大学的学者 Dempster 提出[159],并且他指出由 EM 算法得到的极大似然函数具有单调非减性以及收敛性,从而为缺失数据情况下的参数估计提供了一个新的研究手段。文献[160]则全面总结了基于 EM 算法的离散状态空间模型的系统参数估计,被誉为 EM 算法在控制系统建模方面具有里程碑意义的专著。针对线性时不变状态空间模型,Gibson 等[161]学者利用 EM 原理,将输入输出数据当作观测数据集,将各个时刻的状态当作缺失数据集,基于平滑理论和线性系统的滤波理论,提出了基于输入输出数据构成的条件概率意义下的状态空间系统参数的极大似然辨识方法,并且利用矩阵的 QR 分解和 Cholesky 分解原理实现了算法的鲁棒数值稳定。这种方法具备以下几个特点[162]:

(1) 可以得到测量噪声以及过程噪声协方差矩阵、系统参数矩阵的最优估计,还能求出系统初始状态均值和协方差的封闭解析表达式;

(2) 每一步通过迭代得到的参数更新值能够保证系统的似然函数值单调非递减;

(3) 针对能控能观的状态空间系统,该算法能确保系统参数从选定的初始值经过有限次迭代以指数收敛的速度达到稳定点;

(4) 与子空间方法以及梯度优化方法相比,该算法具有较好的数值稳定性,对初值的选取不敏感,且算法抗噪声能力很强,能够实现高维系统的参数估计。

本章将针对时域、频域中期望极大值辨识方法在分析原理、辨识的基本步骤等方面进行介绍。EM 算法具有指数收敛速度以及似然函数的非减性等特点,无需计算对数似然函数的二阶偏导及其近似式,可提高似然函数收敛于平稳点的可能性。[163]数值仿真结果说明了所提出方法的有效性。

7.6.2 期望极大化方法

期望极大化方法是数据缺失情况下参数极大似然估计的通用方法,在详细介绍其原理之前,先给出引理 7.1 关于条件期望的结论。

引理 7.1[164] 设 $p_{\hat{\theta}_k}(X \mid Y)$ 表示参数为 $\hat{\theta}_k$ 时在条件 $\boldsymbol{Y}$ 下随机变量 $\boldsymbol{X}$ 的概率密度函数(其中参数 $\hat{\theta}_k$ 是随机变量 $\boldsymbol{X}$ 和 $\boldsymbol{Y}$ 的函数),定义如下条件期望:

$$\begin{aligned} V(\hat{\theta}_{k+1},\hat{\theta}_k) &= E_{\hat{\theta}_k}\{\log p_{\hat{\theta}_{k+1}}(X \mid Y)\} \\ &= \int \log p_{\hat{\theta}_{k+1}}(X \mid Y)\ p_{\hat{\theta}_k}(X \mid Y)\mathrm{d}X \end{aligned} \tag{7.64}$$

则有式(7.65)不等式关系成立:

$$V(\hat{\theta}_k,\hat{\theta}_k) \geqslant V(\hat{\theta}_{k+1},\hat{\theta}_k) \tag{7.65}$$

等号成立的充要条件为

$$p_{\hat{\theta}_{k+1}}(X \mid Y) = p_{\hat{\theta}_k}(X \mid Y) \tag{7.66}$$

证明:依据定义

$$\begin{aligned} V(\hat{\theta}_{k+1},\hat{\theta}_k) - V(\hat{\theta}_k,\hat{\theta}_k) &= \int \log p_{\hat{\theta}_{k+1}}(X \mid Y)\, p_{\hat{\theta}_k}(X \mid Y)\,\mathrm{d}X \\ &\quad - \int \log p_{\hat{\theta}_k}(X \mid Y)\, p_{\hat{\theta}_k}(X \mid Y)\,\mathrm{d}X \\ &= \int \log\left(\frac{p_{\hat{\theta}_{k+1}}(X \mid Y)}{p_{\hat{\theta}_k}(X \mid Y)}\right) p_{\hat{\theta}_k}(X \mid Y)\,\mathrm{d}X \end{aligned} \tag{7.67}$$

为简化形式,将函数 $\log t\,(t>0)$ 在 $t=1$ 按泰勒级数展开有 $\log t = \log 1 + (t-1) - (t-1)^2/2\lambda^2, (\lambda \in (0,t])$,因此有 $\log t \leqslant t-1$,当且仅当 $t=1$ 时等号成立。所以有

$$\begin{aligned} V(\hat{\theta}_{k+1},\hat{\theta}_k) - V(\hat{\theta}_k,\hat{\theta}_k) &\leqslant \int \left(\frac{p_{\hat{\theta}_{k+1}}(X \mid Y)}{p_{\hat{\theta}_k}(X \mid Y)} - 1\right) p_{\hat{\theta}_k}(X \mid Y)\,\mathrm{d}X \\ &= \int p_{\hat{\theta}_{k+1}}(X \mid Y)\,\mathrm{d}X - \int p_{\hat{\theta}_k}(X \mid Y)\,\mathrm{d}X = 0 \end{aligned} \tag{7.68}$$

$V(\hat{\theta}_k,\hat{\theta}_k) = V(\hat{\theta}_{k+1},\hat{\theta}_k)$ 成立的充要条件 $p_{\hat{\theta}_{k+1}}(X \mid Y) = p_{\hat{\theta}_k}(X \mid Y)$。

引理证毕。

作为极大似然估计的一种有效方法,EM 算法主要应用于以下两种情形的极大似然估计问题:

(1) 似然函数不解析或者似然函数表达式过于复杂,导致一般搜索优化方法容易陷入局部最优。

(2) 观测数据不完整,需要利用不完整数据进行辨识。综合相关文献[165~170],EM 算法的基本原理可以概括如下:

假设 X 表示缺失数据集,待估计的系统参数 θ 是观测数据集和状态数据集的未知函数,Y 是观测数据集,其概率密度函数为 $p_\theta(Y)$($\theta \in \Theta \subseteq R^p$ 是要估计的系统参数)。期望极大值方法的第一步是要寻找使观测数据集的概率密度函数最大的系统参数,即

$$\hat{\theta}_{\mathrm{ML}} \in \{\theta \in \Theta : p_\theta(Y) \geqslant p_{\theta'}(Y)\ \forall \theta' \in \Theta\} \tag{7.69}$$

根据条件概率的定义,可得

$$p_\theta(X,Y) = p_\theta(Y)\, p_\theta(X \mid Y) \tag{7.70}$$

式中:$p_\theta(X,Y)$ 为状态数据集 X 和观测数据集 Y 的联合概率密度函数;$p_\theta(X \mid Y)$ 为给定观测数据集 Y 条件下 X 的条件概率密度函数。

那么,对式(7.70)两边取对数得

$$\log p_\theta(Y) = \log p_\theta(X,Y) - \log p_\theta(X \mid Y) \tag{7.71}$$

将观测数据集 Y 和参数值 θ' 作为条件，对式(7.71)求条件期望，即两边都乘以条件概率密度 $p_{\theta'}(X \mid Y)$ 并对 X 求积分可得

$$\log p_\theta(Y) = E_{\theta'}\{\log p_\theta(X,Y) \mid Y\} - E_{\theta'}\{\log p_\theta(X \mid Y) \mid Y\} \tag{7.72}$$

式中

$$E_{\theta'}\{\log p_\theta(X,Y) \mid Y\} = \int \log p_\theta(X,Y)\, p_{\theta'}(X \mid Y)\,\mathrm{d}X \tag{7.73}$$

$$E_{\theta'}\{\log p_\theta(X \mid Y) \mid Y\} = \int \log p_\theta(X \mid Y)\, p_{\theta'}(X \mid Y)\,\mathrm{d}X \tag{7.74}$$

为了便于描述，记

$$L(\theta) = \log p_\theta(Y) \tag{7.75}$$

$$Q(\theta,\theta') = E_{\theta'}\{\log p_\theta(X,Y) \mid Y\} \tag{7.76}$$

$$V(\theta,\theta') = E_{\theta'}\{\log p_\theta(X \mid Y) \mid Y\} \tag{7.77}$$

根据式(7.75)~式(7.77)的定义，式(7.72)可以表示为

$$L(\theta) = Q(\theta,\theta') - V(\theta,\theta') \tag{7.78}$$

因此，就可以将式(7.69)中的估计问题转化为求 $L(\theta)$ 的极大值问题。并且有

$$L(\theta) - L(\theta') = Q(\theta,\theta') - Q(\theta',\theta') + V(\theta',\theta') - V(\theta,\theta') \tag{7.79}$$

根据引理 7.1，易得

$$V(\theta,\theta') \leqslant V(\theta',\theta') \tag{7.80}$$

因此，如果

$$Q(\theta,\theta') \geqslant Q(\theta',\theta') \tag{7.81}$$

则有

$$L(\theta) \geqslant L(\theta') \tag{7.82}$$

由式(7.81)~式(7.82)可知：如果存在参数值 θ 能使 $Q(\theta,\theta')$ 大于 $Q(\theta',\theta')$，则必然能使似然函数 $L(\theta)$ 的取值同时增大。依据这一性质，假定式(7.69)的当前值为 $\hat{\theta}_k$，则下一步的系统参数值 $\hat{\theta}_{k+1}$ 可以根据如下步骤确定：

(1) E. STEP。计算：$Q(\theta,\hat{\theta}_k)$。

(2) M. STEP。求极大值：$\hat{\theta}_{k+1} = \underset{\theta\in\Theta}{\arg\max}\, Q(\theta,\hat{\theta}_k)$。

一般情况下只经过一步迭代很难得到满足要求的系统参数估计，需要进行多步迭代计算，而且每一步迭代都能使似然函数值增加并收敛到一个局部极大值。因此，利用 EM 算法估计系统参数获得的是一组能够使观测数据集上似然函数值

递增的估计序列$\{\hat{\theta}_0,\hat{\theta}_1,\hat{\theta}_2,\cdots\}$。

7.6.3 时域期望极大化方法

1. 辨识问题描述

考虑一个线性时不变的状态空间系统[161]：

$$\begin{bmatrix} \boldsymbol{x}_{t+1} \\ \boldsymbol{y}_t \end{bmatrix} = \begin{bmatrix} \boldsymbol{A} & \boldsymbol{B} \\ \boldsymbol{C} & \boldsymbol{D} \end{bmatrix} \begin{bmatrix} \boldsymbol{x}_t \\ \boldsymbol{u}_t \end{bmatrix} + \begin{bmatrix} \boldsymbol{\omega}_t \\ \boldsymbol{v}_t \end{bmatrix} \tag{7.83}$$

式中：$\boldsymbol{u}_t \in R^m$为输入信号；$\boldsymbol{y}_t \in R^p$为观测输出；$\boldsymbol{x}_t \in R^n$为状态变量。$\boldsymbol{\omega}_t$和$\boldsymbol{v}_t$分别为n维和p维的过程噪声和输出噪声，$\boldsymbol{\omega}_t$和$\boldsymbol{v}_t$相互独立且服从高斯分布：

$$\begin{bmatrix} \boldsymbol{\omega}_t \\ \boldsymbol{v}_t \end{bmatrix} \sim N(\boldsymbol{0},\boldsymbol{\Pi}),\ \boldsymbol{\Pi} = \begin{bmatrix} Q & \boldsymbol{0} \\ 0 & \boldsymbol{R} \end{bmatrix} \tag{7.84}$$

另外，系统的初始值$\boldsymbol{x}_1$服从均值为$\boldsymbol{\mu}$，协方差为$\boldsymbol{P}_1$的高斯分布：

$$\boldsymbol{x}_1 \sim N(\boldsymbol{\mu},\boldsymbol{P}_1) \tag{7.85}$$

辨识问题可以描述为：给定输入和输出观测序列，即

$$U_N = \{u_1,u_2,\cdots,u_N\},Y_N = \{y_1,y_2,\cdots,y_N\} \tag{7.86}$$

估计参数矩阵$\boldsymbol{A}$、$\boldsymbol{B}$、$\boldsymbol{C}$、$\boldsymbol{D}$、$\boldsymbol{Q}$、$\boldsymbol{R}$、$\boldsymbol{P}_1$以及矢量$\boldsymbol{\mu}$的取值。需要注意的是状态序列$X_{N+1} = \{x_1,x_2,\cdots,x_N,x_{N+1}\}$是未知的。为描述方便，这些待辨识的参数全部由如下定义的矢量$\boldsymbol{\theta}$表示

$$\boldsymbol{\theta} \triangleq [\mathrm{vec}\{\boldsymbol{\Gamma}\}^{\mathrm{T}},\mathrm{vec}\{\boldsymbol{\Pi}\}^{\mathrm{T}},\mathrm{vec}\{\boldsymbol{P}_1\}^{\mathrm{T}},\boldsymbol{\mu}^{\mathrm{T}}]^{\mathrm{T}} \tag{7.87}$$

式中：$\boldsymbol{\Gamma} = \begin{bmatrix} \boldsymbol{A} & \boldsymbol{B} \\ \boldsymbol{C} & \boldsymbol{D} \end{bmatrix}$，$\boldsymbol{\Pi} = \begin{bmatrix} \boldsymbol{Q} & 0 \\ 0 & \boldsymbol{R} \end{bmatrix}$。$\mathrm{vec}\{\Delta\}$是矩阵拉直符号，$\boldsymbol{\Delta}^{\mathrm{T}}$表示矩阵$\boldsymbol{\Delta}$的转置。那么系统的似然函数$L(\theta)$可表示为

$$L(\theta) = -\frac{Np}{2}\log(2\pi) - \frac{1}{2}\sum_{t=1}^{N}\mathrm{logdet}(\boldsymbol{CP}_{t|t-1}\boldsymbol{C}^{\mathrm{T}} + \boldsymbol{R}) -$$

$$\frac{1}{2}\sum_{t=1}^{N}(\boldsymbol{y}_t - \hat{\boldsymbol{y}}_{t|t-1})^{\mathrm{T}}[\boldsymbol{CP}_{t|t-1}\boldsymbol{C}^{\mathrm{T}} + \boldsymbol{R}]^{-1}(\boldsymbol{y}_t - \hat{\boldsymbol{y}}_{t|t-1}) \tag{7.88}$$

这里($\boldsymbol{Y}_0 = \varnothing$)

$$\boldsymbol{y}_{t|t-1} = E\{\boldsymbol{y}_t | Y_{t-1},\boldsymbol{\theta}\} \tag{7.89}$$

$$\boldsymbol{x}_{t|t-1} = E\{\boldsymbol{x}_t | Y_{t-1},\boldsymbol{\theta}\} \tag{7.90}$$

$$\boldsymbol{P}_{t|t-1} = E\{(\boldsymbol{x}_t - \hat{\boldsymbol{x}}_{t|t-1})(\boldsymbol{x}_t - \hat{\boldsymbol{x}}_{t|t-1})^{\mathrm{T}} | \boldsymbol{\theta}\} \tag{7.91}$$

本节将状态序列$X_{N+1} = \{x_1,x_2,\cdots,x_N,x_{N+1}\}$看作“缺失数据集”，而将输出观测序列$Y_N = \{y_1,y_2,\cdots,y_N\}$当作“观测数据集”，并且假定系统当前的参数值为$\theta'$。

本节将详细介绍时域 EM 算法求解极大似然估计的具体过程。主要内容参考了文献[161],这里仅叙述文中的主要定理和结论,具体证明过程可参见文献[161]。

2. 计算联合条件期望

依据式(7.81)和式(7.82)的 EM 方法原理,第一步就是计算联合条件期望 $Q(\theta,\theta')$,其具体计算可以根据定理 7.2 得到:

定理 7.2[161] 考虑动态模型(7.83)~(7.84),如果观测数据集是 $Y=Y_N$,缺失数据集为 $X=X_{N+1}$,则对所有满足 $Q>0,R>0,P_1>0$ 的参数集 θ,观测数据集和缺失数据集的联合条件期望 $Q(\theta,\theta')=E_{\theta'}\{\log p_\theta(X,Y)\mid Y\}$ 可以表示为

$$-2Q(\boldsymbol{\theta},\boldsymbol{\theta}')=\log\det\boldsymbol{\Sigma}_1+\mathrm{tr}\{\boldsymbol{\Sigma}_1^{-1}E_{\theta'}\{(\boldsymbol{x}_1-\boldsymbol{\mu})(\boldsymbol{x}_1-\boldsymbol{\mu})^{\mathrm{T}}\mid Y_N\}\}+N\log\det\boldsymbol{\Pi}+N\mathrm{tr}\{\boldsymbol{\Pi}^{-1}[\boldsymbol{\Phi}-\boldsymbol{\Psi}\boldsymbol{\Gamma}^{\mathrm{T}}-\boldsymbol{\Gamma}\boldsymbol{\Psi}^{\mathrm{T}}+\boldsymbol{\Gamma}\boldsymbol{\Sigma}\boldsymbol{\Gamma}^{\mathrm{T}}]\} \tag{7.92}$$

式中

$$\boldsymbol{z}_t^{\mathrm{T}}=[\boldsymbol{x}_t^{\mathrm{T}}\ \boldsymbol{u}_t^{\mathrm{T}}],\ \boldsymbol{\xi}_t^{\mathrm{T}}\triangleq[\boldsymbol{x}_{t+1}^{\mathrm{T}}\ \boldsymbol{y}_t^{\mathrm{T}}] \tag{7.93}$$

$$\boldsymbol{\Phi}=\frac{1}{N}\sum_{i=1}^{N}E\{\boldsymbol{\xi}_t\boldsymbol{\xi}_t^{\mathrm{T}}\mid Y_N,\boldsymbol{\theta}'\},\ \boldsymbol{\Psi}=\frac{1}{N}\sum_{i=1}^{N}E\{\boldsymbol{\xi}_t\boldsymbol{z}_t^{\mathrm{T}}\mid Y_N,\boldsymbol{\theta}'\},\ \boldsymbol{\Sigma}=\frac{1}{N}\sum_{i=1}^{N}E\{\boldsymbol{z}_t\boldsymbol{z}_t^{\mathrm{T}}\mid Y_N,\boldsymbol{\theta}'\} \tag{7.94}$$

式中:$\mathrm{tr}\{\Delta\}$ 表示矩阵 $\boldsymbol{\Delta}$ 的迹,$\det(\boldsymbol{\Delta})$ 表示矩阵 $\boldsymbol{\Delta}$ 的行列式。

根据式(7.93)、式(7.94)可知,组成 $Q(\theta,\theta')$ 的所有统计量都需要计算以下元素:

$$\hat{\boldsymbol{x}}_{t\mid N}=E\{\boldsymbol{x}_t\mid Y_N,\boldsymbol{\theta}'\},\ E\{\boldsymbol{x}_t\boldsymbol{x}_t^{\mathrm{T}}\mid Y_N,\boldsymbol{\theta}'\},\ E\{\boldsymbol{x}_t\boldsymbol{x}_{t-1}^{\mathrm{T}}\mid Y_N,\boldsymbol{\theta}'\}$$

式中:$E\{\boldsymbol{x}_t\mid Y_N,\boldsymbol{\theta}'\}$ 为状态 $\boldsymbol{x}_t$ 在系统参数为 $\boldsymbol{\theta}'$、观测数据 Y_N 的条件下的数学期望,而 $E_{\boldsymbol{\theta}'}\{\boldsymbol{x}_t\boldsymbol{x}_t^{\mathrm{T}}\mid Y_N\}$ 和 $E_{\boldsymbol{\theta}'}\{\boldsymbol{x}_t\boldsymbol{x}_{t-1}^{\mathrm{T}}\mid Y_N\}$ 也有相似的定义。利用定理 7.3 可以计算上述条件期望。

定理 7.3[161] 假定系统参数为 $\boldsymbol{A}$、$\boldsymbol{B}$、$\boldsymbol{C}$、$\boldsymbol{D}$、$\boldsymbol{Q}$、$\boldsymbol{R}$、$\boldsymbol{P}_1$ 以及矢量 $\boldsymbol{\mu}$,根据式(7.87)可以构成参数矢量 $\boldsymbol{\theta}'$,则有

$$E_{\boldsymbol{\theta}'}\{\boldsymbol{y}_t\boldsymbol{x}_t^{\mathrm{T}}\mid Y_N\}=\boldsymbol{y}_t\boldsymbol{x}_{t\mid N}^{\mathrm{T}} \tag{7.95}$$

$$E_{\boldsymbol{\theta}'}\{\boldsymbol{x}_t\boldsymbol{x}_t^{\mathrm{T}}\mid Y_N\}=\hat{\boldsymbol{x}}_{t\mid N}\boldsymbol{x}_{t\mid N}^{\mathrm{T}}+P_{t\mid N} \tag{7.96}$$

$$E_{\boldsymbol{\theta}'}\{\boldsymbol{x}_t\boldsymbol{x}_{t-1}^{\mathrm{T}}\mid Y_N\}=\hat{\boldsymbol{x}}_{t\mid N}\boldsymbol{x}_{t-1\mid N}^{\mathrm{T}}+\boldsymbol{M}_{t\mid N} \tag{7.97}$$

式中:$\hat{\boldsymbol{x}}_{t\mid N}$,$\boldsymbol{P}_{t\mid N}$ 以及 $\boldsymbol{M}_{t\mid N}$ 由定区间平滑器计算,可得

$$\boldsymbol{J}_t=\boldsymbol{P}_{t\mid t}\boldsymbol{A}^{\mathrm{T}}\boldsymbol{P}_{t+1\mid t}^{-1} \tag{7.98}$$

$$\boldsymbol{P}_{t\mid N}=\boldsymbol{P}_{t\mid t}+\boldsymbol{J}_t[\boldsymbol{P}_{t+1\mid N}-\boldsymbol{P}_{t+1\mid t}]\boldsymbol{J}_t^{\mathrm{T}} \tag{7.99}$$

$$\hat{\boldsymbol{x}}_{t\mid N}=\boldsymbol{x}_{t\mid t}+\boldsymbol{J}_t[\boldsymbol{x}_{t+1\mid N}-A\hat{\boldsymbol{x}}_{t\mid t}-\boldsymbol{B}\boldsymbol{u}_t]\ (t=N,\cdots,1) \tag{7.100}$$

$$\boldsymbol{M}_{t\mid N}=\boldsymbol{P}_{t\mid t}\boldsymbol{J}_{t-1}^{\mathrm{T}}+\boldsymbol{J}_t(\boldsymbol{M}_{t+1\mid N}-\boldsymbol{A}\boldsymbol{P}_{t\mid t})\boldsymbol{J}_{t-1}^{\mathrm{T}}\ (t=N,\cdots,2) \tag{7.101}$$

可依据卡尔曼滤波器计算组成式(7.98)~式(7.101)的 $\hat{x}_{t\mid t}$,$P_{t\mid t}$,$P_{t\mid t-1}$:

$$\boldsymbol{P}_{t|t-1}=\boldsymbol{A}\boldsymbol{P}_{t-1|t-1}\boldsymbol{A}^{\mathrm{T}}+\boldsymbol{Q} \tag{7.102}$$

$$\boldsymbol{K}_t=\boldsymbol{P}_{t|t-1}\boldsymbol{C}^{\mathrm{T}}(\boldsymbol{C}\boldsymbol{P}_{t|t-1}\boldsymbol{C}^{\mathrm{T}}+\boldsymbol{R})^{-1} \tag{7.103}$$

$$\boldsymbol{P}_{t|t}=\boldsymbol{P}_{t|t-1}-\boldsymbol{K}_t\boldsymbol{C}\boldsymbol{P}_{t|t-1} \tag{7.104}$$

$$\hat{\boldsymbol{x}}_{t-1|t}=\boldsymbol{A}\boldsymbol{x}_{t-1|t-1}+\boldsymbol{B}\boldsymbol{u}_{t-1} \tag{7.105}$$

$$\hat{\boldsymbol{x}}_{t|t}=\boldsymbol{x}_{t|t-1}+\boldsymbol{K}_t(\boldsymbol{y}_t-\boldsymbol{C}\hat{\boldsymbol{x}}_{t|t-1}-\boldsymbol{D}\boldsymbol{u}_t) \tag{7.106}$$

式(7.102)~式(7.106)中 $t=1,2,\cdots,N$,式(7.101)的初始值为

$$\boldsymbol{M}_{N|N}=(\boldsymbol{I}-\boldsymbol{K}_N\boldsymbol{C})\boldsymbol{A}\boldsymbol{P}_{N-1|N-1} \tag{7.107}$$

3. 极大化联合条件期望

定理 7.4[161] 假设系统的参数空间集为 Θ,式(7.87)定义的系统参数是 Θ 的子集,如果 $Q>0,R>0,\boldsymbol{P}_1$ 是对称正定矩阵,则分两步确定系统参数 $\theta\triangleq[\mathrm{vec}\{\boldsymbol{\Gamma}\}^{\mathrm{T}},\mathrm{vec}\{\boldsymbol{\Pi}\}^{\mathrm{T}},\mathrm{vec}\{\boldsymbol{P}_1\}^{\mathrm{T}},\boldsymbol{\mu}^{\mathrm{T}}]^{\mathrm{T}}$,使联合期望 $\boldsymbol{Q}(\boldsymbol{\theta},\hat{\boldsymbol{\theta}}_k)$ 取值最大。

第一步:参数 $\boldsymbol{\Gamma}$ 和 $\boldsymbol{\mu}$ 依据式(7.108)确定,有

$$\boldsymbol{\Gamma}=\begin{bmatrix}\boldsymbol{A} & \boldsymbol{B}\\ \boldsymbol{C} & \boldsymbol{D}\end{bmatrix}=\boldsymbol{\Psi}\boldsymbol{\Sigma}^{-1},\ \boldsymbol{\mu}=\hat{\boldsymbol{x}}_{1|N} \tag{7.108}$$

第二步:参数 $\boldsymbol{\Pi}$ 和 $\boldsymbol{P}_1$ 依据式(7.109)确定,有

$$\boldsymbol{\Pi}=\begin{bmatrix}\boldsymbol{Q} & 0\\ 0 & \boldsymbol{R}\end{bmatrix}=\boldsymbol{\Phi}-\boldsymbol{\Psi}\boldsymbol{\Sigma}^{-1}\boldsymbol{\Psi}^{\mathrm{T}},\ \boldsymbol{P}_1=\boldsymbol{P}_{1|N} \tag{7.109}$$

通过对定理 7.2、定理 7.4 以及算法特性进行分析可以得出,噪声方差矩阵 $\boldsymbol{\Pi}$ 是对称正定矩阵。但是,实际计算时算法无法保证方差矩阵在参数估计迭代过程中是对称正定的,会导致原始 EM 算法的数值稳定性差的问题。为此,我们采用 QR 分解对原始的 EM 估计算法进行改进,以确保矩阵是对称正定矩阵,详细介绍如下:

根据以上计算可知,矩阵 $\boldsymbol{\Pi}$ 为正定对称矩阵,同时矩阵 $\boldsymbol{P}_{t|N},\boldsymbol{P}_{t|t}$ 以及 $\boldsymbol{P}_{t|t-1}$ 也是对称正定矩阵。显然,为了保证 $\boldsymbol{P}_{t|N},\boldsymbol{P}_{t|t}$ 以及 $\boldsymbol{P}_{t|t-1}$ 为对称正定矩阵,不能直接利用式(7.99)、式(7.102)和式(7.104)进行计算。这里采用了 QR 分解的数值方法进行计算。矩阵 QR 分解的定义是:将矩阵 $\boldsymbol{M}$ 分解为 $\boldsymbol{M}=\boldsymbol{Q}\boldsymbol{R}$,其中 $\boldsymbol{R}$ 是上三角矩阵,$\boldsymbol{Q}$ 是单位正交阵。由于三个协方差矩阵满足正定对称,它们均能均方分解为 $\boldsymbol{P}_{t|N}=\boldsymbol{P}_{t|N}^{1/2}\boldsymbol{P}_{t|N}^{\mathrm{T}/2},\boldsymbol{P}_{t|t}=\boldsymbol{P}_{t|t}^{1/2}\boldsymbol{P}_{t|t}^{\mathrm{T}/2}$ 以及 $\boldsymbol{P}_{t|t-1}=\boldsymbol{P}_{t|N}^{1/2}\boldsymbol{P}_{t|t-1}^{\mathrm{T}/2}$,为了便于间接计算式(7.99)、式(7.102)和式(7.104),首先构造如下矩阵进行 $\boldsymbol{QR}$ 分解:

$$\begin{bmatrix}\boldsymbol{P}_{t|t}^{\mathrm{T}/2}\boldsymbol{A}^{\mathrm{T}} & \boldsymbol{P}_{t|t}^{\mathrm{T}/2}\\ \boldsymbol{Q}^{\mathrm{T}/2} & 0\\ 0 & \boldsymbol{P}_{t+1|N}^{\mathrm{T}/2}\boldsymbol{J}_t^{\mathrm{T}}\end{bmatrix}=\boldsymbol{Q}_1\begin{bmatrix}\boldsymbol{R}_{11} & \boldsymbol{R}_{12}\\ 0 & \boldsymbol{R}_{22}\\ 0 & 0\end{bmatrix} \tag{7.110}$$

$$\begin{bmatrix} \boldsymbol{R}^{1/2} & \boldsymbol{C}\boldsymbol{P}_{t|t-1}^{1/2} \\ 0 & \boldsymbol{P}_{t|t-1}^{1/2} \end{bmatrix}^{\mathrm{T}} = \boldsymbol{Q}_2 \begin{bmatrix} \bar{\boldsymbol{R}}_{11} & \bar{\boldsymbol{R}}_{12} \\ 0 & \bar{\boldsymbol{R}}_{22} \end{bmatrix} \tag{7.111}$$

$$\begin{bmatrix} \boldsymbol{P}_{t-1|t-1}^{\mathrm{T}/2}\boldsymbol{A}^{\mathrm{T}} \\ \boldsymbol{Q}^{\mathrm{T}/2} \end{bmatrix} = \boldsymbol{Q}_3 \begin{bmatrix} \tilde{\boldsymbol{R}}_1 \\ 0 \end{bmatrix} \tag{7.112}$$

式中：$(\boldsymbol{Q}_i)^{\mathrm{T}}\boldsymbol{Q}_i = I(i=1,2,3)$。对式(7.110)～式(7.112)两边分别乘以等式左边矩阵的转置，并利用式(7.99)、式(7.102)和式(7.104)，便可得到式(7.113)的结论：

$$\boldsymbol{P}_{t|N} = (\boldsymbol{R}_{22})^{\mathrm{T}}\boldsymbol{R}_{22},\ \boldsymbol{P}_{t|t} = (\bar{\boldsymbol{R}}_{22})^{\mathrm{T}}\bar{\boldsymbol{R}}_{22},\ \boldsymbol{P}_{t|t-1} = (\tilde{\boldsymbol{R}}_1)^{\mathrm{T}}\tilde{\boldsymbol{R}}_1 \tag{7.113}$$

经过矩阵 $\boldsymbol{QR}$ 分解后，依据式(7.113)计算得到的矩阵 $\boldsymbol{P}_{t|N}$，$\boldsymbol{P}_{t|t}$ 以及 $\boldsymbol{P}_{t|t-1}$ 均为对称正定阵，保证了矩阵 $\boldsymbol{Q}$ 以及 $\boldsymbol{R}$ 的对称正定性，从而保证了矩阵 $\boldsymbol{Q}$ 以及 $\boldsymbol{R}$ 所表示的噪声协方差具有实际意义。

与上述方法近似，为了保证 $\boldsymbol{\Pi}$ 为正定对称矩阵。可对如下矩阵进行 cholesky 分解：

$$\begin{bmatrix} \boldsymbol{\Sigma} & \boldsymbol{\Psi}^{\mathrm{T}} \\ \boldsymbol{\Psi} & \boldsymbol{\Phi} \end{bmatrix} = \begin{bmatrix} \boldsymbol{L}_{11} & \boldsymbol{L}_{12} \\ 0 & \boldsymbol{L}_{22} \end{bmatrix}^{\mathrm{T}} \begin{bmatrix} \boldsymbol{L}_{11} & \boldsymbol{L}_{12} \\ 0 & \boldsymbol{L}_{22} \end{bmatrix}$$

根据分解中存在的矩阵关系可得

$$\boldsymbol{\Pi} = \boldsymbol{\Phi} - \boldsymbol{\Psi}\boldsymbol{\Sigma}^{-1}\boldsymbol{\Psi}^{\mathrm{T}} = \boldsymbol{L}_{12}^{\mathrm{T}}\boldsymbol{L}_{12} + \boldsymbol{L}_{22}^{\mathrm{T}}\boldsymbol{L}_{22} - \boldsymbol{L}_{12}^{\mathrm{T}}\boldsymbol{L}_{11}(\boldsymbol{L}_{11}^{\mathrm{T}}\boldsymbol{L}_{11})^{-1}\boldsymbol{L}_{11}^{\mathrm{T}}\boldsymbol{L}_{12} = \boldsymbol{L}_{22}^{\mathrm{T}}\boldsymbol{L}_{22}$$

显然，上式保证了方差矩阵 $\boldsymbol{\Pi}$ 为正定对称矩阵。

7.6.4 频域期望极大化方法

除了时域方法外，采用期望值极大化思想的频域辨识也同期得到了发展，鉴于频域辨识在试飞试验中的突出作用，本章将重点叙述频域辨识及其应用。

1. 频域内辨识问题描述

一个多输入多输出的线性时不变系统的传递函数可表示为[63]：

$$G(\gamma_k) = \boldsymbol{C}(\gamma_k \boldsymbol{I} - \boldsymbol{A})^{-1}\boldsymbol{B}\boldsymbol{U}_k + \boldsymbol{D},\ \gamma_k = \mathrm{j}\omega_k \text{或}\ \gamma_k = \mathrm{e}^{\mathrm{j}\omega_k \mathrm{T}_s}$$

上式同时考虑了连续时间模型和离散时间模型两种情况。将频响函数 $G(\gamma_k)$ 作为系统的输出 Y_k，单位矩阵 $\boldsymbol{U}_k(\boldsymbol{U}_k = \boldsymbol{I}_m)$ 作为系统的输入，可以得到状态空间方程的频域表达式：

$$\begin{bmatrix} \gamma_k \boldsymbol{X}_k \\ \boldsymbol{Y}_k \end{bmatrix} = \begin{bmatrix} \boldsymbol{A} & \boldsymbol{B} \\ \boldsymbol{C} & \boldsymbol{D} \end{bmatrix} \begin{bmatrix} \boldsymbol{X}_k \\ \boldsymbol{U}_k \end{bmatrix} + \begin{bmatrix} \boldsymbol{W}_k \\ \boldsymbol{E}_k \end{bmatrix},\ \gamma_k = \mathrm{e}^{\mathrm{j}\omega_k \mathrm{T}} \text{或}\ \mathrm{j}\omega_k \tag{7.114}$$

式中：W_k 和 E_k 为零均值，独立同分布的高斯白噪声，其概率密度分布为

$$\begin{bmatrix} \boldsymbol{W}_k \\ \boldsymbol{E}_k \end{bmatrix} \sim N_c(0,\Pi), \ \boldsymbol{\Pi} = \begin{bmatrix} \boldsymbol{Q} & \boldsymbol{S} \\ \boldsymbol{S}^{\mathrm{T}} & \boldsymbol{R} \end{bmatrix} \tag{7.115}$$

如果对于一个矢量 $\boldsymbol{Z} \in C^n$ 服从分布 $\boldsymbol{Z} \sim N_c(\boldsymbol{\mu},\boldsymbol{P})$，那么 $\boldsymbol{Z}$ 的概率密度函数可表示为

$$p(\boldsymbol{Z}) = \frac{1}{\pi^n |P|}\exp(-(\boldsymbol{Z}-\boldsymbol{\mu})^{\mathrm{H}}\boldsymbol{P}^{-1}(\boldsymbol{Z}-\boldsymbol{\mu})) \tag{7.116}$$

式中：符号$(\cdot)^{\mathrm{H}}$表示复共轭转置。同时定义如下系统参数：

$$\boldsymbol{\theta} \triangleq [\boldsymbol{\beta}^{\mathrm{T}},\boldsymbol{\eta}^{\mathrm{T}},\mathrm{vec}\{\boldsymbol{Q}\}^{\mathrm{T}},\mathrm{vec}\{\boldsymbol{R}\}^{\mathrm{T}}]^{\mathrm{T}} \tag{7.117}$$

式中

$$\boldsymbol{\beta} = \mathrm{vec}\{\boldsymbol{\Theta}\}, \ \boldsymbol{\eta} = \mathrm{vec}\{\boldsymbol{\Gamma}\} \tag{7.118}$$

$$\boldsymbol{\Theta} = \mathrm{vec}[\boldsymbol{A},\boldsymbol{B}], \ \boldsymbol{\Gamma} = \mathrm{vec}[\boldsymbol{C}, \boldsymbol{D}] \tag{7.119}$$

为了便于辨识，系统的极大似然估计可以表示为

$$\hat{\boldsymbol{\theta}} \triangleq \underset{\boldsymbol{\theta}}{\arg\max} p_{\boldsymbol{\theta}}(\boldsymbol{Y}_1,\cdots,\boldsymbol{Y}_N) \tag{7.120}$$

很显然，要想求得系统的极大似然估计 $\hat{\boldsymbol{\theta}}$，首先需要计算出 $p_{\boldsymbol{\theta}}(\boldsymbol{Y}_1,\cdots,\boldsymbol{Y}_N)$，由式(7.114)可得

$$\boldsymbol{Y}_k = \boldsymbol{G}_k\boldsymbol{U}_k + \boldsymbol{T}_k\boldsymbol{W}_k + \boldsymbol{E}_k \tag{7.121}$$

式中

$$\boldsymbol{T}_k = \boldsymbol{C}(\gamma_k\boldsymbol{I}-\boldsymbol{A})^{-1}, \ \boldsymbol{G}_k = \boldsymbol{T}_k\boldsymbol{B}+\boldsymbol{D} \tag{7.122}$$

根据 W_k和 E_k概率分布，并结合式(7.115)，可以得到 $\boldsymbol{Y}_k$的概率分布为

$$\boldsymbol{Y}_k \sim N_c(\boldsymbol{G}_k,\boldsymbol{P}_k) \tag{7.123}$$

式中

$$\boldsymbol{P}_K = \boldsymbol{C}\boldsymbol{A}_k^{-1}\boldsymbol{Q}\boldsymbol{A}_k^{-*}\boldsymbol{C}^{\mathrm{T}} + \boldsymbol{R}, \ \boldsymbol{A}_k = \gamma_k\boldsymbol{I}-\boldsymbol{A} \tag{7.124}$$

除去与参数 $\boldsymbol{\theta}$ 无关的项，由式(7.116)可得

$$\begin{aligned} p_{\boldsymbol{\theta}}(\boldsymbol{Y}_1,\cdots,\boldsymbol{Y}_N) &= \prod_{k=1}^{N} p_{\boldsymbol{\theta}}(\boldsymbol{Y}_k) \\ &= \prod_{k=1}^{N} \frac{1}{\pi^n |\boldsymbol{P}_k|^m} \cdot \exp\{-\mathrm{tr}\{(\boldsymbol{Y}_k-\boldsymbol{G}_k)^{*}\boldsymbol{P}_k^{-1}(\boldsymbol{Y}_k-\boldsymbol{G}_k)\}\} \end{aligned} \tag{7.125}$$

为了便于求出使系统极大似然函数达到极大值的 $\hat{\boldsymbol{\theta}}$，利用对数函数 $\log x$ 的单调性质，式(7.120)可以等价地表示为

$$\hat{\boldsymbol{\theta}} = \underset{\boldsymbol{\theta}}{\arg\max} L(\boldsymbol{\theta}) \tag{7.126}$$

这里 $L(\theta)$ 表示系统的极大似然函数，有

$$L(\boldsymbol{\theta}) = \log p_{\boldsymbol{\theta}}(\boldsymbol{Y}_1,\cdots,\boldsymbol{Y}_N) \tag{7.127}$$

因此，将式(7.125)代入式(7.127)，便可以得到(除去与参数 $\boldsymbol{\theta}$ 无关的项)

$$L(\boldsymbol{\theta}) = -m \cdot \sum_{k=1}^{N} \log|\boldsymbol{P}_k| - \mathrm{tr}\{(\boldsymbol{Y}_k - \boldsymbol{G}_k)^* \boldsymbol{P}_k^{-1}(\boldsymbol{Y}_k - \boldsymbol{G}_k)\} \tag{7.128}$$

很显然，由于具有复杂的隐式形式，直接由式(7.128)求取系统的极大似然估计 $\hat{\theta}$ 是非常困难的。为此，考虑采用期望极大化方法求解极大似然估计。假设 $\overline{X} = \{\boldsymbol{X}_1,\cdots,\boldsymbol{X}_N\}$ 是缺失数据集，$\overline{Y} = \{\boldsymbol{Y}_1,\cdots,\boldsymbol{Y}_N\}$ 是观测数据集，其概率密度函数为 $p_{\boldsymbol{\theta}}(\overline{Y})$，待估计的系统参数 $\boldsymbol{\theta}$ 是状态数据集和观测数据集的未知函数。期望极大值方法的第一步是需要找到使观测数据集的概率密度函数最大的系统参数。下面介绍频域期望极大值辨识方法求解的具体步骤。限于篇幅，本节只给出主要定理和结论，具体证明可参见文献[63]。

2. 计算联合条件期望

依据 EM 方法原理，第一步是计算联合条件期望 $\boldsymbol{Q}(\boldsymbol{\theta},\hat{\theta}_i)$，$\boldsymbol{Q}(\boldsymbol{\theta},\hat{\theta}_i)$ 的具体计算可以根据定理 7.5 得到。

定理 7.5[63] 考虑动态模型(7.114)、(7.115)，如果观测数据集是 $\overline{Y}$，缺失数据集为 $\overline{X}$，则对所有满足 $\boldsymbol{Q}>0$，$\boldsymbol{R}>0$ 的参数集 $\boldsymbol{\theta}$，观测数据集和缺失数据集的联合条件期望 $\boldsymbol{Q}(\boldsymbol{\theta},\theta') = E\{\log p_{\boldsymbol{\theta}}(\overline{X},\overline{Y})\,|\,\overline{Y},\theta'\}$ 可以根据式(7.129)计算：

$$\boldsymbol{Q}(\boldsymbol{\theta},\hat{\boldsymbol{\theta}}_i) = -Q_{\Gamma}(\boldsymbol{\eta},\boldsymbol{R},\hat{\boldsymbol{\theta}}_i) - Q_{\Delta}(\boldsymbol{\beta},\boldsymbol{Q},\hat{\boldsymbol{\theta}}_i) \tag{7.129}$$

式中

$$Q_{\Gamma}(\boldsymbol{\eta},\boldsymbol{R},\hat{\boldsymbol{\theta}}_i) = mN\log|\boldsymbol{R}| + \mathrm{tr}\{\boldsymbol{R}^{-1}[\boldsymbol{\Phi} - \boldsymbol{\Gamma}\boldsymbol{\Psi}^* - \boldsymbol{\Psi}\boldsymbol{\Gamma}^{\mathrm{T}} + \boldsymbol{\Gamma}\boldsymbol{\Sigma}\boldsymbol{\Gamma}^{\mathrm{T}}]\} \tag{7.130}$$

$$\begin{aligned} Q_{\Delta}(\boldsymbol{\beta},\boldsymbol{Q},\hat{\boldsymbol{\theta}}_i) = {} & mN\log|\boldsymbol{Q}| - 2m\sum_{k=1}^{N}\mathrm{Re}\{\log|\boldsymbol{A}_k|\} + \\ & \mathrm{tr}\{\boldsymbol{Q}^{-1}[\boldsymbol{\Lambda} - \boldsymbol{\Delta}\boldsymbol{\Omega}^* - \boldsymbol{\Omega}\boldsymbol{\Delta}^{\mathrm{T}} + \boldsymbol{\Delta}\boldsymbol{\Sigma}\boldsymbol{\Delta}^{\mathrm{T}}]\} \end{aligned} \tag{7.131}$$

式中

$$\boldsymbol{\Phi} = \sum_{k=1}^{N}\boldsymbol{Y}_k\boldsymbol{Y}_k^*,\ \boldsymbol{\Omega} = \sum_{n=1}^{N}E\{\gamma_k\boldsymbol{X}_k\boldsymbol{Z}_k^*\,|\,\boldsymbol{Y}_k,\hat{\boldsymbol{\theta}}_i\} \tag{7.132}$$

$$\boldsymbol{\Psi} = \sum_{k=1}^{N}E\{\boldsymbol{Y}_k\boldsymbol{Z}_k^*\,|\,\boldsymbol{Y}_k,\hat{\boldsymbol{\theta}}_i\},\ \boldsymbol{\Sigma} = \sum_{k=1}^{N}E\{\boldsymbol{Z}_k\boldsymbol{Z}_k^*\,|\,\boldsymbol{Y}_k,\hat{\boldsymbol{\theta}}_i\} \tag{7.133}$$

$$\boldsymbol{\Lambda} = \sum_{n=1}^{N}E\{\gamma_k^*\gamma_k\boldsymbol{X}_k\boldsymbol{X}_k^*\,|\,\boldsymbol{Y}_k,\hat{\boldsymbol{\theta}}_i\},\ \boldsymbol{Z}_k = \begin{bmatrix}\boldsymbol{X}_k\\ \boldsymbol{I}\end{bmatrix} \tag{7.134}$$

定理 7.6 假设系统参数为 $\boldsymbol{A},\boldsymbol{B},\boldsymbol{C},\boldsymbol{D}$ 以及 $\boldsymbol{Q},\boldsymbol{R}$ 根据式(7.117)构成参数矢量 $\boldsymbol{\theta}$，则有

$$\hat{\boldsymbol{X}}_k = E\{\boldsymbol{X}_k | \boldsymbol{Y}_k, \boldsymbol{\theta}\} = \boldsymbol{A}_k^{-1}\boldsymbol{B} + \boldsymbol{S}_k\boldsymbol{R}_k^{-1}(\boldsymbol{Y}_k - \boldsymbol{C}\boldsymbol{A}_k^{-1}\boldsymbol{B} - \boldsymbol{D}) \tag{7.135}$$

$$E\{\boldsymbol{X}_n\boldsymbol{X}_n^* | \boldsymbol{Y}_n, \boldsymbol{\theta}\} = \boldsymbol{X}_n\boldsymbol{X}_n^* + \boldsymbol{Q}_n - \boldsymbol{S}_n\boldsymbol{R}_n^{-1}\boldsymbol{S}_n^* \tag{7.136}$$

式中

$$\boldsymbol{Q}_k = \boldsymbol{A}_k^{-1}\boldsymbol{Q}\boldsymbol{A}_k^{-*}\ \boldsymbol{S}_k = \boldsymbol{Q}_k\boldsymbol{C}^{\mathrm{T}}\boldsymbol{R}_k = \boldsymbol{C}\boldsymbol{Q}_k\boldsymbol{C}^{\mathrm{T}} + \boldsymbol{R} \tag{7.137}$$

3. 极大化联合条件期望

根据式(7.129)计算联合条件期望 $Q(\theta, \hat{\theta}_i)$ 是 EM 算法估计系统参数的第一步,接下来还要进行 EM 算法的第二步:求解系统最优参数使联合条件期望 $\boldsymbol{Q}(\boldsymbol{\theta}, \hat{\boldsymbol{\theta}}_i)$ 最大,可直接对 Q 和 R 求偏导,并令其等于零,得到它们的最优估计。

定理 7.6 对于任意一个 $\boldsymbol{\eta} = \mathrm{vec}\{[\boldsymbol{C}, \boldsymbol{D}]\}$,有

$$\hat{\boldsymbol{R}}(\boldsymbol{\eta}) = \frac{1}{mN}[\boldsymbol{\Phi} - \boldsymbol{\Gamma}\boldsymbol{\Psi}^* - \boldsymbol{\Psi}\boldsymbol{\Gamma}^{\mathrm{T}} + \boldsymbol{\Gamma}\boldsymbol{\Sigma}\boldsymbol{\Gamma}^{\mathrm{T}}] \tag{7.138}$$

式中:$\hat{\boldsymbol{R}}(\boldsymbol{\eta})$ 为 $Q_\Gamma(\eta, R)$ 的一个驻点。

同样的,对于任意一个 $\boldsymbol{\beta} = \mathrm{vec}\{[\boldsymbol{A}, \boldsymbol{B}]\}$,有

$$\hat{\boldsymbol{Q}}(\boldsymbol{\beta}) = \frac{1}{mN}[\boldsymbol{\Lambda} - \boldsymbol{\Delta}\boldsymbol{\Omega}^* - \boldsymbol{\Omega}\boldsymbol{\Delta}^{\mathrm{T}} + \boldsymbol{\Delta}\boldsymbol{\Sigma}\boldsymbol{\Delta}^{\mathrm{T}}] \tag{7.139}$$

式中:$\hat{Q}(\beta)$ 为 $Q_\Delta(\beta, Q)$ 的一个驻点。

因此,假定驻点 $\hat{\boldsymbol{R}}(\boldsymbol{\eta})$,$\hat{\boldsymbol{Q}}(\boldsymbol{\beta})$ 是正定的,则可以根据式(7.138)、式(7.139)计算出对应驻点 $\hat{\boldsymbol{R}}(\boldsymbol{\eta})$,$\hat{\boldsymbol{Q}}(\boldsymbol{\beta})$ 的 $\boldsymbol{Q}(\boldsymbol{\theta}, \hat{\boldsymbol{\theta}}_i)$ 的局部最大值。把得到的 $\boldsymbol{Q}$,$\boldsymbol{R}$ 代入式子 $Q_\Gamma(\boldsymbol{\eta}, \boldsymbol{R}, \hat{\boldsymbol{\theta}}_i)$ 和 $Q_\Delta(\boldsymbol{\beta}, \boldsymbol{Q}, \hat{\boldsymbol{\theta}}_i)$,便可以得到

$$Q_\Gamma(\boldsymbol{\eta}, \hat{\boldsymbol{R}}(\boldsymbol{\eta})) \triangleq mN\log\left|\frac{1}{mN}[\boldsymbol{\Phi} - \boldsymbol{\Gamma}\boldsymbol{\Psi}^* - \boldsymbol{\Psi}\boldsymbol{\Gamma}^{\mathrm{T}} + \boldsymbol{\Gamma}\boldsymbol{\Sigma}\boldsymbol{\Gamma}^{\mathrm{T}}]\right| + mpN \tag{7.140}$$

$$Q_\Delta(\boldsymbol{\beta}, \hat{\boldsymbol{Q}}(\boldsymbol{\beta})) = mN\log\left|\frac{1}{mN}[\boldsymbol{\Lambda} - \boldsymbol{\Delta}\boldsymbol{\Omega}^* - \boldsymbol{\Omega}\boldsymbol{\Delta}^{\mathrm{T}} + \boldsymbol{\Delta}\boldsymbol{\Sigma}\boldsymbol{\Delta}^{\mathrm{T}}]\right| +$$

$$mnN - 2m\sum_{k=1}^{N}\mathrm{Re}\{\log|\boldsymbol{A}_k|\} \tag{7.141}$$

参数值 η,β 可以通过下式进行更新:

$$\hat{\boldsymbol{\eta}}_{k+1} = \hat{\boldsymbol{\eta}}_k - \boldsymbol{H}_\Gamma^{-1}(\hat{\boldsymbol{\eta}}_k)\boldsymbol{g}_\Gamma(\hat{\boldsymbol{\eta}}_k),\ \hat{\boldsymbol{\eta}}_0 = \mathrm{vec}\{\mathrm{Re}\{\boldsymbol{\Psi}\boldsymbol{\Sigma}^{-1}\}\} \tag{7.142}$$

$$\hat{\boldsymbol{\beta}}_{k+1} = \hat{\boldsymbol{\beta}}_k - \boldsymbol{H}_\Delta^{-1}(\hat{\boldsymbol{\beta}}_k)\boldsymbol{g}_\Delta(\hat{\boldsymbol{\beta}}_k),\ \hat{\boldsymbol{\beta}}_0 = \mathrm{vec}\{\mathrm{Re}\{\boldsymbol{\Omega}\boldsymbol{\Sigma}^{-1}\}\} \tag{7.143}$$

式中:$\boldsymbol{g}_\Gamma(\boldsymbol{\eta})$ 和 $\boldsymbol{H}_\Gamma(\boldsymbol{\eta})$ 为 $Q_\Gamma(\boldsymbol{\eta}, \boldsymbol{R}(\boldsymbol{\eta}))$ 的梯度矩阵和 Hessian 矩阵;$\boldsymbol{g}_\Delta(\boldsymbol{\beta})$ 和 $\boldsymbol{H}_\Delta(\boldsymbol{\beta})$ 是 $Q_\Delta(\boldsymbol{\beta}, (\boldsymbol{\beta}))$ 的梯度矩阵和 Hessian 矩阵。具体计算过程见定理 7.7 和定理 7.8。

定理 7.7 $Q_\Gamma(\boldsymbol{\eta},\boldsymbol{R},\hat{\boldsymbol{\theta}}_i)$和$Q_\Delta(\beta,Q,\hat{\theta}_i)$的梯度矩阵的计算公式为

$$\boldsymbol{g}_\Gamma(\boldsymbol{\eta}) \triangleq \frac{\partial Q_\Gamma(\boldsymbol{\eta},\hat{\boldsymbol{R}}(\boldsymbol{\eta}))}{\partial \boldsymbol{\eta}} = 2\mathrm{Re}\{\mathrm{vec}\{\hat{\boldsymbol{R}}(\boldsymbol{\eta})^{-1}[\boldsymbol{\Gamma\Sigma}-\boldsymbol{\Psi}]\}\} \tag{7.144}$$

$$\boldsymbol{g}_\Delta(\boldsymbol{\beta}) \triangleq \frac{\partial Q_\Delta(\boldsymbol{\beta},\hat{Q}(\beta))}{\partial \boldsymbol{\beta}} = 2\mathrm{Re}\left\{\mathrm{vec}\{\hat{\boldsymbol{Q}}(\boldsymbol{\beta})^{-1}[\boldsymbol{\Delta\Sigma}-\boldsymbol{\Omega}]\} + \sum_{n=1}^{N}\begin{bmatrix}\mathrm{vec}\{\boldsymbol{A}_n^{-\mathrm{T}}\}\\ \varnothing_{nm}\end{bmatrix}\right\} \tag{7.145}$$

定理 7.8 $Q_\Gamma(\eta,R,\hat{\theta}_k)$和$Q_\Delta(\beta,Q,\hat{\theta}_k)$的 Hessoan 矩阵的计算公式为

$$\boldsymbol{H}_\Gamma(\boldsymbol{\eta}) \triangleq \frac{\partial^2}{\partial\boldsymbol{\eta}\partial\boldsymbol{\eta}^{\mathrm{T}}}Q_\Gamma(\boldsymbol{\eta},\hat{\boldsymbol{R}}(\boldsymbol{\eta})) = 2\mathrm{Re}\{\Sigma\otimes\hat{\boldsymbol{R}}(\boldsymbol{\eta})^{-1}\} - N\boldsymbol{J}_\Gamma^{\mathrm{T}}(\boldsymbol{\eta})[\hat{\boldsymbol{R}}(\boldsymbol{\eta})^{-1}\otimes\hat{\boldsymbol{R}}(\boldsymbol{\eta})^{-\mathrm{T}}]\boldsymbol{J}_\Gamma^{\mathrm{C}}(\boldsymbol{\eta}) \tag{7.146}$$

$$\boldsymbol{H}_\Delta(\boldsymbol{\beta}) \triangleq \frac{\partial^2}{\partial\boldsymbol{\beta}\partial\boldsymbol{\beta}^{\mathrm{T}}}Q_\Delta(\beta,\hat{Q}(\beta)) = 2\mathrm{Re}\{\boldsymbol{\Sigma}\otimes\hat{\boldsymbol{Q}}(\boldsymbol{\beta})^{-1}\} - N\boldsymbol{J}_\Delta^{\mathrm{T}}(\boldsymbol{\beta})[\hat{\boldsymbol{Q}}(\boldsymbol{\beta})^{-1}\otimes\hat{\boldsymbol{Q}}(\boldsymbol{\beta})^{-\mathrm{T}}]\boldsymbol{J}_\Delta^{\mathrm{C}}(\beta) + \begin{bmatrix}2\mathrm{Re}\left(\sum_{n=1}^{N}\boldsymbol{A}_n^{-1}\otimes\boldsymbol{A}_n^{-\mathrm{T}}\right)K & \varnothing_{n^2\times nm}\\ \varnothing_{nm\times n^2} & \varnothing_{nm\times nm}\end{bmatrix} \tag{7.147}$$

式中

$$\boldsymbol{J}_\Gamma(\boldsymbol{\eta}) \triangleq \frac{\partial\mathrm{vec}\{\hat{\boldsymbol{R}}(\boldsymbol{\eta})\}}{\partial\boldsymbol{\eta}^{\mathrm{T}}} = \frac{1}{M}([\boldsymbol{\Gamma\Sigma}^{\mathrm{T}}-\boldsymbol{\Psi}^{\mathrm{C}}]\otimes I_p + (I_p\otimes[\boldsymbol{\Gamma\Sigma}-\boldsymbol{\Psi}]\boldsymbol{K})) \tag{7.148}$$

$$\boldsymbol{J}_\Delta(\boldsymbol{\beta}) \triangleq \frac{\partial\mathrm{vec}\{\hat{Q}(\boldsymbol{\beta})\}}{\partial\boldsymbol{\beta}^{\mathrm{T}}} = \frac{1}{M}([\boldsymbol{\Delta\Sigma}^{\mathrm{T}}-\boldsymbol{\Omega}^{\mathrm{C}}]\otimes I_n + (I_n\otimes[\boldsymbol{\Delta\Sigma}-\boldsymbol{\Omega}]\boldsymbol{K})) \tag{7.149}$$

这里,上标 C 表示复共轭,$\boldsymbol{K}$是可换矩阵,满足以下条件:

$$\boldsymbol{K}\mathrm{vec}\{\cdot\} = \mathrm{vec}\{\cdot^{\mathrm{T}}\}\boldsymbol{K}^{\mathrm{T}}\mathrm{vec}\{\cdot^{\mathrm{T}}\} = \mathrm{vec}\{\cdot\} \tag{7.150}$$

因此,通过以上计算可以得到使联合条件期望$Q(\theta,\hat{\theta}_i)$达到最大值的$\hat{\boldsymbol{\theta}}_{i+1}$:

$$\hat{\boldsymbol{\theta}}_{i+1} = \{\hat{\boldsymbol{\beta}}_{i+1},\hat{\boldsymbol{\eta}}_{i+1},\mathbf{vec}\{\hat{\boldsymbol{Q}}(\hat{\boldsymbol{\beta}}_{i+1})\},\mathrm{vec}\{\hat{\boldsymbol{R}}(\hat{\boldsymbol{\eta}}_{i+1})\}\} \tag{7.151}$$

7.6.5 极大似然估计在两步法中的应用

极大似然估计无疑是最为有效的辨识手段,尽管其计算量较大,但对于离线建

模而言，尤其是希望获得精度更高的模型时，仍然是人们的首选。但是在用其辨识模型时，仍然会受到模型阶次的困扰。通常情况下，使用者会采用较大阶次进行过估计，但是这往往会引入多余的不稳定极点。即使模型是稳定的，也会因过高的阶次不得不在后续进行降阶处理。如果采用较低的阶次进行辨识，则有可能遗漏某些关键模态。

本书在 7.6 节给出了子空间辨识的两步法，这种方法给出了一种低阶建模的有效思路。延续这一思想，可以将极大似然估计融入两步法中，即将子空间方法得到的状态空间模型作为初值，运用极大似然估计法，进一步优化辨识结果，以期获得可靠性更高的模型。

仍然可以沿用 **EM** 的基本思路，区别仅在于此时极点是已知的。因此，算法的重点是辨识该系统的零点，状态空间模型中 $\boldsymbol{A}$ 对应了系统的极点，这里可以假定 $\boldsymbol{A}$ 是已知的，实际算法中 $\boldsymbol{A}$ 可由子空间辨识提前得到。极大似然估计只需对 $(\boldsymbol{B},\boldsymbol{C},\boldsymbol{D})$ 三个系统矩阵参数进行辨识。在执行算法时，为保证算法的收敛性，可将子空间辨识结果作为迭代的起始值。

当采用 EM 方法进行迭代更新时，第一步即 E step，仍然是计算联合条件期望 $Q(\boldsymbol{\theta},\hat{\boldsymbol{\theta}}_i)$，对原有定理 7.5 稍加变换可得推论 7.1。

推论 7.1 若已知系统状态空间方程中的状态矩阵 $\boldsymbol{A}$，则联合条件期望 $Q(\theta,\hat{\theta}_i)$ 可以用下式进行计算：

$$Q(\boldsymbol{\theta},\hat{\boldsymbol{\theta}}_i) = -Q_{\Gamma}(\boldsymbol{\eta},\boldsymbol{R},\hat{\boldsymbol{\theta}}_i) - Q'_{\Delta}(\boldsymbol{\beta}',\boldsymbol{Q},\hat{\boldsymbol{\theta}}_i) \tag{7.152}$$

式中

$$Q_{\Gamma}(\boldsymbol{\eta},\boldsymbol{R},\hat{\boldsymbol{\theta}}_i) \triangleq mN\log|\boldsymbol{R}| + \mathrm{tr}\{\boldsymbol{R}^{-1}[\boldsymbol{\Phi} - \boldsymbol{\Gamma}\boldsymbol{\Psi}^* - \boldsymbol{\Psi}\boldsymbol{\Gamma}^{\mathrm{T}} + \boldsymbol{\Gamma}\boldsymbol{\Sigma}\boldsymbol{\Gamma}^{\mathrm{T}}]\} \tag{7.153}$$

$$\begin{aligned} Q'_{\Delta}(\boldsymbol{\beta}',\boldsymbol{Q},\hat{\boldsymbol{\theta}}_i) \triangleq\ & mN\log|\boldsymbol{Q}| - 2m\sum_{k=1}^{N}\mathrm{Re}\{\log|\boldsymbol{A}_k|\} + \\ & \mathrm{tr}\{\boldsymbol{Q}^{-1}[\overline{\boldsymbol{\Lambda}} - \overline{\boldsymbol{\Delta}\boldsymbol{\Omega}}^* - \overline{\boldsymbol{\Omega}\boldsymbol{\Delta}}^{\mathrm{T}} + \overline{\boldsymbol{\Delta}\boldsymbol{\Delta}}^{\mathrm{T}}]\} \end{aligned} \tag{7.154}$$

式中

$$\overline{\boldsymbol{\Lambda}} = \boldsymbol{\Lambda} + \boldsymbol{A}\boldsymbol{\Gamma}_{11}\boldsymbol{A}^{\mathrm{T}} - \boldsymbol{\Omega}_1\boldsymbol{A}^{\mathrm{T}} - \boldsymbol{A}\boldsymbol{\Omega}_1^{\mathrm{H}} \tag{7.155}$$

$$\overline{\boldsymbol{\Omega}} = \boldsymbol{\Omega}_2 - \boldsymbol{A}\boldsymbol{\Sigma}_{12} \tag{7.156}$$

$$\boldsymbol{\Omega}_1 = \sum_{k=1}^{N} E\{\gamma_k\boldsymbol{X}_k\boldsymbol{X}_k^*\,|\boldsymbol{Y}_k,\hat{\boldsymbol{\theta}}_i\} \tag{7.157}$$

$$\boldsymbol{\Omega}_2 = \sum_{k=1}^{N} E\{\gamma_k\boldsymbol{X}_k\,|\boldsymbol{Y}_k,\hat{\boldsymbol{\theta}}_i\} \tag{7.158}$$

$$\overline{\boldsymbol{\Delta}} = \boldsymbol{B} \tag{7.159}$$

证明：只需要将 $\boldsymbol{\Delta}=[\boldsymbol{A}\quad \overline{\boldsymbol{\Delta}}]$ 代入式(7.131)中，经过矩阵组合就可以得到上述结果。

随后进行期望值极大化，即 M step，仿照定理 7.6，由于 $Q_{\Gamma}(\boldsymbol{\eta},R,\hat{\theta}_i)$ 的形式没有发生改变，$\hat{R}(\boldsymbol{\eta})$ 仍然可以沿用式(7.132)计算，其相应的梯度矩阵和 Hessian 矩阵可参考式(7.144)~式(7.146)计算。$\hat{Q}(\beta')$ 的估计和与 $Q_{\Delta}(\beta,Q,\hat{\theta}_i)$ 的梯度矩阵和 Hessian 矩阵由推论 7.2、7.3 给出。

推论 7.2 对于任意一个 $\boldsymbol{\beta}'=\mathrm{vec}\{B\}$，有

$$\hat{\boldsymbol{Q}}(\boldsymbol{\beta}')=\frac{1}{mN}[\overline{\boldsymbol{\Lambda}}-\overline{\boldsymbol{\Delta\Omega}}^{*}-\overline{\boldsymbol{\Omega\Delta}}^{\mathrm{T}}+\overline{\boldsymbol{\Delta\Delta}}^{\mathrm{T}}] \tag{7.160}$$

推论 7.3 $Q_{\Delta}(\boldsymbol{\beta}',Q,\hat{\boldsymbol{\theta}}_i)$ 的梯度矩阵的计算公式为

$$\begin{aligned}\boldsymbol{g}_{\Delta}(\boldsymbol{\beta}')&=\frac{\partial Q_{\Delta}(\boldsymbol{\beta}',\hat{Q}(\beta'))}{\partial\boldsymbol{\beta}'}\\&=2\mathrm{Re}\{\mathrm{vec}\{\hat{\boldsymbol{Q}}(\boldsymbol{\beta}')^{-1}[\overline{\boldsymbol{\Delta}}-\overline{\boldsymbol{\Omega}}]\}\}\end{aligned} \tag{7.161}$$

推论 7.4 $Q_{\Delta}(\beta',Q,\hat{\theta}_k)$ 的 Hessian 矩阵的计算公式为

$$\begin{aligned}\boldsymbol{H}_{\Delta}(\boldsymbol{\beta})&=\frac{\partial^2}{\partial\boldsymbol{\beta}\partial\boldsymbol{\beta}^{\mathrm{T}}}Q_{\Delta}(\beta,\hat{Q}(\beta'))\\&=2\mathrm{Re}\{I_m\otimes\hat{Q}(\beta')^{-1}\}-\boldsymbol{N}\boldsymbol{J}_{\Delta}^{\mathrm{T}}(\boldsymbol{\beta})[\hat{\boldsymbol{Q}}(\boldsymbol{\beta})^{-1}\otimes\hat{Q}(\beta)^{-\mathrm{T}}]J_{\Delta}^{\mathrm{C}}(\beta)\end{aligned} \tag{7.162}$$

式中

$$\begin{aligned}\boldsymbol{J}_{\Delta}(\boldsymbol{\beta})&\triangleq\frac{\partial\mathrm{vec}\{\hat{\boldsymbol{Q}}(\boldsymbol{\beta}')\}}{\partial\beta'^{\mathrm{T}}}\\&=\frac{1}{\boldsymbol{M}}([\overline{\boldsymbol{\Delta}}-\overline{\boldsymbol{\Omega}}^{\mathrm{C}}]\otimes I_n+(I_n\otimes[\overline{\boldsymbol{\Delta}}-\overline{\boldsymbol{\Omega}}]K))\end{aligned} \tag{7.163}$$

借助以上推论，可以在期望函数极大化时得到除 $\boldsymbol{A}$ 以外的其它参数估计。

7.7 飞行试验应用讨论

处于飞行试验状态下的飞机应被看作是一个多输入多输出系统，可采用线性多变量状态空间模型进行描述，将激励力和结构动态响应(如加速度)作为系统的输入、输出信号。对于目前我国试飞常用的操纵面扫频激励试验而言，可以将输入给舵机的扫频指令信号视为输入信号，而将多个测点测量的加速度信号视为输出信号。

1) 平衡数据

在应用频域算法进行辨识之前，应先按比例调整各通道数据幅值大小，以确保

通道间数据的数量级基本一致，量级过于悬殊的数据将降低辨识算法的精度。目前，数据归一化是较为常用的平衡数据方法。此外，还需要注意到不同通道间数据的一致性，由于传感器附加质量的影响，不同通道间对应的模态频率和阻尼系数是存在差异的，单纯采用数据处理无法消除这种差异，需要在试验设计与实施之初尽量减小差异，同时在选择试验数据时，尽量剔除质量不高的数据。

2）加权项计算

为了提高辨识精度，可采用 7.3 节的加权子空间算法辨识模态参数。由于颤振试飞试验通常采用多个传感器测量响应信号，试验系统的输出个数通常可达到 $p=10\sim20$，若直接求取输出信号的协方差矩阵，则在每一个频率点都需要计算一个 $p\times p$ 的矩阵，这将极大增加计算量，降低运算效率。因此在实际执行算法时可以忽略输出端噪声的互相关影响，将协方差矩阵简化为对角阵，只计算各输出端的噪声方差，这种快速计算对算法的辨识效果影响较小，且不会破坏加权算法参数估计的一致性。

同时，由于受到飞行试验数据样本个数的限制，我们无法采用统计的方法从 M 次重复试验中获得样本方差估计。本章继续采用第 6 章提出的方法，从单一样本中估计输出信号和频响函数的噪声方差。在获得噪声方差估计后，将其代入式（7.32）中计算系统输出的方差矩阵，随后采用 Cholesky 分解的方法计算加权矩阵 $\boldsymbol{K}$。但是需要指出的是，Cholesky 分解要求被分解矩阵为正定矩阵，为满足实际计算需要，可选用数值稳定性较好的奇异值分解（SVD）计算 K。其中 $\boldsymbol{C}$ 为实对称矩阵，对其进行奇异值分解可得

$$\boldsymbol{C}=U\Sigma U^{\mathrm{T}} \tag{7.164}$$

$$K=U\Sigma^{1/2} \tag{7.165}$$

3）块矩阵个数 r 的选取

如何选取子空间辨识中 $\boldsymbol{Y},\boldsymbol{U}$ 块矩阵的行数是一个值得考虑的问题。为了保证模型的可辨识性，至少要求行数 $r>n$。同时数值仿真的经验表明：为提高气动弹性系统中低阻尼模态的辨识精度，行数应取值较大，一般可取 $r>10n$，而对于大阻尼模态，增加矩阵的行数并不会显著提高辨识效果。T. Mckelvey 曾对上述现象进行了解释，他认为这与广义观测阵的特殊结构有关，对于小阻尼系统，只有当 r 较大时 A^r 才接近于零，而对于大阻尼系统，无须选择过大的 r 就可以获得接近于零的 A^r。对于颤振试飞数据而言，越接近颤振边界，系统中引发颤振的那一阶模态对应的阻尼系数越接近于零，属于典型的小阻尼模态，需要取较大的 r 值进行辨识。

4）参数辨识还是模型辨识？

颤振飞行试验的终极目标是预测颤振边界。由于边界预测技术的变迁，辨识的内容也在不断发生变化。就目前成熟的阻尼外推法而言，辨识模态对应的阻尼系数是该类工作的主要内容。如果单纯考虑阻尼系数这类参数辨识问题，第 6 章

中的 p - LSCF 法是一个不错的选择,它可以提供清晰的稳态图和质量较高的参数辨识结果。但是,也需要注意到:单纯依赖某一参数的变化预测颤振边界并不是一个非常可靠的方法,这是因为阻尼系数本身是一个数量级较小的敏感参数。近年来,以模型为基础的新的边界预测方法的出现,逐渐改变了试飞数据辨识的内容。以状态空间模型为代表的模型辨识,相比于传递函数模型,更加擅长描述多输入多输出的动态系统,同时一些新的预测理论,如鲁棒分析也天然适用于状态空间模型。显然,本章研究的状态空间模型辨识为气动弹性系统建模和预测提供了非常有效的工具。

7.8 面向控制的降阶气动弹性建模

有效的气动弹性模型是颤振抑制的基础。在航空工业领域,一般会采用理论方法进行气动弹性建模。这种方法通常借助结构有限元软件和非定常气动力计算方法进行建模。但是受制于网格划分和非定常气动力的状态个数,建立的模型通常具有较高的阶次(数百甚至上千阶)。为此,在进行控制器设计之前必须进行模型降阶。

事实上,系统辨识为我们提供了另一种低阶建模的有效途径。借助试飞或者风洞试验数据,能够获得更加接近实际系统的模型。但是,如果采用单一辨识手段,往往会得到阶次较高的模型,这不仅不利于后续控制器的设计,还会导致模型中包含一些不稳定极点。为此,必须研究面向控制的气动弹性系统低阶建模方法。图 7.7 给出了气动弹性系统低阶建模的基本流程。该流程综合运用了本书介绍的多种信号处理和辨识方法。

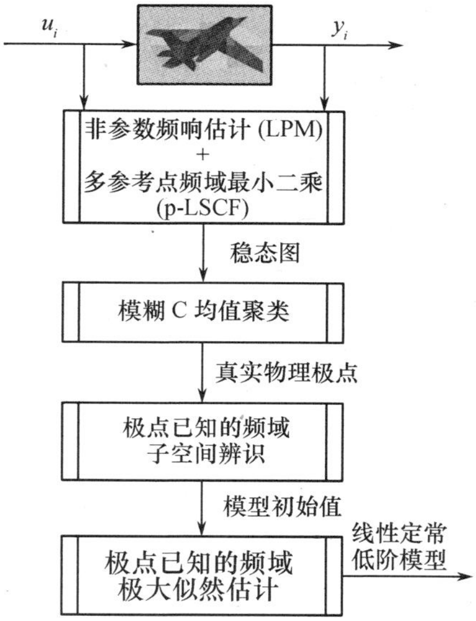

图 7.7　气弹系统低阶模型辨识流程图

由于上述流程中涉及的几种算法已在前面详细论述,这里仅对稳态图的建立和模糊聚类进行真实极点鉴定做更为详细的介绍。

7.8.1 稳态图绘制

为了有效区分虚假模态,毕竟要区分稳定模态和不稳定模态,通常还会用频率稳定和阻尼稳定对稳定模态作进一步筛选。频率稳定和阻尼稳定定义如下:

(1) 初级准则:频率 f_i 和阻尼 ξ_i 应属于某一确定范围内,即 $f_{\min} \leqslant f_i \leqslant f_{\max}$, $\xi_{\min} \leqslant \xi_i \leqslant \xi_{\max}$。任意极点的频率 f_i 或阻尼 ξ_i 不满足此定义,则该极点被排除出稳态图,而仅有那些满足上述定义的极点能出现在稳态图中。频域范围能根据所关注颤振频带信息确定;对于颤振问题,阻尼范围可设为 0 ~ 0.2。

(2) 高级准则:任意两个连续模型阶次下的模态频率(或者阻尼)的相对误差低于一定的阈值,则对应极点满足频率(或者阻尼)稳定。频率和阻尼的稳定标准阈值为 $\varepsilon_f = 1\%$ 和 $\varepsilon_\xi = 5\%$,即

$$\left|\frac{f_i - f_{i+1}}{f_i}\right| \leqslant \varepsilon_f,\quad \left|\frac{\xi_i - \xi_{i+1}}{\xi_i}\right| \leqslant \varepsilon_\xi \tag{7.166}$$

在绘制稳态图时,一般会采用不同的符号表示不同的稳定情况。当某一极点同时满足频率、阻尼稳定时,才会将其用于后续的真实物理极点提取。事实上,除了频率和阻尼参数外,还有其他模态参数可用于判断极点稳定性,例如振型稳定。但是现有经验表明:一般情形下,频率和阻尼能够保证气动弹性系统极点的有效区分,因此本书仅采用以上两种稳定性准则。

7.8.2 真实模态提取

为了提取真实物理模态,可以将稳态图转化成阻尼 - 频率图。如图 7.5 所示,利用真实物理模态通常对应了较为密集的数据点(点云)这一特性,可以采用模糊聚类的方法对不同阶次下估计的模态参数进行分类,其目的是将对应同一模态的数据点划分到一个分类中。

目前,各种模糊分类方法已被用于该类研究中,例如常见的模糊均值法。但是如图 7.5 所示,对应于单一模态的数据点集并不是传统的圆球面分布,而是表现出一定的纵向分布特性,这是由于频率波动较小所致。为此,本书采用了一种改进的模糊均值算法,即 Gustafson - Kessel (GK)算法[171]进行数据点分类。该方法对于椭圆形分布的数据点拥有更好的聚类能力。模糊分类的基本过程如下:

(1) 数据集归一化。模态阻尼通常会远小于模态频率。这会导致在计算欧氏距离时频率的影响更大。因此,在进行分类之前有必要对变量进行无量纲化,以便降低单位的影响。本书采用归一化方法,将参数限定在[0,1]之中。

(2) 数据集模糊聚类。在进行模糊分类之前,需要确定最优分类个数。为此,本节采用多种验证指标寻找最优分类数。这些指标包括:Xie and Beni 指数

(XB),Dunn's 指数(DI) 28 and Alternative Dunn's 指数(ADI)。在确定分类数之后,采用了一种改进的 GK 算法对数据集合进行分类。

(3) 真实模态鉴别。完成分类之后,需要确定每一组数据集合是否对应了一个真实模态。这里采用贡献度和紧凑度进行模态鉴别。贡献度表示当前分类中样本的个数占总样本个数的百分比。分散度则反映了当前分类中样本分布情况。本书将所有样本中距离聚类中心最远的欧氏距离定义为紧凑度。真实物理模态对应的聚类应该具有较高的贡献度和较低的分散度。

(4) 真实极点确定。一旦确定该组数据对应了真实模态,那么就可以将该聚类中心的横纵坐标值作为真实物理模态的阻尼和频率参数。其对应的真实极点为

$$s_i = -\xi_i\omega_i \pm \mathrm{j}\omega_i\sqrt{1-\xi_i^2}$$

式中:$\omega_i = 2\pi f_i$;f_i和 ξ_i分别为聚类中心点对应的频率和阻尼值。

7.9 应用实例

为便于各章算法进行比较,本章依然采用了与第 6 章相同的一组试飞试验数据进行算法验证。所不同的是第 6 章中只选用了一个通道的传感器数据进行分析,而本章的算法则包括了多组传感器的采样数据。整个试验系统可以视为一个单输入多输出系统。采样频率为 256Hz,数据长度 4600。

挑选出数据质量较高的 4 个通道的数据进行辨识,即系统输出的个数 $p=4$。首先对试飞试验数据进行归一化处理,并采用第 5 章的 LPM 方法得到系统的频响函数数据。随后直接采用子空间算法辨识气动弹性系统的模型。图 7.8 所示为直方图表示的系统奇异值,依靠奇异值间大小差别很容易判断前四阶。但是此后的奇异值大小较为接近,很难判断出模型的准确阶数。为此,本节采用了稳态图方法确定系统阶次。采用第 6 章的 p-LSCF 法生成了图 7.9 所示的稳定图。

出于保密原因,图 7.9 未给出具体频率值。图 7.9 中蓝色曲线表示同一输入对应 4 个输出的频响曲线,黑色"."表示不满足稳定性准则的极点,红色"+"表示满足频率稳定的极点,绿色"o"表示满足阻尼稳定的极点。由图可知,所关心的频带内分布了四个模态,但是需要注意的是,模态频率最高的这一阶模态在模型阶次达到 20 以上时才出现。

为了避免引入数学虚假模态,采用频率-阻尼图(图 7.10)选取真实模态和极点。图中"."表示对应图 7.9 中既满足阻尼稳定又满足频率稳定的极点,圆形区域表示划分的聚类集群,"×"表示对应集群的聚类中心。

在进行聚类过程中,分别采用 XB, DI 和 ADI 等指数进行最优分类数的选取。如表 7.2 所列,当分类数为 4 时,XB 指数达到局部最小,然而 DI 和 ADI 指数在分类数达到 6 时为局部最大。

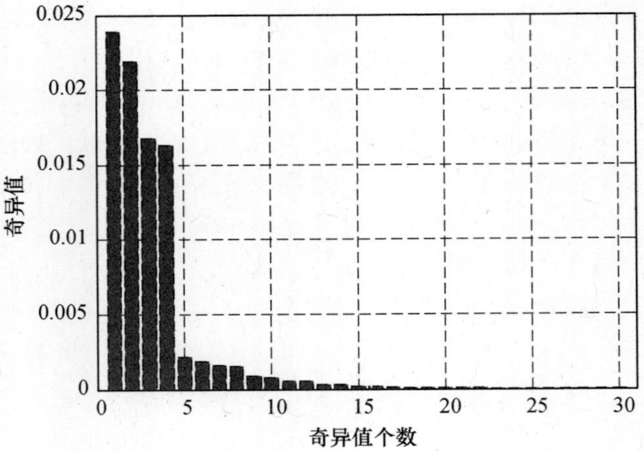

图 7.8　奇异值直方图

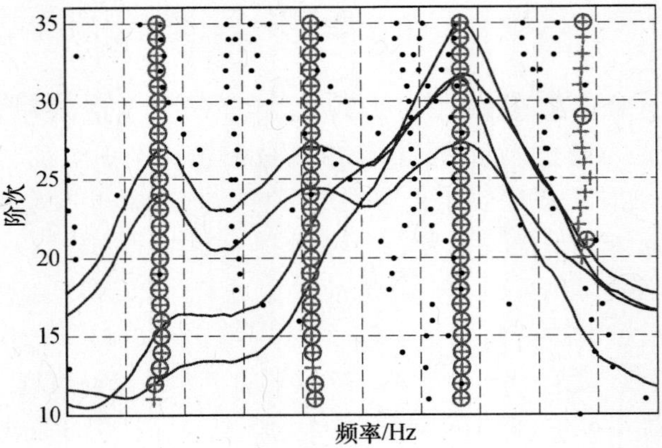

图 7.9　颤振分析的稳定图(见彩色插页)

表 7.2　分类个数评价指数

分类个数	XB 指数	DI 指数	ADI 指数
2	1.1733	0.9068	0.0113
3	5.5788	1.1497	0.0006
4	6.7744	16.6603	0.0017
5	6.1580	0.0052	0.0012
6	4.6706	0.0012	0.0000
7	7.8372	0.0001	0.0000
8	7.0409	0.0001	0.0000

为便于区分真实模态,图 7.10 同时给出了类别数为 4 和 6 两种情况下的聚类结果。由图可知,后者是将前者中的聚类 C1 和 C2 进一步细分出 C5 和 C6。同

时，表 7.3 同时给出了图中每个聚类对应的贡献度和分散度。为了更加形象表示分散度这一指标，图 7.10 中以每一聚类中心为圆心，以每一聚类中最远距离为半径作圆表示聚类的紧凑度。显然，半径越大，聚类分散度越高，紧凑度越低。对比数据可知，C4 ~ C6 的贡献度远低于 C1 ~ C3；同时 C4 的分散度最高。结合上述分析，分类数取为 4 较为合适，同时 C1 ~ C3 代表了系统中的真实模态。

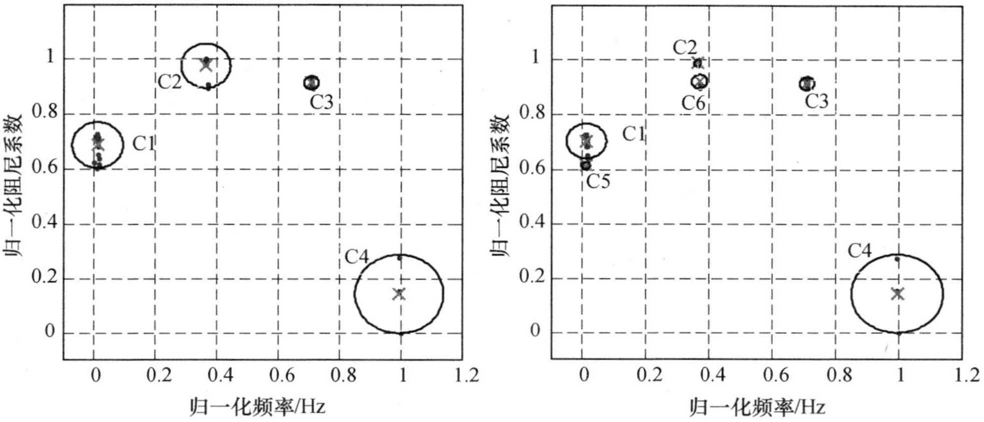

图 7.10 频率 - 阻尼分布图

表 7.3 聚类指标计算结果

分类编号	真实模态	分类个数 = 4		分类个数 = 6	
		贡献度/%	分散度	贡献度/%	分散度
C1	√	29.63	0.0828	24.69	0.0628
C2	√	33.33	0.0862	25.93	0.0116
C3	√	33.33	0.0236	35.53	0.0234
C4		3.95	0.1446	3.70	0.1446
C5				4.94	0.0135
C6				7.41	0.0252

取 C1 ~ C3 聚类的中心点确定系统真实极点。之后利用这 3 个模态极点分别进行固定极点的子空间（已知极点频域子空间，SSKP）和 EM 辨识（已知极点极大似然估计，MLKP），并绘制估计模型的频响曲线与测量频响曲线比较图，如图 7.11 所示。对比图中的 4 组结果可以发现：子空间辨识和极大似然估计均在较低阶次下取得了较好的辨识效果。比较而言，极大似然估计取得了更优的辨识效果，模型误差更小。可见，本章的辨识理论研究为气动弹性主动控制提供了一种有效的降阶建模方法。

与一般极大似然辨识方法不同，本章所提方法确保使用者仅需较低的模型阶次就可以完成气动弹性系统的建模工作。如果采用未改进的极大似然估计方法，

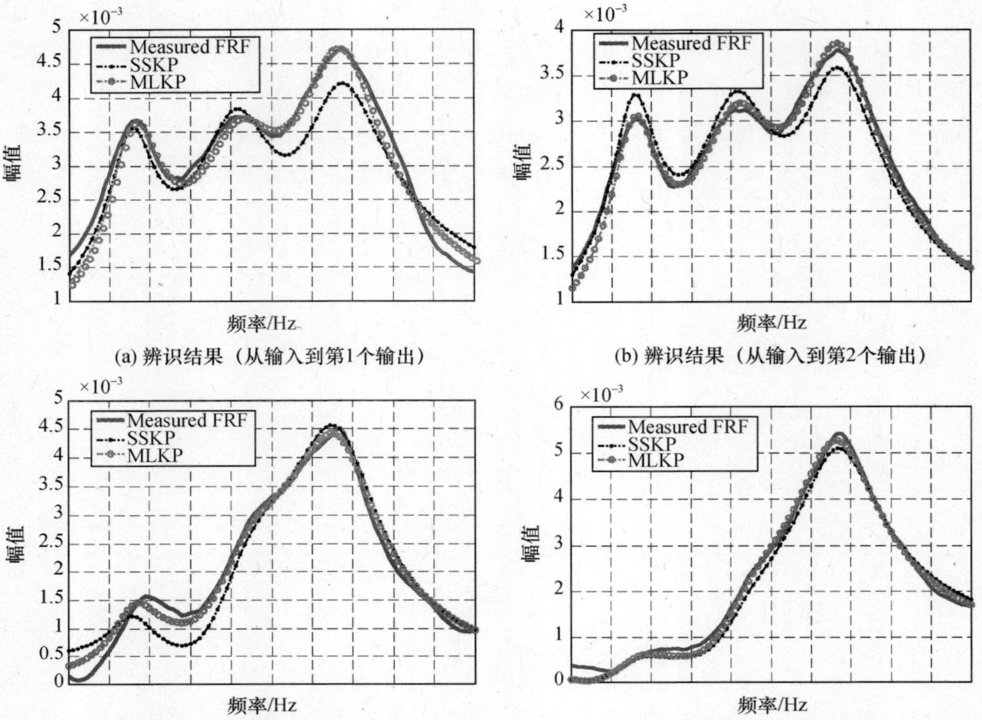

(a) 辨识结果（从输入到第1个输出） (b) 辨识结果（从输入到第2个输出）

(c) 辨识结果（从输入到第3个输出） (d) 辨识结果（从输入到第4个输出）

图 7.11 频域子空间、极大似然估计辨识结果对比

通常需要取较大的模型阶次取才能获得更为理想的拟合效果,而这显然不利于模型的降阶,甚至会引入不稳定的极点。

第 8 章　颤振模态参数的小波辨识

传统的以傅里叶变换为基础的频域辨识算法在辨识飞机颤振模态参数时，存在算法复杂、计算量大、计算结果易受噪声影响等不足，同时传统的傅里叶分析技术因不具备时频局部化性质而不适宜用于多模态暂态信号的分析。

小波理论自 20 世纪 80 年代诞生以来很快在许多科学领域取得了成功的应用，但在飞机颤振模态参数识别上的应用较少。文献[44]提出利用单模态的脉冲响应函数构造拉普拉斯小波，通过相关滤波法，从脉冲响应中提取颤振模态参数。为减少计算量，文献[172]采用离散小波变换改进了原有算法，但新算法依然要为建立小波族(英文为 dictionary)耗费大量计算。

与上述方法相区别，本章将利用 Morlet 小波变换良好的时、频分辨能力以及带通滤波性质使系统自动解耦，然后从脉冲响应函数的小波变换出发识别模态参数，方法简单有效。本章将系统研究脉冲响应函数的小波变换结果，阐明小波变换的解耦机理，给出模态频率、模态阻尼识别小波变换方法，讨论影响识别精度的因素以及提高识别精度的途径。

8.1　连续小波变换(CWT)与 Morlet 小波

如果信号 $x(t)$ 满足：$\int_{-\infty}^{+\infty} |x(t)|^2 \mathrm{d}t < \infty$，即 $x(t)$ 为能量有限信号，则 $f(t)$ 的连续小波变换定义为

$$W(a,b) = \frac{1}{\sqrt{a}}\int_{-\infty}^{+\infty} x(t)\psi^*\left(\frac{t-b}{a}\right)\mathrm{d}t \tag{8.1}$$

式中：$\psi^*(t)$ 为小波函数 $\psi(t)$ 的复数共轭；a 为尺度系数，在满足 Heisenberg 不确定原理的条件下，通过调节 a 可获得不同的时频分辨率；b 为小波基函数沿时间轴的平移量。

本章采用的小波函数为 Morlet 小波，即

$$\psi(t) = \frac{1}{\sqrt{2\pi}}\mathrm{e}^{-\frac{t^2}{2}}\mathrm{e}^{-\mathrm{j}\omega_0 t} \tag{8.2}$$

式中：ω_0 为调制频率，其傅里叶变换为

$$\Psi(\omega) = \mathrm{e}^{-(\omega-\omega_0)^2/2} \tag{8.3}$$

它属于非正交,冗余小波。为减少冗余量,提高对信号的分析精度,通常选取 $\omega_0 > 5$。不难验证作为基小波,它有如下性质。

(1) 振荡性:

$$\int_{-\infty}^{+\infty} \psi(t)\,\mathrm{d}t = \Psi(0) = 0$$

(2) 平方可积性:

$$\int_{-\infty}^{+\infty} |\psi(t)|^2 \mathrm{d}t = \frac{1}{2\sqrt{\pi}}\left(1 + \mathrm{e}^{-\omega_0^2} - 2\mathrm{e}^{-3\omega_0^2/4}\right) < \infty$$

(3) 能量均值性:

$$\int_{-\infty}^{+\infty} t|\psi(t)|^2 \mathrm{d}t = 0$$

它的小波基函数及其傅里叶变换为

$$\psi_{a,b}(t) = \psi\left(\frac{t-b}{a}\right) = \frac{1}{\sqrt{2\pi}}\mathrm{e}^{-(t-b)^2/2a^2}\mathrm{e}^{-\omega_0(t-b)/a} \tag{8.4}$$

$$\Psi_{a,b}(\omega) = \sqrt{a}\Psi(a\omega)\mathrm{e}^{-\mathrm{j}\omega b} = \sqrt{a}\mathrm{e}^{-(a\omega-\omega_0)^2/2}\mathrm{e}^{-\mathrm{j}\omega b} \tag{8.5}$$

利用时域卷积与频域乘积的等价关系:

$$x(t) * \psi(t) \Leftrightarrow X(\omega)\Psi(\omega)$$

可将式(8.2)改写为频域的形式:

$$W(a,b) = \frac{\sqrt{a}}{2\pi}\int_{-\infty}^{+\infty} X(\omega)\Psi^*(a\omega)\mathrm{e}^{\mathrm{j}\omega b}\mathrm{d}\omega \tag{8.6}$$

根据式(8.6),可采用快速傅里叶变换和逆变换的方法计算小波系数,避免了计算量较大的卷积运算。

Morlet 小波的时频窗为

$$[b - a\Delta t_\psi, b + a\Delta t_\psi] \times \left[\frac{\omega_0}{a} - \frac{\Delta\omega_\Psi}{a}, \frac{\omega_0}{a} + \frac{\Delta\omega_\Psi}{a}\right]$$

式中:$\Delta\psi$,$\Delta\Psi$ 分别为 Morlet 小波的时、频窗半径。由此可以看出该小波基函数具有随频率参数改变的自动调节时、频分辨能力,同时 Morlet 小波在时域和频域内的表达式均符合高斯函数的形式,因此具有良好的时频局部特性,尤其在频域内,可将其视为一个以 ω_0 为中心的窄带滤波器。

本章的小波变换与第 4 章的 4.2.2 节略有不同,本章采用了复小波进行小波变换,而第 4 章只采用了 Morlet 小波的实部进行变换。

8.2 模态参数的小波辨识方法

8.2.1 单自由度系统的模态参数辨识

小波模态参数辨识的原理最早由 M. Ruzzene 等人在文献[173]中提出,但是该文理论推导尚不够严谨，文献[174]曾对其中的错误提出指正，随后 W. J. Staszewski[175]，J. Lardies[176]等人给出了较为严格的理论推导，其推导过程均是从研究调制谐波信号的小波变换开始。

调制谐波信号的一般表达式为

$$x(t)=A(t)\cos(\omega t) \tag{8.7}$$

该信号所对应的解析信号为

$$x_a(t)=x(t)+\mathrm{j}H[x(t)] \tag{8.8}$$

式中：$H[x(t)]$为$x(t)$的 Hilbert 变换，$H[x(t)]=\frac{1}{\pi}\int_{-\infty}^{+\infty}x(\tau)\frac{1}{t-\tau}\mathrm{d}\tau$。

若$x(t)$为渐进信号，信号相位的变化快于幅值的变化，则可采用复数信号：

$$z(t)=A(t)\mathrm{e}^{\mathrm{j}\omega t} \tag{8.9}$$

近似表示解析信号$x_a(t)$。

由于$\langle x(t),\psi_{a,b}(t)\rangle=\frac{1}{2}\langle x_a(t),\psi_{a,b}(t)\rangle$，实数信号$x(t)$的连续小波变换可表示为

$$W(a,b)=\langle x(t),\psi_{a,b}(t)\rangle=\frac{1}{2}\langle x_a(t),\psi_{a,b}(t)\rangle\cong\frac{1}{2\sqrt{a}}\int_{-\infty}^{+\infty}A(t)\mathrm{e}^{\mathrm{j}\omega t}\psi^*\left(\frac{t-b}{a}\right)\mathrm{d}t$$

采用泰勒公式，将上式中的$A(t)$在$t=b$处展开，有

$$W(a,b)=\frac{1}{2\sqrt{a}}\int_{-\infty}^{+\infty}(A(b)+o(A'(b)))\mathrm{e}^{\mathrm{j}\omega t}\psi^*\left(\frac{t-b}{a}\right)\mathrm{d}t$$

忽略$A(t)$的高阶项，可得

$$W(a,b)\cong\frac{\sqrt{a}}{2}A(b)\Psi^*(a\omega)\mathrm{e}^{\mathrm{j}\omega b} \tag{8.10}$$

若将$x(t)$写成更一般的形式：

$$x(t)=A(t)\cos\varphi(t) \tag{8.11}$$

则其小波系数的表达式可写为

$$W(a,b)\cong\frac{\sqrt{a}}{2}A(b)\psi^*(aa'(b))\mathrm{e}^{\mathrm{j}\varphi(b)} \tag{8.12}$$

由于单自由度系统的脉冲响应函数一般可表示为

$$h(t)=A\mathrm{e}^{-\xi\omega_n t}\cos(\omega_\mathrm{d}t+\phi_0) \tag{8.13}$$

式中：A为幅值；ξ为阻尼；ω_n为模态频率；ω_d模态阻尼频率；ϕ_0为初始相位。

利用式(8.12)，可得脉冲响应函数小波变换后的系数：

$$W_\mathrm{h}(a,b)\cong\frac{\sqrt{a}}{2}A\mathrm{e}^{-\xi\omega_n b}\Psi^*(a\omega_\mathrm{d})\mathrm{e}^{\mathrm{j}(\omega_\mathrm{d}b+\phi_0)} \tag{8.14}$$

其小波系数的模值和相角为

$$|W_{\mathrm{h}}(a,b)|=\frac{\sqrt{a}}{2}A\mathrm{e}^{-\xi\omega_n b}|\Psi^*(a\omega_{\mathrm{d}})| \tag{8.15}$$

$$\angle|W_{\mathrm{h}}(a,b)|=\omega_{\mathrm{d}}b+\phi_0 \tag{8.16}$$

若对小波系数的模值取对数,可得

$$\ln(|W_{\mathrm{h}}(a,b)|)=-\xi\omega_n b+\ln\left(\frac{\sqrt{a}}{2}A|\Psi^*(a\omega_{\mathrm{d}})|\right) \tag{8.17}$$

观察式(8.15)、式(8.16)可以发现,小波系数模值的对数以及相角均为 b 的线性函数,由模值对数所对应直线的斜率可确定模态的阻尼(模态频率也可采用其它方法确定,如分析 $x(t)$ 的频谱),而由相角所对应直线的斜率可得阻尼频率。

上述推导采用了较多的近似方法,为了便于分析算法的精度和适用范围,有必要将小波系数表示为更为精确的形式。为此,本章采用留数定理重新推导脉冲响应小波系数的表达式。

由式(8.6)可知

$$W_{\mathrm{h}}(a,b)=\frac{\sqrt{a}}{2\pi}\int_{-\infty}^{+\infty}H(\omega)\Psi^*(a\omega)\mathrm{e}^{\mathrm{j}\omega b}\mathrm{d}\omega \tag{8.18}$$

式中:$H(\omega)$ 为 $h(t)$ 的傅里叶变换,即

$$\begin{aligned}H(\omega)&=\int_{-\infty}^{+\infty}A\mathrm{e}^{-\xi\omega_n t}\cos(\omega_{\mathrm{d}}t+\phi_0)\mathrm{e}^{-\mathrm{j}\omega t}\mathrm{d}t=\frac{A}{2}\int_{-\infty}^{+\infty}\mathrm{e}^{-\xi\omega_n t}(\mathrm{e}^{\mathrm{j}(\omega_{\mathrm{d}}t+\phi_0)}+\mathrm{e}^{-\mathrm{j}(\omega_{\mathrm{d}}t+\phi_0)})\mathrm{e}^{-\mathrm{j}\omega t}\mathrm{d}t\\&=\frac{A}{2}\mathrm{e}^{\mathrm{j}\phi_0}\int_0^{+\infty}\mathrm{e}^{-\xi\omega_n t+\mathrm{j}\omega_{\mathrm{d}}t-\mathrm{j}\omega t}\mathrm{d}t+A\mathrm{e}^{-\mathrm{j}\phi_0}\int_0^{+\infty}\mathrm{e}^{-\xi\omega_n t-\mathrm{j}\omega_{\mathrm{d}}t-\mathrm{j}\omega t}\mathrm{d}t\\&=\frac{A\mathrm{e}^{\mathrm{j}\phi_0}}{2(\mathrm{j}\omega+\xi\omega_n-\mathrm{j}\omega_{\mathrm{d}})}+\frac{A\mathrm{e}^{-\mathrm{j}\phi_0}}{2(\mathrm{j}\omega+\xi\omega_n+\mathrm{j}\omega_{\mathrm{d}})}\end{aligned}$$

$$\begin{aligned}W_{\mathrm{h}}(a,b)=\frac{A\sqrt{a}}{4\pi}\int_{-\infty}^{+\infty}\Big[&\frac{1}{\mathrm{j}\omega+\xi\omega_n-\mathrm{j}\omega_{\mathrm{d}}}\Psi^*(a\omega)\mathrm{e}^{\mathrm{j}(\omega b+\phi_0)}+\\&\frac{1}{\mathrm{j}\omega+\xi\omega_n+\mathrm{j}\omega_{\mathrm{d}}}\Psi^*(a\omega)\mathrm{e}^{\mathrm{j}(\omega b-\phi_0)}\Big]\mathrm{d}\omega\end{aligned}$$

利用留数定理,可知

$$\begin{aligned}W_{\mathrm{h}}(a,b)&=\frac{A\sqrt{a}}{2}\mathrm{e}^{-\xi\omega_n b}[\Psi^*(a\omega_{\mathrm{d}}+\mathrm{j}a\xi\omega_n)\mathrm{e}^{\mathrm{j}(\omega_{\mathrm{d}}b+\phi_0)}+\Psi^*(-a\omega_{\mathrm{d}}+\mathrm{j}a\xi\omega_n)\mathrm{e}^{\mathrm{j}(-\omega_{\mathrm{d}}b-\phi_0)}]\\&=(A_1\mathrm{e}^{\mathrm{j}(\omega_{\mathrm{d}}b+\phi_1)}+A_2\mathrm{e}^{\mathrm{j}(-\omega_{\mathrm{d}}b+\phi_2)})\mathrm{e}^{-\xi\omega_n b}\end{aligned} \tag{8.19}$$

式中

$$A_1=\frac{A\sqrt{a}}{2}\mathrm{e}^{-(a\omega_{\mathrm{d}}-\omega_0)^2/2+(a\xi\omega_n)^2/2},\quad A_2=\frac{A\sqrt{a}}{2}\mathrm{e}^{-(a\omega_{\mathrm{d}}+\omega_0)^2/2+(a\xi\omega_n)^2/2}$$

$$\phi_1 = -a\xi\omega_n(a\omega_d - \omega_0) + \phi_0, \ \phi_2 = a\xi\omega_n(a\omega_d + \omega_0) + \phi_0$$

其中:A_2可改写为

$$A_2 = \frac{A\sqrt{a}}{2}\mathrm{e}^{-[(a\omega_n\sqrt{1-2\xi^2}+\omega_0)^2+2a\omega_0\omega_n(\sqrt{1-\xi^2}-\sqrt{1-2\xi^2})]/2}$$

由于$\sqrt{1-\xi^2}-\sqrt{1-2\xi^2}>0$,从上式可知$A_2$接近于零。因此,式(8.18)可以忽略该项对结果的影响,式(8.18)可简化为

$$W_h(a,b) \cong A_1\mathrm{e}^{\mathrm{j}(\omega_d b+\phi_1)}\mathrm{e}^{-\xi\omega_n b} \tag{8.20}$$

小波系数的模值和相角为

$$|W_h(a,b)| = A_1\mathrm{e}^{-\xi\omega_n b} \tag{8.21}$$

$$\angle|W_h(a,b)| = \omega_d b + \phi_0 \tag{8.22}$$

由式(8.22)可见,由留数定理推导的结论与前述结论是一致的,同时式(8.19)为本章后续的算法分析提供了更为精确的小波系数表达式。

8.2.2 多自由度系统的模态参数辨识

对多自由度系统,在某一点上的脉冲响应等于各阶模态的叠加:

$$h(t) = \sum_{k=1}^{N} h_k(t) = \sum_{k=1}^{N} A_k\mathrm{e}^{-\xi\omega_{nk}t}\cos(\omega_{dk}t + \phi_{0k}) \tag{8.23}$$

式中:A_k为第k个模态的幅值;ξ_k为该模态对应的阻尼;ω_{nk}为该模态的频率;ω_{dk}为模态阻尼频率;ϕ_{0k}为第k个模态初始相位。

式(8.23)中$h(t)$的连续小波变换为

$$\begin{aligned} W_h(a,b) &= \sum_{k=1}^{N} W_{hk}(a,b) = \sum_{k=1}^{N} \frac{A_k\sqrt{a}}{2}\mathrm{e}^{-(a\omega_{dk}-\omega_0)^2/2+(a\xi_k\omega_{nk})^2/2}\mathrm{e}^{\mathrm{j}(\omega_{dk}b+\phi_{1k})}\mathrm{e}^{-\xi_k\omega_{nk}b} \\ &= \sum_{k=1}^{N} \frac{A_k\sqrt{a}}{2}\lambda_k\mathrm{e}^{\mathrm{j}(\omega_{dk}b+\phi_{1k})}\mathrm{e}^{-\xi_k\omega_{nk}b} \end{aligned} \tag{8.24}$$

式中

$$\begin{aligned} \lambda_k &= \mathrm{e}^{-(a\omega_{dk}-\omega_0)^2/2+(a\xi_k\omega_{nk})^2/2} = \mathrm{e}^{-(a\omega_{dk}-\omega_0)^2/2}\mathrm{e}^{(a\xi_k\omega_{nk})^2/2} \\ &= \mathrm{e}^{-(a\omega_{nk}\sqrt{1-2\xi_k^2}-\omega_0\sqrt{1-\xi_k^2}/\sqrt{1-2\xi_k^2})^2/2+\omega_0^2\xi_k^2/(2-4\xi_k^2)} \end{aligned}$$

欲使上式中的λ_k达到最大值,需

$$a = \frac{\omega_0\sqrt{1-\xi_k^2}}{\omega_{nk}(1-2\xi_k^2)} = \frac{\omega_0(1-\xi_k^2)}{\omega_{dk}(1-2\xi_k^2)} \cong \frac{\omega_0}{\omega_{dk}} \tag{8.25}$$

直观分析λ_k的表达式,可发现式中的$\mathrm{e}^{-(a\omega_{dj}-\omega_0)^2/2}$为Morlet小波(含尺度系数)的傅里叶变换$\Psi(a\omega_{dk})$,利用它在频域内的窄带滤波特性可以实现模态解耦,即当$a=\omega_0/\omega_{dk}$时,$\Psi(a\omega_{dk})$达到最大值,λ_k也达到最大值,此时第k个模态对小波系数

的贡献最大，而其它模态受窄带特性的影响，所对应的小波系数幅值接近于零。因此，式(8.24)可改写为

$$W_{\mathrm{h}}(a,b) \cong \frac{A_k\sqrt{a_k}}{2}\lambda_k \mathrm{e}^{\mathrm{j}(\omega_{\mathrm{d}k}b+\phi_{1k})}\mathrm{e}^{-\xi_k\omega_{nk}b} \tag{8.26}$$

此时多模态问题被解耦成单模态问题，可采用式(8.21)、式(8.22)辨识第 k 个模态的参数。

8.3 方法分析

从8.2节可以看出，Morlet小波的模态解耦能力与其带通滤波特性紧密相关，在分析密集模态时，可能会因为无法完全滤除相近的模态导致小波辨识参数的误差，因此有必要具体分析小波辨识的解耦能力，以便评估它的适用范围。为讨论方便，将密集模态中最接近的两阶模态取出，作为两自由度系统问题研究。

仿照式(8.24)，可建立如下等式：

$$W_{\mathrm{h}}(a,b) = \frac{A_1\sqrt{a_1}}{2}\lambda_1 \mathrm{e}^{\mathrm{j}(\omega_{\mathrm{d}1}b+\phi_{11})}\mathrm{e}^{-\xi_1\omega_{n1}b} + \frac{A_2\sqrt{a_2}}{2}\lambda_2 \mathrm{e}^{\mathrm{j}(\omega_{\mathrm{d}2}b+\phi_{12})}\mathrm{e}^{-\xi_2\omega_{n2}b} \tag{8.27}$$

式(8.27)中当 $A_1 \gg A_2$ 时，较容易实现低阶模态的解耦，而高阶模态由于幅值的原因较易受低阶模态的影响。

当 $A_1 \ll A_2$ 时，较容易实现高阶模态的解耦，而低阶模态由于幅值的原因较易受高阶模态的影响。

当 A_1, A_2 数量级相当时，为实现低阶模态的解耦，可取 $a = \dfrac{\omega_0}{\omega_{\mathrm{d}1}}$，此时 λ_1 和 λ_2 是影响模态解耦的主要因素，当 $\lambda_1 \gg \lambda_2$ 时，低阶模态将成为影响小波系数的主要因素。在此定义影响因子：

$$\zeta_k = -(a\omega_{\mathrm{d}k} - \omega_0)^2/2 + (a\xi_k\omega_{nk})^2/2 \quad (k=1,2) \tag{8.28}$$

则有

$$\zeta_1 = a^2\xi_1^2\omega_{n1}^2/2$$

$$\begin{aligned}\zeta_2 &= -(a\omega_{\mathrm{d}2} - \omega_0)^2/2 + (a\xi_2\omega_{n2})^2/2 \\ &= -\omega_0^2\left[\frac{\omega_{n2}^2(1-2\xi_2^2)}{\omega_{n1}^2(1-\xi_1^2)} - \frac{2\omega_{n2}\sqrt{1-\xi_2^2}}{\omega_{n1}\sqrt{1-\xi_1^2}} + 1\right]\Big/2\end{aligned}$$

显然 $\zeta_1 > 0$，为满足 $\lambda_1 \gg \lambda_2$ 的条件，可假设

$$\zeta_2 < 0$$

即

$$\frac{\omega_{n2}^2(1-2\xi_2^2)}{\omega_{n1}^2(1-\xi_1^2)}-\frac{2\omega_{n2}\sqrt{1-\xi_2^2}}{\omega_{n1}\sqrt{1-\xi_1^2}}+1>0$$

化简可得

$$\frac{\omega_{n2}}{\omega_{n1}}>\frac{\sqrt{1-\xi_1^2}}{(\sqrt{1-\xi_2^2}-\xi_2)} \tag{8.29}$$

反之若需对高阶模态解耦，可取 $a=\frac{\omega_0}{\omega_{d2}}$。仿照以上推导可知，为避免低阶模态的影响需满足如下条件：

$$\frac{\omega_{n1}}{\omega_{n2}}<\frac{\sqrt{1-\xi_2^2}}{(\sqrt{1-\xi_1^2}+\xi_1)} \tag{8.30}$$

综合以上两方面分析，在采用小波辨识模态时，为避免高阶和低阶模态之间的耦合影响，两模态的频率至少应满足如下条件：

$$\frac{\omega_{n2}}{\omega_{n1}}>\max\left\{\frac{\sqrt{1-\xi_1^2}}{(\sqrt{1-\xi_2^2}-\xi_2)},\frac{(\sqrt{1-\xi_1^2}+\xi_1)}{\sqrt{1-\xi_2^2}}\right\} \tag{8.31}$$

式(8.31)既是模态解耦的条件，也可看作小波模态参数辨识方法的适用范围，当模态频率不满足上述条件时，小波辨识方法将失效。例如当 ξ_1，ξ_2 均为 0.01 时，模态频率比至少应为 1.01，而当 ξ_1，ξ_2 均为 0.1 时，模态频率比至少应为 1.11。显然，模态的阻尼越小，小波辨识法所要求的模态频率间隔就越小，阻尼越大，要求的模态频率间隔就越大。这种频率要求是与飞机的颤振试验相吻合的，在飞机包线扩展的过程中，相互耦合的颤振模态阻尼越来越小，直至接近于零，同时模态频率也越来越接近，因此小波模态辨识的适用要求是符合颤振模态参数变化过程的。

8.4 时频分辨率与端点效应

基于小波理论的时频表示的基本思想是：认为自然界各种信号中频率高低不同的分量具有不同的时变特性。通常是较低频率成分的频谱特征随时间的变化比较缓慢，而较高频率成分的频谱特征则变化比较迅速。按这样的规律非均匀地划分时间和频率轴，就可以在服从测不准原理的前提下，在不同的时频区域都能获得比较合适的时间分辨率和频率分辨率。

正是基于上述思想，目前的小波辨识算法大多是先为 Morlet 小波设定一个较高的中心频率 ω_0，然后通过调整尺度系数对信号进行时频分析，这种方法的优点是利用小波的变焦特性，能够在低频段获得较高的频率分辨率，便于低频密集模态的分离。

但是这种方法会因为时频分布的不均匀，导致同一时频图中较高频段的模态无法有效分离。为此，本章在时频分析时，对整个频段都采用了相同的尺度系数，通过调整小波基函数的中心频率进行时频分析。其优点是保证了时频图的各部分具有相同的时频分辨率，同时可依靠调整尺度系数改变整个时频图的分辨率。

小波时频分析的分辨率可表述为

$$\Delta t = a\Delta t_{\psi},\ \Delta f = \Delta f_{g}/a \tag{8.32}$$

式中：Δt_{ψ}和 Δf_{g}分别为小波基函数的时域带宽和频域带宽。

对于 Morlet 小波基函数，可采用 Garbor 提出的均方差测量的定义得到它在时域及频域带宽的有效长度：

$$\Delta t_{\psi} = \frac{1}{\sqrt{2}},\ \Delta \omega_{\Psi} = \frac{1}{\sqrt{2}} \tag{8.33}$$

小波方法在辨识密集模态时，为区分频率相近的两个模态，通常希望提高小波的分辨率，减小频带带宽。但是根据 Heisenbeg 不确定原理及式(8.32)，在减小 Δf 的同时，又会引起小波时域带宽 Δt 的增加，降低时域分辨率，引发较为棘手的端点效应问题。

图 8.1 以一个正弦信号的连续小波变换为例，对端点效应问题予以说明。由图 8.1(a)可见，无限长正弦信号的小波变换结果与理论分析相一致，它具有一个与时频面平行的脊线，该脊线处小波系数的模值最大。而图 8.1(b)中并不存在这样一条平行的脊线，尤其在数据的起始端和末端，小波系数的模值与无限长信号差异明显，这种现象被称为端点效应。

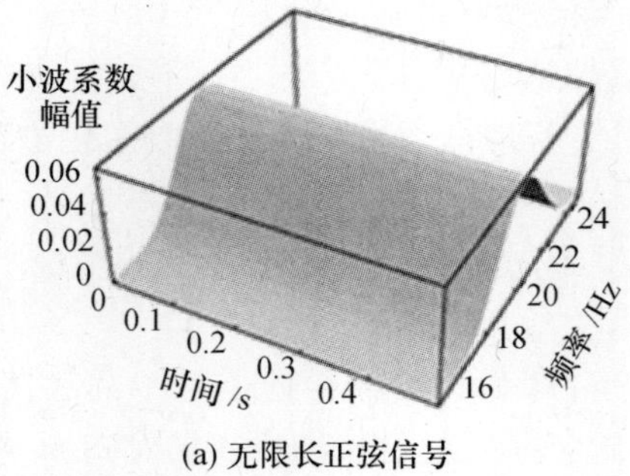

(a) 无限长正弦信号

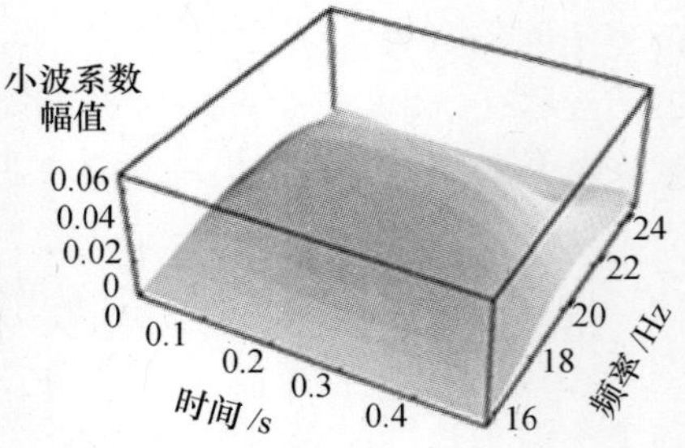

(b) 有限长正弦信号

图 8.1 时频域连续小波变换比较

实测采样数据的有限长度是导致这种现象的主要原因，图 8.2 给出了端点效应的基本原理。假设小波的带宽为 Δt_1，在计算平移量 $b = t_j$ 所对应的小波系数时，将有一部分小波处于长度有限的数据之外，而理论推导的小波系数通常假定数据长度无限，这将导致数据两端小波变换的系数与理论值不符。

对比图 8.2，若能将小波的带宽由 Δt_1 减小至 Δt_2，$b = t_j$ 处的小波系数将不再

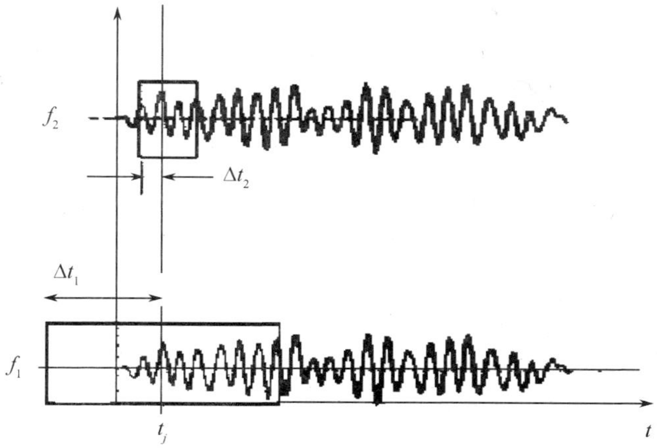

图 8.2 端点效应原理示意图

受到端点效应的困扰。但是减小时域带宽与减小频域带宽显然是矛盾的。为保证一定的频域分辨率,本章采用了补值加长法解决端点效应问题。

所谓补值加长法[177]就是在保持原有数据信息的前提下,将原数据首端(末端)的一部分反对称变换后添加到首端数据之前(末端数据之后),依靠增加数据长度减少端点效应。其基本原理如图 8.3 所示,图中加长段的数据长度为 $\beta\Delta t$,Δt 为尺度变换后的小波时域带宽,β 一般取 1 ~4。加长后的数据可表示为

$$\hat{x} = [-x_n, -x_{n-1}, \cdots, -x_2, x_1, x_2, \cdots, x_{N-1}, x_N, -x_{N-1}, \cdots, -x_m]$$

该方法既保持了原有信号的特性,又显著降低了端点效应对原信号的影响。

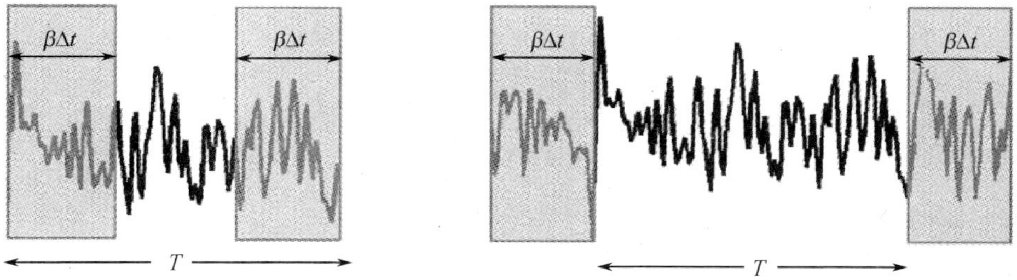

(a) 原始信号　　(b) 补值加长后的信号

图 8.3 补值加长法示意图

8.5 仿真算例

试飞状态下飞机的颤振模态阻尼会随着飞行包线的扩展逐渐趋于零,尤其是

接近颤振临界状态时，诱发颤振的两阶模态的阻尼值均非常小，且模态频率异常接近，因此有必要分析小波辨识方法对小阻尼密集模态的辨识效果。

本节以包含两个密集模态的系统为例验证小波辨识算法，它们的模态参数分别是：$f_1 = 14\text{Hz}$，$\xi_1 = 0.01$；$f_2 = 14.3\text{Hz}$，$\xi_2 = 0.01$。所设计的模态参数应满足式(8.31)确定的模态解耦条件，根据该式可知，若低阶模态频率为14Hz，则高阶模态的频率应大于14.14Hz才能保证解耦，本节设计的高阶模态频率为14.3Hz，满足理论解耦的条件。

为模拟试验噪声，对脉冲响应信号添加白噪声($\sigma=1$)，带噪脉冲响应信号如图8.4所示，信号的采样频率为256Hz，长度为2048。

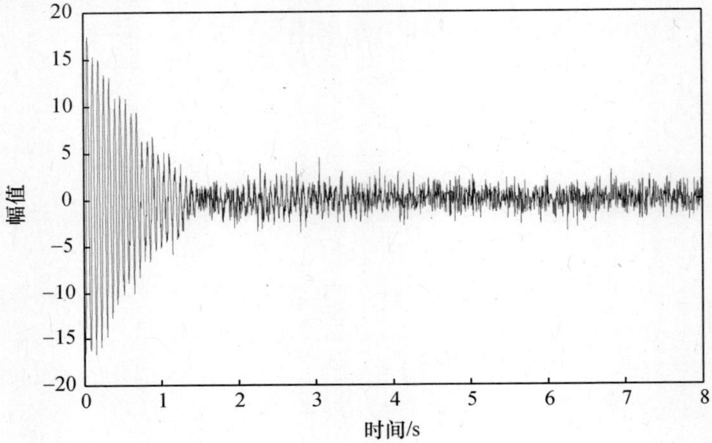

图 8.4　带噪的脉冲响应信号

首先采用连续小波变换分析脉冲响应信号，考虑到模态较为接近，为提高分辨率，选择的尺度系数 $\alpha=1.6$。同时为避免端点效应的影响，对信号进行了补值加长。小波分析结果如图8.5所示，这里采用了灰度等高线图表示小波系数的模值随时间的递减，由图可见，信号的能量主要分布在这两阶模态频率附近。

根据式(8.25)，可采用极大模值法确定模态频率，即最大模值对应的频率为模态频率。事实上局部最大模值通常对应于信号的小波脊[178]，它通常对应于信号的瞬时频率，可用于时变信号的研究。对图8.5中的时频图采用搜索法获得其局部极大模值曲线(脊线)，结果如8.6所示。这两条模值线显然对应于算例中的两阶模态。

随后可利用式(8.17)对小波系数的模值取对数，结果如图8.7所示，用直线拟合图中曲线较为平坦的部分，由直线斜率确定模态的阻尼系数。需要说明的是，取对数的小波系数一般应处于模态频率点附近，该位置的小波系数幅值较大，不易受到噪声和其它模态的耦合影响。

小波辨识的模态参数结果与真实值的比较如表8.1所列，模态频率的辨识精

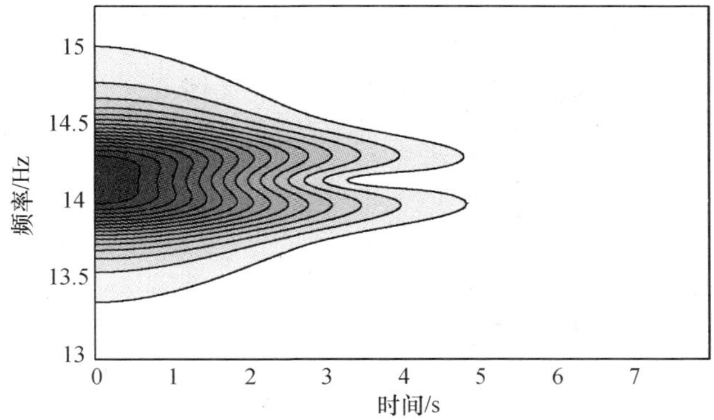

图 8.5　小波变换时频灰度等高线图

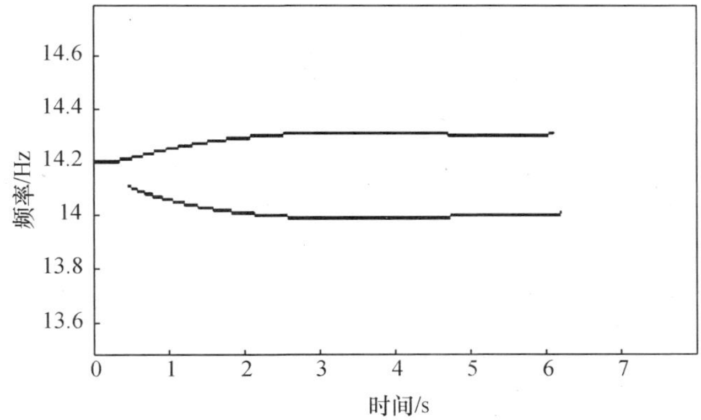

图 8.6　小波系数的极大模值曲线

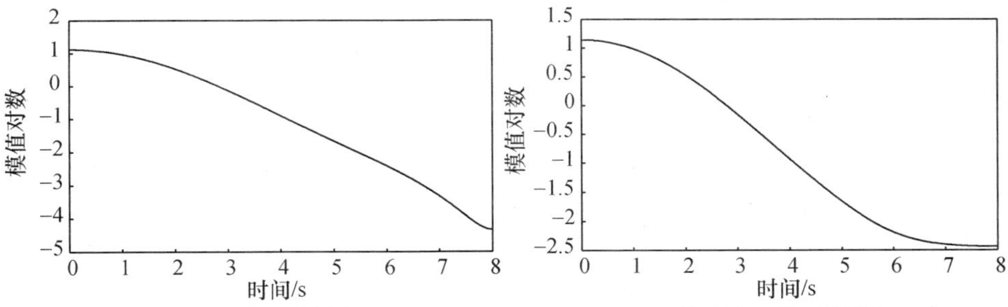

(a) 14Hz的一阶模态　　(b) 14.3Hz的二阶模态

图 8.7　小波系数模值的对数曲线

度较高,阻尼参数辨识误差相对较大,但是考虑到阻尼值较小且易受噪声影响,这样的精度已完全胜任颤振试验中低阻尼、密集模态辨识的需要。

表 8.1　密集模态参数的小波辨识结果

模态	参数	真实值	估计值	误差/%
1	f_1/Hz	14	13.92	-0.57
	ξ_1	0.01	0.0091	-9
2	f_2/Hz	14.3	14.35	0.35
	ξ_2	0.01	0.0090	-10

8.6　应用实例

以第6、7章给出的某型飞机的试飞数据为例验证小波辨识方法的有效性。首先采用分数阶傅里叶变换对试飞数据进行滤波处理(详见第4章),然后采用小波辨识方法分析试飞数据。由于已有数据为扫频试验数据,为了利用本章方法进行模态参数辨识,本例首先采用非参数的 H_1 方法估计系统的频响函数,然后对其进行傅里叶逆变换得到脉冲响应。

随后采用小波变换分析脉冲响应信号,得到该信号的时频图,分析结果采用等高线图表示(图8.8)。这里仍采用了与第5章相同的试飞数据,同样出于保密原因,没有给出频率刻度值。

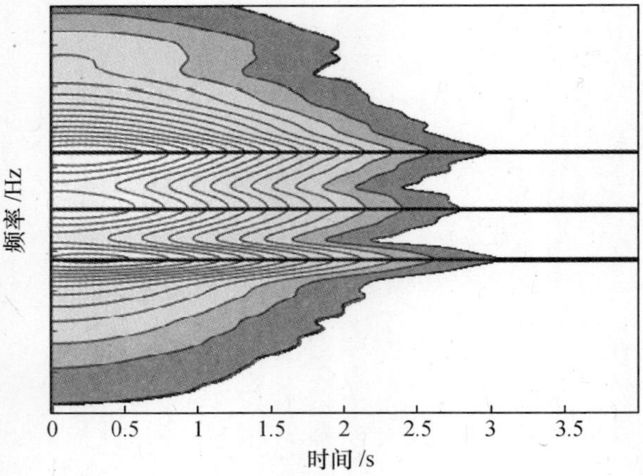

图 8.8　小波变换时频灰度等高线图

观察该图可以发现,图中有三条明显的脊线,为了进行小波辨识,从时频图中提取了这三条脊线,并在图中进行了标注。这表明该系统拥有三个明显的模态,而从它们对应的频率来看,与第6、7章的计算结果是吻合的。

采用本章算法分别对三个模态的阻尼系数进行辨识,为了说明该方法的效果,将其与第7章 p-LSCF 法辨识的模态参数进行对比。这里采用相对偏差说明两种方法模态辨识结果的差别。相对偏差定义如下：

$$频率相对偏差 = |f_{Morlet} - f_{p-LSCF}| / f_{p-LSCF}$$

$$阻尼相对误差 = |\xi_{Morlet} - \xi_{p-LSCF}| / \xi_{p-LSCF}$$

式中：f_{Morlet}和f_{p-LSCF}分别为两种方法模态频率的辨识结果；ξ_{Morlet}和ξ_{p-LSCF}分别为两种方法模态阻尼的辨识结果

表 8.2　Morlet 小波辨识与 p-LSCF 法结果比较

参数＼模态	1	2	3
频率相对偏差/%	0.19	0.69	0.26
阻尼相对偏差/%	24.86	44.59	50.64

分析以上结果可以发现：二者频率辨识结果几乎完全一致，而阻尼系数的辨识则差异较大。阻尼值数量级较小，对于密集模态和大噪声情况，其辨识精度较难保证。p-LSCF 法目前被工业界广泛采用，结果具有较高的可信度。而小波辨识通过曲线斜率提取阻尼，容易受到辨识对象和噪声的影响。作为一种参数提取方法，它简化了参数辨识过程。但是却无法为辨识对象建模。因此，它可视为一种辅助方法，为其它算法提供补充。

8.7　辨识方法讨论

本书重点研究了频域辨识方法，主要包括频域最小二乘类辨识、频域状态空间模型辨识、小波参数辨识。需要指出的是，前两种辨识属于模型辨识，小波辨识可视为直接参数辨识。同时，状态空间模型辨识有可看作一种面向控制的辨识，因为它可以提供降阶模型用于控制器设计。频域最小二乘类辨识，尤其是 p-LSCF 法提供的矩阵分式模型，将无法直接用于控制器设计。

从辨识精度上看，极大似然估计无疑具有最优的辨识效果，而频域最小二乘类辨识则可以提供较为理想的初始值，尤其是 p-LSCF 法在提供清晰稳态图方面展现的能力，即使是极大似然估计也无法企及。因此，客观地看，各种辨识方法均有它的价值。而在本书中，我们在第 7 章提出的两步法，即 p-LSCF 配合子空间和极大似然估计方法得到的降阶模型具有重要的建模意义。而对于单纯的模态参数辨识而言，p-LSCF 法已经能够满足大多数情况的模态参数预测。尤其是如果再结合模糊分类方法，往往能得到较高的参数辨识精度。至于小波方法，受限于原理，它所提供的辨识精度仍然是有限的，尤其是阻尼系数。

而从计算量考虑，最小二乘类方法和子空间方法具有最小的计算量，因此可以用于实时性分析，比如颤振试飞实时监测。而极大似然估计是一种迭代算法，可用于非实时处理，比如用于控制建模。小波辨识同样具有良好的实时性。

第 9 章　鲁棒颤振边界预测

传统的颤振试飞分析方法一般是分析飞机结构的阻尼水平，以阻尼比作为颤振是否发散的判据。通过确定飞机各阶模态的阻尼比随飞行速度（或动压）的变化曲线外推颤振临界速度。由于颤振飞行试验数据信噪比偏低，尽管能够对阻尼比参数进行辨识，但由于阻尼比数量级较小，且对噪声敏感，很难获得较为准确的估计。另一方面阻尼比是飞行速度的非线性函数，传统的阻尼外推法在有些场合下无法提供准确的预测结果，例如跨声速阶段的勺形区域。显然现有预测手段导致颤振试飞存在巨大的风险。因此，寻找一种低风险、高效的颤振边界预测手段一直是相关领域研究者孜孜以求的目标。

鲁棒颤振边界预测是新近发展的一种新型边界预测手段，它采用了现代控制的鲁棒 μ 分析方法为理论基础，综合考虑实际系统的各种不确定性，为颤振试飞这类高风险试验，给出最坏情况下的稳定性保守预测。该法的优点是不再依赖单一参数进行边界预测，而是依靠整个系统的模型判断稳定性，因此，对低信噪比飞行数据不敏感。该方法 20 世纪末提出，堪称传统颤振试飞方法的一次革命，是新一代的颤振试飞分析方法。目前美国 NASA 已将其已应用于 F/A－18 SRA 和 F－16A/B 的颤振试飞。

本章将重点叙述鲁棒颤振预测方法，首先采用最小状态法建立非定常气动力模型，随后给出带激励项的标称气动弹性系统的状态间模型，并推导出考虑动压摄动的气动弹性系统模型。同时，考虑到理论建模误差较大，借助于第 6 章和第 7 章的辨识算法，提出利用试验数据建立线性变参数模型的研究思路，并在此基础上利用鲁棒分析理论和线性分析变换进行鲁棒颤振边界的预测方法。最后，利用风洞实验证方法的有效性。

9.1　传统颤振边界预测

9.1.1　阻尼外推法

阻尼外推法[1]是工程界广泛使用的传统方法，早在 1975 年美国 NASA 就对该方法进行了较为系统的研究，并先后用于 F－16，KC－135 等飞机的试飞，国内飞机的颤振试飞中也使用了速度－阻尼方法。

由颤振机理知阻尼是表征气流与结构间能量平衡的重要指标。阻尼小于零时，系统中能量的损耗小于能量的增加，系统是不稳定的，任何小扰动都会引起发散性振荡，利用阻尼值正负变化寻找边界是速度－阻尼法的依据。

阻尼外推法以阻尼比作为颤振是否发散的判据，通过确定飞机各阶模态的阻尼比随飞行速度（或动压）的变化曲线来外推颤振临界速度。

在预测颤振临界速度时，一般选用直线或二次曲线拟合，并且测点越多，拟合精度就越高，近边界测点对结果影响最大。但实际要得到近边界的多点数据将给试验带来麻烦，甚至是不可能的。

该法完全依赖于对飞行试验数据的分析，而不考虑颤振数学模型，该方法的优点是物理意义明显，算法简单，缺点是由于试飞数据信噪比低阻尼比估计不准[180]以及阻尼比是飞行速度的非线性函数，外推必须非常小心。

9.1.2 颤振裕度法

颤振裕度法是一种既考虑频率又考虑阻尼的颤振边界预测方法[17]。由颤振机理知频率是表征气流与结构间能量转化的重要指标，直接反映了系统内通过耦合传递内能的特性。在工程上频率又比阻尼易于测准，因此采用既考虑频率又考虑阻尼的颤振裕度法较为合适。

此方法的基础是二自由度颤振方程，从典型的弯扭二自由度系统出发导出系统的四阶特征方程：

$$\lambda^4 + A_3\lambda^3 + A_2\lambda^2 + A_1\lambda + A_0 = 0 \tag{9.1}$$

令 $\lambda_{1,2} = \beta_1 \pm j\omega_1, \lambda_{3,4} = \beta_2 \pm j\omega_2$ 为式(9.1)两对共轭的复特征值，代表系统两对不同的极点。可以证明，该特征方程的系数可以表示为

$$\begin{cases} A_0 = (\beta_1^2 + \omega_1^2)(\beta_2^2 + \omega_2^2) \\ A_1 = -2[\beta_2(\beta_1^2 + \omega_1^2) + \beta_1(\beta_2^2 + \omega_2^2)] \\ A_2 = [(\beta_1^2 + \omega_1^2) + (\beta_2^2 + \omega_2^2) + 4\beta_1\beta_2] \\ A_3 = -2(\beta_1 + \beta_2) \end{cases} \tag{9.2}$$

根据 Routh 判据，若要求系统稳定，特征方程的系数为正，且

$$\left[A_2\left(\frac{A_1}{A_3}\right) - \left(\frac{A_1}{A_3}\right)^2 - A_0\right] > 0 \tag{9.3}$$

该不等式可以进一步简化为

$$\left[\left(\frac{A_2}{2}\right)^2 - A_0\right] - \left[\frac{A_2}{2} - \frac{A_1}{A_3}\right]^2 > 0 \tag{9.4}$$

将式(9.2)代入不等式(9.4)的左边，可以得到一个描述系统稳定性的参数，即颤振裕度：

$$F_m = \left[\frac{\omega_2^2 - \omega_1^2}{2} + \frac{\beta_2^2 - \beta_1^2}{2}\right] + 4\beta_1\beta_2\left[\frac{\omega_2^2 + \omega_1^2}{2} + 2\left(\frac{\beta_1 + \beta_2}{2}\right)^2\right] -$$

$$\left[\frac{\beta_2 - \beta_1}{\beta_2 + \beta_1} \cdot \frac{\omega_2^2 - \omega_1^2}{2} + \left(\frac{\beta_1 + \beta_2}{2}\right)^2\right]$$

但是上述公式只能用于计算每一个试飞点的颤振裕度，为了方便预测边界，实际采用简洁的二次函数进行预测：

$$F_m = B_2 q^2 + B_1 q + B_0 \tag{9.5}$$

通过有限点颤振裕度的最小二乘拟合，可以得到 $F_m = 0$ 时对应的颤振临界点。与阻尼外推法一样，颤振裕度法也需要进行参数识别，提取系统的阻尼和频率信息。由于颤振裕度对阻尼的敏感程度小于对频率的敏感程度，而频率的识别精度相比阻尼要高，因此颤振裕度法可以显著提高颤振预测的精度。另一方面，由于颤振裕度随着速度的增加是光滑连续的下降，不会出现突变现象，对亚临界响应测试点离临界点的距离要求不高，可极大降低试飞风险，并且颤振的突发程度可以由颤振裕度为零时曲线的斜率看出。可以说，颤振裕度法在一定程度上弥补了阻尼外推法的阻尼提取精度要求高、外推方法选择严和突发型颤振预测难等缺陷。

传统预测方法除了上述方法外，还有包络线法，ARMA 方法等，由于篇幅限制，不再一一罗列。

9.2 鲁棒颤振预测概述

鲁棒颤振预测[180,181]以鲁棒稳定性理论为基础，采用不确定模型集而非单一模型描述气动弹性系统，避免了模型误差对预测结果的不利影响。同时，它以结构奇异值 μ 作为鲁棒稳定性判据，不再依靠阻尼等极小数量级的物理参数，将稳定性预测问题转化为求解不确定性系统失稳条件，最终将模型保持稳定的最大动压增量记为鲁棒颤振裕度。

鲁棒颤振裕度法相较于与传统方法拥有较大优势，它既利用了理论模型，又利用了飞行数据，而传统方法只使用了其中一种。当然，在实际操作层面也存在一些难点。鲁棒颤振裕度法通过附加不确定性算子改善理论模型，同时依靠飞行数据修正不确定性[182]。低品质的数据会增加模型的不确定性，使得不确定性集合的边界比较大，造成实际预测结果保守性过大。如何获得高质量的飞行数据，以便提高颤振预测的精度是该方法不容忽视的重要问题[183]。同时，由于鲁棒理论自身原因，也有可能造成较大保守性。

鲁棒颤振预测法的思路是首先利用理论方法建立系统的标称模型，然后建立不确定性的模型，飞行试验数据用于不确定性修正，最后以结构奇异值 μ 作为系统鲁棒稳定性测度，预测系统鲁稳定意义下的颤振边界[185]。

鲁棒颤振预测法流程如图 9.1 所示。整个流程包括气动弹性标称模型的建立、不确定性建模、飞行试验数据测量、颤振模态参数估计、不确定性的估计和检验,以及颤振边界预测等几个部分[185]。每个环节都会对颤振边界预测结果产生影响,因而需要多学科之间的相互合作。

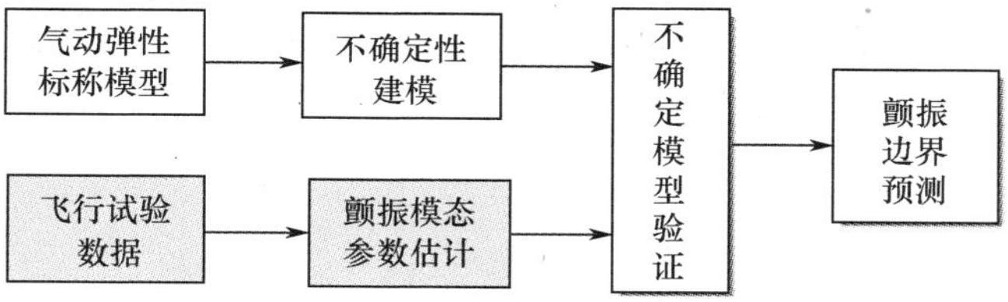

图 9.1　鲁棒颤振裕度法流程

9.3　鲁棒稳定性数学基础

鲁棒稳定性理论是颤振边界预测的重要理论基础。在介绍方法之前,有必要简单梳理鲁棒稳定性理论的数学基础,以便读者深入理解。

9.3.1　系统的范数

在控制系统工程中,系统在各种信号激励下的响应,可以用各种函数表示。因此,一个系统可以看作是从一个函数空间到另一个函数空间的映射,即算子。系统作为算子时的范数就反映了系统在传递信号的过程中的一种“增益”。系统增益用来描述在由输入到输出的信号传递过程中,系统对信号的强度放大或缩小的一种度量。

定义 9.1:设 $\mathcal{N}$,$\mathcal{M}$ 是两个矢量空间,L 是 $\mathcal{N}$ 到 $\mathcal{M}$ 的一个映射,若 L 满足下述条件:

(1) $L(x+y)=Lx+Ly, \forall x,y \in \mathcal{N}$;

(2) $L(kx)=kLx, \forall k \in x \in \mathcal{N}$。

则称 L 是 $\mathcal{N}$ 到 $\mathcal{M}$ 的一个线性算子。

定义 9.2:设 L 是一个算子,则 L 的范数为[187]:

$$\| L \| = \sup_{x \in \mathcal{N},\ x \neq 0} \frac{\| Lx \|}{\| x \|}$$

根据线性代数理论,任何一个有穷维矢量空间之间的线性算子都可以用矩阵等价表示。反之,任何一个矩阵都可以定义一个线性算子。

系统定义为将输入信号映射到输出信号的算子,这意味着对于每个输入信号 $u \in S$,都存在一个对应的输出信号 $y \in S$,且有如下关系:

$$y = Pu$$

特别的，限定系统为线性时不变算子，则可得到状态空间模型：

$$\begin{bmatrix}\dot{\boldsymbol{x}}(t)\\ \boldsymbol{y}(t)\end{bmatrix}=\begin{bmatrix}\boldsymbol{A} & \boldsymbol{B}\\ \boldsymbol{C} & \boldsymbol{D}\end{bmatrix}\begin{bmatrix}\boldsymbol{x}(t)\\ \boldsymbol{u}(t)\end{bmatrix}$$

式中：信号 $\boldsymbol{x}(t)\in R^{n_s}$ 为状态矢量；$\boldsymbol{u}(t)\in R^{n_i}$ 为输入矢量；$\boldsymbol{y}(t)\in R^{n_o}$ 为输出矢量；算子 $S=\{A,B,C,D\}$ 表示时域的状态空间系统，$\boldsymbol{A},\boldsymbol{B},\boldsymbol{C},\boldsymbol{D}$ 为常数矩阵。线性时不变系统经常采用传递函数算子 $P(s)$ 来表示，$P(s)$ 是关于拉普拉斯变量 s 的复数矩阵：

$$\boldsymbol{P}(s)=\left[\begin{array}{c|c}\boldsymbol{A} & \boldsymbol{B}\\ \hline \boldsymbol{C} & \boldsymbol{D}\end{array}\right]=\boldsymbol{D}+\boldsymbol{C}(sI-\boldsymbol{A})^{-1}\boldsymbol{B}$$

定义 9.3：传递函数算子 $P(s)$ 的 H_∞ 范数为[187]：

$$\|\boldsymbol{P}\|_\infty=\sup_\omega\bar{\sigma}(\boldsymbol{P}(\mathrm{j}\omega)) \tag{9.6}$$

其中 $\bar{\sigma}$ 表示矩阵的最大奇异值。

定理 9.1：设 $Y(s),U(s)\in H_2$，则对于系统 $P(s)=\dfrac{Y(s)}{U(s)}$，其范数[186]：

$$\|\boldsymbol{P}\|=\sup_{U\neq 0}\frac{\|\boldsymbol{Y}(s)\|_2}{\|\boldsymbol{U}(s)\|_2}=\sup_\omega\bar{\sigma}(\boldsymbol{P}(\mathrm{j}\omega))=\|\boldsymbol{P}\|_\infty \tag{9.7}$$

该定理在控制理论中具有非常重要的意义，如果 $P(s)$ 表示的是稳定的传递函数阵，而 $\boldsymbol{U}(s)$ 和 $\boldsymbol{Y}(s)$ 分别表示输入信号和输出信号，那么，系统作为输入信号空间到输出信号空间的算子，其算子范数实际上等于传递函数矩阵 $\boldsymbol{P}$ 的 H_∞ 范数。

9.3.2 系统稳定性定义

对实际工程中的动态系统来讲，稳定性是最基本的要求。稳定性也是鲁棒稳定性的基础，因此，首先讨论稳定性的有关概念。

稳定性分为内部稳定和外部稳定，前者是指在无外界信号激励的情况下，系统的状态能够从任意的初始点回到自身所固有的平衡状态的特性。后者含义是指在有界的外部信号激励下，系统的状态或输出响应也在有界的范围内。

定义 9.4：对于算子 $P:L_\infty\rightarrow L_\infty$，若存在两个常数 $\gamma\geqslant 0$ 和 $b>0$，使得 $\|Pu\|\leqslant\gamma\|u\|+b,\ \forall u\in L_\infty$ 成立，则称算子 P 输出对于有界输入是稳定的，简称 BIBO 稳定性[187]。

定义 9.5：设系统的状态空间描述为 $\dot{x}=f(x,u,t)$，其中 $x\in R^n$ 为状态变量，u 为系统输入，t 为时间参量，若由任意 $x(0)=x_0$ 引起的零输入（$u(t)=0$）响应 $x(t)$ 满足 $\lim\limits_{t\rightarrow\infty}x(t)=0$，则称系统是内部稳定的，或称是 Lyapunov 意义下稳定的。

关于系统 BIBO 稳定性和内部稳定性之间的关系，有下面的结论：

若线性定常系统是内部稳定的，则必是 BIBO 稳定的。反之则不成立。

若线性定常系统是能控能观测的，则其内部稳定性和 BIBO 稳定性是等价的。

9.3.3 模型不确定性

不确定性是指模型与实际系统之间的差别[188]。不确定性对飞行器的建模具有普遍意义。从研究的角度看，我们面对的实际飞行器系统往往存在一定的不确定性。例如飞行器会因为油量的变化导致质量发生摄动，这种参数不确定性会造成系统的动态特性在一定范围内发生变化。此时，单一模型并不能反映系统动态特性的波动，这时若采用含不确定性的模型描述该系统，即一簇模型集进行描述，将更加符合实际情况。只需保证真实系统的动态特性"落在"模型集描述的动态范围之内即可。

不确定性按其结构是否已知分为：结构型不确定性和非结构型不确定性。结构型不确定性是指对于模型中哪些部分含有不确定性，哪些部分不含有不确定性已有一定了解。非结构型不确定性则是对于模型中哪些部分含有不确定性没有了解，只能笼统地认为模型整体含有不确定性。无论是结构型或非结构型不确定性，都需要对它作具体的定量描述。

非结构型不确定性有以下几种表示形式：

1. 乘性不确定性[189]（乘法摄动）如图 9.2、图 9.3 所示。

$$\boldsymbol{P}(s)=\boldsymbol{P}_0(s)[\boldsymbol{I}+\boldsymbol{\Delta}(s)\boldsymbol{W}(s)]\quad \|\Delta\|_\infty<1 \tag{9.8}$$

式中：$\boldsymbol{P}_0(s)$为标称模型；$\boldsymbol{\Delta}(s)$为未知的摄动函数；$\boldsymbol{W}(s)$为$\Delta(s)$的摄动界函数，也称加权函数（一般是稳定传递函数）。式(9.8)表示在输入端的乘性不确定性。

对于图 9.2 所示的输出端乘性不确定性模型如式(9.9)表示。

$$\boldsymbol{P}(s)=[\boldsymbol{I}+\boldsymbol{\Delta}(s)\boldsymbol{W}(s)]\boldsymbol{P}_0(s)\quad \|\Delta\|_\infty<1 \tag{9.9}$$

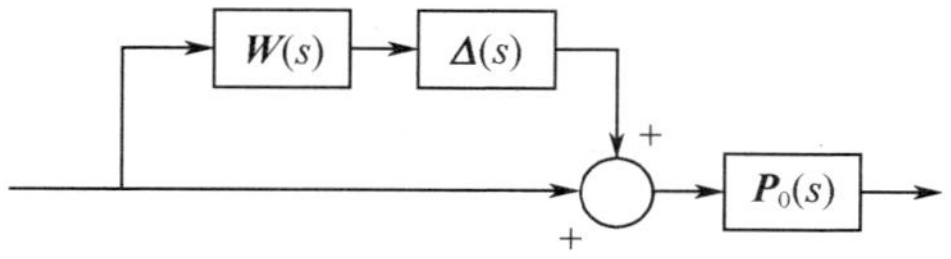

图 9.2 输入端乘性不确定性

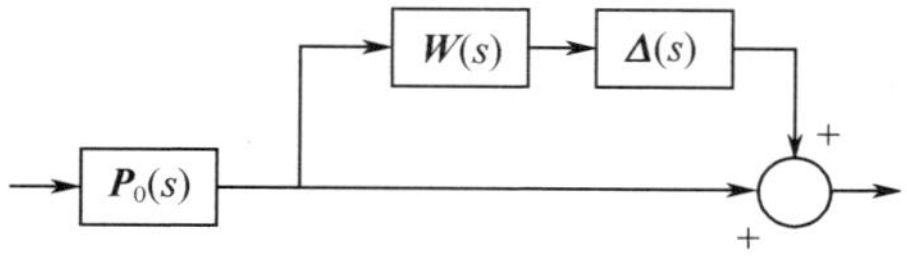

图 9.3 输出端乘性不确定性

2. 加性不确定性[189]（加法摄动）系统模型如图 9.4 所示。

$$\boldsymbol{P}(s)=\boldsymbol{P}_0(s)+\boldsymbol{\Delta}(s)\boldsymbol{W}(s)\quad \|\Delta\|_\infty<1 \tag{9.10}$$

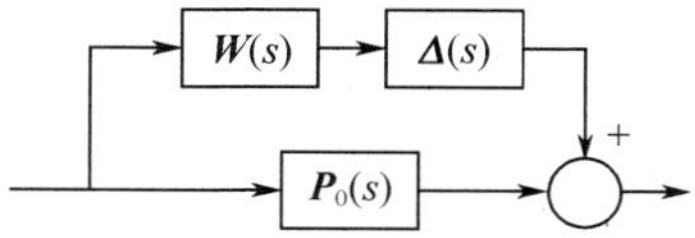

图 9.4 输入端乘性不确定性

结构型不确定性的表示形式为

$$\Delta=\{\mathrm{diag}[\delta_1 I_{r1},\cdots,\delta_s I_{rs},\Delta_1,\cdots,\Delta_F],\delta_i\in RH_\infty,\Delta_j\in RH_\infty,\delta_{i\infty}<1,\|\Delta_j\|_\infty<1\}$$

它依赖于不确定性及问题的性能指标。定义这一结构需要说明三件事情:每个子块的类型,子块的总数及它们的维数。有两种类型的子块:重复的标量子块和满子块。非结构型不确定性可以看作结构型不确定性的特殊形式。

以上各类模型描述的不确定性,其摄动的大小均用 H_∞ 范数来量测,故通常称为范数有界摄动。在实际工程应用中,建立不确定系统的模型时,重要的是如何充分利用已知信息来确定摄动函数的界。

9.3.4 小增益定理

线性时不变系统的稳定性可以通过系统的极点或状态空间实现中的状态矩阵特征值来确定。在 H_∞ 和 μ 框架中的鲁棒稳定性则是通过考虑算子的互相连接来确定[190]。基于这种连接的稳定性确定方法的基础就是小增益定理[191]。

定理 9.2(小增益定理):图 9.5 所示系统,其中 $P(s)$ 为已知系统,$\boldsymbol{\Delta}(s)$ 为未知摄动,当 $\boldsymbol{P}(s)$,$\boldsymbol{\Delta}(s)$ 均稳定时,整个闭环系统稳定的充分条件是:

$$\|\boldsymbol{P}(s)\boldsymbol{\Delta}(s)\|_\infty < 1 \tag{9.11}$$

$\|\boldsymbol{P}(s)\boldsymbol{\Delta}(s)\|_\infty < 1$ 说明开环传递函数的曲线没有绕过(-1,j0)点,故系统是稳定的。小增益定理是建立鲁棒稳定性判据的基础。

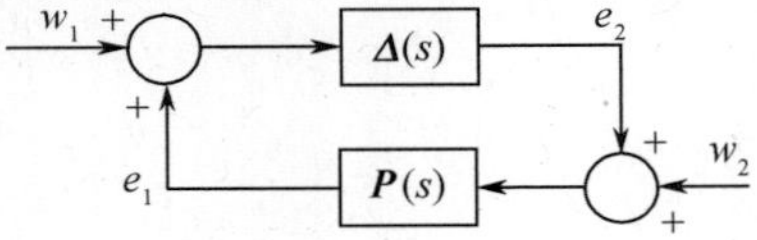

图 9.5 一般反馈系统

9.3.5 线性分式变换

线性分式变换(Linear Fractional Transformations)[192]很容易用来表示系统的传递函数和不确定性,这种形式非常适合于鲁棒稳定性分析。许多控制问题都可以用一种统一的、标准的 LTF 形式表示出来,进而可用相同的技术来处理。采用 LFT 模型的另一个好处是将系统中的不确定性和确定性部分分开,便于用统一的方法处理各种不同结构的不确定性。

定义 9.6:令 $\boldsymbol{P}$ 是一个复矩阵,分块 $\boldsymbol{P}=\begin{bmatrix}\boldsymbol{P}_{11} & \boldsymbol{P}_{12}\\ \boldsymbol{P}_{21} & \boldsymbol{P}_{22}\end{bmatrix}\in\mathbb{C}^{(o_1+o_2)\times(i_1+i_2)}$ 和 $\boldsymbol{\Delta}\in\mathbb{C}^{i_1\times o_1}$,则定义 $\boldsymbol{F}_u(\boldsymbol{P},\boldsymbol{\Delta})$ 为上线性分式变换,如图 9.6 所示。

$$\boldsymbol{F}_u(\boldsymbol{P},\boldsymbol{\Delta})=\boldsymbol{P}_{22}+\boldsymbol{P}_{21}\boldsymbol{\Delta}(\boldsymbol{I}-\boldsymbol{P}_{11}\boldsymbol{\Delta})^{-1}\boldsymbol{P}_{12} \tag{9.12}$$

上线性分式变换一般用来表示不确定性在系统中的应用。常常用于鲁棒控制理论中的鲁棒性能问题。

定义 9.7:令 $\boldsymbol{P}$ 是一个复矩阵,分块 $\boldsymbol{P}=\begin{bmatrix}\boldsymbol{P}_{11} & \boldsymbol{P}_{12}\\ \boldsymbol{P}_{21} & \boldsymbol{P}_{22}\end{bmatrix}\in\mathbb{C}^{(o_1+o_2)\times(i_1+i_2)}$ 和 $\boldsymbol{\Delta}\in$

$\mathbb{C}^{i_1 \times o_1}$,则定义 $\boldsymbol{F}_l(\boldsymbol{P},\boldsymbol{\Delta})$ 为下线性分式变换,如图 9.7 所示。

$$\boldsymbol{F}_l(\boldsymbol{P},\boldsymbol{\Delta}) = \boldsymbol{P}_{11} + \boldsymbol{P}_{12}\boldsymbol{\Delta}(\boldsymbol{I} - \boldsymbol{P}_{22}\boldsymbol{\Delta})^{-1}\boldsymbol{P}_{21} \tag{9.13}$$

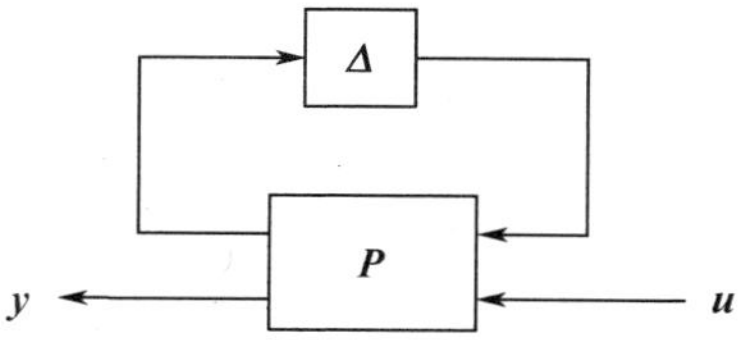

图 9.6 上线性分式变换

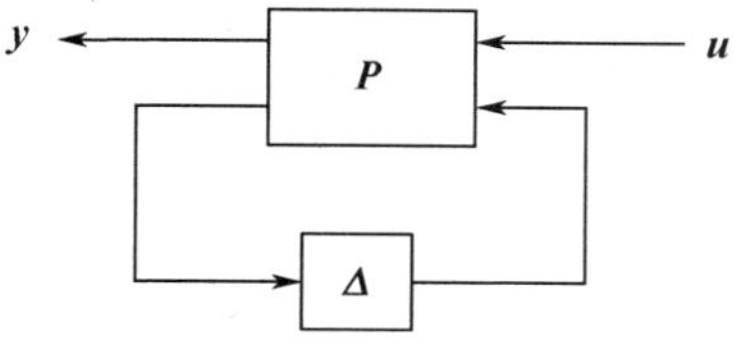

图 9.7 下线性分式变换

下线性分式变换 $F_l(\boldsymbol{P},\boldsymbol{\Delta})$ 实际反映了控制器 $\boldsymbol{\Delta}$ 在系统中对信号传输通道 $\boldsymbol{u}\rightarrow\boldsymbol{y}$ 的影响。许多控制问题可以归结成图 9.6 所示的系统。在这里 $\boldsymbol{P}$ 可以是对象,$\boldsymbol{\Delta}$ 可以是系统的模型不确定性或者是控制器。在控制学科中,LFT 的物理意义就是的闭环传递函数。

9.3.6 鲁棒稳定性定义

鲁棒稳定性就是一个系统簇的稳定性。一般地说,鲁棒性概念是指控制系统的某项特性对于集合中的每一个对象都是成立的。我们说控制系统具有鲁棒稳定性是指它可使集合中的每一个对象达到内稳定。通常建模误差的精确值是不可知的,但可用一个边界 $\alpha>0$ 来限定误差的大小。定义范数有界算子的集合$\boldsymbol{\Delta}$: $\|\boldsymbol{\Delta}\|_\infty \leqslant \alpha$,以此来描述对象模型中的误差。

定义 9.8[193,194]:图 9.5 中标称系统 P 对于具有不确定性 $\boldsymbol{\Delta}$ 的系统集合 $\Sigma = \mathrm{LFT}(P,\boldsymbol{\Delta})$ 的所有成员均是稳定的,则称系统是鲁棒稳定的,或称系统具有鲁棒稳定性。

小增益定理可以直接用来分析对象模型在一系列建模误差的摄动下的鲁棒稳定性。由于真实对象可以认为是受到某种摄动的标称对象,因此,可以用由建模误差和未建模动态引起的摄动来表示系统的不确定性。通常建模误差的精确值是不可知的,但可用一个边界 $\alpha>0$ 来限定误差的大小。

下面定义范数有界 $\boldsymbol{\Delta}$ 的集合,该集合描述了对象模型中误差和未建模动态引起不确定性,并通过图 9.5 的反馈关系影响对象 P。

$$\boldsymbol{\Delta} = \{\boldsymbol{\Delta}: \|\boldsymbol{\Delta}\|_\infty \leqslant \alpha\}$$

小增益定理考虑了由 $\Delta \in \boldsymbol{\Delta}$ 描述的系统不确定性,但是对于图 9.4 所示的系统,其回路增益 $\boldsymbol{P\Delta}$ 的 H_∞ 范数难于计算。通过利用范数的三角不等式(式(9.14)),可以得到 $\boldsymbol{P}$ 的鲁棒稳定性的一个充分条件。

$$\|\boldsymbol{P\Delta}\|_\infty \leqslant \|\boldsymbol{P}\|_\infty \|\boldsymbol{\Delta}\|_\infty \tag{9.14}$$

定理 9.3[193]:图 9.5 所示系统,如果 $\|\boldsymbol{P}\|_\infty < \dfrac{1}{\alpha}$,则对象 $\boldsymbol{P}$ 对于所有 $\Delta \in \boldsymbol{\Delta}$ 且满足 $\|\Delta\|_\infty \leqslant \alpha$ 的不确定性摄动集合 $\boldsymbol{\Delta}$ 是鲁棒稳定的。

该定理的条件是充分的,而不是必要的。由于没有考虑不确定性的结构,这个鲁棒性条件可能过于保守。

通过准确地描述模型不确定性,可以减少鲁棒性分析的保守性。下面介绍的结构奇异值作为鲁棒稳定的度量是充分必要的。

9.3.7 结构奇异值($\boldsymbol{\mu}$)的定义与意义

结构奇异值μ作为鲁棒稳定性分析的有效工具,其主要用在频域分析上,系统鲁棒稳定性μ分析的基本思路是:建立包含不确定性摄动的系统模型,将其转化为标准的μ分析框架形式,确定不确定性摄动的结构,计算结构奇异值,最后根据定理判断系统的鲁棒稳定性。

定义 9.9:图 9.5 所示系统,结构奇异值定义为[191,195]:

$$\mu_\Delta(\boldsymbol{P})=\frac{1}{\min\{\bar{\sigma}(\Delta):\det(I-\boldsymbol{P\Delta})=0\}}\text{,若无 }\Delta\text{ 使 }\det(I-P\Delta)=0\text{,则 }\mu_\Delta(\boldsymbol{P})\equiv 0\text{。}$$

μ是对具有结构不确定性的系统的鲁棒性的精确度量。μ的倒数可以解释为导致反馈系统失稳的最小摄动的一个度量。μ值决定了不确定矩阵所允许的大小,在该情况下,对象是鲁棒稳定的。事实上,$\mu_\Delta(P)$可以解释为图 9.4 所示的反馈系统的稳定裕度的上确界的倒数。这里,假定$\boldsymbol{P}(s)$和$\boldsymbol{\Delta}(s)$均为稳定矩阵。Δ具有对角结构的稳定摄动集合。

当逐渐增大$\Delta(s)$时,若在虚轴某点 jω 处首次有

$$\det(I-\boldsymbol{P}(\mathrm{j}\omega)\boldsymbol{\Delta}(\mathrm{j}\omega))=0 \tag{9.15}$$

成立,则闭环系统将首次变得不稳定。如果

$$\bar{\sigma}(\boldsymbol{\Delta}(\mathrm{j}\omega))<\frac{1}{\mu_\Delta(\boldsymbol{P}(\mathrm{j}\omega))},\ \forall\,\omega\in\mathbb{R}$$

这表明真实系统的摄动小于引起系统失稳的上确界,则系统始终稳定。否则,一定存在使闭环不稳定的摄动。所以,保持闭环稳定的摄动为满足上述不等式的$\boldsymbol{\Delta}(s)$。由此可知,对满足$\|\Delta\|_\infty<\alpha$的所有摄动,闭环系统鲁棒稳定的充分必要条件是

$$\sup_\omega\mu_\Delta(\boldsymbol{P}(\mathrm{j}\omega))\leqslant\frac{1}{\alpha} \tag{9.16}$$

一般来讲,$\mu_\Delta(\boldsymbol{P})$越小,允许的摄动幅度就越大,从而在保证控制系统稳定的前提下,使摄动幅度最大问题就转换为使$\mu_\Delta(\boldsymbol{P})$最小的问题。

定理 9.4:鲁棒稳定性定理(充分必要条件)[190,191],图 2.8 所示系统,对满足$\|\Delta\|_\infty<\alpha$的所有摄动,闭环系统是鲁棒稳定的,当且仅当$\sup\limits_\omega\mu_\Delta(\boldsymbol{P}(\mathrm{j}\omega))\leqslant\dfrac{1}{\alpha}$。

结构奇异值的计算是很困难的,相当于一个 NP 问题,但是其上下界可以较容

易地计算出来。下界可以通过幂迭代来求解,找出使系统失稳的最小摄动,上界可以化为一个优化问题,给出系统在最危险情况下的保守边界。颤振分析通常考虑最危险情况下的稳定边界,因此着重于计算 μ 值上界[189]。在 MATLAB 鲁棒控制工具箱包含专门的 μ 值计算函数,在此对于具体算法不再赘述。

9.4 气动弹性系统不确定建模

根据鲁棒稳定性理论,建立气动弹性系统的不确定模型是进行鲁棒稳定性分析和预测的前提。本节简要叙述气动弹性系统不确定建模的基本过程。

9.4.1 非定常气动力建模

为应用 μ 方法进行鲁棒稳定性分析,需要建立飞机气动弹性系统的状态空间模型,遇到的一个重要问题就是对非定常空气动力的描述。现有的非定常气动力工程计算一般均采用线性频域方法,得到的气动力系数矩阵是关于减缩频率的复值函数。因此需要将非定常气动力从频域转化到时域,这是整个系统建模的关键。

为了减少非定常气动力的计算工作量,利用谐振荡广义非定常气动力推求任意时间历程运动的非定常气动力在拉氏域中的近似表达式。通常的方法是以拉氏变量描述的有理函数来拟合非定常气动力,利用若干个减缩频率下的广义非定常气动力,通过最小二乘逼近,确定表达式的待定系数。目前工程上常用的非定常气动力有理函数拟合方法主要有以下三种[196]:①最小二乘(LS)法;②修正的矩阵 Padé(MMP)法;③最小状态(MS)法。这些方法在气动力增广维数和拟合精度方面各有差异,一般来说,MS 法引入的气动力增广维数少,且具有较高的拟合精度。在本书中,采用 MS 法进行非定常气动力的有理函数拟合。

应用 MS 法的非定常气动力有理函数拟合公式可表示为

$$\boldsymbol{Q}(s)=\boldsymbol{Q}_0+\frac{b}{V_0}\boldsymbol{Q}_1 s+\left(\frac{b}{V_0}\right)^2\boldsymbol{Q}_2 s^2+\boldsymbol{S}\left(s\boldsymbol{I}-\frac{V_0}{b}\boldsymbol{R}\right)^{-1}\boldsymbol{T}s \tag{9.17}$$

式中:$\boldsymbol{Q}(s)$ 为广义非定常气动力系数矩阵;s 为拉氏变量;b 为参考半弦长;V_0 为飞行速度;$\boldsymbol{R}$ 为气动力滞后项对角矩阵;$\boldsymbol{I}$ 为单位矩阵;$\boldsymbol{Q}_i$ 和 $\boldsymbol{S}$、$\boldsymbol{T}$ 为拟合多项式系数矩阵。

采用线性频域气动力计算理论已求得若干个减缩频率 $k_l(l=1,2,\cdots,n)$ 处的复值非定常气动力系数矩阵 $\boldsymbol{Q}(ik_l)$,且以实部和虚部的形式:

$$\boldsymbol{Q}(ik_l)=\boldsymbol{Q}^R(k_l)+i\boldsymbol{Q}^I(k_l) \tag{9.18}$$

对比式(9.17)、式(9.18)两式,可以得到

$$\boldsymbol{Q}_0-k_l^2\boldsymbol{Q}_2+k_l^2\boldsymbol{S}(k_l^2\boldsymbol{I}+\boldsymbol{R}^2)^{-1}\boldsymbol{T}=\boldsymbol{Q}^R(k_l) \tag{9.19}$$

$$k_l\boldsymbol{Q}_1-k_l\boldsymbol{S}(k_l^2\boldsymbol{I}+\boldsymbol{R}^2)^{-1}\boldsymbol{R}\boldsymbol{T}=\boldsymbol{Q}^I(k_l) \tag{9.20}$$

式(9.19)、式(9.20)两式的求解可转化为 $\boldsymbol{Q}_i$ 和 $\boldsymbol{S}$、$\boldsymbol{T}$ 的最小二乘问题求解。具体的拟合步骤如下：

(1) 给定气动力滞后项 $\boldsymbol{R}$，该矩阵的对角线元素互异，且为负实数；

(2) 设置矩阵 $\boldsymbol{S}$ 的初值，且满足 $\text{rank}(\boldsymbol{S}) \neq 0$；

(3) 求解关于矩阵 $\boldsymbol{Q}_i$ 和 $\boldsymbol{T}$ 的最小二乘问题；

(4) 求解关于矩阵 $\boldsymbol{Q}_i$ 和 $\boldsymbol{S}$ 的最小二乘问题；

(5) 计算拟合误差；

(6) 若不满足精度要求则重复(3)～(5)，直至得到满意的结果。

9.4.2 气动弹性系统标称模型

在模态坐标下，弹性飞机的气动弹性运动方程可以写为如下形式[196]：

$$\boldsymbol{M}\ddot{\boldsymbol{\xi}} + \boldsymbol{G}\dot{\boldsymbol{\xi}} + \boldsymbol{K}\boldsymbol{\xi} = \bar{q}\boldsymbol{Q}\boldsymbol{\xi} + \boldsymbol{p}u \tag{9.21}$$

式中：$\boldsymbol{\xi}$ 为广义模态坐标，一般选取感兴趣范围内与颤振相关的主要模态；$\boldsymbol{M}$、$\boldsymbol{G}$、$\boldsymbol{K}$ 和 $\boldsymbol{Q}$ 分别为广义质量、阻尼、刚度和非定常气动力矩阵；$\bar{q}$ 为飞行动压；u 为外部激励力；$\boldsymbol{p}$ 为激励点处的模态列阵，有以下形式：

$$\boldsymbol{p}^{\mathrm{T}} = [p_1 \quad p_2 \quad \cdots \quad p_n] \tag{9.22}$$

式中：p_i 为激励点处的第 i 阶模态值。

将经过有理函数拟合的非定常气动力表达式(9.17)代入式(9.21)中，并引入气动力滞后状态 $\boldsymbol{x}_a$，经过变换可得到气动弹性运动方程的状态空间形式：

$$\begin{bmatrix} \dot{\boldsymbol{\xi}} \\ \ddot{\boldsymbol{\xi}} \\ \dot{\boldsymbol{x}}_a \end{bmatrix} = \begin{bmatrix} \boldsymbol{0} & \boldsymbol{I} & \boldsymbol{0} \\ \tilde{\boldsymbol{M}}^{-1}\tilde{\boldsymbol{K}} & \tilde{\boldsymbol{M}}^{-1}\tilde{\boldsymbol{G}} & \bar{q}\tilde{\boldsymbol{M}}^{-1}\boldsymbol{S} \\ \boldsymbol{0} & \boldsymbol{T} & V_0\boldsymbol{R}/b \end{bmatrix} \begin{bmatrix} \boldsymbol{\xi} \\ \dot{\boldsymbol{\xi}} \\ \boldsymbol{x}_a \end{bmatrix} + \begin{bmatrix} \boldsymbol{0} \\ \tilde{\boldsymbol{M}}^{-1}\boldsymbol{p} \\ \boldsymbol{0} \end{bmatrix} u \tag{9.23}$$

式中

$$\tilde{\boldsymbol{M}} = \boldsymbol{M} - \bar{q}\left(\frac{b}{V_0}\right)^2 \boldsymbol{Q}_2 \tag{9.24}$$

$$\tilde{\boldsymbol{G}} = -\boldsymbol{G} + \bar{q}\left(\frac{b}{V_0}\right)\boldsymbol{Q}_1 \tag{9.25}$$

$$\tilde{\boldsymbol{K}} = -\boldsymbol{K} + \bar{q}\boldsymbol{Q}_0 \tag{9.26}$$

在颤振试飞中一般采用加速度传感器测量运动信号，测量点输出为

$$\ddot{d} = f\ddot{\boldsymbol{\xi}} = f\tilde{\boldsymbol{M}}^{-1}[\tilde{\boldsymbol{K}} \quad \tilde{\boldsymbol{G}} \quad \bar{q}\boldsymbol{S}] \begin{bmatrix} \boldsymbol{\xi} \\ \dot{\boldsymbol{\xi}} \\ \boldsymbol{x}_a \end{bmatrix} + f\tilde{\boldsymbol{M}}^{-1}\boldsymbol{p}u \tag{9.27}$$

式中:$\boldsymbol{f}$为测量点处的模态矩阵,有以下形式:

$$\boldsymbol{f} = [f_1 \quad f_2 \quad \cdots \quad f_n] \tag{9.28}$$

其中:f_i为测量点处的第 i 阶模态值。

联立式(9.23)和式(9.27),可简写为以下形式:

$$\begin{cases} \dot{x} = Ax + Bu \\ y = Cx + Du \end{cases} \tag{9.29}$$

此即为气动弹性标称系统的状态空间方程。

9.4.3 含动压摄动的不确定气动弹性模型

考虑动压摄动情况下的气动弹性系统建模。令:

$$\bar{q} = \bar{q}_0 + W_{\bar{q}} \Delta_{\bar{q}} \tag{9.30}$$

式中:$\bar{q}_0$为某飞行状态点的标称动压;$\Delta_{\bar{q}}$为动压摄动,且满足$|\Delta_{\bar{q}}| \leqslant 1$;$W_{\bar{q}}$为动压摄动的加权值。

将式(9.30)代入式(9.23)中,并引入反馈矢量$\boldsymbol{z}_{\bar{q}}$和$\boldsymbol{w}_{\bar{q}}$,有

$$\begin{bmatrix} \dot{\boldsymbol{\xi}} \\ \ddot{\boldsymbol{\xi}} \\ \dot{\boldsymbol{x}}_a \\ \hdashline y \\ \hdashline \boldsymbol{z}_{\bar{q}} \end{bmatrix} = \left[\begin{array}{ccc:c:c} \boldsymbol{0} & \boldsymbol{I} & \boldsymbol{0} & \boldsymbol{0} & \boldsymbol{0} \\ \tilde{\boldsymbol{M}}_0^{-1}\tilde{\boldsymbol{K}}_0 & \tilde{\boldsymbol{M}}_0^{-1}\tilde{\boldsymbol{G}}_0 & \bar{q}_0\tilde{\boldsymbol{M}}_0^{-1}\boldsymbol{S} & \tilde{\boldsymbol{M}}_0^{-1}\boldsymbol{p} & W_{\bar{q}}\tilde{\boldsymbol{M}}_0^{-1} \\ \boldsymbol{0} & \boldsymbol{T} & V_0\boldsymbol{R}/b & \boldsymbol{0} & \boldsymbol{0} \\ \hdashline \boldsymbol{f}\tilde{\boldsymbol{M}}_0^{-1}\tilde{\boldsymbol{K}}_0 & \boldsymbol{f}\tilde{\boldsymbol{M}}_0^{-1}\tilde{\boldsymbol{G}}_0 & \bar{q}_0\boldsymbol{f}\tilde{\boldsymbol{M}}_0^{-1}S & \boldsymbol{f}\tilde{\boldsymbol{M}}_0^{-1}\boldsymbol{p} & W_{\bar{q}}\boldsymbol{f}\tilde{\boldsymbol{M}}_0^{-1} \\ \hdashline \boldsymbol{Q}_0 & b\boldsymbol{Q}_1/V_0 & \boldsymbol{S} & \boldsymbol{0} & \boldsymbol{0} \end{array}\right] \begin{bmatrix} \boldsymbol{\xi} \\ \dot{\boldsymbol{\xi}} \\ \boldsymbol{x}_a \\ \hdashline u \\ \hdashline \boldsymbol{w}_{\bar{q}} \end{bmatrix} \tag{9.31}$$

$$\boldsymbol{w}_{\bar{q}} = \Delta_{\bar{q}}\boldsymbol{I}\boldsymbol{z}_{\bar{q}} \tag{9.32}$$

式中

$$\tilde{\boldsymbol{M}}_0 = \boldsymbol{M} - \bar{q}_0\left(\frac{b}{V_0}\right)^2\boldsymbol{Q}_2$$

$$\tilde{\boldsymbol{G}}_0 = -\boldsymbol{G} + \bar{q}_0\left(\frac{b}{V_0}\right)\boldsymbol{Q}_1$$

$$\tilde{\boldsymbol{K}}_0 = -\boldsymbol{K} + \bar{q}_0\boldsymbol{Q}_0$$

为方便起见,将式(9.31)简记为

$$\begin{bmatrix} \dot{\boldsymbol{x}} \\ \hdashline y \\ \hdashline \boldsymbol{z}_{\bar{q}} \end{bmatrix} = \left[\begin{array}{c:c:c} \boldsymbol{A}_0 & \boldsymbol{B}_0 & \boldsymbol{E}_0 \\ \hdashline \boldsymbol{C}_0 & \boldsymbol{D}_0 & \boldsymbol{F}_0 \\ \hdashline \boldsymbol{H}_0 & \boldsymbol{0} & \boldsymbol{0} \end{array}\right] \begin{bmatrix} \boldsymbol{x} \\ \hdashline u \\ \hdashline \boldsymbol{w}_{\bar{q}} \end{bmatrix} \tag{9.33}$$

考虑动压摄动的气动弹性系统可用图 9.8 所示的框图表示。

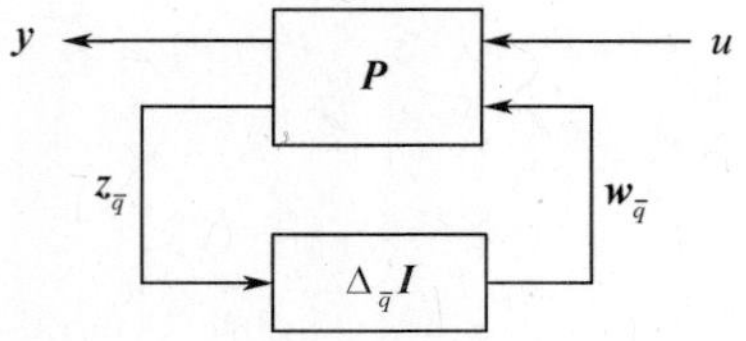

图 9.8　考虑动压摄动的气动弹性系统框图

9.4.4　含其它不确定性的气动弹性模型

在实际中,系统受到各种建模误差及外界干扰的影响,它们可能来自于结构质量、刚度的偏差,或者是非定常气动力计算的误差,或者是未建模的动力学,以及传感器噪声,等等,这些都可以用不确定性摄动来表示。不确定性的具体表达形式多种多样,如增益参数的摄动,系统状态矩阵元素的摄动等。具体选用何种不确定性的表达形式需要根据具体的情况而定,既要尽量减少参数的个数,又要能够反映多种物理特性的不确定性。

气弹系统状态矩阵特征值反映了固有动态特性,而且由飞行试验测得的响应数据通过分析处理,可以辨识出相关模态的频率和阻尼(它们与系统特征值满足一定关系),因此用系统特征值实部和虚部的不确定性摄动来反映系统的建模误差和所受干扰。

实际系统是多模态耦合的,这里首先对状态矩阵作模态解耦变换。设状态矩阵 $\boldsymbol{A}_0$ 的某一对共轭复特征值为 $\sigma \pm \mathrm{i}\omega$,其对应的特征矢量为 $\boldsymbol{\alpha} \pm \mathrm{i}\boldsymbol{\beta}$,则模态解耦变换矩阵为[196]

$$\boldsymbol{V} = [\cdots \mid \boldsymbol{\alpha} \mid \boldsymbol{\beta} \mid \cdots] \tag{9.34}$$

作线性变换 $\boldsymbol{x} = \boldsymbol{V}\tilde{\boldsymbol{x}}$,代入式(9.26)中则有

$$\begin{bmatrix} \dot{\tilde{\boldsymbol{x}}} \\ \boldsymbol{y} \\ \boldsymbol{z}_{\bar{q}} \end{bmatrix} = \begin{bmatrix} \boldsymbol{A}_1 & \boldsymbol{B}_1 & \boldsymbol{E}_1 \\ \boldsymbol{C}_1 & \boldsymbol{D}_1 & \boldsymbol{F}_1 \\ \boldsymbol{H}_1 & \boldsymbol{0} & \boldsymbol{0} \end{bmatrix} \begin{bmatrix} \tilde{\boldsymbol{x}} \\ \boldsymbol{u} \\ \boldsymbol{w}_{\bar{q}} \end{bmatrix} \tag{9.35}$$

式中

$$\boldsymbol{A}_1 = \boldsymbol{V}^{-1}\boldsymbol{A}_0\boldsymbol{V} = \begin{bmatrix} \ddots & 0 & 0 & 0 \\ 0 & \sigma & \omega & 0 \\ 0 & -\omega & \sigma & 0 \\ 0 & 0 & 0 & \ddots \end{bmatrix}$$

$$\boldsymbol{B}_1 = \boldsymbol{V}^{-1}\boldsymbol{B}_0,\ \boldsymbol{C}_1 = \boldsymbol{C}_0\boldsymbol{V},\ \boldsymbol{E}_1 = \boldsymbol{V}^{-1}\boldsymbol{E}_0\quad \boldsymbol{H}_1 = \boldsymbol{H}_0\boldsymbol{V},\ \boldsymbol{D}_1 = \boldsymbol{D}_0,\ \boldsymbol{F}_1 = \boldsymbol{F}_0$$

引入对特征值实部和虚部的不确定性摄动,有

$$\sigma = \sigma_0(1 + W_\sigma \Delta_\sigma) \tag{9.36}$$

$$\omega = \omega_0(1 + W_\omega \Delta_\omega) \tag{9.37}$$

式中：σ_0 和 ω_0 为标称值；W_σ 和 W_ω 为加权值；Δ_σ 和 Δ_ω 满足 $|\Delta_\sigma| \leqslant 1$，$|\Delta_\omega| \leqslant 1$。将式(9.36)和式(9.37)代入式(9.35)中，可得

$$\begin{bmatrix} \vdots \\ \dot{x}_{i1} \\ \dot{x}_{i2} \\ \vdots \\ \hline y \\ \hline \boldsymbol{z}_{\bar{q}} \\ \hline \vdots \\ z_{i1} \\ z_{i2} \\ z_{i3} \\ z_{i4} \\ \vdots \end{bmatrix} = \left[\begin{array}{cccc:c:c:cccccc} \ddots & 0 & 0 & 0 & & & \ddots & 0 & 0 & 0 & 0 & 0 \\ 0 & \sigma_0 & \omega_0 & 0 & \boldsymbol{B}_1 & \boldsymbol{E}_1 & 0 & W_\sigma & 0 & W_\omega & 0 & 0 \\ 0 & -\omega_0 & \sigma_0 & 0 & & & 0 & 0 & W_\sigma & 0 & W_\omega & 0 \\ 0 & 0 & 0 & \ddots & & & 0 & 0 & 0 & 0 & 0 & \ddots \\ \hdashline & & \boldsymbol{C}_1 & & \boldsymbol{D}_1 & \boldsymbol{F}_1 & & & & \boldsymbol{0} & & \\ \hdashline & & \boldsymbol{H}_1 & & \boldsymbol{0} & \boldsymbol{0} & & & & \boldsymbol{0} & & \\ \hdashline \ddots & 0 & 0 & 0 & & & & & & & & \\ 0 & \sigma_0 & 0 & 0 & & & & & & & & \\ 0 & 0 & \sigma_0 & 0 & \boldsymbol{0} & \boldsymbol{0} & & & & \boldsymbol{0} & & \\ 0 & 0 & \omega_0 & 0 & & & & & & & & \\ 0 & -\omega_0 & 0 & 0 & & & & & & & & \\ 0 & 0 & 0 & \ddots & & & & & & & & \end{array}\right] \begin{bmatrix} \vdots \\ x_{i1} \\ x_{i2} \\ \vdots \\ \hline u \\ \hline \boldsymbol{w}_{\bar{q}} \\ \hline \vdots \\ w_{i1} \\ w_{i2} \\ w_{i3} \\ w_{i4} \\ \vdots \end{bmatrix} \tag{9.38}$$

式(9.38)可简记为

$$\begin{bmatrix} \dot{\tilde{\boldsymbol{x}}} \\ \hline y \\ \hline \boldsymbol{z}_{\bar{q}} \\ \hline \boldsymbol{z}_A \end{bmatrix} = \left[\begin{array}{c:c:c:c} \boldsymbol{A}_1 & \boldsymbol{B}_1 & \boldsymbol{E}_1 & \boldsymbol{U} \\ \hdashline \boldsymbol{C}_1 & \boldsymbol{D}_1 & \boldsymbol{F}_1 & \boldsymbol{0} \\ \hdashline \boldsymbol{H}_1 & \boldsymbol{0} & \boldsymbol{0} & \boldsymbol{0} \\ \hdashline \boldsymbol{L} & \boldsymbol{0} & \boldsymbol{0} & \boldsymbol{0} \end{array}\right] \begin{bmatrix} \tilde{\boldsymbol{x}} \\ \hline u \\ \hline \boldsymbol{w}_{\bar{q}} \\ \hline \boldsymbol{w}_A \end{bmatrix} \tag{9.39}$$

式中

$$\boldsymbol{w}_A = \boldsymbol{\Delta}_A \boldsymbol{z}_A = \left[\begin{array}{c:cc:c} \ddots & \boldsymbol{0} & \boldsymbol{0} & \boldsymbol{0} \\ \hdashline \boldsymbol{0} & \Delta_\sigma \boldsymbol{I}_2 & \boldsymbol{0} & \boldsymbol{0} \\ \boldsymbol{0} & \boldsymbol{0} & \Delta_\omega \boldsymbol{I}_2 & \boldsymbol{0} \\ \hdashline \boldsymbol{0} & \boldsymbol{0} & \boldsymbol{0} & \ddots \end{array}\right] \boldsymbol{z}_A \tag{9.40}$$

于是，联立式(9.39)、式(9.40)，最后得到考虑了动压摄动和特征值摄动的气动弹性系统模型，它可由图 9.9 所示的框图表示。

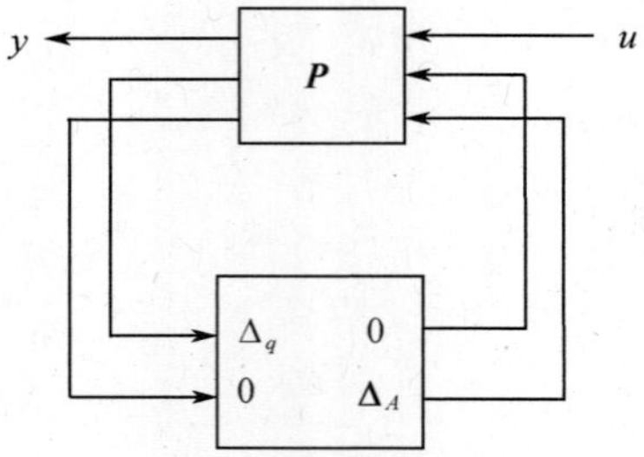

图 9.9 考虑动压摄动和特征值摄动的气动弹性系统框图

注意,系统的不确定性不能由模态的频率和阻尼不确定性表示,因为模态的频率和阻尼不确定性不能实现为标称模态模型与反馈不确定性间的线性分式变换。为了说明问题,考虑一个单一模态系统,其输入量 u 产生的响应是 y。

$$y = \frac{1}{s^2 + 2f\zeta \cdot s + f^2} u$$

令 $\eta = y, \dot{\eta} = \dot{y}$ 为状态矢量,则这个系统的状态空间方程为

$$\begin{bmatrix} \dot{\eta} \\ \eta \\ y \end{bmatrix} = \begin{bmatrix} 0 & 1 & 0 \\ -f^2 & -2f\zeta & 1 \\ 1 & 1 & 1 \end{bmatrix} \begin{bmatrix} \eta \\ \dot{\eta} \\ u \end{bmatrix}$$

假定频率和阻尼中存在误差:

$$\begin{cases} \zeta = \zeta_0 + \Delta_\zeta \\ f = f_0 + \Delta_f \end{cases}$$

将不确定性参数代入 $\ddot{\eta}$ 的状态方程:

$$\begin{aligned} \ddot{\eta} &= -f^2\eta - 2f\zeta\eta + u = -(f_0 + \Delta_f)^2\eta - 2(\zeta_0 + \Delta_\zeta)(f_0 + \Delta_f)\dot{\eta} + u \\ &= -f_0^2\eta - 2f_0\zeta_0\dot{\eta} + u - \Delta_f 2f_0\eta - \Delta_\zeta 2f_0\eta - \Delta_f 2\zeta_0\dot{\eta} - \Delta_f^2\eta - \Delta_\zeta\Delta_f 2\dot{\eta} \end{aligned}$$

由于其中包含有 $\Delta_f^2, \Delta_\zeta\Delta_f$ 等非线性项,而线性分式变换不能表示非线性变换,且目前定义的结构奇异值只能对线性算子连接系统度量稳定性,因此 μ 法在这里不能正确应用,必须采用复数特征值的实部和虚部不确定性进行描述。

9.5 不确定性水平估计和验证

模型误差或摄动用一个范数有界的集合 $\Delta = \{\delta, \|\delta\|_\infty \leqslant W\}$ 来表示,W 称为不确定性水平或不确定度。当不确定性水平超出真实的误差时,分析会偏于保守;反之则会得出偏于乐观的结论。为此不确定性水平应正确反映系统所受摄动的大小。飞行试验测量的主要任务就是获得一个样本集,然后结合理论模型,通过适当

算法估计出不确定性水平。

9.5.1 不确定性水平的估计

以某一模态为例,在某一状态点进行试验,得到 n 组试验数据,由此可得同一状态点该模态的 n 组频率 f_i 和阻尼比 $\zeta_i(i=1,\cdots,n)$,进一步由下式得到与该模态对应的 n 组特征值实部 σ_i 和虚部 $\omega_i(i=1,\cdots,n)$:

$$\sigma = -f\zeta,\ \omega = \sqrt{f^2-\sigma^2}$$

先计算特征值实部 σ 和虚部 ω 的平均值:

$$\bar{\sigma} = \frac{1}{n}\sum\sigma_i,\ \bar{\omega} = \frac{1}{n}\sum\omega_i$$

再由下列公式估计不确定性水平:

$$W_\sigma = \frac{\max|\sigma_i-\bar{\sigma}|}{\bar{\sigma}},\ W_\omega = \frac{\max|\omega_i-\bar{\omega}|}{\bar{\omega}}$$

由此得出特征值实虚部摄动的加权值 W_σ 和 W_ω。这里 W_σ 和 W_ω 只是不确定性水平的初始估计,还需要根据系统模型有效性算法来进行修正。

9.5.2 不确定性水平的确定

模型有效性算法用来确定一个含有不确定性描述的模型对于飞行数据是否合理。这些算法考虑的是,所提出的模型是否可以包含一系列的测量数据。

对于图 9.10 所示的含特征值不确定性摄动的气动弹性系统框图,根据式(9.39),系统算子 $\boldsymbol{P}$ 可分成四个分量 $\boldsymbol{P}_{11}$、$\boldsymbol{P}_{12}$、$\boldsymbol{P}_{21}$ 和 $\boldsymbol{P}_{22}$,有

$$\boldsymbol{P}_{11}(s) = \boldsymbol{D}_1 + \boldsymbol{C}_1(s\boldsymbol{I}-\boldsymbol{A}_1)^{-1}\boldsymbol{B}_1,\ \boldsymbol{P}_{12}(s) = \boldsymbol{C}_1(s\boldsymbol{I}-\boldsymbol{A}_1)^{-1}\boldsymbol{U} \tag{9.41}$$

$$\boldsymbol{P}_{21}(s) = \boldsymbol{L}(s\boldsymbol{I}-\boldsymbol{A}_1)^{-1}\boldsymbol{B}_1,\ \boldsymbol{P}_{22}(s) = \boldsymbol{L}(s\boldsymbol{I}-\boldsymbol{A}_1)^{-1}\boldsymbol{U} \tag{9.42}$$

设试飞数据测得的输入为 u,输出为 y,记

$$\hat{P}_{12} = P_{12}u,\ \hat{P}_{22} = P_{22}u - y$$

则根据下面的定理可以检验模型的有效性。

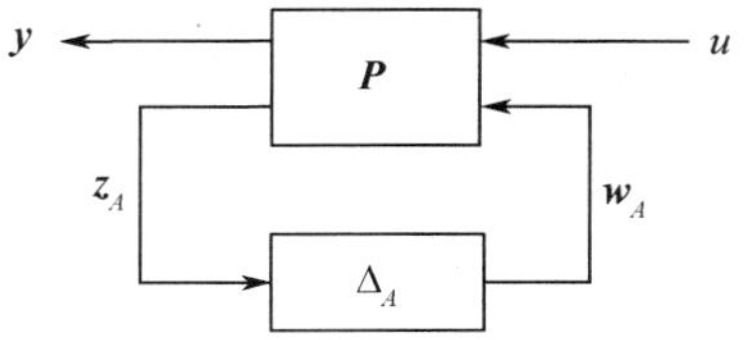

图 9.10　考虑特征值摄动的气动弹性系统框图

定理 9.5(模型有效性):给定输入 u 以及相应的输出量测值 y,则在下面条件成立时,具有相应不确定性 Δ_A 的系统 P 不会失效[196]:

$$\mu_{\Delta_A}(P_{11}-\hat{P}_{12}\hat{P}_{22}^{-1}P_{21}) > 1 \tag{9.43}$$

这一条件看起来似乎与直观相反，因为所给出的有效性条件是 μ 值大于 1，而不是鲁棒稳定性条件所要求的小于 1。下面来说明这一问题。

由 $y = \mathrm{LFT}(P, \Delta_A)u$，右移并展开得

$$0 = (P_{22}u - y) + P_{21}\Delta_A(I - P_{11}\Delta_A)^{-1}(P_{12}u) = \hat{P}_{22} + P_{21}\Delta_A(I - P_{11}\Delta_A)^{-1}\hat{P}_{12}$$

记 $\hat{P} = \begin{bmatrix} P_{11} & \hat{P}_{12} \\ P_{21} & \hat{P}_{22} \end{bmatrix}$，当 $\mu_{\Delta_a}(\hat{P}) < 1$，表示系统对于摄动 Δ_A 是鲁棒稳定的，并且表明 $\mathrm{LFT}(\hat{P}, \Delta_A)$ 是非奇异的。这与上面的等式关系相矛盾，该等式要求 $\mathrm{LFT}(\hat{P}, \Delta_A)$ 是奇异的，从而满足输入与输出数据之间的关系。从这方面看，模型有效性的检验与鲁棒稳定性检验是相反的。

定理 9.5 计算出的 μ 值可以作为对不确定性描述的合理性的一种度量。例如，$\mu = 2$ 表示不确定性太大，不确定性可以减少 50%；$\mu = 0.5$ 则表示不确定性太小，不确定性可以增大 2 倍。

有了模型有效性这一概念，就可以使用飞行数据确定合理的不确定性描述的范数边界。下面用 MATLAB 语言具体描述实现算法。

选定一个数 $\alpha > 1$ 来缩放不确定性。

算法 9.1（不确定性水平修正）[196]：

给定：频域数据 $\{y_1, y_2, \cdots, y_n\}$ 和 $\{u_1, u_2, \cdots, u_n\}$

频域模型 $\boldsymbol{P} = \{\boldsymbol{P}_{11}, \boldsymbol{P}_{12}, \boldsymbol{P}_{21}, \boldsymbol{P}_{22}\}$

不确定性集合 Δ

定义：标量 $\alpha > 1$ 对不确定性大小进行修正

那么：

```
valid = FALSE
while( valid = = FALSE) {
    valid = TRUE
    for I = 1 : n {
        P̂12 = P12 ui
    P̂22 = P22 ui - yi
        if μΔ(P11 - P̂12 P̂22^-1 P21) < 1 {
            valid = FALSE
        }
    }
    P11 = αP11        (与 Δ = αΔ 等效)
}
```

对算法 9.1 的一种解释是，使用不确定性集合 Δ 来限制由对象产生的可能的

传递函数 $F_u(P,\Delta)$ 的幅值和相位。μ 方法可以保证试验数据的传递函数在每个频率上都落在分析边界之内。

根据以上定理和算法，利用飞行试验测量数据，可根据模型有效性检验不断修正不确定性摄动量的加权值，最后得到的不确定度能够覆盖标称模型与真实情况之间的误差。当然，若样本集不完全时，这种不确定度也是片面的。而且，若由试验测得的频响函数带有大气紊流干扰或传感器噪声时，会带来保守性的增大。此外，若标称系统建模严重失真，与实际飞行情况相差较大，这也将导致不确定度增大，增加预测结果的保守性。因此，不确定度的估计应根据实际情况和工程经验具体问题具体分析。此外，若采用由飞行试验数据得出的较好的参数估计值对标称模型进行修正，则可减少保守性，提高预测精度。

9.6 鲁棒颤振边界预测

鲁棒颤振边界预测是以鲁棒稳定性理论为基础的一种新型预测方法。该方法采用不确定模型描述气动弹性系统，以结构奇异值 μ 来衡量气动弹性系统的鲁棒稳定性。其基本步骤是：用理论气动弹性数据建立系统的标称模型从而建立不确定性模型，然后进行模型验证以估计不确定度，最后进行鲁棒稳定性分析。该方法是对传统颤振试飞预测方法的革新。据报道已用于 F/A－18 SRA 和 F－16A/B 的颤振试飞中。

在完成对气动弹性系统进行建模与不确定度估计后，可以应用结构奇异值 μ 分析方法对系统进行鲁棒稳定性分析。为了叙述方便，重写鲁棒稳定性定理如下：

鲁棒稳定性定理[191]：如图 9.11 所示的 μ 分析标准框图，$\boldsymbol{\Psi}(s)$ 为广义系统算子，$\boldsymbol{\Delta}(s)$ 不确定性算子，则对于所有满足 $\|\boldsymbol{\Delta}\|_\infty \leqslant 1/\beta$ 的 $\boldsymbol{\Delta}(s)$，闭环系统是鲁棒稳定的充分必要条件是

$$\sup_{\omega \in \mathbf{R}} \mu_\Delta(\boldsymbol{\Psi}(\mathrm{j}\omega)) < \beta \tag{9.44}$$

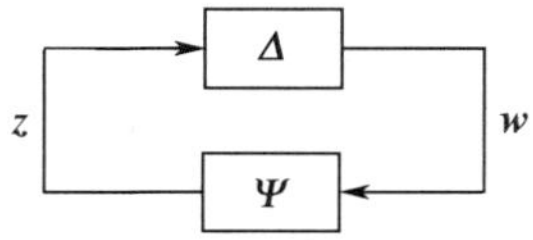

图 9.11　μ 分析标准框图

由式(9.39)、式(9.40)可知，气动弹性系统模型中的广义系统算子和不确定性算子为

$$\boldsymbol{\Psi}(s) = \begin{bmatrix} \boldsymbol{H}_1 \\ \boldsymbol{L} \end{bmatrix} (s\boldsymbol{I} - \boldsymbol{A}_1)^{-1} [\boldsymbol{E}_1 \quad \boldsymbol{U}] \tag{9.45}$$

$$\boldsymbol{\Delta}(s) = \begin{bmatrix} \Delta_{\bar{q}}\boldsymbol{I} & \boldsymbol{0} \\ \boldsymbol{0} & \boldsymbol{\Delta}_A \end{bmatrix} \tag{9.46}$$

颤振裕度和鲁棒颤振裕度的定义如下：

定义 9.10：颤振裕度为颤振动压和参考点飞行状态之间距离的测度。

定义 9.11：标称气动弹性模型在以范数有界的不确定性算子描述的建模误差范围内，其鲁棒稳定的最大动压摄动称为鲁棒颤振裕度。

通过分析对应于集合 $\boldsymbol{\Delta}(s)$ 的 $\mu(\boldsymbol{\Psi})$ 可以计算鲁棒颤振裕度，这一思想由下面定理给出。

定理 9.6：给定系统 P 和范数界定为 1 的不确定性集合 Δ，定义对象 $\overline{P}$ 为：$\overline{\boldsymbol{P}} = \boldsymbol{P}\begin{bmatrix} \boldsymbol{W}_{\bar{q}} & 0 \\ 0 & \boldsymbol{I} \end{bmatrix}$，则当且仅当 $\mu(\overline{P}) = 1$ 条件下得到的 $\boldsymbol{W}_{\bar{q}}$ 为鲁棒颤振裕度，其保守性是最小的。

定理 9.6 表明，通过确定使 $\mu(\overline{P}) = 1$ 的比例加权阵 $\boldsymbol{W}_{\bar{q}}$，可以计算出鲁棒颤振裕度，下面的算法执行一个迭代过程，算出使 $\mu(\overline{\boldsymbol{P}}) \in (1+\varepsilon)$ 的比例缩放矩阵，其计算预期精度为 ε。

算法 9.2（鲁棒颤振裕度）[196]：

给定：动压 $\bar{q}_0$ 下的对象 $P = \{P_{11}, P_{12}, P_{21}, P_{22}\}$

具有单位范数边界的不确定性集合 Δ

定义：加权阵 $\boldsymbol{W}_{\bar{q}}$ 用以缩放 $\bar{q}$ 的反馈

精度的标量值 $\varepsilon > 0$

那么

$$\overline{\boldsymbol{P}} = \boldsymbol{P}\begin{bmatrix} \boldsymbol{W}_{\bar{q}} & \boldsymbol{0} \\ \boldsymbol{0} & \boldsymbol{I} \end{bmatrix}$$

if $\mu(\overline{\boldsymbol{P}}) > 1 + \varepsilon$ or $\mu(\overline{\boldsymbol{P}}) < 1 - \varepsilon$

{

$$\boldsymbol{W}_{\bar{q}} = \boldsymbol{W}_{\bar{q}} / \mu(\overline{\boldsymbol{P}})$$

$$\overline{\boldsymbol{P}} = \boldsymbol{P}\begin{bmatrix} \boldsymbol{W}_{\bar{q}} & \boldsymbol{0} \\ \boldsymbol{0} & \boldsymbol{I} \end{bmatrix}$$

}

$$\bar{q}_{\text{rob}} = \bar{q}_0 + \boldsymbol{W}_{\bar{q}}$$

$$\Gamma_{\text{rob}} = \boldsymbol{W}_{\bar{q}}$$

有了颤振裕度后，就可以得到颤振边界。鲁棒稳定意义下以动压表示的颤振边界为

$$\bar{q}_F = \bar{q}_0 + \boldsymbol{W}_{\bar{q}} \tag{9.47}$$

将临界动压换算为与试验状态同一高度下的临界飞行速度为

$$V_{\text{F}} = V_0 \sqrt{\frac{\bar{q}_{\text{F}}}{\bar{q}_0}} \tag{9.48}$$

将以上求鲁棒颤振裕度的过程通俗的讲述为：在某一飞行状态点，给定动压摄动加权的初值，计算系统的结构奇异值 $\sup\mu_{\Delta}(\boldsymbol{\Psi})$。若在临界稳定飞行范围内，则有 $\sup\mu_{\Delta}(\boldsymbol{\Psi})<1$。调整动压摄动加权值 $\boldsymbol{W}_{\bar{q}}$，直至 $\sup\mu_{\Delta}(\boldsymbol{\Psi})=1$，此时系统处于临界鲁棒稳定状态。此时的 $\boldsymbol{W}_{\bar{q}}$ 表示飞机在此飞行试验点保持鲁棒稳定所能承受的最大动压摄动，即为此状态下的鲁棒颤振裕度。

9.7 试验数据驱动的颤振边界鲁棒预测

颤振边界鲁棒预测方法相比于传统预测方法具有一定优势，但是它主要依赖于理论建模，尽管可以采用试验结果进行修正，在实践中仍然面临一些困难。主要表现为：理论气弹模型难度较大，尤其是进行整机建模。即使有能力完成建模，其与真实系统之间也存在较大误差。只有模型具有较高不确定性，才能保证试验结果落在理论模型的范围之类，而这又会增大预测的保守性。另一方面，试验结果虽然可以修正理论模型，但是当二者差别较大时，更应该信赖试验结果。出于上述考虑，本书提出了一种试验数据驱动的颤振边界鲁棒预测方法。

这种新的预测方法仍然采用了稳定的基本思路，与已有方法的最大区别是：它完全依靠试验数据建立不确定模型。因此，其模型具有更高的可信度，同时也能降低因模型误差带来的保守性。为了建立不确定模型，引入了线性变参数模型（LPV）描述气动弹性系统。这类模型可以反映气弹系统的时变特性，针对一组状态点进行建模。相比于传统的 LTI 模型，能够反映系统的动态变化过程。

在本节中，将采用数据驱动的气弹变参数（Aeroelastic Parameter - Varying，APV）模型开展颤振边界预测。其基本过程是：

（1）首先根据不同测试条件下的测试数据借助第 6 章和第 7 章的辨识算法，得到每个测试点的 LTI 模型；

（2）利用局部插值法进行线性变参数（Linear Parameter - Varying，LPV）插值建模，建立气弹变参数（APV）模型；

（3）基于线性分式变换和 μ 分析理论对变参数模型进行颤振边界预测。

9.7.1 线性变参数（LPV）模型

一般而言，参数依赖系统的状态空间模型被定义为有限维线性时变系统，其状态空间矩阵是一些可测量的参数的固定函数。在本书中，气动弹性系统的 LPV 模型在连续时间域上的定义如下：

$$\begin{cases}\dot{\boldsymbol{x}}=\boldsymbol{A}(\bar{q})\boldsymbol{x}+\boldsymbol{B}(\bar{q})\boldsymbol{u}\\ \boldsymbol{y}=\boldsymbol{C}(\bar{q})\boldsymbol{x}+\boldsymbol{D}(\bar{q})\boldsymbol{u}\end{cases}\tag{9.49}$$

这里的 $\bar{q}$ 为动压，系统矩阵 $\boldsymbol{A}(\bar{q})$，$\boldsymbol{B}(\bar{q})$，$\boldsymbol{C}(\bar{q})$，$\boldsymbol{D}(\bar{q})$ 都是关于动压 $\bar{q}$ 的时变

矩阵。同样地，以下形式被用于等价表示(9.49)中的状态空间模型

$$\boldsymbol{H}=\left[\begin{array}{c|c}\boldsymbol{A} & \boldsymbol{B}\\ \hline \boldsymbol{C} & \boldsymbol{D}\end{array}\right] \tag{9.50}$$

而任意两个状态空间模型的和 H_1+H_2表示它们各自系统矩阵分别求和，如下式所示：

$$\boldsymbol{H}_1+\boldsymbol{H}_2=\left[\begin{array}{c|c}\boldsymbol{A}_1 & \boldsymbol{B}_1\\ \hline \boldsymbol{C}_1 & \boldsymbol{D}_1\end{array}\right]+\left[\begin{array}{c|c}\boldsymbol{A}_2 & \boldsymbol{B}_2\\ \hline \boldsymbol{C}_2 & \boldsymbol{D}_2\end{array}\right]=\left[\begin{array}{c|c}\boldsymbol{A}_1+\boldsymbol{A}_2 & \boldsymbol{B}_1+\boldsymbol{B}_2\\ \hline \boldsymbol{C}_1+\boldsymbol{C}_2 & \boldsymbol{D}_1+\boldsymbol{D}_2\end{array}\right] \tag{9.51}$$

9.7.2 LTI 模型相干性变换

通过一系列连续飞行状态点下的试飞行试验，能够获得一组对应动压 $\bar{q}_l$下的 LTI 模型 $\tilde{\boldsymbol{H}}_l(l=1,\cdots,L)$：

$$\tilde{\boldsymbol{H}}_l=\left[\begin{array}{c|c}\tilde{\boldsymbol{A}}_l & \tilde{\boldsymbol{B}}_l\\ \hline \tilde{\boldsymbol{C}}_l & \tilde{\boldsymbol{D}}_l\end{array}\right] \tag{9.52}$$

该局部模型的输入输出行为等价于动压 $\bar{q}=\bar{q}_l$时的模型 $H(\bar{q})$。因为任意模型的状态空间表达并不唯一，导致得到的 L 个局部 LTI 模型之间并不存在相干关系，从而无法使用插值法获得 LPV 模型。另一方面，必然存在非奇异变换矩阵 $\tilde{T}_l$满足[197]

$$\tilde{\boldsymbol{H}}_l=\left[\begin{array}{c|c}\tilde{\boldsymbol{A}}_l & \tilde{\boldsymbol{B}}_l\\ \hline \tilde{\boldsymbol{C}}_l & \tilde{\boldsymbol{D}}_l\end{array}\right]=\left[\begin{array}{c|c}\tilde{\boldsymbol{T}}_l\boldsymbol{A}(\bar{q}_l)\tilde{\boldsymbol{T}}_l^{-1} & \tilde{\boldsymbol{T}}_l\boldsymbol{B}(\bar{q}_l)\\ \hline \boldsymbol{C}(\bar{q}_l)\tilde{\boldsymbol{T}}_l^{-1} & \boldsymbol{D}(\bar{q}_l)\end{array}\right] \tag{9.53}$$

为了能够进行插值建立准确的 LPV 模型，需要对这 L 个局部 LTI 模型 $\tilde{\boldsymbol{H}}_l$进行相干性转换，得到满足相干性关系的一组 LTI 模型 $\boldsymbol{H}_l$，有

$$\boldsymbol{H}_l=\left[\begin{array}{c|c}\boldsymbol{A}_l & \boldsymbol{B}_l\\ \hline \boldsymbol{C}_l & \boldsymbol{D}_l\end{array}\right]=\left[\begin{array}{c|c}\boldsymbol{T}_l\tilde{\boldsymbol{A}}_l\boldsymbol{T}_l^{-1} & \boldsymbol{T}_l\tilde{\boldsymbol{B}}_l\\ \hline \tilde{\boldsymbol{C}}_l\boldsymbol{T}_l^{-1} & \tilde{\boldsymbol{D}}_l\end{array}\right] \tag{9.54}$$

联立式(9.53)和式(9.54)能够得到

$$\boldsymbol{H}_l=\left[\begin{array}{c|c}\boldsymbol{A}_l & \boldsymbol{B}_l\\ \hline \boldsymbol{C}_l & \boldsymbol{D}_l\end{array}\right]=\left[\begin{array}{c|c}\boldsymbol{T}_l\tilde{\boldsymbol{T}}_l\boldsymbol{A}(\bar{q}_l)\tilde{\boldsymbol{T}}_l^{-1}\boldsymbol{T}_l^{-1} & \boldsymbol{T}_l\tilde{\boldsymbol{T}}_l\boldsymbol{B}(\bar{q}_l)\\ \hline \boldsymbol{C}(\bar{q}_l)\tilde{\boldsymbol{T}}_l^{-1}\boldsymbol{T}_l^{-1} & \boldsymbol{D}(\bar{q}_l)\end{array}\right] \tag{9.55}$$

如此就能得到一组存在相干关系的相干性局部 LTI 模型 $\boldsymbol{H}_l$，其中 $\boldsymbol{T}_l\tilde{\boldsymbol{T}}_l=\boldsymbol{T}(\bar{q}_l)$是关于动压 $\bar{q}_l$的非奇异变换矩阵，通过该类变换能够建立相干性模型与原始 LPV 模型间的关系。为了从局部 LTI 模型 $\tilde{\boldsymbol{H}}_l$得到相干性模型 $\boldsymbol{H}_l$，关键是要找到

非奇异变化矩阵 $\boldsymbol{T}_l$，这里利用系统的能控或能观特性来构造 $\boldsymbol{T}_l$，以能观性为例选择单位矩阵作为第一个局部 LTI 模型 $\tilde{\boldsymbol{H}}_1$ 对应的变化矩阵 $\boldsymbol{T}_1$，有

$$\boldsymbol{T}_1=\boldsymbol{I}_n \tag{9.56}$$

其余局部 LTI 模型的变化矩阵可以根据以下公式得到，首先需要计算局部 LTI 模型对应的能观性矩阵

$$\tilde{\boldsymbol{O}}_l=[\tilde{\boldsymbol{C}}_l^{\mathrm{T}} \quad \tilde{\boldsymbol{A}}_l^{\mathrm{T}}\tilde{\boldsymbol{C}}_l^{\mathrm{T}} \quad \cdots \quad (\tilde{\boldsymbol{A}}_l^{\mathrm{T}})^{n-1}\tilde{\boldsymbol{C}}_l^{\mathrm{T}}]^{\mathrm{T}}=\boldsymbol{O}_n(\bar{q}_l)\tilde{\boldsymbol{T}}_l^{-1} \tag{9.57}$$

$$\boldsymbol{O}_n(\bar{q}_l)=\begin{bmatrix}\boldsymbol{C}(\bar{q}_l)\\ \boldsymbol{C}(\bar{q}_l)\boldsymbol{A}(\bar{q}_l)\\ \vdots\\ \boldsymbol{C}(\bar{q}_l)\boldsymbol{A}(\bar{q}_l)^{n-1}\end{bmatrix} \tag{9.58}$$

之后利用参考模型和其余局部 LTI 模型的能观性矩阵能够得到对应状态点下的相关性变化矩阵

$$\boldsymbol{T}_l=\tilde{\boldsymbol{O}}_1^{\dagger}\tilde{\boldsymbol{O}}_l=\tilde{\boldsymbol{O}}_1^{\dagger}\boldsymbol{O}_n(\bar{q}_l)\tilde{\boldsymbol{T}}_l^{-1} \tag{9.59}$$

这里表示第一个局部 LTI 模型 $\tilde{\boldsymbol{H}}_1$ 被选为相干性变换的参考模型，其余的局部 LTI 模型 $\tilde{\boldsymbol{H}}_l(l=2,\cdots,L)$ 都是以 $\tilde{\boldsymbol{H}}_1$ 为基准进行相干性变换，从而得到一组满足相关性关系的局部 LTI 模型。

结合式(9.53)～式(9.55)，并将式(9.59)代入其中可以建立下列相干性局部 LTI 模型与原始 LPV 模型间的等价关系

$$\begin{aligned}\boldsymbol{H}_l&=\left[\begin{array}{c|c}\boldsymbol{T}_l\tilde{\boldsymbol{A}}_l\boldsymbol{T}_l^{-1} & \boldsymbol{T}_l\tilde{\boldsymbol{B}}_l\\ \hline \tilde{\boldsymbol{C}}_l\boldsymbol{T}_l^{-1} & \tilde{\boldsymbol{D}}_l\end{array}\right]\\
&=\left[\begin{array}{c|c}\tilde{\boldsymbol{O}}_1^{\dagger}\boldsymbol{O}_n(\bar{q}_l)\tilde{\boldsymbol{T}}_l^{-1}\tilde{\boldsymbol{T}}_l\boldsymbol{A}(\bar{q}_l)\tilde{\boldsymbol{T}}_l^{-1}(\tilde{\boldsymbol{O}}_1^{\dagger}\boldsymbol{O}_n(\bar{q}_l)\tilde{\boldsymbol{T}}_l^{-1})^{-1} & \tilde{\boldsymbol{O}}_1^{\dagger}\boldsymbol{O}_n(\bar{q}_l)\tilde{\boldsymbol{T}}_l^{-1}\tilde{\boldsymbol{T}}_lB(\bar{q}_l)\\ \hline \boldsymbol{C}(\bar{q}_l)\tilde{\boldsymbol{T}}_l^{-1}(\tilde{\boldsymbol{O}}_1^{\dagger}\boldsymbol{O}_n(\bar{q}_l)\tilde{\boldsymbol{T}}_l^{-1})^{-1} & \boldsymbol{D}(\bar{q}_l)\end{array}\right]\\
&=\left[\begin{array}{c|c}\tilde{\boldsymbol{O}}_1^{\dagger}\boldsymbol{O}_n(\bar{q}_l)\boldsymbol{A}(\bar{q}_l)(\tilde{\boldsymbol{O}}_1^{\dagger}\boldsymbol{O}_n(\bar{q}_l))^{-1} & \tilde{\boldsymbol{O}}_1^{\dagger}\boldsymbol{O}_n(\bar{q}_l)\boldsymbol{B}(\bar{q}_l)\\ \hline \boldsymbol{C}(\bar{q}_l)(\tilde{\boldsymbol{O}}_1^{\dagger}\boldsymbol{O}_n(\bar{q}_l))^{-1} & \boldsymbol{D}(\bar{q}_l)\end{array}\right]\end{aligned} \tag{9.60}$$

相似地，这种变换矩阵同样能够利用系统的能观特性得到。另一方面，选取不同的参考模型能够得到一组不同的相干性局部 LTI 模型 $\boldsymbol{H}_l$。为了保证相干性变换矩阵的非奇异性，要求局部 LTI 模型 $\tilde{\boldsymbol{H}}_l$ 是完全能控且能观的。

9.7.3 LPV 插值法建模

通过利用已获得的相干性局部 LTI 模型 $\boldsymbol{H}_l$,能够插值得到气动弹性系统的 LPV 估计模型 $\hat{\boldsymbol{H}}(\bar{q})$。首先需要对估计模型 $\hat{\boldsymbol{H}}(\bar{q})$ 进行参数化处理,不同的参数化形式能够产生不同的局部模型序列。理想情况下,这个局部模型序列应该包含气动弹性系统在不同动压下的真实局部模型。然而,真实模型和它所依赖的动压参数是未知的,所以这是很难保证的。为此,局部 LPV 建模方法中多将这种参数化转化为一个凸优化问题,典型的参数化形式有仿射型、多项式型和齐次多项式型等。一旦参数化形式确定下来,就需要通过选择基础函数来估计一个最为合适的 LPV 估计模型 $\hat{\boldsymbol{H}}(\bar{q})$。

假设以下参数化形式被用于表示该插值 LPV 模型

$$\hat{\boldsymbol{H}}(\bar{q}) = \sum_{i=1}^{N} f_i(\bar{q})\hat{\boldsymbol{H}}_i \tag{9.61}$$

$$\hat{\boldsymbol{H}}_i = \left[\begin{array}{c|c} \hat{\boldsymbol{A}}_i & \hat{\boldsymbol{B}}_i \\ \hline \hat{\boldsymbol{C}}_i & \hat{\boldsymbol{D}}_i \end{array}\right] \in \left[\begin{array}{c|c} R^{n\times n} & R^{n\times m} \\ \hline R^{p\times n} & R^{p\times m} \end{array}\right] \tag{9.62}$$

式中:$f_i(\bar{q})$为依赖动压变化的基础函数,且 $i=1,\cdots,N$;$\hat{\boldsymbol{H}}_i$为待估计的系数矩阵。这里选择二次多项式型作为参数化形式,对应的 LPV 模型如下[197]:

$$\begin{aligned} \hat{\boldsymbol{H}}(\bar{q}_l) &= \hat{\boldsymbol{H}}_1 + \hat{\boldsymbol{H}}_2\bar{q}_l + \hat{\boldsymbol{H}}_3\bar{q}_l^2 \\ &= \left[\begin{array}{c|c} \hat{\boldsymbol{A}}_1 + \hat{\boldsymbol{A}}_2\bar{q}_l + \hat{\boldsymbol{A}}_3\bar{q}_l^2 & \hat{\boldsymbol{B}}_1 + \hat{\boldsymbol{B}}_2\bar{q}_l + \hat{\boldsymbol{B}}_3\bar{q}_l^2 \\ \hline \hat{\boldsymbol{C}}_1 + \hat{\boldsymbol{C}}_2\bar{q}_l + \hat{\boldsymbol{C}}_3\bar{q}_l^2 & \hat{\boldsymbol{D}}_1 + \hat{\boldsymbol{D}}_2\bar{q}_l + \hat{\boldsymbol{D}}_3\bar{q}_l^2 \end{array}\right] \end{aligned} \tag{9.63}$$

之后考虑如下代价函数

$$E = \sum_{l=1}^{L} \| \hat{\boldsymbol{H}}(\bar{q}_l) - \boldsymbol{H}_l \|_{\mathrm{F}}^2 = \sum_{l=1}^{L} \left\| \sum_{i=1}^{N} f_i(\bar{q}_l)\hat{\boldsymbol{H}}_i - \boldsymbol{H}_l \right\|_{\mathrm{F}}^2 \tag{9.64}$$

这个代价函数能够重新表示为

$$E = \| \boldsymbol{F}(\alpha) \|_2^2 \tag{9.65}$$

$$\boldsymbol{F}(\alpha) = \begin{bmatrix} \sum_{i=1}^{N} f_i(\bar{q}_l)\mathrm{vec}(\hat{\boldsymbol{H}}_1) - \mathrm{vec}(\boldsymbol{H}_1) \\ \vdots \\ \sum_{i=1}^{N} f_i(\bar{q}_l)\mathrm{vec}(\hat{\boldsymbol{H}}_i) - \mathrm{vec}(\boldsymbol{H}_l) \end{bmatrix} \tag{9.66}$$

式中:α 为矩阵 $\hat{\boldsymbol{H}}_i$的全部元素按列堆积得到的列矢量。需要注意的是,$\boldsymbol{F}(\alpha)$是关于 α 的线性函数,通过这个代价函数,插值建模过程能够被看作是一个线性最小二乘优化问题。

$$\min_{\boldsymbol{\alpha}} \| \boldsymbol{F}(\alpha) \|_2^2 \tag{9.67}$$

定理 9.7：已知函数 $f_i(\bar{q}), i=1,\cdots,N$ 和矩阵 $\boldsymbol{H}_l, l=1,\cdots,L$，考虑矩阵 $\hat{\boldsymbol{H}}(\bar{q}) = \sum_{i=1}^{N} f_i(\bar{q})\hat{\boldsymbol{H}}_i^*$，其中矩阵 $\hat{\boldsymbol{H}}_i^*$ 是满足以下最优问题的最优解[197]

$$\min_{\hat{\boldsymbol{H}}_i} \sum_{l=1}^{L} \left\| \sum_{i=1}^{N} f_i(\bar{q}_l)\hat{\boldsymbol{H}}_i - \boldsymbol{H}_l \right\|_{\mathrm{F}}^2 \tag{9.68}$$

同样地，矩阵 $\overline{\boldsymbol{H}}_i^* = \boldsymbol{T}_P\hat{\boldsymbol{H}}_i^*\boldsymbol{T}_Q$是以下最优问题的最优解

$$\min_{\overline{\boldsymbol{H}}_i} \sum_{l=1}^{L} \left\| \sum_{i=1}^{N} f_i(\bar{q}_l)\overline{\boldsymbol{H}}_i - \boldsymbol{T}_P\boldsymbol{H}_l\boldsymbol{T}_Q \right\|_{\mathrm{F}}^2 \tag{9.69}$$

式中：$\boldsymbol{T}_P \in R^{P\times P}$和 $\boldsymbol{T}_Q \in R^{Q\times Q}$为非奇异矩阵。

证明：利用范数理论，式(9.68)中的最优解问题能够表示为以下形式：

$$\min_{\hat{\boldsymbol{x}}} \| \boldsymbol{R}\hat{\boldsymbol{x}} - \boldsymbol{b} \|_2^2 \tag{9.70}$$

式中：$\boldsymbol{R} = \widetilde{\boldsymbol{A}} \otimes I_{PQ}$。

$$\widetilde{\boldsymbol{A}} = \begin{bmatrix} f_1(\bar{q}_1) & f_2(\bar{q}_1) & \cdots & f_N(\bar{q}_1) \\ f_1(\bar{q}_2) & f_2(\bar{q}_2) & \cdots & f_N(\bar{q}_2) \\ \vdots & \vdots & \ddots & \vdots \\ f_1(\bar{q}_L) & f_2(\bar{q}_L) & \cdots & f_N(\bar{q}_L) \end{bmatrix} \in R^{L\times N} \tag{9.71}$$

$$\hat{\boldsymbol{x}} = [\operatorname{vec}(\hat{\boldsymbol{H}}_1)^{\mathrm{T}} \quad \operatorname{vec}(\hat{\boldsymbol{H}}_2)^{\mathrm{T}} \quad \cdots \quad \operatorname{vec}(\hat{\boldsymbol{H}}_N)^{\mathrm{T}}]^{\mathrm{T}} \tag{9.72}$$

$$\boldsymbol{b} = [\operatorname{vec}(\boldsymbol{H}_1)^{\mathrm{T}} \quad \operatorname{vec}(\boldsymbol{H}_2)^{\mathrm{T}} \quad \cdots \quad \operatorname{vec}(\boldsymbol{H}_L)^{\mathrm{T}}]^{\mathrm{T}} \tag{9.73}$$

此处假设 $L \geqslant N$，而且是 $\widetilde{\boldsymbol{A}}$ 满秩矩阵，这就意味着 $\boldsymbol{R}$ 也是满秩矩阵。式(9.70)中的最小二乘问题的最优解如下表示：

$$\hat{\boldsymbol{x}}^* = \operatorname{argmin}\boldsymbol{x} \| \boldsymbol{R}\hat{\boldsymbol{x}} - \boldsymbol{b} \|_2^2 = \boldsymbol{R}^\dagger\boldsymbol{b} = (\boldsymbol{R}^{\mathrm{T}}\boldsymbol{R})^{-1}\boldsymbol{R}^{\mathrm{T}}\boldsymbol{b} \tag{9.74}$$

根据矩阵转置和 Kronecker 积的转置特性，式(9.74)的解能够表示为 $\boldsymbol{x}^* = (\widetilde{\boldsymbol{A}}^\dagger \otimes \boldsymbol{I}_{PQ})\boldsymbol{b}$。

同样地，针对式(9.69)中的最优解问题能够得到下列表示：

$$\min_{\bar{\boldsymbol{x}}} \| \overline{\boldsymbol{R}}\bar{\boldsymbol{x}} - \bar{\boldsymbol{b}} \|_2^2 \tag{9.75}$$

式中

$$\bar{\boldsymbol{x}} = [\operatorname{vec}(\overline{\boldsymbol{H}}_1)^{\mathrm{T}} \quad \operatorname{vec}(\overline{\boldsymbol{H}}_2)^{\mathrm{T}} \quad \cdots \quad \operatorname{vec}(\overline{\boldsymbol{H}}_N)^{\mathrm{T}}]^{\mathrm{T}} \tag{9.76}$$

$$\bar{\boldsymbol{b}} = [\operatorname{vec}(\boldsymbol{T}_P\boldsymbol{H}_1\boldsymbol{T}_Q)^{\mathrm{T}} \quad \operatorname{vec}(\boldsymbol{T}_P\boldsymbol{H}_2\boldsymbol{T}_Q)^{\mathrm{T}} \quad \cdots \quad \operatorname{vec}(\boldsymbol{T}_P\boldsymbol{H}_L\boldsymbol{T}_Q)^{\mathrm{T}}]^{\mathrm{T}} \tag{9.77}$$

在这个最优问题中,最优解为 $\bar{\boldsymbol{x}}^* = (\widetilde{\boldsymbol{A}}^{\dagger} \otimes \boldsymbol{I}_{PQ})\bar{\boldsymbol{b}}$。根据 Kronecker 积的矢量化特性,能够得到

$$\tilde{\boldsymbol{b}} = \begin{bmatrix} \boldsymbol{T}_Q^{\mathrm{T}} \otimes \boldsymbol{T}_P & \boldsymbol{0} & \cdots & \boldsymbol{0} \\ \boldsymbol{0} & \boldsymbol{T}_Q^{\mathrm{T}} \otimes \boldsymbol{T}_P & \cdots & \boldsymbol{0} \\ \vdots & \vdots & \ddots & \vdots \\ \boldsymbol{0} & \boldsymbol{0} & \cdots & \boldsymbol{T}_Q^{\mathrm{T}} \otimes \boldsymbol{T}_P \end{bmatrix} \begin{bmatrix} \mathrm{vec}(\boldsymbol{H}_1) \\ \mathrm{vec}(\boldsymbol{H}_2) \\ \vdots \\ \mathrm{vec}(\boldsymbol{H}_L) \end{bmatrix}$$

$$= (\boldsymbol{I}_L \otimes (\boldsymbol{T}_Q^{\mathrm{T}} \otimes \boldsymbol{T}_P))\boldsymbol{b} \tag{9.78}$$

因而可以得到 $\tilde{\boldsymbol{x}}^* = (\widetilde{\boldsymbol{A}}^{\dagger} \otimes I_{PQ})(I_L \otimes (\boldsymbol{T}_Q^{\mathrm{T}} \otimes \boldsymbol{T}_P))\boldsymbol{b}$。最后根据 Kronecker 积的混合积性质,可以得到该最优解

$$\begin{aligned} \tilde{\boldsymbol{x}}^* &= (I_N \otimes (\boldsymbol{T}_O^{\mathrm{T}} \otimes \boldsymbol{T}_P))(\widetilde{\boldsymbol{A}}^{\dagger} \otimes I_{np})\boldsymbol{b} \\ &= (I_N \otimes (\boldsymbol{T}_O^{\mathrm{T}} \otimes \boldsymbol{T}_P))\hat{\boldsymbol{x}}^* \\ &= \begin{bmatrix} \mathrm{vec}(\boldsymbol{T}_P \hat{\boldsymbol{H}}_1 \boldsymbol{T}_Q) \\ \mathrm{vec}(\boldsymbol{T}_P \hat{\boldsymbol{H}}_2 \boldsymbol{T}_Q) \\ \vdots \\ \mathrm{vec}(\boldsymbol{T}_P \hat{\boldsymbol{H}}_N \boldsymbol{T}_Q) \end{bmatrix} \end{aligned} \tag{9.79}$$

因此,矩阵 $\overline{\boldsymbol{H}}_i^* = \boldsymbol{T}_P \hat{\boldsymbol{H}}_i^* \boldsymbol{T}_Q (i = 1, \cdots, N)$ 同样是式(9.69)中最优问题的最优解。

这个证明过程是基于对这个线性最小二乘问题解的分析。应用这个定理是为了选择矩阵 $\boldsymbol{T}_P$ 和 $\boldsymbol{T}_Q$

$$\boldsymbol{T}_P = \begin{bmatrix} \overline{\boldsymbol{T}} & \boldsymbol{0} \\ \boldsymbol{0} & \boldsymbol{I}_p \end{bmatrix},\ \boldsymbol{T}_Q = \begin{bmatrix} \overline{\boldsymbol{T}}^{-1} & \boldsymbol{0} \\ \boldsymbol{0} & \boldsymbol{I}_m \end{bmatrix} \tag{9.80}$$

式中:$\overline{\boldsymbol{T}} \in \boldsymbol{R}^{n \times n}$。从定理 9.7 可以推断出,一组经过相同状态变换 $\overline{\boldsymbol{T}}$ 的局部 LTI 模型能够产生一个新的插值 LPV 模型,而这个新的模型是由原始的局部 LTI 模型得到的插值 LPV 模型值经过相同的相似变换 $\overline{\boldsymbol{T}}$ 得到的。

9.7.4 颤振边界鲁棒预测

该颤振预测方法的核心算法是基于成熟的线性分式变换(LFT)和 μ 分析理论,利用上述建模方法建立以动压为变参数的线性变参数(LPV)模型,联立式(9.49)和式(9.63)可以得到如下模型描述气动弹性系统:

$$\begin{bmatrix} \dot{\boldsymbol{x}} \\ \boldsymbol{y} \end{bmatrix} = \underbrace{\begin{bmatrix} \hat{\boldsymbol{A}}_1 + \hat{\boldsymbol{A}}_2 \bar{q}_l + \hat{\boldsymbol{A}}_3 \bar{q}_l^2 & \hat{\boldsymbol{B}}_1 + \hat{\boldsymbol{B}}_2 \bar{q}_l + \hat{\boldsymbol{B}}_3 \bar{q}_l^2 \\ \hat{\boldsymbol{C}}_1 + \hat{\boldsymbol{C}}_2 \bar{q}_l + \hat{\boldsymbol{C}}_3 \bar{q}_l^2 & \hat{\boldsymbol{D}}_1 + \hat{\boldsymbol{D}}_2 \bar{q}_l + \hat{\boldsymbol{D}}_3 \bar{q}_l^2 \end{bmatrix}}_{P(\bar{q}_l)} \begin{bmatrix} \boldsymbol{x} \\ \boldsymbol{u} \end{bmatrix} \tag{9.81}$$

为构造 μ 分析框架，式(9.81)中的动压 $\bar{q}_l$ 很容易加入动压摄动 $\Delta_{\bar{q}}^l$，根据式(9.30)可以表示如下：

$$\bar{q}_l = \bar{q}_0 + W_{\bar{q}}\Delta_{\bar{q}}^l,\ W_{\bar{q}} > 1,\ \|\Delta_{\bar{q}}^l\| \leqslant 1 \tag{9.82}$$

式中：$\bar{q}_0$ 为第 l 个测试点的动压值；$W_{\bar{q}}$ 为加权值。将式(9.82)代入式(9.81)可以得到新的状态方程和输出方程如下[199]：

$$\begin{aligned}\dot{\boldsymbol{x}} &= [\boldsymbol{A}_1 + \boldsymbol{A}_2(\bar{q}_0 + W_{\bar{q}}\Delta_{\bar{q}}^l) + \boldsymbol{A}_3(\bar{q}_0 + W_{\bar{q}}\Delta_{\bar{q}}^l)^2]\boldsymbol{x} + \\ &\quad [\boldsymbol{B}_1 + \boldsymbol{B}_2(\bar{q}_0 + W_{\bar{q}}\Delta_{\bar{q}}^l) + \boldsymbol{B}_3(\bar{q}_0 + W_{\bar{q}}\Delta_{\bar{q}}^l)^2]\boldsymbol{u} \\ &= [\boldsymbol{A}_1 + \boldsymbol{A}_2\bar{q}_0 + \boldsymbol{A}_3\bar{q}_0^2]\boldsymbol{x} + [\boldsymbol{B}_1 + \boldsymbol{B}_2\bar{q}_0 + \boldsymbol{B}_3\bar{q}_0^2]\boldsymbol{u} + \\ &\quad [(\boldsymbol{A}_2 + 2\boldsymbol{A}_3\bar{q}_0)W_{\bar{q}}x + (\boldsymbol{B}_2 + 2\boldsymbol{B}_3\bar{q}_0)W_{\bar{q}}u]\Delta_{\bar{q}}^l + [(\boldsymbol{A}_3x + \boldsymbol{B}_3u)W_{\bar{q}}^2\Delta_{\bar{q}}^l]\Delta_{\bar{q}}^l\end{aligned} \tag{9.83}$$

$$\begin{aligned}\boldsymbol{y} &= [\boldsymbol{C}_1 + \boldsymbol{C}_2\bar{q}_0 + \boldsymbol{C}_3\bar{q}_0^2]\boldsymbol{x} + [\boldsymbol{D}_1 + \boldsymbol{D}_2\bar{q}_0 + \boldsymbol{D}_3\bar{q}_0^2]\boldsymbol{u} + \\ &\quad [(\boldsymbol{C}_2 + 2\boldsymbol{C}_3\bar{q}_0)W_{\bar{q}}\boldsymbol{x} + (\boldsymbol{D}_2 + 2\boldsymbol{D}_3\bar{q}_0)W_{\bar{q}}\boldsymbol{u}]\Delta_{\bar{q}}^l + [(\boldsymbol{C}_3x + \boldsymbol{D}_3\boldsymbol{u})W_{\bar{q}}^2\Delta_{\bar{q}}^l]\Delta_{\bar{q}}^l\end{aligned} \tag{9.84}$$

通过定义下列虚拟的反馈信号 z_j 和 $w_j(j=1,\cdots,6)$

$$\begin{aligned}&\boldsymbol{z}_1 = (\boldsymbol{A}_2 + 2\boldsymbol{A}_3\bar{q}_0)W_{\bar{q}}\boldsymbol{x} + (\boldsymbol{B}_2 + 2\boldsymbol{B}_3\bar{q}_0)W_{\bar{q}}\boldsymbol{u},\ \boldsymbol{w}_1 = \Delta_{\bar{q}}^l\boldsymbol{z}_1 \\ &\boldsymbol{z}_2 = (\boldsymbol{A}_3\boldsymbol{x} + \boldsymbol{B}_3\boldsymbol{u})W_{\bar{q}}^2,\ \boldsymbol{w}_2 = \Delta_{\bar{q}}^l\boldsymbol{z}_2,\ \boldsymbol{z}_3 = \boldsymbol{w}_3,\ w_3 = \Delta_{\bar{q}}^l z_3 \\ &\boldsymbol{z}_4 = (\boldsymbol{C}_2 + 2\boldsymbol{C}_3\bar{q}_0)W_{\bar{q}}\boldsymbol{x} + (\boldsymbol{D}_1 + 2\boldsymbol{D}_2\bar{q}_0)W_{\bar{q}}\boldsymbol{u},\ \boldsymbol{w}_4 = \Delta_{\bar{q}}^l\boldsymbol{z}_4 \\ &\boldsymbol{z}_5 = (\boldsymbol{C}_3x + \boldsymbol{D}_3\boldsymbol{u})W_{\bar{q}}^2,\ \boldsymbol{w}_5 = \Delta_{\bar{q}}^l\boldsymbol{z}_5,\ \boldsymbol{z}_6 = \boldsymbol{w}_5,\ \boldsymbol{w}_6 = \Delta_{\bar{q}}^l\boldsymbol{z}_6\end{aligned} \tag{9.85}$$

式(9.83)和式(9.84)中的系统可以转换为一个包含动压扰动的新系统

$$\begin{aligned}&\dot{\boldsymbol{x}} = [\hat{\boldsymbol{A}}_1 + \hat{\boldsymbol{A}}_2\bar{q}_l + \hat{\boldsymbol{A}}_3\bar{q}_l^2]\boldsymbol{x} + [\hat{\boldsymbol{B}}_1 + \hat{\boldsymbol{B}}_2\bar{q}_l + \hat{\boldsymbol{B}}_3\bar{q}_l^2]\boldsymbol{u} + \boldsymbol{w}_1 + \boldsymbol{w}_3 \\ &\boldsymbol{y} = [\hat{\boldsymbol{C}}_1 + \hat{\boldsymbol{C}}_2\bar{q}_l + \hat{\boldsymbol{C}}_3\bar{q}_l^2]\boldsymbol{x} + [\hat{\boldsymbol{D}}_1 + \hat{\boldsymbol{D}}_2\bar{q}_l + \hat{\boldsymbol{D}}_3\bar{q}_l^2]\boldsymbol{u} + \boldsymbol{w}_4 + \boldsymbol{w}_6\end{aligned} \tag{9.86}$$

这个系统模型通过虚拟的反馈信号 z_j 和 w_j 消除了动压摄动 $\Delta_{\bar{q}}^l$ 的直接表示，而定义这些反馈信号实际上是为了便于理论分析。该系统可以被看作一个变参数的下 LFT 系统，如图 9.12 所示。

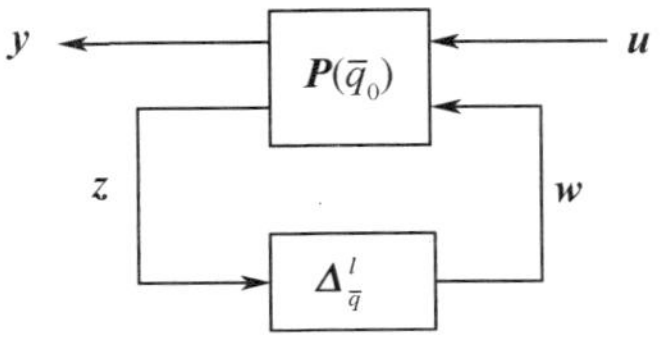

图 9.12　变参数的下 LFT 系统

可以用以下式子描述图 9.12 所示的依赖于动压的气动变参数(Aeroelastic Parameter - Varying, APV)模型

$$\begin{bmatrix} \boldsymbol{y} \\ \boldsymbol{z} \end{bmatrix} = \mathrm{LFT}_l[\bar{\boldsymbol{P}}(\bar{q}_0), \boldsymbol{\Delta}_{\bar{q}}^l] \begin{bmatrix} \boldsymbol{u} \\ \boldsymbol{w} \end{bmatrix} \tag{9.87}$$

式中:虚拟的反馈信号 $\boldsymbol{z}$ 和 $\boldsymbol{w}$ 的定义为

$$\begin{cases} \boldsymbol{z} = [\boldsymbol{z}_1^{\mathrm{T}} \quad \boldsymbol{z}_2^{\mathrm{T}} \quad \boldsymbol{z}_3^{\mathrm{T}} \quad \boldsymbol{z}_4^{\mathrm{T}} \quad \boldsymbol{z}_5^{\mathrm{T}} \quad \boldsymbol{z}_6^{\mathrm{T}}]^{\mathrm{T}} \\ \boldsymbol{w} = [\boldsymbol{w}_1^{\mathrm{T}} \quad \boldsymbol{w}_2^{\mathrm{T}} \quad \boldsymbol{w}_3^{\mathrm{T}} \quad \boldsymbol{w}_4^{\mathrm{T}} \quad \boldsymbol{w}_5^{\mathrm{T}} \quad \boldsymbol{w}_6^{\mathrm{T}}]^{\mathrm{T}} \end{cases} \tag{9.88}$$

图 9.12 中的时不变线性算子 $\bar{\boldsymbol{P}}(\bar{q}_0)$ 是标称点风速电压的函数,其定义如下:

$$\bar{\boldsymbol{P}}(\bar{q}_0) = \begin{bmatrix} \boldsymbol{A}_1 + \boldsymbol{A}_2\bar{q}_0 + \boldsymbol{A}_3\bar{q}_0^2 & \boldsymbol{B}_1 + \boldsymbol{B}_2\bar{q}_0 + \boldsymbol{B}_3\bar{q}_0^2 & I & 0 & I & 0 & 0 & 0 \\ \boldsymbol{C}_1 + \boldsymbol{C}_2\bar{q}_0 + \boldsymbol{C}_3\bar{q}_0^2 & \boldsymbol{D}_1 + \boldsymbol{D}_2\bar{q}_0 + \boldsymbol{D}_3\bar{q}_0^2 & 0 & 0 & 0 & I & 0 & I \\ (\boldsymbol{A}_2 + 2\boldsymbol{A}_3\bar{q}_0)W_{\bar{q}} & (B_2 + 2B_3\bar{q}_0)W_{\bar{q}} & 0 & 0 & 0 & 0 & 0 & 0 \\ \boldsymbol{A}_3 W_{\bar{q}}^2 & B_3 W_{\bar{q}}^2 & 0 & 0 & 0 & 0 & 0 & 0 \\ 0 & 0 & 0 & I & 0 & 0 & 0 & 0 \\ (\boldsymbol{C}_2 + 2\boldsymbol{C}_3\bar{q}_0)W_{\bar{q}} & (\boldsymbol{D}_2 + 2\boldsymbol{D}_3\bar{q}_0)W_{\bar{q}} & 0 & 0 & 0 & 0 & 0 & 0 \\ \boldsymbol{C}_3 W_{\bar{q}}^2 & \boldsymbol{D}_3 W_{\bar{q}}^2 & 0 & 0 & 0 & 0 & 0 & 0 \\ 0 & 0 & 0 & 0 & 0 & 0 & I & 0 \end{bmatrix} \tag{9.89}$$

图 9.12 构造了一个包含动压摄动 $\boldsymbol{\Delta}_{\bar{q}}^l$ 的 APV 模型,根据以下引理可以基于该 APV 模型进行颤振预测。

引理[198,199]:对于稳定动压点 $\bar{q}_0$ 的对象模型,当模型存在摄动风速电压 $\boldsymbol{\Delta}_{\bar{q}}^l$,可对图 9.12 中 Δ 的进行如下定义:

$$\Delta = \min_{\Delta_{\bar{q}}^l > 0} \{\boldsymbol{\Delta}_{\bar{q}}^l : \mathrm{LFT}_l[\bar{\boldsymbol{P}}(\bar{q}_0), \Delta_{\bar{q}}^l] \text{是不稳定的}\} \tag{9.90}$$

之后通过计算该时不变线性算子 $\bar{\boldsymbol{P}}(\bar{q}_0)$ 的结构奇异值 $\mu(\bar{\boldsymbol{P}}(\bar{q}_0))$ 能够确定摄动 Δ 和颤振风速电压 $\bar{q}_f$,有

$$\mu(\bar{\boldsymbol{P}}(\bar{q}_0)) = 1/\Delta \tag{9.91}$$

$$\bar{q}_f = \bar{q}_0 + W_{\bar{q}}\Delta \tag{9.92}$$

简而言之,该方法是通过在不同的稳定动压点 $\bar{q}_0$ 增加动压摄动 $\Delta_{\bar{q}}^l$ 的值,直到系统 $\mathrm{LFT}_l[\bar{\boldsymbol{P}}(\bar{q}_0), \boldsymbol{\Delta}_{\bar{q}}^l]$ 的状态矩阵特征值存在正实部,即该系统开始出现不稳定,由此确定颤振发生时的临界速度。

9.8 风洞试验验证

本节采用颤振风洞试验数据验证本章研究的颤振边界鲁棒预测方法。由于使用了可公开的试验数据,将更加便于读者了解鲁棒预测方法的特点。

风洞试验的硬件平台结构图如图 9.13 所示，主要包含控制器、信号发生器、数据采集卡、功率放大器、位移传感器和板翼装置。本试验数据采集过程描述如下：由控制器控制信号发生器产生扫频输入信号(扫频频率范围为 0.1 ~ 30Hz)，通过功率放大器作用于压电陶瓷片上，由于压电陶瓷片紧密黏结于板翼上，根据压电效应将施加电压转化为激振力诱发板翼振动，实现压电作动功能；之后通过位移传感器采集板翼振动位移信号；试验过程的输入输出信号通过数据采集卡采集得到。板翼装置通过底座固定在风洞试验设备中，在板翼翼面上端添加额外配重，可以降低颤振频率，同时保证板翼能够在低风速下发生颤振。风洞试验实物图如图 9.13(b)所示。

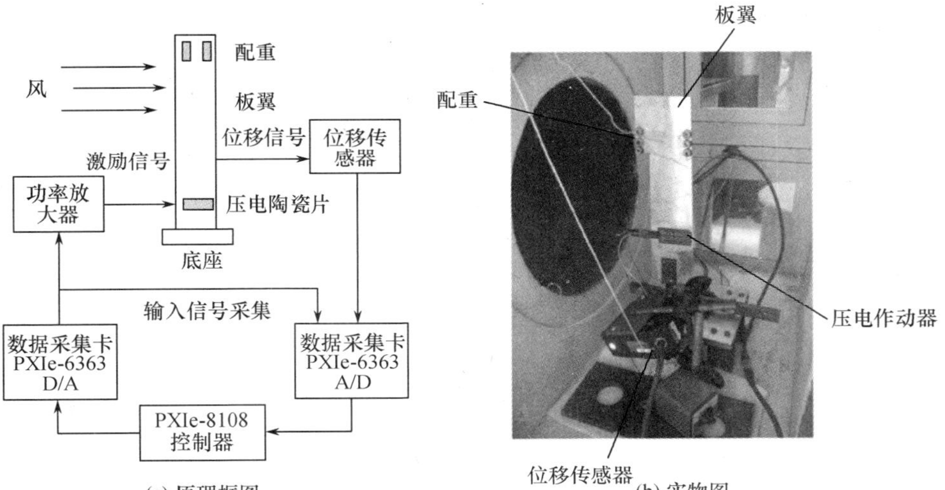

(a) 原理框图　　(b) 实物图

图 9.13　试验平台总体结构图

本试验所采用的测试平台是美国 NI 公司的 PXI 总线软硬件测试平台，该平台基于 LabVIEW 应用软件整合了控制器、信号发生器和数据采集卡的功能，简化了试验装置。其中模块包含任意波形发生器 PXI - 5421，数据采集卡 PXIe - 6363 和控制器 PXIe - 8108，如图 9.13(a)所示。功率放大器采用哈尔滨工业大学博实精密测控有限公司生产的 HPV 系列压电陶瓷驱动电源；位移传感器采用日本 Keyence 公司生产的 LK - G85 型位移传感器；压电陶瓷片采用美国 MIDE 公司生产的 QP16n 型号的压电陶瓷片。其中板翼装置所处风场环境由风洞装置提供，该风洞设备由一台可调电压的抽风机和相应风洞外部物理结构构成，风速调节可通过可调电阻改变抽风机两端电压实现，风场方向与板翼翼面部分平行。

在进行试验之前，采用计算软件分析板翼颤振，发现诱发颤振的主要二阶扭转和三阶弯曲模态。两种模态耦合后最终促成二阶扭转模态振动发散，形成颤振。软件分析颤振临界速度在 13.9m/s 左右。

试验采用靠近临界颤振速度的四个不同风速下的试验数据进行算法验证。采样频率为1024Hz,每组数据长度为30720。借助第5、第6和第7章的辨识算法,得到每个风速下的LTI模型,四个状态点对应的风速如下:

$$\alpha = V \in \{10.403 \quad 10.768 \quad 11.102 \quad 11.421\} \mathrm{m/s}$$

每个状态点下LTI模型辨识过程可总结如下(以 $V = 10.403\mathrm{m/s}$ 状态点为例):首先采用第5章的 H_1 方法得到系统的频响函数数据。随后采用第6章的p-LSCF方法在10-35模型阶次范围内生成图9.14(a)所示的稳态图。其中"+"表示频率稳定,"o"表示阻尼稳定,"."表示不稳定极点非稳定极点,蓝色表示频响曲线。对稳态极点进行聚类分析得到图9.15(b)所示的频率-阻尼图,其中用两个圆圈标注了第二、三阶模态所在的位置。这里仅生成了5~25Hz频带范围内的稳态图,由于5Hz以下分布的一阶模态阻尼系数小,受风洞紊流影响严重,导致该模态频率附近数据信噪比偏低。为保证辨识结果的可靠性,并考虑到本例中颤振仅和第二、三阶模态有关,故而限定了频带范围。

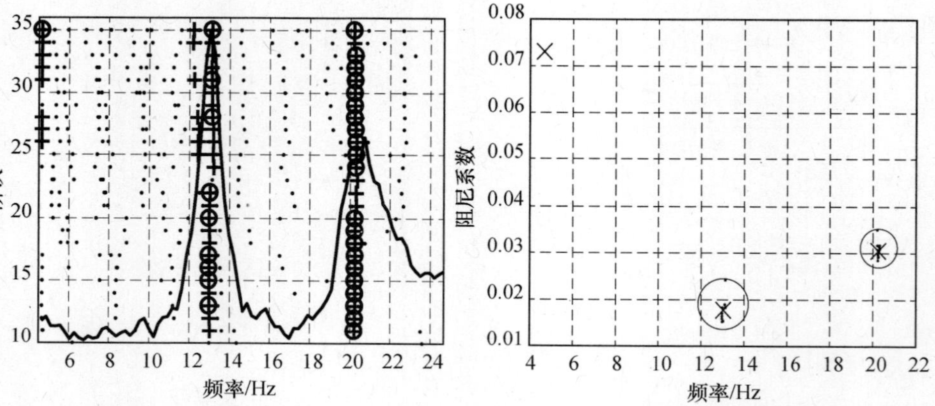

(a) 稳态图　(b) 频率-阻尼图

图9.14　$V = 10.403$ m/s 时稳态图和阻尼-频率图

同样地,其他风速下的稳态图和频率-阻尼图也可以通过以上过程得到,这里就不重复赘述。表9.1则列出了不同风速电压下用于局部LTI模型辨识的模态信息,分别包括二、三阶模态的频率和阻尼。

表9.1　不同风速电压下的试验模态

风速/(m/s)	模态	频率/Hz	阻尼
10.403	2	13.1221	0.0205
	3	20.2471	0.0305
10.768	2	12.6650	0.0150
	3	20.5642	0.0337

（续）

风速/(m/s)	模态	频率/Hz	阻尼
11.102	2	12.0217	0.0203
	3	19.6183	0.0347
11.421	2	12.3938	0.0096
	3	19.8786	0.0295

然后可利用阻尼和频率确定系统极点，并采用第 7 章中已知极点的子空间算法和极大似然估计算法辨识不同风速下的局部 LTI 模型。四种风速下的测量频响与子空间、极大似然估计辨识结果的对比如图 9.15 所示。

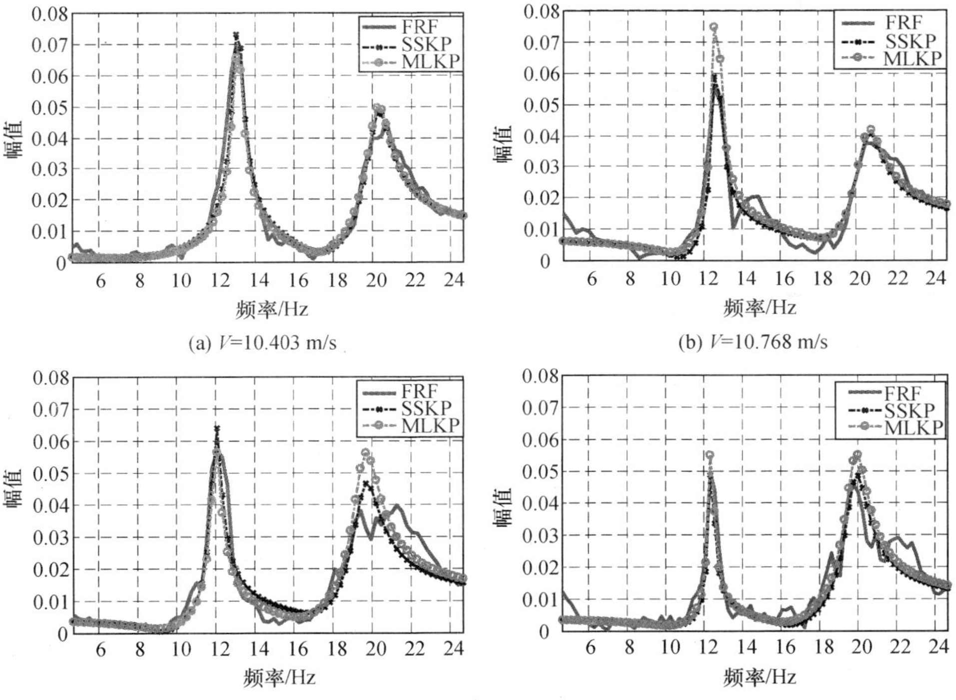

(a) V=10.403 m/s (b) V=10.768 m/s

(c) V=11.102m/s (d) V=11.421m/s

图 9.15 频域子空间、极大似然估计辨识结果对比（见彩色插页）

随后采用局部插值法建立 LPV 模型，模型以风速 V 为变参数。这里选择 $V=10.403\text{m/s}$ 的 LTI 模型作为参考模型进行相干性模型变换。为了说明插值效果，对比了不同风速下 LPV 模型和局部 LTI 模型的频响函数（图 9.16）。很显然两者的曲线具有较高的吻合度，说明插值得到的 LPV 模型能够准确反映气动弹性系统的动态变化。

结合已有的 LPV 模型，可以绘制出随风速变化的第二、三阶模态阻尼和频率变化图，如图 9.17 所示。根据系统失稳条件，可以判断当阻尼为零时，系统处于临

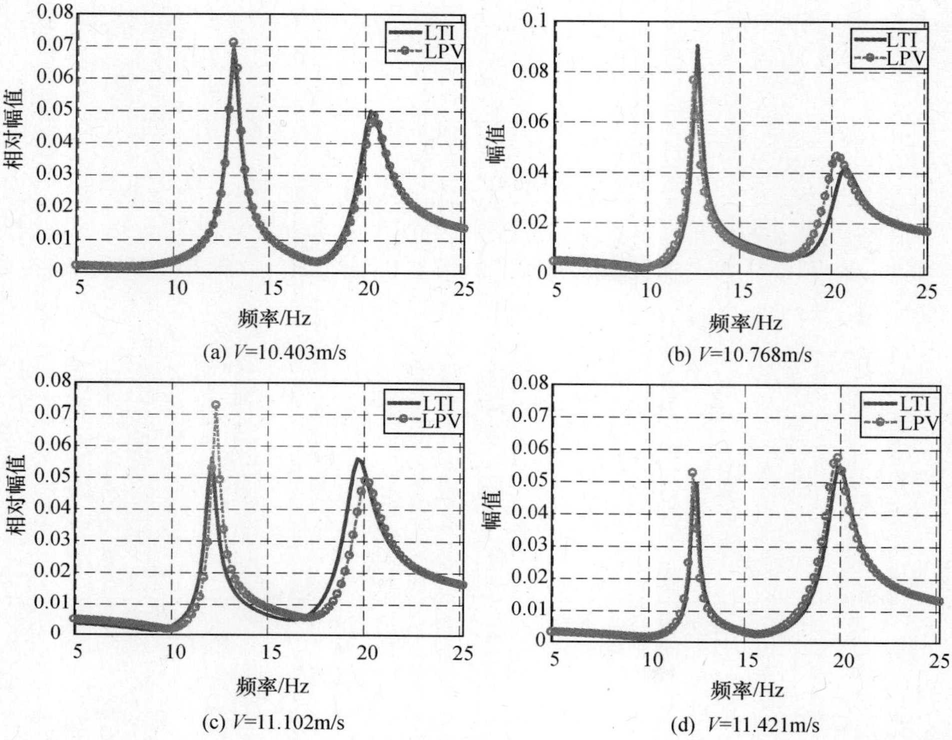

图 9.16　LPV 模型与 LTI 模型频响曲线对比

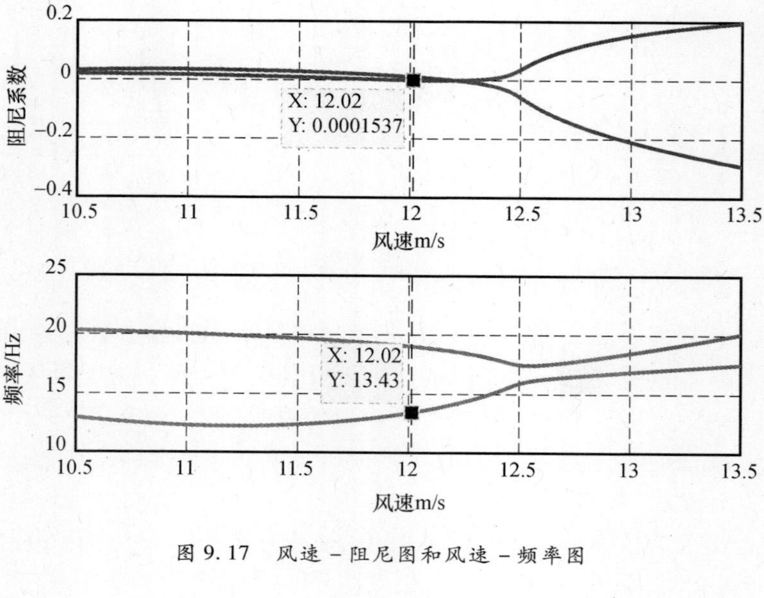

图 9.17　风速 - 阻尼图和风速 - 频率图

界稳定状态。观察图可知，第二阶模态在风速超过 12.02m/s 时，阻尼系数小于零，此时系统发生颤振。因此，直接用 LPV 模型外推可以得到颤振临界风速 V_f = 12.02m/s，颤振频率 f_f = 13.43Hz。

随后，将 LPV 模型变形为不确定模型，不确定项代表动压，采用 μ 分析方法在四个参考风速下分别预测颤振临界速度。具体可采用算法 2 将 μ 的上界限定在 1 附近，以便降低保守性。预测结果见表 9.2。同时，采用颤振裕度法进行边界预测，该算法需要至少三个状态点数据，因此前两个状态点没有对应的结果。

观察表 9.2 可以发现，鲁棒方法预测的临界值均小于 FM 和 LPV 外推的预测结果，这是由 μ 分析本身的保守性所致。FM 预测结果波动较大，其第二个预测结果和 LPV 外推方法非常接近。为了验证这些结果，我们逐渐增加风速以便确定颤振临界值。经测试，板翼在风速超过 11.8m/s 左右时，会出现较为明显的扭转颤振现象。这一实测结果表明 FM 和 LPV 外推法给出的颤振临界值略高。鲁棒预测方法虽然具有一定保守性，但其预测值低于实际临界值，有利于保障试飞安全。在实际试飞中，可在靠近边界时采用鲁棒预测方法，即在鲁棒预测范围内开展新的试验，结合新试验数据更新预测模型和结果，逐渐扩展包线。

表 9.2　不同风速下的颤振预测

风速/(m/s)	颤振裕度法(FM)	鲁棒预测法	
	临界风速预测/(m/s)	临界风速预测/(m/s)	颤振频率预测/Hz
10.403	NA	10.518	13.226
10.768	NA	10.934	12.482
11.102	15.277	11.365	12.197
11.421	12.065	11.567	12.339

第 10 章　气动伺服弹性飞行试验

10.1　气动伺服弹性

现代飞机越来越广泛地采用电传操纵和主动控制技术。由于敏感元件、伺服系统的引入,在经典的气动弹性不稳定问题基础上演化出一类新问题——气动伺服弹性稳定性问题。产生的原因是空气动力、惯性力、结构力、敏感元件、执行机构以及飞行控制系统相互作用,形成了气动伺服弹性闭环回路,它们之间的相互作用可能会造成整个飞机系统的不稳定。国内外曾在飞机飞行中,发生过多起气动伺服弹性不稳定现象[73]。因此,对飞机进行气动伺服弹性稳定性分析研究具有重要的意义,已经成为现代飞机设计过程中必不可少的一项重要工作。与之对应的气动伺服弹性(ASE)试飞已经成为新机或重大改型飞机必须进行的试飞科目。

相比于一般颤振问题,ASE 问题又被称为伺服颤振,这是因为该类问题除了典型气动弹性系统之外还包含用于飞行控制的伺服系统,它反映了更为复杂的耦合关系。本书将其列为最后一个章节,也是将其视为颤振问题在新的环境下的拓展。气动伺服弹性问题的日益凸显与航空设计理念的发展不无关系。当前,飞行器柔性化设计使得模态频率日益降低,而为了强调机敏性,控制系统截止频率范围向上扩展,当二者频带发生重合,就增大了耦合失稳的可能。

气动伺服弹性技术是汇集了空气动力学,结构动力学、飞行控制系统相互作用于一体的综合性学科。气动伺服弹性力学的定义:它是一门涉及结构动力学、空气动力学以及自动控制理论的学科,在这个领域内,专门研究结构弹性力、惯性力、非定常气动力以及飞行控制系统之间的相互作用原理和分析技术[73,200]。图 10.1 表示了结构动力学、非定常气动动力学以及飞行控制系统三者之间相互作用。

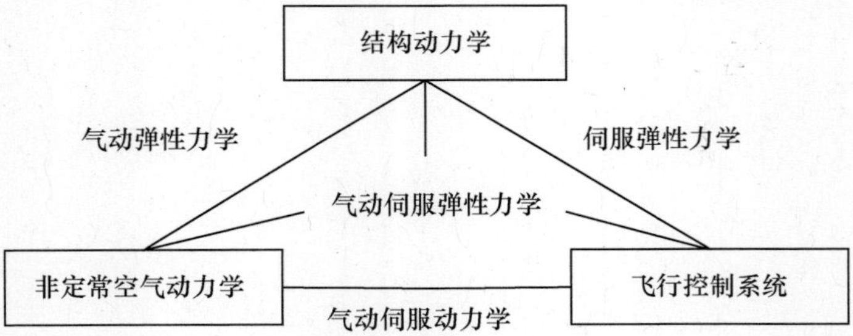

图 10.1　相互作用三角形

10.2 气动伺服弹性问题形成

现代飞机多采用静不稳定设计,控制系统是保障稳定飞行的关键子系统。如图 10.2 所示。飞机的刚体运动信号(如角速度、加速度)通过传感器(例如陀螺、加速度计)输入控制系统中,通过控制系统产生控制信号输入伺服系统操纵的舵面,引起舵偏转并产生舵面控制力,最终影响飞机的运动。实际上,飞机结构具有一定的弹性,飞机在飞行中一旦受到扰动,一方面会引起刚体运动参数的变化,另一方面也会诱发飞机结构的弹性运动,主要表现为受扰的振动。飞行过程中传感器同时接收飞机的刚体运动和结构弹性振动信号。若是飞行控制系统的通频带能覆盖飞机的模态频率,那么,有一部分高频振动信号将通过传感器注入控制系统中,并通过伺服传动,让舵面的偏转增加一部分高频的偏转运动,从而增加了一部分额外作用于飞机的控制力。这部分额外的控制力如果与结构振动同相位,将进一步激发结构振动,引发严重的气动伺服弹性失稳。此时,弹性飞机和控制系统形成了一个完整的闭环反馈,即典型的气动伺服弹性系统。同时也可以将气动伺服弹性系统视为具有反馈控制的气动弹性系统,即伺服颤振问题。

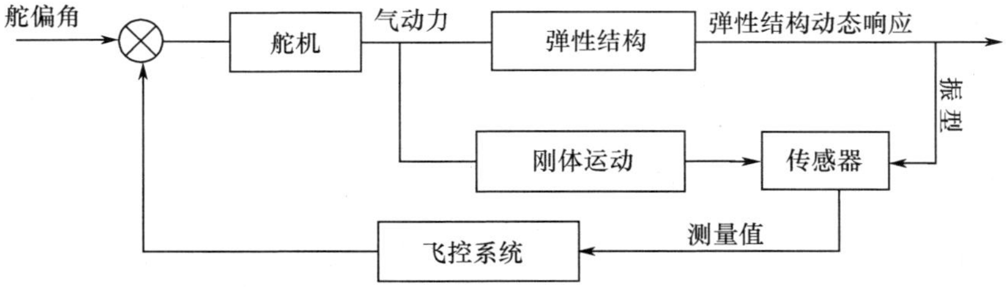

图 10.2 气动伺服弹性系统

有可能单独的气动弹性系统不发生颤振失稳,但是一旦和飞行控制系统形成闭环回路,其稳定性明显恶化,甚至成为气动伺服弹性不稳定系统。这种现象说明了飞机弹性结构与控制系统之间发生耦合可能造成的严重后果。对于助力器、自动驾驶仪和增稳系统等控制系统,由于其通频带比较低,对频率较高的信号如结构弹性振动频率,都有不同程度的衰减,其控制与结构弹性振动的耦合效应不十分严重。加上自动驾驶仪和增稳系统操纵舵面的行程较小,也可以使耦合效应降低。但是,对于具有主动控制功能的(放宽静稳定度、直接力控制、颤振主动抑制)的伺服控制系统,由于其具有较高的通频带,而且可以操纵舵面的全行程,使控制与结构弹性振动的耦合效应增大。大大增加了发生气动伺服弹性不稳定的可能。因此,这种耦合效应在飞机设计中得到重视,同时在完成飞行控制系统设计后,有必要开展研究试飞和鉴定试飞,检验整个系统的稳定性。

10.3 ASE 稳定裕度分析

10.3.1 控制系统稳定裕度定义

为了便于叙述,本节先简单回顾一下稳定裕度的基本概念。控制系统稳定与否是一个绝对稳定性的概念。而对一个稳定的系统而言,还有一个稳定的程度,即相对稳定性的概念,它反映了系统距离临界稳定的程度。相对稳定性与系统的动态性能指标有着密切的关系。在设计一个控制系统时,不仅要求它必须是绝对稳定的,而且还应保证系统具有一定的稳定程度,以保证系统不会因系统参数变化而导致系统性能变差甚至不稳定。

对于一个最小相角系统而言,其开环幅相曲线越靠近(-1,j0)点,系统阶跃响应的振荡就越强烈,系统的相对稳定性就越差。因此,可用开环幅相曲线对(-1,j0)点的接近程度来表示系统的相对稳定性。通常,这种接近程度是以相角裕度和幅值裕度来表示的。在奈奎斯特图上,通常用幅值裕度 h 和相位裕度 γ 来表征开环幅相曲线接近临界点(-1,j0)的程度,并以此作为系统稳定程度的度量。奈奎斯特曲线离这点越近,系统稳定程度就越差[201],如图 10.3 所示。

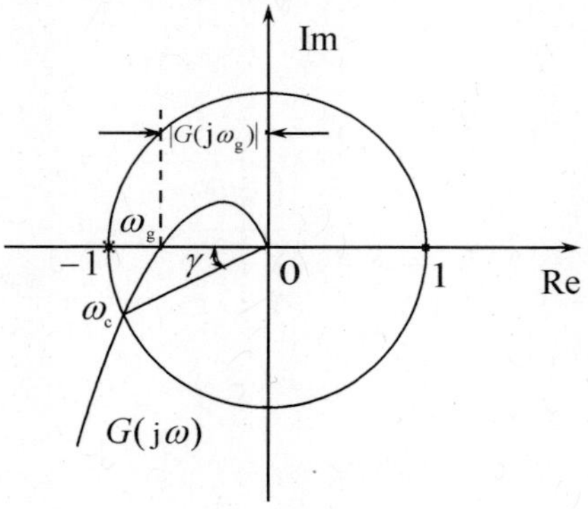

图 10.3 奈奎斯特图与稳定裕度

定义 10.1 系统的幅值裕度 h 定义为:开环幅相曲线上,相位为 -180°这一频率 ω_g 所对应幅值的倒数,即

$$h = \frac{1}{|G(j\omega_g)|} \tag{10.1}$$

式中:ω_g 为相位穿越频率。幅值裕度 h 有如下含义:由 $|G(j\omega_g)|h = 1$ 可知,如果系统开环传递函数的系数(增益)增大到原来的 h 倍,则系统就处于临界稳定状态。

定义 10.2:相位稳定裕度 γ 定义为:180°加开环幅相曲线上幅值为 1(即 $G(j\omega)$ 与单位圆交点处)的频率 ω_c 所对应的相位角,即

$$\gamma = 180° + \angle G(j\omega_c) \tag{10.2}$$

式中：ω_c 为系统的截止频率。

相位稳定裕度 γ 有如下含义：如果系统对频率 ω_c 信号的相位角延迟后再增大 γ，则系统处于临界稳定状态。

对于最小相位系统，当相位稳定裕度 γ 大于0，而幅值裕度 h 大于1（h 的分贝值大于0）时，表明系统稳定，且 γ 和 h 越大，系统的稳定程度越好；当 γ 小于0，h 小于1（h 的分贝值小于0）时，系统不稳定。

开环稳定系统的闭环稳定条件是：奈奎斯特曲线不包围（-1，j0），即当 $|G(j\omega)| = 1$ 时，有

$$\angle G(j\omega) > -180°(\gamma > 0) \tag{10.3}$$

或者，当 $\angle G(j\omega) = -180°$ 时，有

$$|G(j\omega)| < 1 \tag{10.4}$$

实际当中，对开环稳定的系统，利用开环系统的对数幅相曲线（Bode 图）来判断系统稳定性及稳定裕度更为方便。对数坐标下幅值裕度和相角裕度的确定如图 10.4所示。其中幅值裕度 h 的分贝值表示为

$$h(\text{dB}) = -20\lg|G(j\omega_g)| \tag{10.5}$$

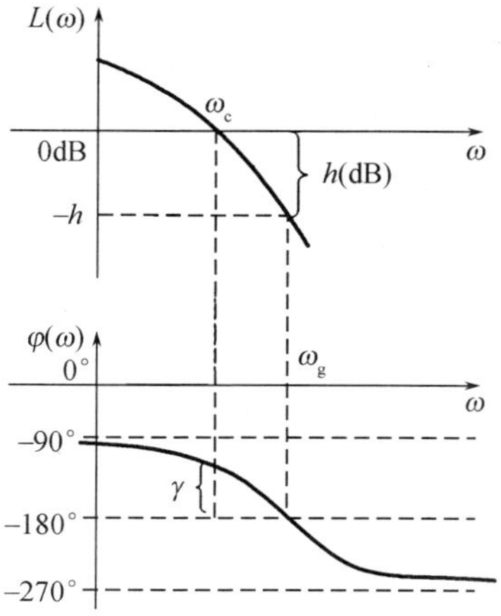

图 10.4　Bode 图与稳定裕度

奈奎斯特图与 Bode 图的有如下对应关系：

（1）奈奎斯特图上以原点为中心的单位圆对应于 Bode 图幅频特性上的 0dB 线；

（2）奈奎斯特图上的负实轴对应于 Bode 图相频特性上的 $-180°$线。

对最小相位系统而言，有以下稳定性判据：

（1）若系统开环对数幅频特性曲线穿越 0dB 线时，所对应相频特性的相位角

大于 - 180°(绝对值小于 - 180°),则闭环系统稳定;否则,闭环系统不稳定。

(2) 若系统开环对数相频特性曲线穿越 - 180°时,所对应幅频特性的 $L(\omega) < 0$,则闭环系统稳定,否则,闭环系统不稳定。

10.3.2 飞行控制系统稳定性指标

现代先进战斗机要求具有全包线超机动能力和高机敏性,普遍借助有效的反馈和非常规机体结构来实现最大限度的放宽静稳定性,借助多操纵面联动实现随控布局,以及推力矢量技术提供非常规附加控制能力。这一切都要求系统设计师们使用全新的飞控系统/结构矢量推力一体化设计格局。现代飞机,由于飞机本体是静不稳定的,必须靠飞控系统来保障其稳定飞行,现代飞行控制系统是直接关系到飞机飞行安全的关键系统。同时,飞机结构动态也深受飞行控制系统反馈的影响。反馈会降低结构模态的稳定裕度,增加刚体飞机的稳定性和操纵品质。飞行试验是评定飞行控制系统性能的最终阶段,飞行试验结果也最具权威性。只有经过试飞考核,不断改进,才能研制出实用的飞行控制系统。在国军标和美军标 MIL - F - 9490D 中,对飞控系统的稳定裕度都有明确要求,表 10.1 给出了有关规范对稳定裕度的要求[202]。稳定裕度作为控制系统的重要指标,是现代飞机必须进行试飞鉴定的重要指标。军用规范以频率范围函数的形式给出,它要求气动伺服弹性(ASE)系统在模态频率附近具有更大的稳定裕度。因此,模态频率附近的稳定裕度是气动伺服弹性稳定裕度分析的重点。

表 10.1 军标对稳定裕度要求

(GM 为幅值裕度(dB),PM 为相角裕度(°))

<table>
<tr><td>空速
模态频率</td><td>在 $V_{0最小}$ 以下</td><td>$V_{0最小}$ 到
$V_{0最大}$</td><td>极限空速
(V_L)时</td><td>在 $1.15V_L$ 时</td></tr>
<tr><td>$f_M < 0.06$Hz</td><td rowspan="3">GM = 6dB
不要求相位裕量</td><td>GM = ±4.5
PM = ±30°</td><td>GM = ±3.0
PM = ±20°</td><td rowspan="3">GM = 0
PM = 0
稳定在极限
相位和增益</td></tr>
<tr><td>0.06Hz ≤ f_M < 一阶
气动弹性模态</td><td>GM = ±6.0
PM = ±45°</td><td>GM = ±4.5
PM = ±30°</td></tr>
<tr><td>f_M > 一阶
气动弹性模态</td><td>GM = ±8.0
PM = ±60°</td><td>GM = ±6.0
PM = ±45°</td></tr>
</table>

10.3.3 ASE 与控制系统稳定裕度

ASE 问题与颤振现象一样均是动态系统失稳的一种表现,甚至失稳时的外在表现也是一样的,均表现为弹性结构振动的发散运动。但是二者存在本质区别,前者除了包含气动弹性系统之外,还含有飞行控制系统,正是控制系统的介入为诱发 ASE 失稳提供了可能。从图 10.2 可以看出,这个系统实质上是一个典型的闭环反馈系统。如前所述,在经典控制系统理论中,幅值裕度(GM)、相角裕度(PM)是评价这类闭环系统稳定性时惯常采用的指标。军标正是参考这一理论在表 10.1 中对飞控系统稳定裕度给出了明确要求。从表中可以知道,对于飞行控制系统稳定裕度的要求会因频带而异。在低频带时,稳定裕度指标较低,随着频率增加,裕度指标也在增高。这一指标的变化实际上反映了弹性结构模态对整个回路稳定性的影响。

为了便于说明问题,采用图 10.5 所示的频响函数说明模态对系统稳定性的影响。由图可知,当频率低于 10Hz 时,传递函数的幅值是随频率衰减的,而当频率接近 11Hz 和 16Hz 时,可以明显看到两个因气动弹性模态引起的尖峰,这两个尖峰改变了幅值原本随频率衰减的常态,对系统的稳定性构成了挑战,所以应当要求整个系统在这个频率范围内具有更大的稳定裕度。

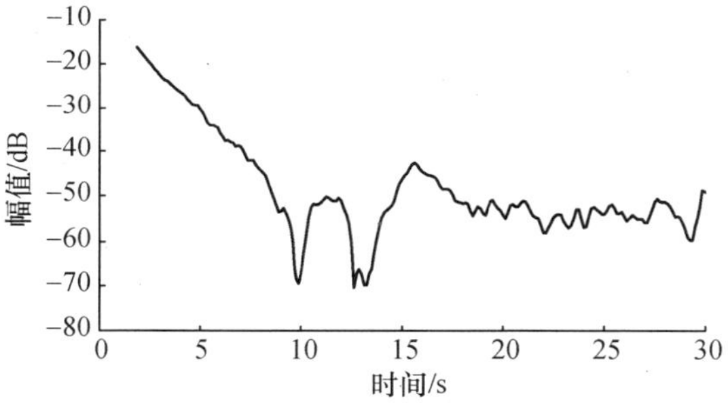

图 10.5 前向通道开环传递函数曲线

此外,随着空速的增加,气动弹性系统的稳定性逐渐降低,在 10.5 的图中将表现为开环传递函数中模态频率点附近的幅值将进一步增大,而这与气动弹性系统阻尼系数降低是有密切关系的。这是因为越接近颤振临界速度,气弹振动越强烈,对整个系统的稳定性影响就愈大,理论上整个系统的稳定裕度也是不断降低的。

需要特别说明的是,ASE 稳定性与气动弹性稳定性还有一处明显的差别。主要表现在:气动弹性的稳定性会随着飞行速度的增大而单调变化,即速度越大,稳定性越差;而 ASE 系统由于飞行控制系统的介入不再具有这种单调性,它不存在一个临界失稳速度,而是在飞行包线内的任一点都可能发生,这表明类似于颤振边界预测的方法将不再适用于 ASE 问题。稳定裕度分析则是目前工程上普遍采用的方法。

10.3.4 多回路系统稳定裕度

当决定采用稳定裕度指标衡量 ASE 系统的稳定性时,却不得不面临另一个棘手的问题,我们基本没有成形的理论可直接用于多回路系统的稳定裕度评价,已有稳定裕度分析方法是依据经典控制理论提出的,仅适用于单输入单输出系统。

造成这一窘境的原因是现代飞机采用的多舵面,多传感器设计,使它成为一个典型的 MIMO 系统，飞机中纵向、横向、航向运动的耦合关系复杂，衡量它的稳定性比 SISO 系统的稳定性要复杂的多。用传统的 SISO 系统分析方法所得到的稳定裕度仅是在别的通道不发生变化的情况下，系统允许该通道的幅值或相角的变化范围，它无法给出通道的幅值、相角同时变化或别的通道也存在摄动的情况下系统的稳定裕度。

正是出于这一原因，本章重点讨论多回路 ASE 系统的稳定裕度分析问题，不仅完善了相应的分析理论，同时给出了可行的试飞方法。

10.4 多回路 ASE 系统稳定裕度分析

10.4.1 多回路稳定裕度定义

飞机气动伺服弹性系统一般为多输入多输出系统，飞机机体存在多回路耦合效应，例如横航向的滚转和偏航两个运动耦合在一起，如果要分析其稳定性，必须将横航向视为整体，应用鲁棒稳定性的概念来分析。对于这类多回路系统（多输入多输出系统），为了分析它的稳定裕度，可以在标称闭环系统上，加上一个摄动用于表示真实系统。如果在发生摄动后，系统仍能保持稳定，那么对应的摄动就可以折算为稳定裕度。

为了计算多回路系统的稳定裕度，如图 10.6 所示，在被控对象 $\boldsymbol{G}(s)$ 的输入端引入对角矩阵 $\boldsymbol{E}(s)$，表示系统的摄动，并用来量侧每个通道的稳定裕度，其矩阵的形式如下：

$$\boldsymbol{E}(s)=\mathrm{diag}(k_i\mathrm{e}^{\mathrm{j}\varphi_i}),\ i=1,2,\cdots,n \tag{10.6}$$

式中：n 为系统的通道数；$\boldsymbol{u}$ 为输入信号；$\boldsymbol{y}$ 为输出信号。k_i、φ_i 表示系统第 i 个通道的幅值、相角变化程度。

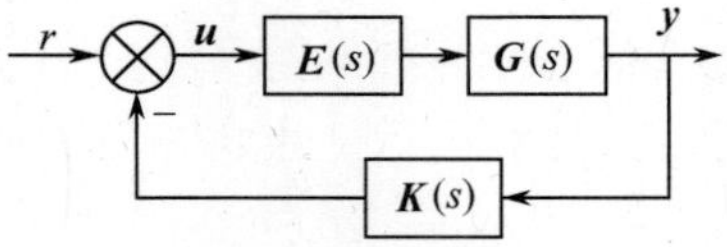

图 10.6 具有摄动的多回路控制系统

定义 10.3：（多回路系统的稳定裕度）：对于图 10.7 所示的系统，当存在实数 $k_{\min}$ 和 $k_{\max}$，当 $k_{\min}<k_i<k_{\max}(i=1,2,\cdots,n)$ 时，闭环系统仍然稳定，则多回路系统的幅值裕度 GM 为 $(k_{\min},k_{\max})$。当存在实数 $\varphi_{\min}$ 和 $\varphi_{\max}$，当 $\varphi_{\min}<\varphi_i<\varphi_{\max}(i=1,2,\cdots,n)$ 时，闭环系统仍然稳定，则多回路系统的相角裕度 PM 为 $(\varphi_{\min},\varphi_{\max})$。

以上的定义的含义是：若一个 MIMO 系统的幅值裕度、相角裕度分别为 $(k_{\min},k_{\max})$ 和 $(\varphi_{\min},\varphi_{\max})$ 时，当系统发生摄动时，允许系统所有回路的增益在原值的 $k_{\min}$ 倍和 $k_{\max}$ 倍之间同时变化，而不影响系统的稳定性。或者允许系统所有回路的相

位在原值的 $\varphi_{\min}$ 倍和 $\varphi_{\max}$ 倍同时变化，系统保持稳定。

在无摄动的情况下，$k_i=1$ 和 $\varphi_i=0(i=1,2,\cdots,n)$，这样 $\boldsymbol{E}(s)=\boldsymbol{I}$。此时系统对应标称系统。

10.4.2 回差矩阵法确定稳定裕度

定义 10.4：设 $\boldsymbol{G}(s)$ 为受控对象，$\boldsymbol{K}(s)$ 为控制器，如图 10.7 所示，定义 $\boldsymbol{I}+\boldsymbol{K}(s)\boldsymbol{G}(s)$ 为系统输入端的回差矩阵，$\boldsymbol{I}+\boldsymbol{G}(s)\boldsymbol{K}(s)$ 为输出端的回差矩阵。其中矩阵项 $\boldsymbol{G}(s)$，$\boldsymbol{K}(s)$ 称为系统开环传函矩阵。

如图 10.7 所示，如果系统是稳定的，意味标称系统的回差矩阵是非奇异的[75]，即

$$\underline{\sigma}(\boldsymbol{I}+\boldsymbol{K}(\mathrm{j}\omega)\boldsymbol{G}(\mathrm{j}\omega))>0,\ \forall\omega>0 \tag{10.7}$$

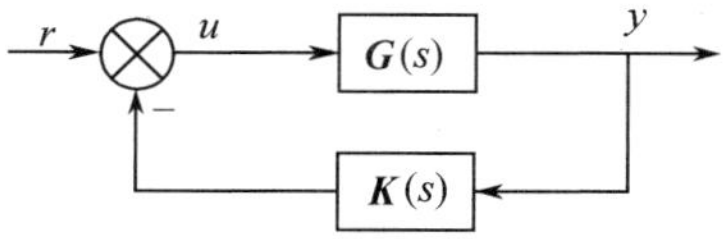

图 10.7　多回路控制系统

加入量测矩阵 $\boldsymbol{E}(s)$ 后，如图 10.6 所示，若系统还保持稳定，则

$$\underline{\sigma}(\boldsymbol{I}+\boldsymbol{K}(\mathrm{j}\omega)\boldsymbol{G}(\mathrm{j}\omega)\boldsymbol{E}(\mathrm{j}\omega))>0,\ \forall\omega>0 \tag{10.8}$$

而且

$$(\boldsymbol{I}+\boldsymbol{KGE})=[\boldsymbol{I}+(\boldsymbol{E}^{-1}-\boldsymbol{I})(\boldsymbol{I}+\boldsymbol{KG})^{-1}](\boldsymbol{I}+\boldsymbol{KG})\boldsymbol{E} \tag{10.9}$$

假设：$\boldsymbol{E}$，$(\boldsymbol{I}+\boldsymbol{KG})$ 非奇异，则受扰系统稳定的充分条件为

$$\underline{\sigma}(\boldsymbol{I}+\boldsymbol{KG})>\overline{\sigma}(\boldsymbol{E}^{-1}-\boldsymbol{I}) \tag{10.10}$$

由式(10.5)可得

$$\begin{aligned}\overline{\sigma}(\boldsymbol{E}^{-1}-\boldsymbol{I})&=\overline{\sigma}(\mathrm{diag}(k_i\mathrm{e}^{\mathrm{j}\varphi_i})^{-1}-\boldsymbol{I})=\overline{\sigma}\left\{\mathrm{diag}\left(\frac{\cos\varphi_i-\mathrm{j}\sin\varphi_i}{k_i}\right)-\boldsymbol{I}\right)\\&=\max\sqrt{\left(\frac{\cos\varphi_i}{k_i}-1\right)^2+\frac{\sin^2\varphi_i}{k^2}}\\&=\max\sqrt{\left(1-\frac{1}{k_i}\right)^2+\frac{2}{k_i}(1-\cos\varphi_i)}\end{aligned} \tag{10.11}$$

根据式(10.11)，取纵坐标为 $\overline{\sigma}(\boldsymbol{E}^{-1}-\boldsymbol{I})$，横坐标为 k_i（幅值裕度，dB)，对于不同 φ_i 的可以得到一组曲线，如图 10.8 所示。该图称为奇异值－裕度关系转换图。通过该图，可以确定多变量系统的稳定裕度。

根据图 10.8 所示的系统，其闭环系统回差矩阵的最小奇异值大于 $a(a\leqslant1)$，

即有$\underline{\sigma}(\boldsymbol{I}+\boldsymbol{K}(\mathrm{j}\omega)\boldsymbol{G}(\mathrm{j}\omega))>a$，根据式(10.10)和式(10.11)可得到每个回路同时变化时，系统确保稳定的幅值裕度 GM 和相位裕度 PM 为

$$\mathrm{GM}=1/(1\pm a); \tag{10.12}$$

$$\mathrm{PM}=\pm\arccos(1-a^2/2) \tag{10.13}$$

由式(10.12)、式(10.13)可以计算所有回路在同一时刻幅值和相位裕度的变化范围。但如果考虑所有回路的幅值和相位同时变化，仍使闭环系统保持稳定，则可以参照图 10.8 所示的通用系统幅值－相位裕度估计图计算。例如，如果系统回差矩阵的最小奇异值$\underline{\sigma}(\boldsymbol{I}+\boldsymbol{K}(\mathrm{j}\omega)\boldsymbol{G}(\mathrm{j}\omega))>0.6$，那么，当所有通道的相位不变使闭环系统允许所有回路的增益同时变化 －4.2～8.0dB。或者当所有通道的相位不变时。允许所有回路的相位同时变化 －35°～35°，闭环系统稳定。

需要指出的是，式(10.10)给出的是系统稳定的充分条件，而非充分必要条件，因此会造成裕度估算的保守性，即实际系统的裕度范围大于估计的结果。为了降低保守性，本书提出了采用以 μ 分析的裕度分析方法。

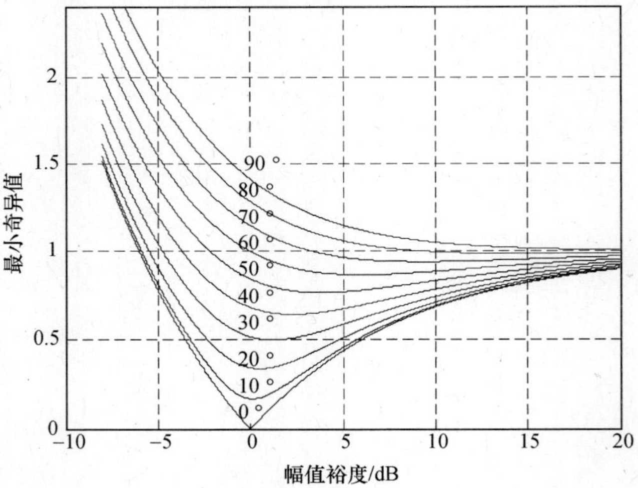

图 10.8　奇异值－稳定裕度关系转换图

10.4.3　μ 分析法确定稳定裕度

μ 分析方法的产生是为了减少奇异值方法带来的某些保守性，Doyle 引入了结构奇异值(Structured Singular Value，SSV)[191,192] 的概念，这种方法在很大程度上促进了以∞－范数为性能指标的控制理论的发展，并在后来形成了 μ 分析理论。在这一节中，将以 μ 分析为理论工具，研究通过试飞来确定多回路气动伺服弹性稳定裕度的具体方法。有关 μ 分析理论可参见第 2 章的鲁棒稳定性一节。

μ 值反映了在保持闭环稳定的范围内所容许的摄动上限，故可以理解为一种

评价稳定裕度的有效指标，但是 μ 值所表示的稳定裕度没有经典的幅值－相角表示的稳定裕度直观，例如6dB 表示当系统幅值变化为原标称幅值2 倍时，系统还保持稳定。因此，如何将 μ 值裕度转化为广为人们使用的经典的幅值－相角裕度指标，是一个颇具工程价值的科学问题。本节以 MIMO（多回路）系统为研究对象，研究了 μ 值与经典的幅值－相角裕度之间的对应关系，并给出了 μ 值与幅值－相位裕度的估计图。

首先，仍然沿用上一节的基本思想，在被控对象 $G(s)$ 的输入端引入对角矩阵 $E(s)$，表示系统的摄动，其矩阵的形式如下：

$$E(s)=\mathrm{diag}(k_i\mathrm{e}^{\mathrm{j}\phi_i}),\ i=1,2,\cdots,n$$

将对角摄动矩阵表示为输入端乘性不确定性：

$$E(s)=\boldsymbol{I}+\boldsymbol{\Delta} \tag{10.14}$$

这里 $\boldsymbol{\Delta}$ 是具有复数对角不确定性结构。

$$\boldsymbol{\Delta}=\mathrm{diag}\{\delta_1,\delta_2\cdots,\delta_n\},\ \delta_i\in C,\ i=1,2,\cdots,n \tag{10.15}$$

图 10.6 变换为图 10.9 的形式。

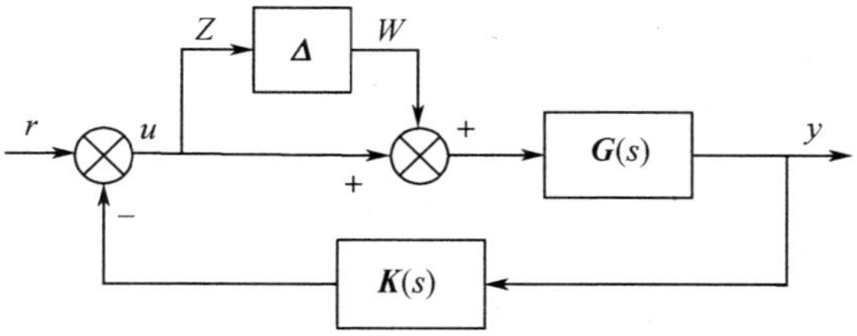

图 10.9　具有乘性不确定性的系统框图

将式(10.14)变换得到

$$\boldsymbol{\Delta}=\boldsymbol{E}(s)-\boldsymbol{I}=\mathrm{diag}(k_i\cos\phi_i-1+\mathrm{j}k_i\sin\phi_i) \tag{10.16}$$

从定理 2.4 的鲁棒稳定性定理可知，如果该系统在所有频段内 μ 值小于等于 β，那么，对满足 $\|\boldsymbol{\Delta}\|_\infty<1/\beta$ 的所有摄动，系统将保持稳定。因为对角矩阵的最大奇异值就是其对角元素的最大幅值。据此可得[77]

$$\max\sqrt{(k_i\cos\varphi_i-1)^2+k_i^2\sin^2\varphi_i}=\frac{1}{\beta} \tag{10.17}$$

改写为

$$\beta=\min\frac{1}{\sqrt{k_i^2-2k_i\cos\varphi_i+1}} \tag{10.18}$$

根据式(10.18)，取纵坐标为系统的结构奇异值，横坐标为 k_i(dB)，对于不同的 φ_i 可以得到一组曲线，如图 10.10 所示。该图称为 μ 值与幅值－相位裕度的估计图。通过该图，可以确定多变量控制系统幅值－相位同时变化时系统的稳定裕度。

当 $\varphi_i=0$ 时,可得幅值变化范围:

$$\max \sqrt{(k_i-1)^2}=\frac{1}{\beta}$$

$$1-\frac{1}{\beta}\leqslant k\leqslant 1+\frac{1}{\beta} \tag{10.19}$$

当 $k_i=1$ 时,可得相角变化范围:

$$\max \sqrt{(\cos\varphi_i-1)^2+\sin^2\varphi_i}=\frac{1}{\beta}$$

$$-2\sin^{-1}\frac{1}{2\beta}\leqslant \varphi\leqslant 2\arcsin\frac{1}{2\beta} \tag{10.20}$$

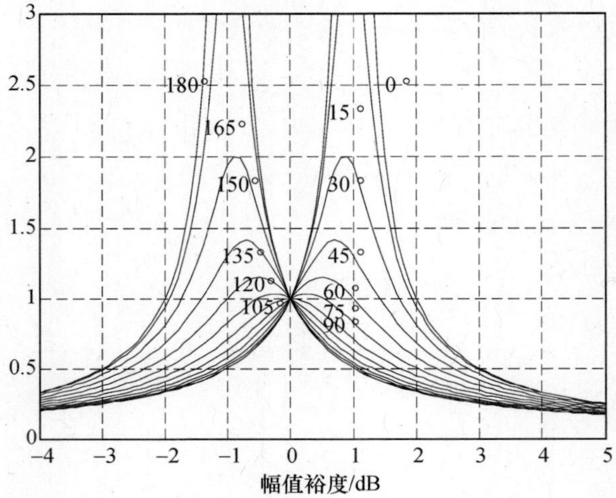

图 10.10 μ 与稳定裕度关系转换图

例如,如果系统的 μ 值等于 1.5,那么,当所有通道的相位不变时闭环系统稳定的允许所有回路的增益同时变化 −9.5 ~ 4.4dB。或者当所有通道的相位不变时允许所有回路的相位同时变化 −39° ~ 39°,闭环系统稳定。

为了计算图 10.9 所示系统的结构奇异值,可忽略外界指令信号 γ_1 得到图 10.11。然后对系统进行 LFT 变换,将不确定性 $\boldsymbol{\Delta}$ 从系统中提出来,变化成图 10.12 的形式。

这样,经过变换后,图 10.11 虚线表示的系统 $\boldsymbol{H}(s)$ 的传递函数表示如下:

$$\begin{bmatrix} \boldsymbol{z} \\ \boldsymbol{y} \end{bmatrix}=\boldsymbol{H}(s)\begin{bmatrix} \boldsymbol{w} \\ \boldsymbol{u} \end{bmatrix}=\begin{bmatrix} 0 & \boldsymbol{I} \\ \boldsymbol{G} & \boldsymbol{G} \end{bmatrix}\begin{bmatrix} \boldsymbol{w} \\ \boldsymbol{u} \end{bmatrix} \tag{10.21}$$

通过下线性分式变换公式,得到适合鲁棒稳定性分析的框图,如图 10.13 所示,图中 $P(s)$ 的表达式为

$$\boldsymbol{P}=F_l(\boldsymbol{H},\boldsymbol{K})=-(\boldsymbol{I}+\boldsymbol{KG})^{-1}\boldsymbol{KG} \tag{10.22}$$

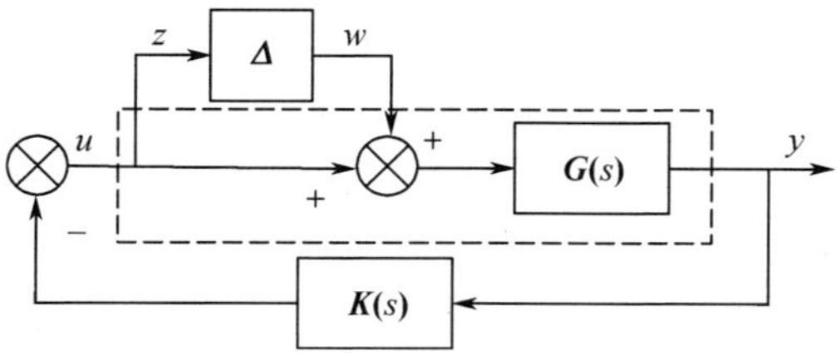

图 10.11 具有摄动的多回路系统

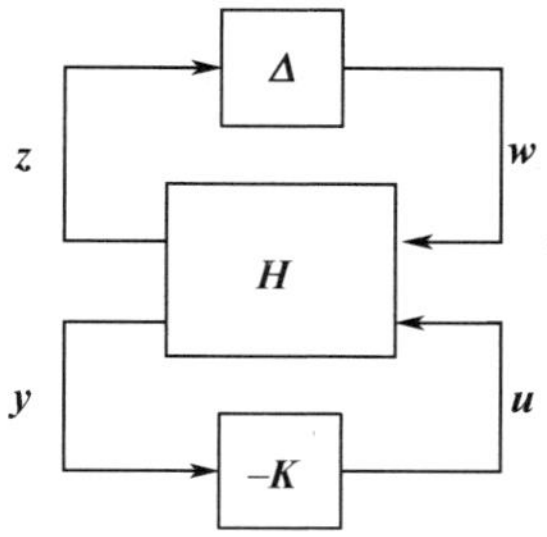

图 10.12 具有摄动的闭环系统 LFT 表示形式

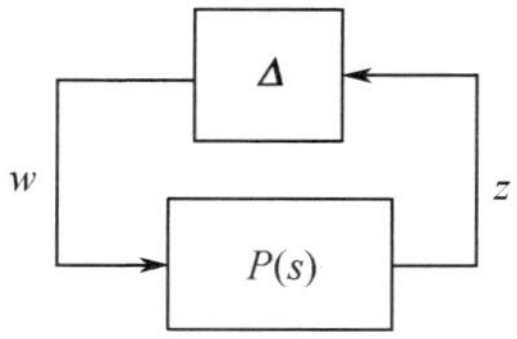

图 10.13 用于鲁棒稳定性分析的系统

这样,原系统转化为适合鲁棒稳定性分析的标准形式。从式(10.22)可知,如果知道了回路开环传递函数 **KG**,就可以通过该式计算出 $P(s)$ 的频率特性,进而利用 Matlab 中的 μ - tool 得到系统的结构奇异值 $\mu_{\Delta}(P)$ 曲线。并找出系统 $\max\limits_{\omega}\mu_{\Delta}(P(\mathrm{j}\omega))$。而开环传递函数 **KG** 的测定则将通过飞行试验完成。

10.5 气动伺服弹性飞行试验

10.5.1 飞行试验测定开环频响

10.4 节表明,开环传函的频率响应函数 **KG** 在计算稳定裕度时扮演了重要角色。只需通过飞行试验测定频率响应函数 $\boldsymbol{KG}(\Omega_f)$,就可以利用回差矩阵法或者 μ 分析法确定气动伺服弹性系统的鲁棒稳定裕度。

需要注意的是,该类飞行试验通常是在飞行控制系统通道接通时进行。对于固定翼高性能飞机,由于飞机本体的静不稳定性以及试验过程中飞机配平状态的漂移,无法断开飞行控制系统,开展开环飞行试验。因此,将面临典型的闭环辨识困扰。如图 10.14 所示,以横测向的飞控系统稳定裕度测量为例予以说明(纵向回路的稳定裕度分析可以看作单回路问题)。图中 $r(t)$ 是输入指令信号,$u(t)$ 是副翼和方向舵的实际输入信号,$f(t)$ 则分别为前向副翼和方向舵的反馈指令信号,y 为飞机的滚转角速度,偏航角速度等运动参数,$G(s)$,$K(s)$ 分别表示被控的飞机和飞控系统。闭环反馈通道的存在,会造成输出噪声 n 和飞机机体激励信号 u 之间出现相关性。这类相关性在估计频响函数时会引入有偏误差。

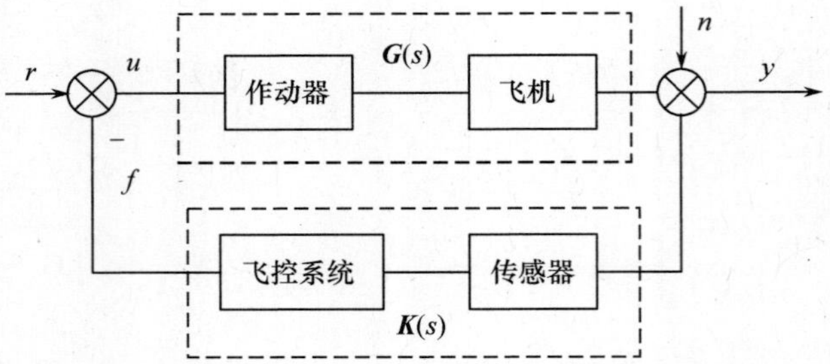

图 10.14 开环频率响应函数测定

若直接采用 u,f 进行频谱估计,功率谱 $\boldsymbol{S}_{fu}$ 可以表示为

$$\boldsymbol{S}_{fu} = \boldsymbol{KGS}_{uu} + \boldsymbol{KS}_{nu}$$

进而可得开环传函的估计值 $\widehat{\boldsymbol{H}}$:

$$\widehat{\boldsymbol{H}} = \boldsymbol{KG} + \boldsymbol{KS}_{nu}\boldsymbol{S}_{uu}^{-1} \tag{10.23}$$

式(10.23)中,若输出噪声 n 和飞机机体激励信号 u 不相关,$\boldsymbol{S}_{nu}$ 等于零,则 $\widehat{\boldsymbol{H}}$ 为无偏估计。但是,闭环飞行试验引发的相关性将造成 $\boldsymbol{S}_{nu}$ 不为零,从而 $\overline{\boldsymbol{H}}$ 实际为有偏估计。为此,这里采用一种间接方法估计开环频响。由于外部输入信号 $r(t)$ 与噪声 n 不相关,利用非参数的 H_1 估计方法,可以得到 $f(t)$ 到 $r(t)$ 传递函数矩阵的无偏频率响应函数估计 $\widehat{\boldsymbol{T}}_{fr}(\Omega_f)$:

$$\widehat{\boldsymbol{T}}_{fr}(\Omega_f) = \boldsymbol{S}_{fr}(\Omega_f)\boldsymbol{S}_{rr}^{-1}(\Omega_f) \tag{10.24}$$

式中:$\boldsymbol{S}_{fr}$ 为输出 f 和输入 u 的互功率谱密度;$\boldsymbol{S}_{uu}$ 为输入的自功率谱密度。

另一方面,根据反馈关系可得

$$\boldsymbol{S}_{fr} = \boldsymbol{KG}(\boldsymbol{S}_{rr} - \boldsymbol{S}_{fr}) + \boldsymbol{KS}_{nr} \tag{10.25}$$

用 $\boldsymbol{S}_{rr}^{-1}$ 乘以等式两边,并考虑到 $\boldsymbol{S}_{nr} = 0$:

$$\boldsymbol{S}_{fr}\boldsymbol{S}_{rr}^{-1} = \boldsymbol{KG}(\boldsymbol{I} - \boldsymbol{S}_{fr}\boldsymbol{S}_{rr}^{-1})$$

$$\boldsymbol{T}_{fr} = \boldsymbol{KG}(\boldsymbol{I} - \boldsymbol{T}_{fr}) \tag{10.26}$$

因此,开环传递函数 $\boldsymbol{KG}$ 的频率响应估计 $\widehat{\boldsymbol{H}}$ 可以表示为

$$\widehat{\boldsymbol{H}}(\Omega_f) = \widehat{\boldsymbol{T}}_{fr}(\Omega_f)(\boldsymbol{I} - \widehat{\boldsymbol{T}}_{fr}(\Omega_f))^{-1} \tag{10.27}$$

在获得开环传递函数 $\boldsymbol{KG}$ 的频率响应估计后,可以代入式(10.8)的回差矩阵中,计算最小奇异值。或者代入式(10.22)中,并计算 $\max\limits_{\omega}\mu_{\Delta}(P(\Omega_f))$,最后依据前两节给出的稳定裕度转换关系,分别得到不同的幅值、相角裕度。

直接采用式(10.24)估计频响函数 $\boldsymbol{T}_{fr}(\Omega_f)$ 时,需要考虑矩阵 $\boldsymbol{S}_{rr}(\Omega_f)$ 的奇异问

题。为避免诸如此类的数值病态，通常要求输入之间不相关，但是这显然增加了试验输入设计的难度，尤其是当采用扫频信号作为试飞输入的时候。为此，这里提出了通过两次飞行试验测定频响函数的方法。具体方法是对横向和航向两个回路依次进行激励。例如首先施加人工信号 r_1，对副翼进行激励，同时采集飞控系统的反馈指令信号 f_1 和 f_2。同理，然后施加人工信号 r_2 激励方向舵，同时采集飞行控制系统的反馈指令信号 f_1 和 f_2。如图 10.15 所示，这个两回路系统满足如下关系：

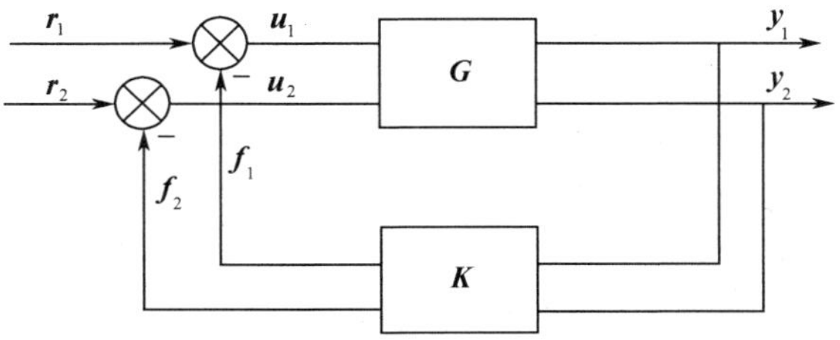

图 10.15　飞机横航向控制系统飞行试验框图

$$\begin{bmatrix} f_1(\Omega_f) \\ f_2(\Omega_f) \end{bmatrix} = \begin{bmatrix} T_{11}(\Omega_f) & T_{12}(\Omega_f) \\ T_{21}(\Omega_f) & T_{22}(\Omega_f) \end{bmatrix} \begin{bmatrix} u_1(\Omega_f) \\ u_2(\Omega_f) \end{bmatrix} \tag{10.28}$$

由式(10.28)可知

$$\begin{aligned} x_1(\Omega_f) &= T_{11}(\Omega_f)u_1(\Omega_f) + T_{12}(\Omega_f)u_2(\Omega_f) \\ x_2(\Omega_f) &= T_{21}(\Omega_f)u_1(\Omega_f) + T_{22}(\Omega_f)u_2(\Omega_f) \end{aligned} \tag{10.29}$$

为了得到表示系统特性的传函矩阵，可以将回路系统转变为两个单回路系统。当用输入 r_1 单独激励副翼时，$r_2=0$，分别测量 f_1 和 f_2，由式(10.29)可知

$$f_1(\Omega_f) = T_{11}(\Omega_f)r_1(\Omega_f)$$

$$f_2(\Omega_f) = T_{21}(\Omega_f)r_1(\Omega_f)$$

可得到

$$\widehat{T}_{11}(\Omega_f) = \boldsymbol{S}_{f_1r_1}(\Omega_f)/\boldsymbol{S}_{r_1r_1}(\Omega_f) \tag{10.30}$$

$$\widehat{T}_{21}(\Omega_f) = \boldsymbol{S}_{f_2r_1}(\Omega_f)/\boldsymbol{S}_{r_1r_1}(\Omega_f) \tag{10.31}$$

随后可用 r_2 单独激励方向舵，此时 $r_1=0$。分别测量 f_1 和 f_2，同理得到

$$\widehat{T}_{12}(\Omega_f) = \boldsymbol{S}_{f_1r_2}(\Omega_f)/\boldsymbol{S}_{r_2r_2}(\Omega_f) \tag{10.32}$$

$$\widehat{T}_{22}(\Omega_f) = \boldsymbol{S}_{f_2r_2}(\Omega_f)/\boldsymbol{S}_{r_2r_2}(\Omega_f) \tag{10.33}$$

将上述结果组合在一起就可以得到双输入双输出的频响函数估计 $\widehat{T}_{fr}(\mathrm{j}\omega)$。

10.5.2 飞行试验实施

在飞行试验中,激励系统的设计是非常重要的。激励系统包括激励发生器和激励信号,一般来说,常用的激励发生器有翼尖小翼、控制舵面、固体小火箭、脉冲驾驶杆以及大气紊流等。激励信号可以分成扫频、脉冲和随机信号。在气动伺服弹性飞行试验中,操纵面扫频激励是比较好的激励方式。

操纵面扫频颤振激励工作原理是将产生的激励信号(包括正弦、脉冲等)输入飞行控制系统与飞控指令相叠加后,驱动飞行控制系统的舵机,带动舵面,以此激励飞机/系统/结构的动态响应。

操纵面扫频颤振激励的作用原理是利用微处理计算机或其它电子器件生成各种试验所需的电子信号,在有效的安全监控下通过适当的方式耦合到电传飞控系统中,并按规定的要求借助飞控系统的各个操纵面激励飞机。颤振激励系统激励信号的选取,激励信号的加入等均由驾驶员在机上进行控制。通过各种激励舵面的组合来激励出飞机机身、机翼、垂尾、鸭翼等多种响应模态,在飞机上安装的测量飞机动态响应及机体结构响应的传感器记录激励的响应,同时激励信号及飞控系统回路中关键节点的响应信号亦被记录。借助所记录的信号在地面事后或实时处理获得飞机响应特性。

气动伺服弹性激励系统工作原理是信号处理器根据控制盒给出的参数指令及驾驶员控制指令,将产生的激励信号通过保安监控器及通道分配器送入指定通道的舵回路外部输入信号端口,在发出激励信号同时,信号处理器还完成包括接口回传自检、各个舵面偏角、铰链力矩监测等系统检测。保安监控器在颤振激励系统不启动、系统检测出故障状态或输出超出预定值时即将信号发生器与飞控系统舵回路隔离。信号处理器的采样系统还截取飞控计算机接口发出的动压、静压等信号作为保安监控参数,应变采集器还完成对飞机关键结构点的振动/过载监控,气动伺服弹性激励系统激励信号及采集的舵偏角及气动伺服弹性激励系统本身的状态参数通过与机载数据采集系统接口送给机载测试系统。

输入信号采用扫频信号。这主要是由于扫频信号能量集中,包含所关心频带的频域信息。另外与扫频信号对应的小波时频去噪、分数阶傅里叶域去噪等技术为显著提高试飞数据信噪比提供了强有力的工具,具体的去噪技术可参阅 4.2 节。

扫频试验时可采用驾驶员手动扫频和信号发生器代替驾驶员扫频两种方式。使用前者时,为了获得开环频响,可以将驾驶员的操纵指令与总反馈误差作为输入,总反馈作为输出。但受到驾驶员手动频率的限制,若需对较高频率的频带进行分析,最好采用信号发生器。

若采用信号发生器,在实际测量中只需记录数字激励信号及反馈的指令信号即可测得所需要的频响矩阵。在实际试验时需对纵向、横向、航向回路的舵机分别进行激励,并测量每个回路的反馈信号。其测试参数包括激励信号(FES)和俯仰、滚转、偏航回路舵机指令(图 10.16 和图 10.17)。

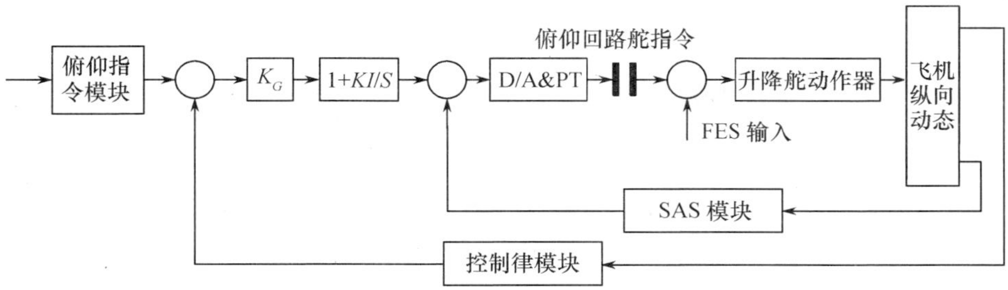

图 10.16 纵向飞控系统测试原理图

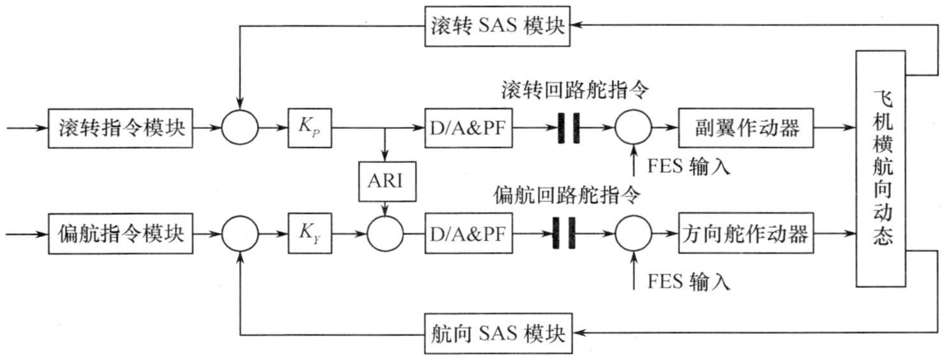

图 10.17 横、航向飞控系统测试原理图

这里以横航向回路为例说明试验方法。飞机在某一状态点下平稳飞行,由信号发生器产生扫频信号作为滚转指令激励横航向回路,同时测量两回路中的反馈指令信号。再由信号发生器产生扫频信号作为偏航指令激励横航向回路,同时测量两回路中的反馈指令信号。采集所需的信号后,形成时分多路数据 PCM 流,进行存储记录,并经遥测系统发射到地面,地面接收数据后,经数据处理前端解调数据,然后通过网络将数据传送到稳定裕度处理工作站,可以利用上节介绍的方法,求得输入 u 到反馈指令 x 的频率响应函数矩阵。最后利用多回路回差方法或者鲁棒 μ 方法分析其稳定裕度。

10.6 实例分析

以某型飞机的试飞数据为例,在某一飞行状态点,采用舵面扫频技术,依次对横向、航向回路施加扫频输入进行激励,同时采集飞机在横向和航向两个回路中反馈的舵指令信号作为输出。数据采样频率为 256Hz。数据如图 10.18、图 10.19 所示。

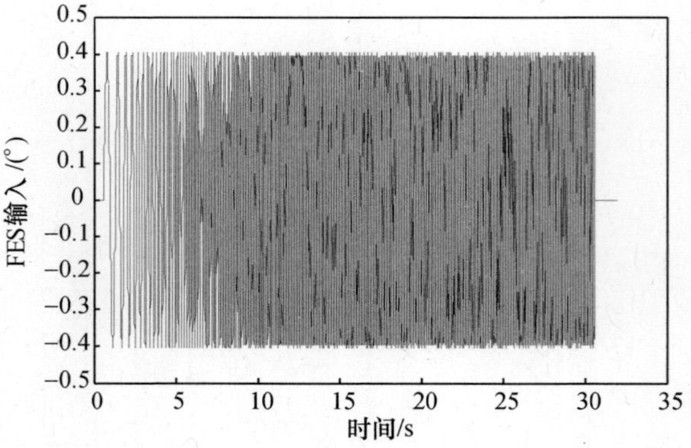

图 10.18　扫频输入信号

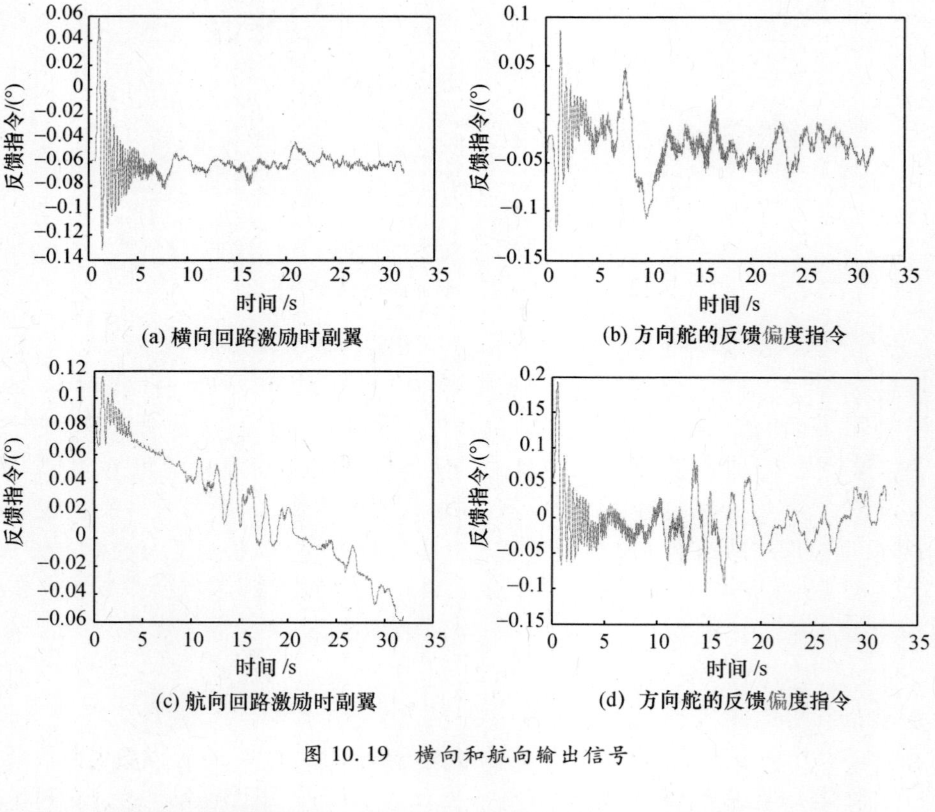

图 10.19　横向和航向输出信号

10.6.1　经典稳定裕度方法(Bode 曲线方法)分析结果

首先采用经典 Bode 图方法分析系统的稳定裕度,该方法将每一个通道作为 SISO 系统进行处理。例如在进行横向回路激励时,忽略航向回路的响应,只用副

翼的实际指令 u 和反馈指令 f 进行频响函数计算。对于横向、航向回路可以得到两组频响函数估计。如图 10.20、图 10.21 所示。出于保密原因,本章所有图的横坐标均未给出对应的频率值。

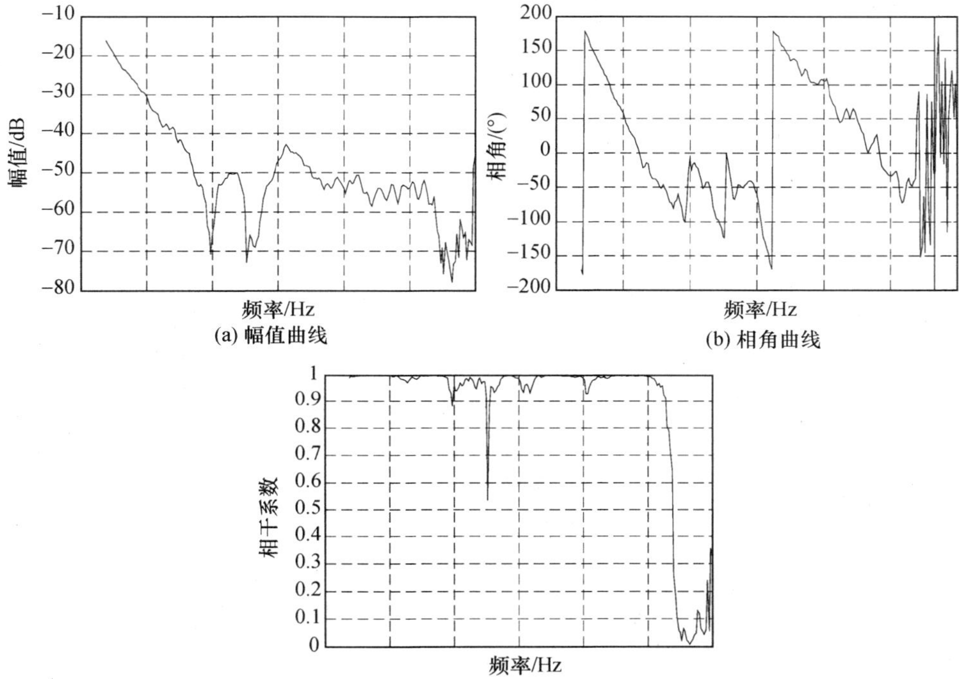

(a) 幅值曲线

(b) 相角曲线

(c) 相干系数

图 10.20　横向回路 Bode 曲线

对于多回路系统,Bode 法的分析结果可能不够准确,但可作为其它分析方法的参考。

首先观察横向回路相干系数曲线可以发现,整个扫频频带内的相干系数都大于 0.6。因此,频响函数曲线可靠度满足分析要求。应用单回路的稳定性准则判定模态频率附近图 10.21(图(a)峰值附近)的稳定裕度,横向回路的模态幅值裕度约为 43dB 左右,由于模态频率附近的幅值远小于 1,所以在关心的频带范围内不存在相角裕度问题。

航向回路数据相关性明显好于横向回路,在有效频带内,相关系数大部分都在 0.9 以上,只有极少部分在 0.85 ~0.9 之间。这也间接说明横向回路对其的影响较小。观察相角曲线,共有两次穿越 180°。对应的幅值裕度分别是 29.05dB 和 36.78dB。

由于在有效频带内不存在幅值为 0dB,所以相角裕度不存在,系统稳定。

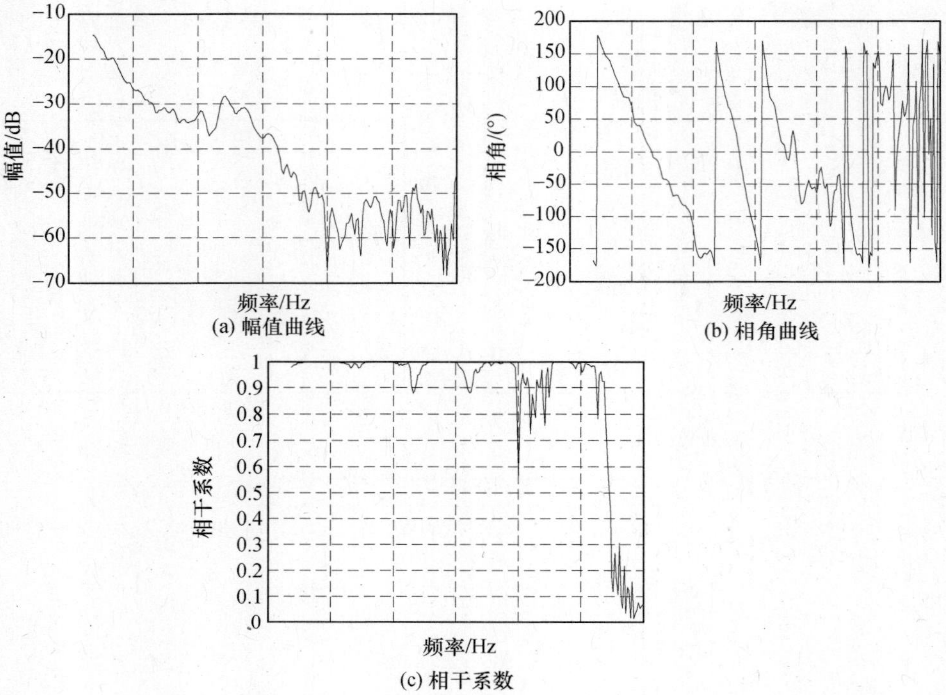

图 10.21 航向回路 Bode 曲线

10.6.2 回差矩阵法

鉴于单回路方法在分析交联较为严重的多回路时,无法提供准确的稳定裕度结果。以下采用回差矩阵的方法对飞机的横向及航向两个回路进行分析。回差方法主要求出回差矩阵的最小奇异值,利用奇异值的大小衡量定裕度。

图 10.22 是由测试数据得到的频带内奇异值曲线。为便于分析,仅给出了最小奇异值曲线图。由图可见,在模态频率段,存在若干峰值,这些峰值反映了飞机前几阶模态对稳定性的影响。一般来讲,最小奇异值越大,稳定裕度越大。最后系统给出了由奇异值转换得到的工程上常用的幅值、相角裕度。

由于主要针对气动伺服弹性系统进行稳定性分析,所以选取了模态频段 10 ~ 20Hz 之间的最小奇异值点进行裕度分析。奇异值的最小值点所对应的最小奇异值为 0.965。利用本章已介绍的换算公式可以将其转化为幅值、相角裕度,具体结果如下:

幅值裕度(GM):−5.8584 ~ 28.636dB。

相角裕度(PM):−57.5668° ~ 57.5668°

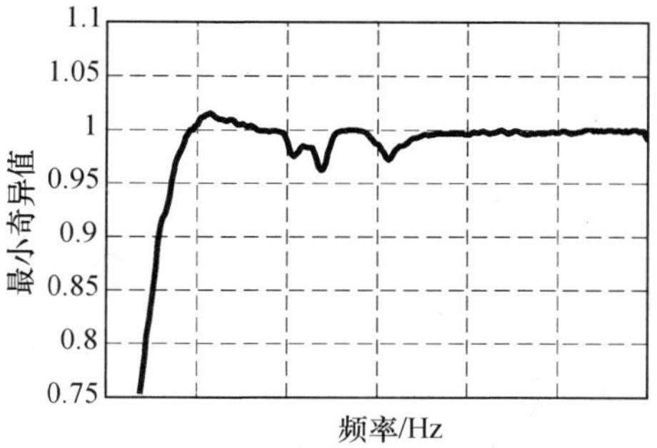

图 10.22 最小奇异值曲线

10.6.3 鲁棒 μ 方法

μ 方法不同于回差矩阵法，它采用 μ 值衡量稳定裕度。μ 是对具有结构不确定性的系统的鲁棒性的精确度量。μ 的倒数可以解释为导致反馈系统失稳的最小摄动的一个度量。图 10.23 为测试数据得到的频带内 μ 值上界曲线。

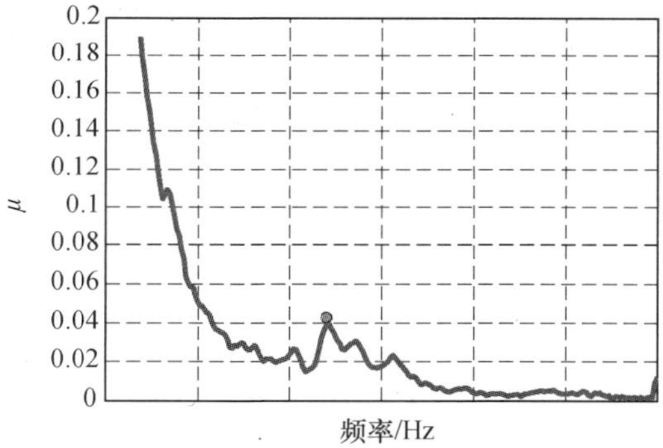

图 10.23 μ 值曲线

由图可见，在模态频率段，存在若干峰值，这些峰值反映了飞机模态对稳定性的影响。一般来讲，μ 值越大，所表示的稳定裕度越小。因此伺服弹性的稳定裕度由模态频率点附近的最大 μ 值决定。选取模态频段 10 ~ 20Hz 之间的最大值点进行稳定裕度 μ 分析，对应的 μ 值为 0.04。利用本章提出的多回路系统的 μ 值与幅值 - 相角裕度的对应关系，可以得到在该飞行状态点下，多回路气动伺服弹性幅值裕度为 -24.1037 ~ 26.5714dB，相角裕度为 -180° ~ 180°。

10.6.4 综合比较

表 10.2 对比了本章三种方法的稳定裕度分析结果，其中经典方法仅给出航向回路的稳定裕度结果，这是因为横向回路具有更为理想的稳定裕度，达到 43dB。对于横侧向两个回路整体裕度水平应该以最差的情况进行衡量。

表 10.2　三种稳定裕度评价方法结果对比

计算方法	幅值裕度/dB	相角裕度/(°)	频率/Hz
经典方法	29.05	NA	11.88
矩阵回差法	-5.8584 ~ 28.636	-57.5668° ~ 57.5668°	11.88
鲁棒μ方法	-24.1037 ~ 26.5714	NA	12.12

从分析结果可以看出,单回路方法能够提供一些有效的裕度指标,并且与其它两种方法的结果是接近的。例如我们观察幅值裕度的上限,三种方法给出的结果分别为:29.05dB,28.636dB,26.5714dB。经典方法对幅值裕度的定义不存在下界,而其它两种方法均给出了下界,由于矩阵回差法具有较大的保守性,其幅值裕度下界为-5.8584dB,鲁棒μ方法为-24.1037dB。

对于相角裕度,表中用NA表示不存在相角裕度约束,可以任意增大或者减小相角。矩阵回差法又一次给出了保守估计结果,它的相角裕度结果是-57.5668°~57.5668°。

同时可以注意到,三种方法均表明在相近频率点附近存在最小稳定裕度,这实际上是由系统在此频率点的模态引起的。前两种方法对于频率的判断是完全一样的。第三种方法则与它们有极小的偏差。不过这不影响对稳定裕度的判断。

综合三种方法给出的最坏可能,该系统的幅值裕度为26.5714dB,相角裕度为57.5668°,明显高于军标要求的6dB的幅值裕度,45°的相角裕度。

参 考 文 献

[1] Kehoe M W. A historical overview of flight flutter testing[R]. NASA - TM - 4720, 1995.

[2] Gao C, Zhang W, Li X, et al. Mechanism of frequency lock - in in transonic buffeting flow[J]. Journal of Fluid Mechanics, 2017, 818: 528 - 561.

[3] Schlippe B V. The question of spontaneous wing oscillations (determination of critical velocity through flight - oscillation tests)[R]. NACA TM - 806, 1936: 1 - 18.

[4] Tolve L A. History of flight flutter testing[C]. Flight Flutter Testing Symposium, Washington D. C., USA, 1958:159 - 166.

[5] Meany J J. The Evolution of Flutter Excitation at McDonnell Aircraft[C]. 14th Annual Symposium of Society of Flight Test Engineers, 1983: 4.6 - 1 - 4.6 - 11.

[6] Reed III W H. A flight investigation of oscillating air force: equipment and technique[C]. Flight Flutter Testing Symposium, Washington D. C., USA, 1958: 73 - 81.

[7] Kachadourian G, Goldman R L, Roha D M. Flight flutter testing of the P6M[C]. Flight Testing Symposium, Washington D. C., USA, 1958: 91 - 96.

[8] Vernon L. In - flight investigation of a rotating cylinder - based structural excitation system for flutter testing[R]. NASA - TM - 4512, 1993.

[9] Brenner M J, Feron E. Wavelet analyses of F/A - 18 aeroelastic and aeroservoelastic flight test data[C]. 38th AIAA Structures, Structural Dynamics, and Materials Conference, Kissimmee, Florida, 1997.

[10] Lind R, Brenner M. Incorporating flight data into a robust aeroelastic model [J]. Journal of Aircraft, 1998, 35(3): 470 - 477.

[11] Mevel L, Basseville M, Benveniste A. Fast in - flight detection of flutter onset: a stastical approach [J]. Journal of Guidance, Control, and Dynamics, 2005, 28(3): 431 - 438.

[12] Basseville M, Benveniste A, Goursat M, et al. Output - only subspaced - based structural identification: from theory to industrial practice [J]. Journal of Dynamic Systems Measurement and Control, 2001, 123(4): 668 - 676.

[13] Mevel L, Basseville M, Benveniste A, et al. Using subspace on flight data, a practice example[C]. 21th International Modal Analysis Conference, Orlando, Florida, 2003.

[14] Baird E F, Sinder N S, Wittman R B. Stabilizer flutter investigated by flight test[C]. Flight Flutter Testing Symposium, Washington D. C., USA, 1958: 73 - 81.

[15] Perangelo H J, Waisanen P R. Flight flutter test methodology at Grumman[C]. Society of Flight Test Engineers, 13th Annual Symposium, New York, September, 1982: 91 - 100.

[16] Katz H, Foppe F G, Grossman D T. F - 15 flight flutter test program[C]. NASA/AIA Symposium on Flight Flutter Testing, Edwards AFB, California, 1975.

[17] Zimmermann N H, Weissenberger J T. Prediction of flutter onset speed based on flight testing at subcritical speeds[J]. Journal of Aircraft, 1964, 1(4): 190 - 202.

[18] Price S J, Lee B H K. Evaluation and extension of the flutter margin methods for flight flutter prediction[J].

Journal of Aircraft, 1993, 30(3): 395 -402.

[19] Cooper J E, Emmett P R, Wright J R, et al. Envelope function - a tool for analyzing flutter data[J]. Journal of Aircraft, 1993, 30(5): 785 -790.

[20] Ljung L. Convergence analysis of parametric identification methods[J]. IEEE Transaction on Automatic Control, 1978, 23(5): 770 -783.

[21] Cooper J E. Parameter estimation methods for flight flutter testing[C]. The 80th Meeting of the AGARD Structures and Materials Panel, Rotterdam, the Netherlands, 1995.

[22] Cooper J E, Desforges M J, Emmett P R, et al. Advances in the analysis of flight flutter test data[C]. The 80th Meeting of the AGARD Structures and Materials Panel, Rotterdam, the Netherlands, 1995.

[23] Brenner M, Lind R, Voracek D. Overview of recent flight flutter testing research at NASA dryden[R]. NASA - TM -4792, 1997.

[24] Feron E, Duchesne L, Turevskiy A, et al. Time - frequency analysis for transfer function estimation and application to flutter clearance[J]. Journal of Guidance, Control, and Dynamics, 1998, 21(3): 375 -382.

[25] Xia X G. System identification using chirp signals and time - variant filters in the joint time - frequency domain[J]. IEEE Transactions on Signal Processing, 1997, 45(8): 2072 -2084.

[26] Brenner M J. Non - stationary dynamics data analysis with wavelet - SVD filtering[J]. Mechanical Systems and Signal Processing, 2003, 17(4): 765 -786.

[27] 裴承鸣，舒畅，宋叔飚，等. 自适应 Chirplet 信号展开及其在颤振信号处理中的应用[J]. 西北工业大学学报，2004,22(5): 591 -595.

[28] 唐炜，史忠科. 飞机颤振试飞试验信号的广义时频滤波[J]，振动与冲击，2007,26(11):50 -53.

[29] Xu M M, Tang W. Multi - component LFM signal filtering based on the short - time fractional fourier transform[C]. 32nd Chinese Control Conference, Xi'an, China, 2013:4507 -4512.

[30] Mastroddi F, Bettoli A. Wavelet analysis for hopf bifurcations with aeroelastic applications[J]. Journal of Sound and Vibration, 1999, 225: 887 -913.

[31] Dimitriadis G, Cooper J E. A time - frequency technique for the stability analysis of impulse responses from nonlinear aeroelastic systems[J]. Journal of Fluids and Structures, 2003(17):1181 -1201.

[32] Silva W A, Hajj M R, Prazenica R J. Recent applications of the volterra theory to aeroelastic phenomena[C]. IMAC XXIII: Conference & Exposition on Structural Dynamics, Orlando, Florida, 2005.

[33] Silva W A, Dunn S. Higher - order spectral analysis of F - 18 flight flutter data[R]. AIAA - 2005 - 2014, 2005.

[34] 谈云海. 混沌时序分析与颤振信号处理研究[D]. 西安:西北工业大学，1996.

[35] Copplino R N. A simultaneous frequency domain techniques for estimation of modal parameter from measured data[R]. SAE 811046, 1981.

[36] Shih C Y. Investigation of numerical conditioning in the frequency domain modal parameter estimation methods[D]. Cincinnati: University of Cincinnati, 1989.

[37] Levy E C. Complex curve fitting[J]. IEEE Transaction on Automatic Control, 1959, 4(1):37 -44.

[38] Pintelon R, Guillaume P, Vandersteen G, et al. Analysis, development and application of TLS algorithms in frequency domain system identification[J]. SIAM Journal on Matrix Analyses and Applications, 1998, 19 (4): 983 -1004.

[39] Verboven P, Cauberghe B, Guillaume P, et al. Modal parameter estimation and monitoring for online flight flutter analyis[J]. Journal of Sound and Vibration, 2003, 18(3):587 -610.

[40] Peeters B, Herman V D A, Guillaume P, et al. The PolyMAX frequency - domain method: a new standard for modal parameter estimation[J]. Shock and Vibration, 2015, 11(3 -4):395 -409.

[41] Tang W, Shi Z k, Chen J. Aircraft flutter modal parameter identification using a numerically robust least - squares estimator in frequency domain [J]. Chinese Journal of Aeronautics, 2008, 21(6):550 - 558.

[42] Ibrahim S R, Mikulcik E C. A method for the direct identification of vibration parameters from the free response[J]. Shock and Vibration Bulletin, 1977, 47(4): 183 - 198.

[43] Brown D L, Allemang R J, Zimmerman R, et al. Parameter estimation techniques for modal analysis[J]. SAE Paper Number 790221, SAE Transactions, 1979, 88(2): 828 - 846.

[44] Freudinger L, Lind R, Brenner M. Correlation filtering of modal dynamics using the laplace wavelet[C]. Society for Experimental Mechanics, Bethel, CT, 1998.

[45] Yu K P, Ye J Y, Zou J X, et al. Missile flutter experiment and data analysis using wavelet transform[J], Journal of Sound and Vibration,2004, 269(3 - 5):899 - 912.

[46] 唐炜,史忠科. 扫频激励下飞机颤振模态参数小波辨识方法[J],振动与冲击,2009, 28 (2):177 - 182.

[47] Juang J N, Pappa R S. An eigensystem realization algorithm for modal identification and model reduction[J]. Journal of Guidance, Control, and Dynamics, 1985, 8(5): 620 - 627.

[48] Pappa R S. Galileo spacecraft modal identification using an eigensystem realization algorithm[R]. AIAA - 1984 - 1070, 1984.

[49] Juang J N. Eigensystem realization in frequency domain for modal prameter identification[J]. Journal of Dynamic Systems, Measurement, and Control, 1988, 110(1): 364 - 379.

[50] Pappa R S. Autonomous modal identification of the space shuttle tail rudder[R]. NASA - TM - 112866.

[51] Cooper J E. On - line version of the eigensystem realisation algorithm using data correlations[J]. Journal of Guidance, Control and Dynamics, 1997, 20(1): 137 - 142.

[52] Kung S Y. A new identification method and model reduction algorithm via singular value decomposition[C]. 12th Asilomar Conference on Circuits, Systems and Computations, CA, 1978.

[53] Moonen M, Moor B D. On - and off - line identification of linear state space models[J]. International Journal of Control, 1989, 49(1): 219 - 232.

[54] Arun K S, Kung S Y. Balanced approximation of stochastic system[J]. SIAM Journal of Matrix Analysis and Application, 1990,11(1): 42 - 68.

[55] Van Overschee P, De Moor B. N4SID: Subspace algorithms for the identification of combined deterministic - stochastic systems[J]. Automatica, 1994, 30(1), 75 - 93.

[56] Larimore W E. Statistical optimality and canonical variate analysis system identification[J]. Signal Processing, 1996, 52(2), 131 - 144.

[57] Verhaegen M. Application of a subspace model identification technique to identify LTI systems operating in closed - loop[J]. Automatica, 1993, 29(4), 1027 - 1040.

[58] Verhaegen M, Westwick D. Identifying MIMO hammerstein systems in the context of subspace model identification methods[J]. International Journal of Control, 1996, 63(2):331 - 349.

[59] Van Overschee P, De Moor B. Subspace identification for linear systems: theory - implementation - applications[M]. The Netherlands: Kluwer Academic Publishers, 1996.

[60] L. Mevel, A. Benveniste, M. Basseville, M. Goursat. Input/output versus output - only data processing for structural identification - application to in - flight data analysis[J]. Journal of Sound and Vibration, 2006, 295(3):531 - 552.

[61] Mevel L, Basseville M, Benveniste A. Fast in - flight detection of flutter onset: a statistical approach[J]. AIAA Journal of Guidance, Control, and Dynamics, 2005, 28(3):431 - 438.

[62] 唐炜,史忠科. 飞机颤振模态参数的频域子空间辨识[J].航空学报,2007,28 (5): 1175 - 1180.

[63] Wills A, Ninness B, Gibson S. Maximum likelihood estimation of state space models from frequency domain

data[J]. IEEE Trans on Automatic Control, 2009, 54(1):19 - 33.

[64] Tang W,Wu J,Shi Z K. Identification of reduced - order model for an aeroelastic system from flutter test data[J]. Chinese Journal of Aeronautics, 2017,30(1): 337 - 347.

[65] Prazenica R J,Lind R,Kurdila A J. Uncertainty estimation from volterra kernels for robust flutter analysis[J]. Journal of Guidance, Control, and Dynamics, 2003, 26(2):331 - 339.

[66] Dimitriadis G, Cooper J E. Flutter prediction from flight flutter test data[J]. Journal of Aircraft, 2001, 38 (38):355 - 367.

[67] Cooper J E,Emmet P R, Wright J, et al. Envelope function: a tool for analyzing flutter data[J]. Journal of Aircraft, 1993, 30(5):785 - 790.

[68] Lind R, Brenner M. Robust flutter margins of an F/A - 18 aircraft from aeroelastic flight data[J]. Journal of Guidance Control and Dynamics, 1997, 20(3):597 - 604.

[69] Lind R, Brenner M. Flutterometer: An on - line tool to predict robust flutter margins[J]. Journal of Aircraft, 2000, 37(6):1105 - 1112.

[70] Wu Z G, Yang C. A new approach for aeroelastic robust stability analysis[J]. Chinese Journal of Aeronautics, 2008, 21(5):417 - 422.

[71] 谷迎松,杨智春,李斌. 采用乘性速压摄动的频域颤振预测方法[J]. 航空学报,2009,30(12): 2311 - 2315.

[72] 员海玮,韩景龙,黄丽丽. 气动弹性系统的模型确认与鲁棒颤振分析[J]. 振动工程学报,2009,22 (5): 449 - 455.

[73] Noll T E. Aeroservoelasticity[R]. AIAA 90 - 1073 - CP, 1990.

[74] Peloubet R P. YF16 active - control - system/structural dynamics interaction instability[C]. 16th Structural Dynamics, and Materials Conference, Denver, Colorado, U S A, 1975.

[75] Mukhopadhyay V, Newsom J R. A multiloop system stability margin study using matrix singular values[J]. Journal of Guidance, Control, and Dynamics, 1984, 7(5): 582 - 587.

[76] Brenner M J, and Prazenica R J. Aeroservoelastic model validation and test data analysis of the FA - 18 active aeroelastic wing [R]. NASA TM - 2003 - 21021, 2003.

[77] 李洪超,史忠科,田福礼,唐炜. 多回路气动伺服弹性系统稳定裕度的确定[J]. 飞行力学,2006, 2006(3):22 - 25.

[78] Li H C,Shi Z K,Tang W. On - line robust aeroservoelastic stability margin analysis from wavelet - processed flight testing data[C]. IEEE 1st International Symposium on Systems and Control in Aerospace and Astronautics, Harbin, China , 2006, 752 - 757.

[79] 方崇智, 萧德云. 过程辨识[M]. 北京:清华大学出版社, 1987.

[80] 冯培梯. 系统辨识[M]. 杭州:浙江大学出版社, 1999.

[81] Overschee P V,Moor B D. Subspace identification for linear systems:theory,implementation, applications[M]. New York:Springer, 1996.

[82] Zadeh L A. From circuit theory to system theory[J]. Proceedings of the Ire, 1962, 50(5):856 - 865.

[83] Ljung L. System Identification: Theory for the user, second edition. Englewood Cliffs[M]. New Jersey: Prentice - Hall, 1999.

[84] Tischler M B ,Remple R K. Aircraft and rotorcraft system identification[M]. Reston:American Institute of Aeronautics and Astronautics, 2006.

[85] E. H. Dowell. 气动弹性力学现代教程[M]. 陈文俊,译. 北京:宇航出版社,1993.

[86] 陈桂彬, 邹丛青, 杨超. 气动弹性设计基础[M]. 北京:北京航空航天大学出版社, 2004.

[87] Van wingerden J W. Control of wind turbines with 'Smart' rotors proof of concept and LPV subspace identifica-

tion[D]. TU Delft: Delft University of Technology, 2008.
[88] 蔡金狮. 飞行器系统辨识[M]. 北京:国防工业出版社,1994.
[89] 俞云书. 结构模态试验分析[M]. 北京:宇航出版社,2000.
[90] Cauberghe B. Applied frequency - domain system identification in the field of experimental and operational modal analysis[D]. Brussel Vrije University, 2004.
[91] Peeters B. System identification and damage detection in civil engineering [D]. Leuven: K. U. Belgium, 2000.
[92] Shamma J S, Athans M. Guaranteed properties of gain scheduled control for linear parameter - varying plants[J]. Automatica, 1991, 27(3): 559 - 564.
[93] Kehoe M. Aircraft flight flutter testing at the NASA ames - dryden flight research facility[R]. NASA TM - 100417, 1988.
[94] Stringham R H, Lenk E J. Flight flutter testing using pulse techniques[C]. Flight Flutter Testing Symposium, 1958:69 - 72.
[95] Hodson C H, Dobbs S K, Brosnan M J, and Chen J B. X - 31A flight flutter test excitation by control surface[C]. 34th AIAA Structures, Structural Dynamics and Materials Conference, La Jolla, CA, 1993.
[96] Mahaffey P T. Flight flutter testing the B - 58 airplane [C]. Flight Flutter Testing Symposium, 1958: 121 - 125.
[97] Vernon, L. In - flight investigation of a rotating cylinder - based structural excitation system for flutter testing[R]. NASA TM - 4512, 1993.
[98] Pintelon R, Schoukens J. System identification a frequency domain approach [M]. New York: IEEE press, 2001.
[99] Phillips A W, Allemang J R. An overview of MIMO - FRF excitation /averaging /processing techniques[J]. Journal of Sound and Vibration, 2003, 262(3) : 651 - 675.
[100] 吕中亮, 杨昌棋. 多点激励模态参数识别方法研究进展[J]. 振动与冲击, 2011, 30(1): 197 - 203.
[101] Xu Y, Weaver J B, Healy D M, et al. Wavelet transform domain filters: a spatially selective noise filtration technique[J]. IEEE Transtion on Image Processing, 1994, 3(6): 747 - 758.
[102] Mallat S, Hwang W L. Singularity detection and processing with wavelets[J]. IEEE Transaction on Information Theory, 1992, 38(2): 617 - 643.
[103] Mallat S, Zhong S. Characterization of signals from multiscale edges[J]. IEEE Transaction on Pattern Analysis Machine Intelligence, 1992, 14(7): 710 - 732.
[104] Donoho D L. De - noising by soft - thresholding[J]. IEEE Transactions on Information Theory, 1995, 41(3): 613 - 627.
[105] Donoho D L, Johnstone I M. Ideal spatial adaption by wavelet shrinkage[J]. Biometrika, 1994, 81(3): 425 - 455.
[106] Wang X. On the gradient inverse weighted filter[J]. IEEE Transactions on Signal Processing, 1992, 40(2):482 - 484.
[107] Jansen M, Malfait M, Bultheel A. Generalized cross validation for wavelet thresholding[J]. Signal Processing, 1997, 56(1):33 - 44.
[108] Lang M, Gou H, Odegard J E, et al. Noise reduction using an undecimated discrete wavelet transform[J]. IEEE Signal Processing Letters, 1996, 3(1):10 - 12.
[109] 赵瑞珍, 宋国乡, 王红. 小波系数阈值估计的改进模型[J]. 西北工业大学学报, 2001,19 (4): 625 - 628.
[110] Cohen L. Time - frequency distributions—a review [J]. Proceeding of the IEEE, 1989, 77 (7):

941 – 981.
[111] Daubechies I. The wavelet transform, time – frequency localization and signal analysis [J]. IEEE Transaction on Information Theory, 1990, 36(9), 961 – 1005.
[112] Namias V. The fractional Fourier transform and its application in quantum mechanics[J]. IMA Journal of Applied Mathematics , 1980, 25:241 – 265.
[113] Almeida L B. The fractional Fourier transform and time2frequency representations [J]. IEEE Trans on Signal Processing, 1994, 42(11): 3084 – 3091.
[114] Ozaktas H M, Arikan O, Kutay M A, et al. Digital computation of the fractional Fourier transform[J]. IEEE Transactions on Signal Processing, 1996, 44(9): 2141 – 2150.
[115] Capus C, Brown K. Short – time fractional Fourier methods for the time – frequency representation of chirp signals[J]. Journal of the Acoustical Society of America, 2003, 113(6): 3253 – 3263.
[116] Tao R, Li Y L, Wang Y. Short – time fractional Fourier transform and its applications [J]. IEEE Transactions on Signal Processing, 2010, 58(5): 2568 – 2580.
[117] Durak L, Arikan O. Short – time Fourier transform: Two fundamental properties and an optimal implementation[J]. IEEE Transactions on Signal Processing, 2003, 51(5): 1231 – 1242.
[118] Stankovic L, Alieva T, Bastiaans M J. Time – frequency signal analysis based on the windowed fractional Fourier transform[J]. Signal Processing, 2003, 83: 2459 – 2468.
[119] 段虎明，秦树人，李宁. 频域响应函数估计方法综述[J]. 振动与冲击, 2008, 27(5): 48 – 42.
[120] 傅志方，华宏星. 模态分析理论与应用[M]. 上海:上海交通大学出版社, 2002.
[121] Schoukens J, Pintelon R. Measurement of frequency response function in noise environments[J]. IEEE Transactions on Instrumentation and Measurement, 1990, 39(6): 905 – 909.
[122] Guillaume P, Pintelon R, Schoukens J. Nonparametric frequency response function estimators based on nonlinear averaging techniques[J]. IEEE Transactions on Instrumentation and Measurement, 1992, 41(6): 739 – 746.
[123] Guillaume P, Pintelon R, Schoukens J, Robust parametric transfer function estimation using complex logarithmic frequency response data[J]. IEEE Transactions on Automatic Control, 1995, 40(7): 1180 – 1190.
[124] Guillaume P. Frequency response measurements of multivariable systems using nonlinear averaging techniques[J]. IEEE Transactions on Instrumentation and Measurement, 1998, 47(3): 796 – 800.
[125] Schoukens J, Vandersteen G, Barbé K and Pintelon R. Nonparametric preprocessing in system identification: a powerful tool [J]. European Journal of Control, 2009,15(3 – 4): 260 – 274.
[126] Levy E C. Complex – curve fitting[J]. IEEE Transaction on Automatic Control, 1959, 4(1):37 – 44.
[127] Guillaume P, Pintelon R, Schoukens J. Description of parametric maximum likelihood estimator in the frequency domain for multi – input, multi – output systems and its application to flutter analysis[J]. Mechanical system and singal processing, 1990, 4(5):405 – 416.
[128] Guillaume P, Verboven P, Vanlanduit S,et al. A eoly – reference implementation of the least squares complex frequency domain estimator [C]. 21th International Modal Analysis Conference, Kissimmee, USA, 2003:183 – 192.
[129] Vandersteen G, Pintelon R. General framework for asymptotic properties of generalized weighted nonlinear least squares estimators with deterministic and stochastic weighting[J]. IEEE Transaction on Automatic Control, 1996, 41(10): 1501 – 1507.
[130] Auweraer H V D, Guillaume P, Verboven P, et al. Application of a fast – stabilizing frequency domain parameter estimation method[J]. Journal of Dynamic Systems, Measurement, and Control, 2001, 123(4): 651 – 658.

[131] Verboven P. Frequency - domain system identification for modal analysis [D]. Brussel: Vrije University, 2002.

[132] Pintelon R, Guillaume P, Vandersteen G, et al. Analysis, development and application of TLS algorithms in frequency domain system identification [J]. SIAM Journal on Matrix Analyses and Applications, 1998, 19 (4): 983 - 1004.

[133] Van Huffel S, Vandewalle J. The total least squares problem: computational aspects and analysis[M]. Philadelphia: Society for Industrial and Applied Mathematics, 1991.

[134] Golub G H, Van Loan C F. Matrix computations[M]. Third Edition. Baltimore: Johns Hopkins University Press, 1996.

[135] Pintelon R, Guillaume P, Rolain Y, et al. Parametric identification of transfer functions in the frequency domain—a survey[J]. IEEE Transaction on Automatic Control, 1994, 39(11): 2245 - 2260.

[136] Guillaume P, Pintelon R, Schoukens J. A weighted total least squares estimator for multivariable systems with nearly maximum likelihood properties[J]. IEEE Transactions on Instrumentation and Measurement, 1998, 47(4):818 - 822.

[137] Pintelon R, Kollar I. On the frequency scaling in continuous - time modeling[J]. IEEE Transaction on Instrumentation and Measurement, 2005, 54(1):318 - 321.

[138] Richardson M H, Formenti D L. Parameter estimation from frequency response measurements using rational fraction polynomials[C]. 1st International Modal Analysis Conference, Orlando, FL, USA, 1982.

[139] Van Barel M, Bultheel A. A parallel algorithm for discrete least squares rational approximation[J]. Numerical Mathematics, 1992, 63: 99 - 121.

[140] Van Barel M, Bultheel A. Discrete linearized least - squares rational approximation on the unit circle[J]. Journal of Computational and Applied Mathematics, 1994, 50:545 - 563.

[141] Kumaresan R. On the zeros of the linear prediction - error filter for deterministic signals[J]. IEEE Transactions on Acoustics Speech and Signal Processing, 1983, 31(1): 217 - 220.

[142] Kumaresan R, Tufs D W. Estimating parameters of exponentially damped sinusoids and pole - zero modeling in noise[J]. Speech and Signal Processing, 1982, 30 (6): 833 - 840.

[143] Cauberghe B, Guillaume P, Verboven P, et al. On the influence of the parameter constraint on the stability of the poles and the discrimination capabilities of the stabilisation diagrams[J]. Mechanical Systems and Signal Processing, 2005, 19: 989 - 1014.

[144] Cauberghe B. Applied frequency - domain system identification in the field of experimental and operational modal analysis[D]. Brussel: Department of Mechanical Engineering, Vrije University, 2004.

[145] Verboven P, Guillaume P, Cauberghe B, et al. Modal parameter estimation from input - output Fourier data using frequency - domain maximum likelihood identification [J]. Journal of Sound and Vibration, 2004, 273(3):957 - 979.

[146] Van Overschee P, De Moor B. A unifying theorem for three subspace system identification algorithms[J]. Automatic, 1995,31(12): 1853 - 1864.

[147] Verdult V, Verhaegen M. Identification of multivariable bilinear state space systems based on subspace techniques and separable least squares optimization[J]. International Journal of Control, 2001, 74(18): 1824 - 1836.

[148] Schaper C D, Larimore W E, Sborg D E, Mellichamp D A. Identification of chemical processes using canonical variate analysis[J]. Computers and Chemical Engineering,1994, 18(1): 55 - 69.

[149] Jansson M,Wahlberg B. A linear regression approach to state - space subspace system identification [J]. Signal Processing, 1996, 52(2): 103 - 129.

[150] Brenner M, Lind R, Voracek D. Overview of recent flight flutter testing research at NASA dryden[R]. NASA – TM – 4792, 1997.

[151] Mckelvey T. An efficient frequency domain state – space identification algorithm[C]. 33rd IEEE conference on Decision and Control. Lake Buena Vista, Florida, USA. 1994:3359 – 3364.

[152] Mckelvey T. Frequency weighted subspace based system identification in the frequency domain[C]. 34rd IEEE conference on Decision and Control. New Orleans, Louisiana, USA. 1995:1228 – 1233.

[153] McKelvey T, Akcay H, Ljung L. Subspace – based multivariable system identification from frequency response data[J]. IEEE Transactions on Automatic Control, 1996, 41(7), 960 – 979.

[154] McKelvey T. Subspace methods for frequency domain data[C]. American Control Conference, Boston, Massachusetts, USA, 2004.

[155] Pintelon R. Frequency – domain subspace system identification using non – parametric noise models[J]. Automatica, 2002, 38:1295 – 1311.

[156] 唐炜，乔倩，史忠科. 频域最小二乘辨识方法的参数约束条件选取研究[J]. 航空学报 2012, 33(12): 2253 – 2260.

[157] Mckelvey T, Akcay H, Ljung L. Subspace – based multivariable system identification from frequency response data [J]. IEEE Transactions on Automatic Control, 1996, 41(7): 960 – 979.

[158] Tang Wei. Frequency domain MIMO identification for modeling of structural dynamics[C]. IFAC World Congress, August, 2011, Milan, Italy. August 28 – September 2, 2011:4392 – 4397.

[159] Dempster A P, Laird N M, Rubin D B. Maximum likelihood from incomplete data via the EM algorithm[J]. Journal of the Royal Statistical Society. Series B, 1977, 39(1): 1 – 38.

[160] Shumway R H, Stoffer D S. Time series analysis and its applications [M]. New York: Springer – Verlag, 2000.

[161] Gibson S, Ninness B. Robust maximum – likelihood estimation of multivariable dynamic systems[J]. Automatica, 2005, 41(10): 1667 – 1682.

[162] 衷路生. 状态空间模型辨识方法研究[D]. 长沙:中南大学,2011.

[163] 许曼曼. 状态空间模型的系统辨识[D]. 西安:西北工业大学,2013.

[164] Kailath T, Sayed H, Hassabi B. Linear estimation[M]. New Jersey NJ: Prentice – Hall, 2000.

[165] Charalambous C D, Logothetist A, Elliott R J. Bank filters for ML parameter estimation via the expectation – maximization algorithm: the continuous – time case[C]. 37th IEEE Conference on Decision and Control, Tampa, Florida, USA, 1998:2317 – 2322.

[166] Charalambous C D, Logothetis A. Maximum likelihood parameter estimation from incomplete data via the sensitivity equations: the continuous – time case[J]. IEEE Transactions on Automatic Control, 2000, 45(5): 928 – 934.

[167] Elliott R J, Krishnamurthy V. Exact finite – dimensional filters for maximum likelillood Parameter estimation of continuous – time linear Gaussian systems[J]. SIAM Journal on Control and Optimization, 1997, 35(6): 1908 – 1923.

[168] Elliott R J, Krishnamurthy V. New finite – dimensional filters for parameter estimation of discrete – time linear Gaussian models [J]. IEEE Transactions on Automatic Control, 1999, 44(5): 938 – 951.

[169] Langari R, Wang L, Yen J. Radial basis function networks, regression weights, and the expectation – maximization algorithm[J]. IEEE Transaction on Systems, Man, and Cybernetics – part A: systems and humans, 1997, 27(5): 613 – 623.

[170] Gibson S, Wills A, Ninness B. Maximum – likelihood parameter estimation of bilinear systems[J]. IEEE transactions on Automatic Control, 2005, 50(10): 1581 – 1595.

[171] Scionti M, Lanslots J P. Stabilisation diagrams: pole identification using fuzzy clustering techniques[J]. Advances in engineering software,2005, 36: 768 - 779.

[172] Johnson J D, Lu J, Dhawan A P, et al. Real - time identification of flutter boundaries using the discrete wavelet transform[J]. Journal of Guidance, Control, and Dynamics, 2002, 25(2):334 - 339.

[173] Ruzzene M, Fasana A, Garibaldi L, et al. Natural frequencies and dampings identification using wavelet transform: application to real data[J]. Journal of Mechanical Systems and Signal Processing, 1992, 11(2): 207 - 218.

[174] Demarchi J A, Craig K C. Comments on natural frequencies and dampings identification using wavelet transform: application to real data[J]. Journal of Mechanical Systems and Signal Processing, 2003, 17(2): 483 - 488.

[175] Staszewski W J. Identification of damping in mdof systems using time - scale decomposition[J]. Journal of Sound and Vibration, 1997, 203(2): 283 - 305.

[176] Lardies J, Gouttebroze S. Identification of modal parameters using the wavelet transform[J]. International Journal of Mechanical Sciences, 2002, 44: 2263 - 2283.

[177] Kijewski T, Kareem A. On the presence of end effects and their melioration in wavelet - based analysis [J]. Journal of Sound and Vibration, 2002, 256(5): 980 - 988.

[178] Mallat S. 信号处理的小波导引[M]. 杨力华, 戴道清, 黄文良,等译. 北京:机械工业出版社, 2002.

[179] Lind R, Brenner M, Haley S M. Estimation of modal parameters using a wavelet - based approach[R]. NASA/TM - 97 - 206300, 1997.

[180] Lind R, Brenner M. Robust flutter margin analysis that incorporates flight data[R]. NASA/TP - 1998 - 206543, 1998.

[181] Brenner M, Lind R. On - line robust modal stability prediction using wavelet processing[R]. NASA/TM - 1998 - 206550, 1998.

[182] Lind R, Brenner M. Incorporating flight data into a robust aeroelastic model[J]. Journal of Aircraft, 1995, 35(3): 470 - 477.

[183] Prazenica R J,Lind R, Kurdila A J. Uncertainty estimation from volterra kernels for robust flutter analysis[J]. Journal of Guidance, Control, and Dynamics, 2003, 26(2):331 - 339.

[184] Lind R, Brenner M. Flutterometer: an on - line tool to predict robust flutter margins[J]. Journal of Aircraft, 2000, 37(6): 1105 - 1112.

[185] 瞿福存,鲁棒控制理论在飞行试验中的应用研究[D]. 西安:西北工业大学,2005.

[186] 黄琳,稳定性与鲁棒性的理论基础[M]. 北京:科学出版社, 2003.

[187] 申铁龙. H_∞ 控制理论及应用[M]. 北京:清华大学出版社, 1996.

[188] Smith R S, Dahleh M. The modeling of uncertainty in control systems[M]. Berlin:Springer - Verlag, 1994.

[189] Hung Y S, Limebeer D J N. Robust stability of additively perturbed interconnected systems[J]. IEEE transactions on Automatic Control, 1983, 29(29):1069 - 1075.

[190] Doyle J C, Glover K, Khargonekar P P,et al. State space solutions to standard H_2 and H_∞ control problems[J]. IEEE transactions on Automatic Control, 1989, 34(8):831 - 847.

[191] 周克敏, J. C. Doyle,K. Glover. 鲁棒与最优控制[M]. 毛剑琴,钟宜生,林岩,等译. 北京:国防工业出版社, 2002.

[192] Doyle J C, Packard A, Zhou K M. Review of LFTs, LMIs and μ[C]. 30th IEEE Conference on Decision and Control, England, December, 1991: 1227 - 1232.

[193] Bernstein D S, Haddad W M. Robust stability and performance analysis for linear dynamic systems[J]. IEEE Transactions on Automatic Control, 1989, 34(7):751 - 758.

[194] Chen M J, Desoer C. Algebraic theory for robust stability of interconnected systems: necessary and sufficient conditions[J]. IEEE Transactions on Automatic Control, 1982, 29(6): 511 – 519.

[195] Chen J, Fan M K H, Nett C N, Structured singular values with nondiagonal structures – part II: computation[J]. IEEE Transactions on Automatic Control, 2002, 41(10): 1511 – 1516.

[196] Lind R, Brenner M. Robust aeroservoelastic stability analysis: flight test applications[M]. London: Springer – Verlag, 1999.

[197] De Caigny J, Pintelon R, Camino J F, et al. Interpolated modeling of LPV systems[J]. IEEE Transactions on Control Systems Technology, 2014, 22(6): 2232 – 2246.

[198] Baldelli D H, Zeng J, Lind R, et al. Flutter – prediction tool for flight – test – based aeroelastic parameter – varying models[J]. Journal of Guidance, Control, and Dynamics, 2009, 32(1): 158 – 171.

[199] 武健,面向控制的气动弹性系统辨识研究[D].西安:西北工业大学,2017.

[200] 陈桂彬,邹丛青,杨超. 气动弹性设计基础[M].北京:北京航空航天大学出版社, 2004.

[201] 胡寿松,自动控制原理[M].北京:科学出版社,2013.

[202] 梁相文,未来试飞新技术挑战[M].北京:航空工业出版社,2014.

内 容 简 介

本书全面论述了飞机颤振试飞数据处理的基础知识、技术方法和发展趋势。重点突出该领域的技术前沿和最新成果。内容包括:颤振飞行试验设计、颤振试飞数据预处理、频率响应函数估计、气动弹性系统传递函数辨识、气动弹性系统频域状态空间辨识、颤振模态参数小波辨识、鲁棒颤振边界预测和气动伺服弹性飞行试验等。

本书可供从事飞行器设计、制造、试验的工程技术人员和科研单位研究人员学习参考,也可供航空相关专业研究生学习参考。

This book gives a comprehensive discussion of the basic knowledge, technical methods and development trend of aircraft flutter test data processing. The cutting – edge technology and the latest achievements in this field are highlighted. The main contents of this book include: the design of flight flutter test, flight flutter data preprocessing, frequency response function estimation, identification of transfer function model of aeroelastic system, identification of state space model of aeroelastic system in frequency domain identification, wavelet modal parameters identification, robust flutter boundary prediction and aeroservoelastic flight test etc..

For practicing engineers and researchers in aircraft design, manufacturing and test, this book will serve as a comprehensive reference. Furthermore, it can be used as a reference book for graduate students in aviation and related area.

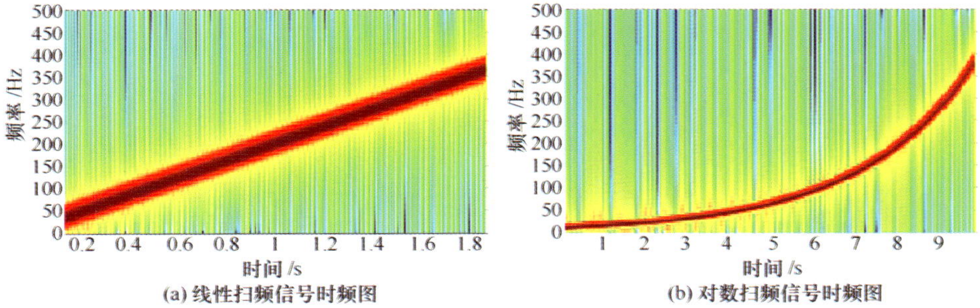

图 3.9 线性、对数扫频方式时频图

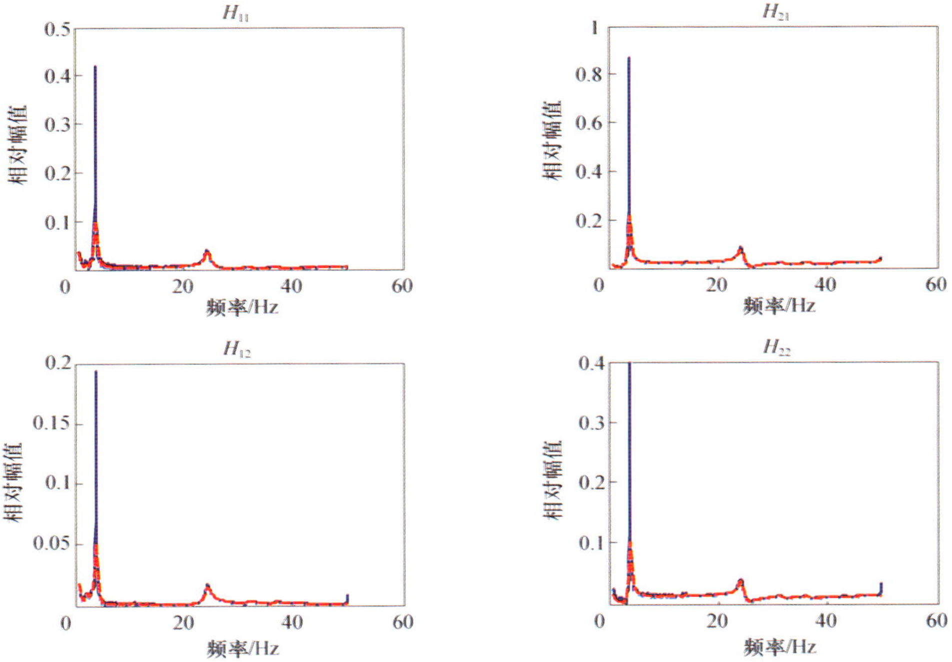

图 3.13 频响函数的比较

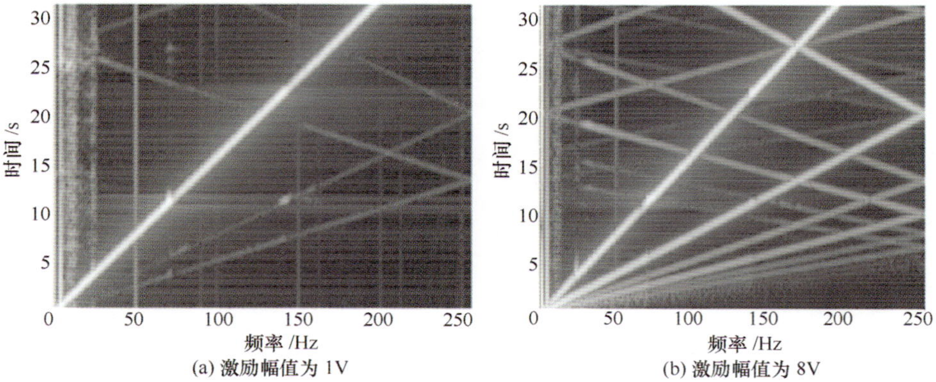

图 3.14 加速度计响应输出信号时频图

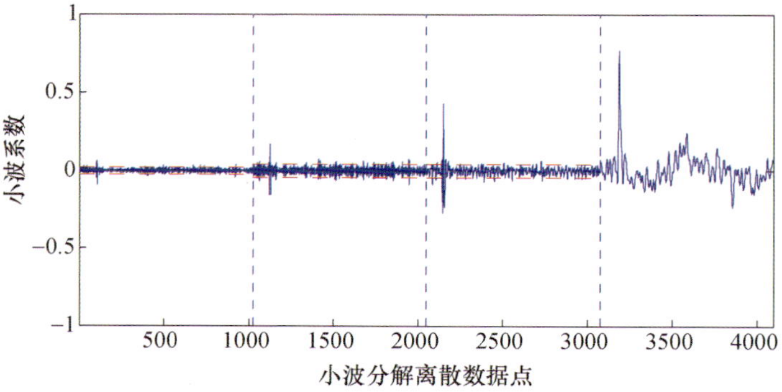

图 4.3 带噪冲击激励的阈值去噪

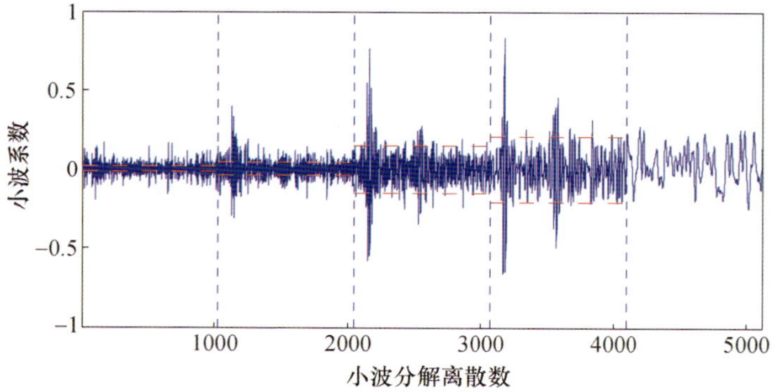

图 4.5 脉冲响应信号阈值去噪

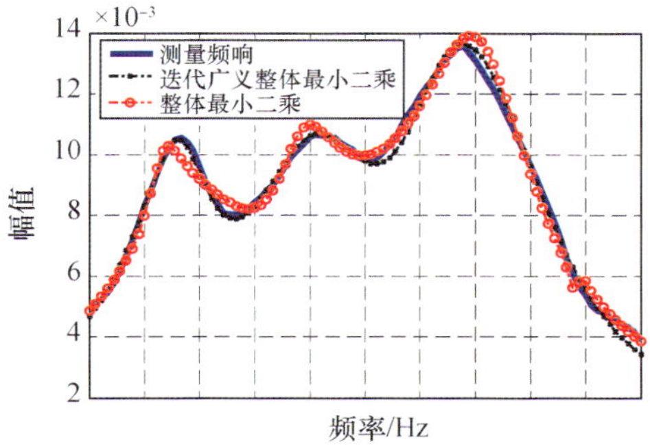

图 6.6 $n=10$ 时的辨识结果

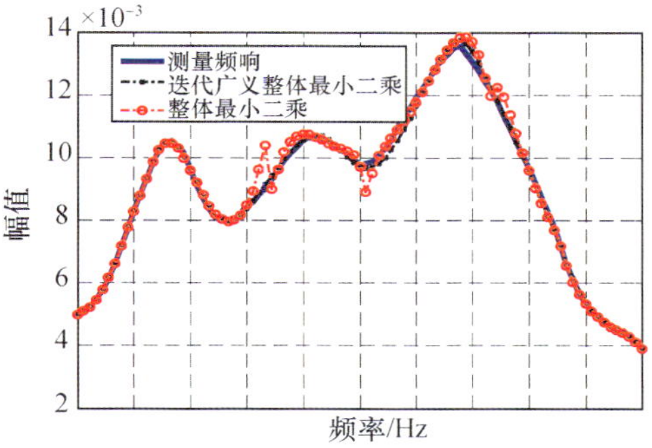

图 6.7 $n=20$ 时的辨识结果

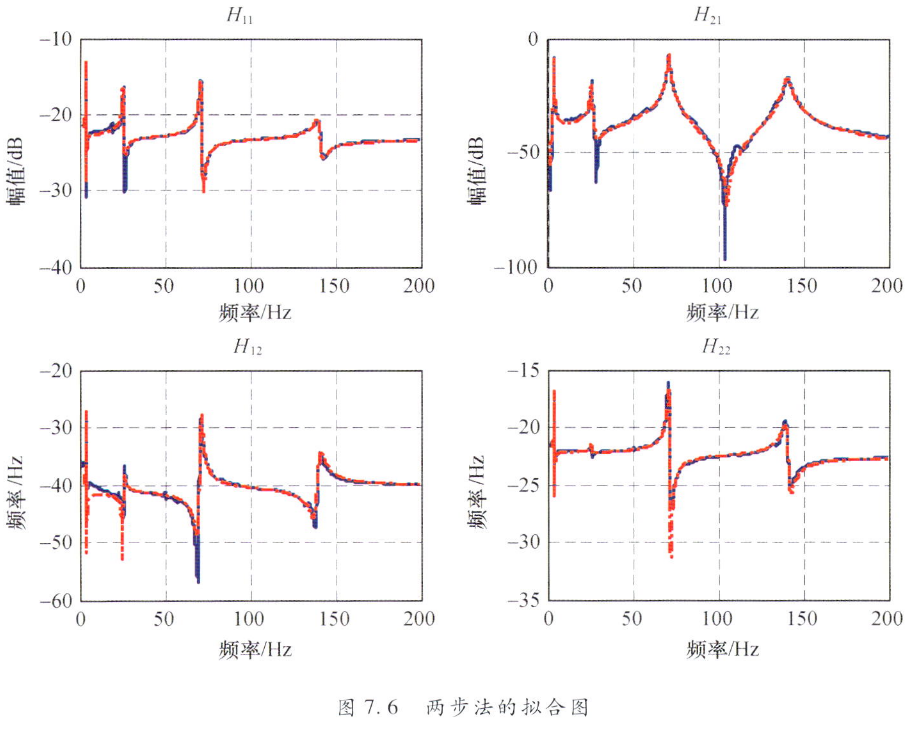

图 7.6 两步法的拟合图

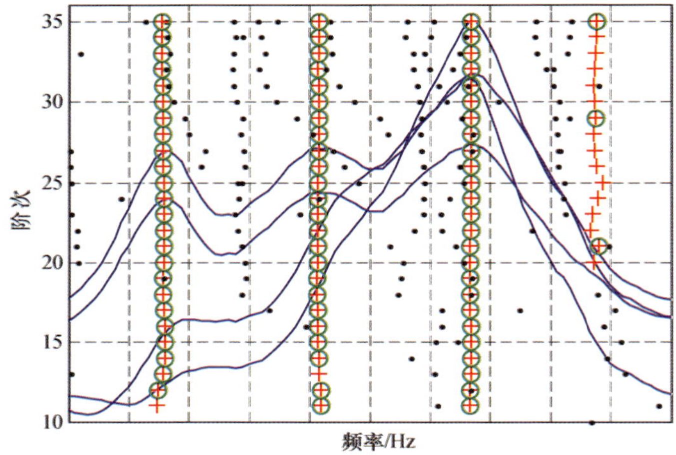

图 7.9　颤振分析的稳定图

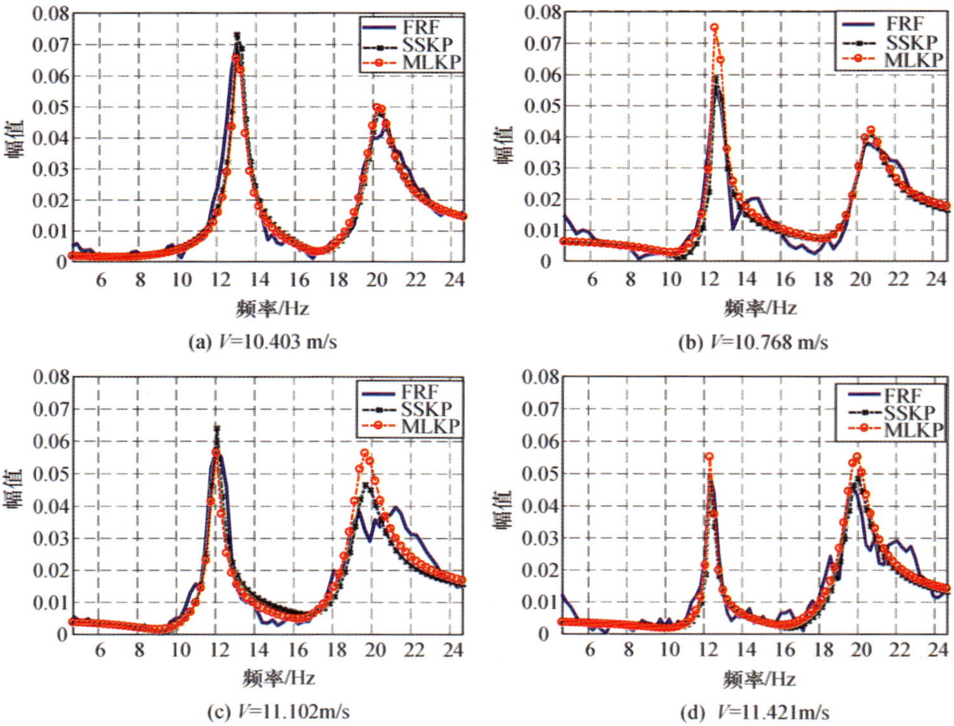

图 9.15　频域子空间、极大似然估计辨识结果对比